Schummelseite

Standardwert	Perzentil	Standardwert	Perzentil	Standardwert	Perzentil
−3,4	0,03%	−1,1	13,57%	1,2	88,49%
−3,3	0,05%	−1,0	15,87%	1,3	90,32%
−3,2	0,07%	−0,9	18,41%	1,4	91,92%
−3,1	0,10%	−0,8	21,19%	1,5	93,32%
−3,0	0,13%	−0,7	24,20%	1,6	94,52%
−2,9	0,19%	−0,6	27,42%	1,7	95,54%
−2,8	0,26%	−0,5	30,85%	1,8	96,41%
−2,7	0,35%	−0,4	34,46%	1,9	97,13%
−2,6	0,47%	−0,3	38,21%	2,0	97,73%
−2,5	0,62%	−0,2	42,07%	2,1	98,21%
−2,4	0,82%	−0,1	46,02%	2,2	98,61%
−2,3	1,07%	0,0	50,00%	2,3	98,93%
−2,2	1,39%	0,1	53,98%	2,4	99,18%
−2,1	1,79%	0,2	57,93%	2,5	99,38%
−2,0	2,27%	0,3	61,79%	2,6	99,53%
−1,9	2,87%	0,4	65,54%	2,7	99,65%
−1,8	3,59%	0,5	69,15%	2,8	99,74%
−1,7	4,46%	0,6	72,58%	2,9	99,81%
−1,6	5,48%	0,7	75,80%	3,0	99,87%
−1,5	6,68%	0,8	78,81%	3,1	99,90%
−1,4	8,08%	0,9	81,59%	3,2	99,93%
−1,3	9,68%	1,0	84,13%	3,3	99,95%
−1,2	11,51%	1,1	86,43%	3,4	99,97%

Schummelseite

TIPPS FÜR DIE LÖSUNG VON STATISTIK-AUFGABEN

Die Aufgaben in einer Statistik-Klausur können einen auch nach der besten Vorbereitung leicht aus dem Konzept bringen – insbesondere wenn der Prüfer den Kern der Aufgabenstellung hinter ungewohnten, ausschweifenden Formulierungen versteckt. Sie sollten ganz ruhig bleiben, die Aufgabenstellung analysieren und einen Lösungsweg erarbeiten:

- Lesen Sie die Aufgabenstellung sorgfältig durch.

- Überlegen Sie, mit welchem statistischen Testansatz die Aufgabenstellung zu lösen ist.

- Schreiben Sie sich die Formel auf, mit der Sie den statistischen Test durchführen, und erstellen Sie eine Liste der Werte, die Sie in die Formel einsetzen müssen.

- Prüfen Sie, ob Ihnen alle Werte, die Sie für die Formel benötigen, bereits aus der Aufgabenstellung vorliegen.

- Dokumentieren Sie bei der Lösung der Aufgabe die einzelnen Schritte.

- Wenn Sie ein Ergebnis berechnet haben, prüfen Sie, ob die Werte plausibel sind.

- Interpretieren Sie Ihr Ergebnis. Achten Sie dabei auf die in den Ohren von Statistikern korrekte Formulierung und versuchen Sie, das Ergebnis zu bewerten.

DIE T-VERTEILUNG

Freiheitsgrade	90%-Perzentil ($\alpha = 0{,}10$)	95%-Perzentil ($\alpha = 0{,}05$)	97,5%-Perzentil ($\alpha = 0{,}025$)	99%-Perzentil ($\alpha = 0{,}02$)	99,5%-Perzentil ($\alpha = 0{,}01$)
1	3,078	6,314	12,706	31,821	63,657
2	1,886	2,920	4,303	6,965	9,925
3	1,638	2,353	3,182	4,541	5,841
4	1,333	2,132	2,776	3,747	4,604
5	1,476	2,015	2,571	3,365	4,032
6	1,440	1,943	2,447	3,143	3,707
7	1,415	1,895	2,365	2,998	3,499
8	1,397	1,860	2,306	2,896	3,355
9	1,383	1,833	2,262	2,821	3,250

Schummelseite

Freiheitsgrade	90%-Perzentil ($\alpha = 0{,}10$)	95%-Perzentil ($\alpha = 0{,}05$)	97,5%-Perzentil ($\alpha = 0{,}025$)	99%-Perzentil ($\alpha = 0{,}02$)	99,5%-Perzentil ($\alpha = 0{,}01$)
10	1,372	1,812	2,228	2,764	3,169
11	1,363	1,796	2,201	2,718	3,106
12	1,356	1,782	2,179	2,681	3,055
13	1,350	1,771	2,160	2,650	3,012
14	1,345	1,761	2,145	2,624	2,977
15	1,341	1,753	2,131	2,602	2,947
16	1,337	1,746	2,120	2,583	2,921
17	1,333	1,740	2,110	2,567	2,989
18	1,330	1,734	2,101	2,552	2,878
19	1,328	1,729	2,093	2,539	2,861
20	1,325	1,725	2,086	2,528	2,845
21	1,323	1,721	2,080	2,518	2,831
22	1,321	1,717	2,074	2,508	2,819
23	1,319	1,714	2,069	2,500	2,807
24	1,318	1,711	2,064	2,492	2,797
25	1,316	1,708	2,060	2,485	2,787
26	1,315	1,706	2,056	2,479	2,779
27	1,314	1,703	2,052	2,473	2,771
28	1,313	1,701	2,048	2,467	2,763
29	1,311	1,699	2,045	2,462	2,756
30	1,310	1,697	2,045	2,457	2,750
40	1,303	1,684	2,021	2,423	2,704
60	1,296	1,671	2,000	2,390	2,660
Z-Werte	1,282	1,645	1,960	2,326	2,576

Übungsbuch Statistik für Dummies

Deborah J. Rumsey

Übungsbuch Statistik für Dummies

Übersetzung aus dem Amerikanischen
von Felix Brosius
Fachkorrektur von Daniela Keller
und Prof. Gabriele Gühring
3. Auflage

WILEY

WILEY-VCH GmbH

Übungsbuch Statistik für Dummies

Bibliografische Information der Deutschen Nationalbibliothek

Die Deutsche Nationalbibliothek verzeichnet diese Publikation in der Deutschen Nationalbibliografie; detaillierte bibliografische Daten sind im Internet über http://dnb.d-nb.de abrufbar.

3. Auflage 2025

© 2025 Wiley-VCH GmbH, Boschstraße 12, 69469 Weinheim, Germany

Coverfoto: DESIGN ARTS - stock.adobe.com
Korrektur: Petra Heubach-Erdmann
Satz: Straive, Chennai, India
Druck und Bindung:

Print ISBN: 978-3-527-72265-5
ePub ISBN: 978-3-527-85055-6

Über die Autorin

Deborah Rumsey erwarb einen Doktortitel in Statistik an der Ohio State University (1993). Nach ihrer Promotion wechselte sie zum Department of Statistics der Kansas State University, wo sie den renommierten Presidential Teaching Award gewann. Im Jahr 2000 kehrte sie an die Ohio State University zurück und ist heute Mitglied des Department of Statistics. Dr. Rumsey war Mitglied des Statistics Education Executive Committee der American Statistical Association und Lektorin der Teaching-Bits-Rubrik des *Journal of Statistics Education*.

Sie ist Autorin der Bücher *Statistik für Dummies* und *Wahrscheinlichkeitsrechnung für Dummies* (erschienen bei Wiley-VCH). Außerdem hat sie zahlreiche Aufsätze zur Statistik-Ausbildung veröffentlicht und viele einschlägige Vorträge gehalten. Ihre Forschungsinteressen liegen auf der Lehrplanentwicklung, der Weiterbildung und Unterstützung von Lehrern und auf immersiven Lernumgebungen. Ihre anderen Leidenschaften sind ihre Familie, das Angeln, die Beobachtung von Vögeln, das Fahren eines neuen Kubota-Traktors auf dem »Familienbauernhof« und Ohio State Buckeye Football (nicht unbedingt in dieser Reihenfolge).

Über den Übersetzer

Felix Brosius hat an der Universität Hamburg als Mitarbeiter am Institut für Finanzwissenschaft über die Spieltheoretische Analyse des Internationalen Steuerwettbewerbs promoviert (2002). Anschließend war er zunächst als Spezialist für Database Marketing und später als Vorstandsassistent im Buchclub der Bertelsmann AG tätig. Seit 2005 ist er bei Kabel Deutschland im Marketing für das CRM, Database Marketing, Onlinemarketing und Kooperationsmarketing verantwortlich. Felix Brosius ist Autor zahlreicher Lehrbücher insbesondere zur Programmierung und statistischen Datenanalyse mit SPSS (unter anderem hat er *SPSS für Dummies* geschrieben) und hat mehrere Artikel zum Customer Relationship Management veröffentlicht.

Auf einen Blick

Inhaltsverzeichnis

Kapitel 16
Korrelation und Regression: Zusammenhänge zwischen quantitativen Daten ... **313**

TEIL VII
DER TOP-TEN-TEIL ... **337**

Kapitel 17
Mathe-Schnellkurs: Zehn wichtige Zusammenhänge aus der Mathematik ... **339**

Kapitel 18
Die Top Ten aus der Formel 1 ... **351**

Einführung

Vielleicht besuchen Sie gerade eine Statistik-Vorlesung an der Uni oder haben dies demnächst vor. Möglicherweise haben Sie auch schon ein Grundverständnis von den wesentlichen Konzepten der Statistik und möchten nur noch einige Lücken schließen oder mehr Sicherheit im Umgang mit statistischen Fragestellungen gewinnen. Oder Sie bereiten sich gerade auf eine Prüfung oder Abschlussklausur in Statistik vor und wollen einfach nur üben, üben und vor allem üben. Wenn das so ist, dann haben Sie Glück, denn Sie halten gerade genau das richtige Buch in der Hand, das *Übungsbuch Statistik für Dummies*.

Ziel dieses Übungsbuches ist es in erster Linie, Sie im Umgang mit der Statistik vertraut und sicher zu machen. Anhand einer Vielzahl von Übungsaufgaben zu den unterschiedlichsten Themengebieten und Fragestellungen der einführenden Statistik werden Sie die Ihnen bereits bekannten Konzepte wiederholen und in den unterschiedlichsten Varianten und Ausprägungen in praktischen Übungen anwenden. Kleine Tipps und Tricks sollen Ihnen dabei helfen, Aufgabenstellungen richtig zu verstehen und schnell und effizient zu bearbeiten. Dabei beschränkt sich das Buch auf die wichtigsten Konzepte und legt einen klaren Schwerpunkt auf Übungsaufgaben, wie sie typisch auch in Prüfungen und Klausuren gestellt werden. Wenn Sie die Aufgaben in diesem Buch beherrschen und den Kern der Fragestellungen verstanden haben, sollten Sie in einer Prüfung oder Klausur keine bösen Überraschungen erleben.

Über dieses Buch

Wie sagen doch unsere altklugen Eltern so schön? »Probieren geht über Studieren.« Und auch wenn wir es nicht gerne zugeben: Sie haben recht – zumindest manchmal. Deshalb soll Ihnen dieses Arbeitsbuch die Gelegenheit geben, die Ärmel hochzukrempeln und richtig tief in die Statistik einzutauchen. An einer Vielzahl von praktischen Übungen können Sie sich hoffentlich bis zur Erschöpfung austoben. Die Zielsetzung ist es dabei, das Verständnis für die Zusammenhänge in der Statistik zu schärfen und deren Anwendung in ganz konkreten Aufgaben zu schulen. Die inhaltlich und formal korrekte Lösung von statistischen Aufgaben soll Ihnen dabei in Fleisch und Blut übergehen. Der Umgang mit einfachen Wahrscheinlichkeiten wird anschließend ein Kinderspiel für Sie sein; aber auch anspruchsvollere statistische Konzepte wie den zentralen Grenzwertsatz und p-Werte werden Sie beherrschen wie das kleine Einmaleins. Dabei sollen die Übungen auch verdeutlichen, welches statistische Konzept für welche Fragestellung heranzuziehen ist (zum Beispiel welche Art von Konfidenzintervall Sie für die Lösung einer bestimmten Aufgabe berechnen sollten) und wie wissenschaftliche Studien, Umfragen und Experimente richtig einzuschätzen und auszuwerten sind.

Dieses Übungsbuch ist entstanden als Ergänzung zu dem Buch *Statistik für Dummies*. Dies bedeutet aber nicht, dass Sie *Statistik für Dummies* gelesen haben müssen, um dieses Übungsbuch sinnvoll verwenden zu können. Vielmehr sollte dieses Buch vollkommen unabhängig davon, wie und wo Sie Ihre ersten Erkenntnisse in Statistik erworben haben, ein begleitendes Einführungs- und Übungsbuch eines typischen Statistik-Grundkurses sein.

Was Sie von diesem Buch erwarten können, ist grob zusammengefasst nicht mehr und nicht weniger als:

✔ **Jede Menge Probleme:** Und zwar typische Probleme und Aufgabenstellungen, wie sie in der wissenschaftlichen Praxis und vor allem auch in Prüfungen und Klausuren von Statistik-Kursen vorkommen. Zu jeder Aufgabenstellung finden Sie natürlich auch eine Lösung.

✔ **Keine einfachen Antworten:** Die Lösungen zu den Übungsaufgaben beschränken sich nicht auf einfache Antworten, sondern versuchen stets zu erläutern, warum gerade dieser und nicht ein anderer Lösungsweg richtig ist, damit Sie auch, wenn Ihnen künftig leicht anders geartete Aufgabenstellungen begegnen, auf Anhieb den richtigen Lösungsweg finden werden.

✔ **Ein Blick in die Trickkiste:** Häufig besteht die größte Schwierigkeit bei der Lösung von Statistik-Aufgaben darin, die Aufgabenstellung richtig zu verstehen. Dabei arbeiten manche Prüfer auch noch mit fiesen Tricks, weshalb man ganz genau auf die Formulierung der Fragestellungen achten muss. Die häufigsten Tricks und gemeinsten Fallstricke finden Sie auch in den Übungen in diesem Buch. Wenn Sie darüber stolpern, sollten Sie mit einem Lächeln wieder aufstehen und sich freuen, dass es Ihnen bei der Übung und nicht im Ernstfall passiert ist.

✔ **Ein Beispiel für jedes Thema:** Jedes Thema in diesem Buch wird mit einem Übungsbeispiel und einer Musterlösung abgeschlossen. Dies soll die Herangehensweise verdeutlichen, an der Sie sich orientieren können, wenn Sie sich selbst an den Übungsaufgaben versuchen.

✔ **Strategien zur Problemlösung:** Nähere Erläuterungen zu den Übungen und Hintergründen sollen Ihnen zeigen, wie Sie vorgehen können, um den richtigen Lösungsweg zu finden, wenn dieser nicht auf den ersten Blick offensichtlich ist.

✔ **Modularer Aufbau:** Jedes Thema in diesem Buch wird als geschlossene Einheit behandelt. Wenn Sie ein bestimmtes Kapitel lesen, wird nicht vorausgesetzt, dass Sie die vorhergehenden Kapitel bereits kennen. Sie können daher in dem Buch hin und her springen, wie Sie möchten, und direkt mit dem für Sie relevantesten Thema einsteigen.

✔ **Eine verständliche Sprache:** Eine leicht verständliche Sprache soll dabei helfen, auch komplexe statistische Konzepte so zu beschreiben, dass ein »gesunder Menschenverstand« genügt, um sie zu verstehen.

✔ **Einfache und klare Schritt-für-Schritt-Anleitungen:** Die Vorgehensweise zur Lösung von statistischen Aufgabenstellungen folgt häufig einem klaren und fest vorgegebenen Lösungsweg. Es spricht also nichts dagegen, diesen Lösungsweg in einfachen Schritt-für-Schritt-Anleitungen darzustellen, damit er für jeden verständlich und nachvollziehbar ist. Genau solche Schritt-für-Schritt-Anleitungen finden Sie in diesem Buch in großer Zahl.

Törichte Annahmen über den Leser

Dieses Buch ist genau für Leute wie Sie geschrieben, die bereits erste Gehversuche auf dem Gebiet der Statistik absolviert haben – zum Beispiel den ersten Grundkurs Statistik abgeschlossen oder zumindest die erste Vorlesungsstunde besucht haben – und es jetzt kaum erwarten können, tiefer in die Statistik einzusteigen und sich an jeder Menge praktischen Übungen zu messen – sei es, weil die Statistik für Sie das spannendste Fach ist, das Sie sich überhaupt vorstellen können, oder weil Sie dieses verdammte Pflichtfach nun einmal absolvieren müssen und am Ende eine Prüfung ansteht, die Sie mit Anstand bestehen möchten. Vielleicht haben Sie aber auch gar keine Prüfung vor sich, sondern einfach nur den persönlichen Ehrgeiz, endlich zu verstehen, was es mit dem zentralen Grenzwertsatz und diesen ominösen p-Werten auf sich hat. In allen diesen Fällen halten Sie gerade genau das richtige Buch in der Hand.

Wie dieses Buch aufgebaut ist

Dieses Buch ist in sechs Hauptteile untergliedert, die jeweils einem der großen Themenbereiche aus der einführenden Statistik gewidmet sind. In einem siebten Teil werden noch einmal grundlegende Konzepte der Statistik in einem groben Überblick dargestellt, damit Sie dort Ihr Wissen überprüfen und einzelne Formeln nachschlagen können.

Teil I: Kopfüber eintauchen in die Statistik

Im ersten Teil werden Sie gleich ins kalte Wasser geschubst – und zwar mit Anlauf, sodass Sie möglichst tief in die Abgründe der Statistik eintauchen. Dabei lernen Sie Grafiken zu erstellen und richtig zu interpretieren sowie die gebräuchlichsten statistischen Kennzahlen zu berechnen.

Teil II: Von Wahrscheinlichkeiten, der Normalverteilung und dem zentralen Grenzwertsatz

In diesem Teil begegnen Ihnen die »John, Paul, George und Ringo« der Statistik: Wahrscheinlichkeiten, die Normalverteilung und der zentrale Grenzwertsatz bilden die Basis der modernen Statistik (so wie die Beatles unverzichtbares Fundament der modernen Musik sind). In diesem Teil werden Sie den Umgang mit diesen zentralen Konzepten der Statistik üben und anschließend spielend damit jonglieren.

Teil III: Schätzungen und Konfidenzintervalle

Ein großer Teil der Statistik beschäftigt sich damit, auf Basis einer Stichprobe Rückschlüsse auf die Grundgesamtheit zu ziehen. Dazu wird die Lage von bestimmten Parametern wie die des Mittelwertes in der Grundgesamtheit geschätzt und Konfidenzintervalle werden berechnet. Das ist kein Hexenwerk, sondern sehr einfach zu erlernen, wie Sie in diesem Teil sehen.

Teil IV: Hypothesen testen

In den beiden Kapiteln dieses Teils lernen Sie alles, was Sie brauchen, um Hypothesen über einen Mittelwert oder Anteilswert in der Grundgesamtheit zu formulieren, einen Hypothesentest zu entwerfen, durchzuführen und das Ergebnis richtig zu interpretieren.

Teil V: Hinter die Kulissen von Umfragen und Experimenten schauen

Es besteht ein grundlegender Unterschied zwischen Experimenten und Beobachtungsstudien wie zum Beispiel Befragungen. In diesem Teil lernen Sie beide Verfahren zur Datenerhebung kennen und einzuschätzen. Dabei sollte deutlich werden, welche Methode bei welcher Art von Fragestellung geeignet ist und wann man den Ergebnissen eines Experiments oder einer Umfrage trauen kann – beziehungsweise wann besser nicht.

Teil VI: Zusammenhänge zwischen zwei Variablen aufspüren und beschreiben

Häufig interessiert man sich in der Statistik für die Zusammenhänge zwischen verschiedenen Variablen. In diesem Teil lernen Sie, solche Zusammenhänge zu identifizieren und richtig zu bewerten. Um es schon einmal vorwegzunehmen: Eine signifikante Korrelation zwischen zwei Variablen erlaubt keinen Schluss auf einen kausalen Zusammenhang zwischen den Variablen. Diese Aussage sollte Ihnen, nachdem Sie diesen Teil des Buches durchgearbeitet haben, selbstverständlich und nachgerade trivial erscheinen.

Teil VII: Der Top-Ten-Teil

Wie viele Gegenstände würden Sie auf eine einsame Insel mitnehmen? Zehn Dinge sollten genügen. Die wirklich wichtigen Themen im Leben lassen sich locker in einer Top-Ten-Liste zusammenfassen. Genau dies geschieht auch in diesem Teil des Buches.

Symbole, die in diesem Buch verwendet werden

In diesem Buch werden einige Symbole verwendet, die Hinweise und Einschübe kennzeichnen, die von besonderer Bedeutung sind. Die Symbole sollen Ihnen helfen, sich einfach und schnell zu orientieren.

Wenn Sie dieses Symbol sehen, geht es um das Wesentliche, quasi um den Kern der Angelegenheit, wie zum Beispiel häufig gestellte Fragen in Klausuren, wichtige Bestandteile, die in einer Antwort nicht fehlen dürfen, oder häufige Fehler, die Sie vermeiden sollten.

Jeder Abschnitt in diesem Buch wird mit einem Übungsbeispiel samt Musterlösung abgeschlossen. Wenn Sie dieses Symbol sehen, wissen Sie, dass Sie es mit einem solchen Beispiel zu tun haben.

Dieses Symbol ist für wichtige Konzepte und Hinweise reserviert, die Sie sich hoffentlich noch lange merken, wenn Sie dieses Buch schon längst wieder vergessen haben.

Mit diesem Symbol werden Tipps und Tricks gekennzeichnet, die alternative Lösungswege, Abkürzungen, Vereinfachungen oder Eselsbrücken aufzeigen.

Dieses Symbol soll Sie auf häufige Fehler und »beliebte« Fallstricke hinweisen, über die auch Statistik-Profis immer wieder gerne stolpern und die Sie unbedingt vermeiden sollten.

Wie es weitergeht

Dieses Buch ist modular aufgebaut, weshalb Sie nicht mit dem ersten Kapitel beginnen müssen, sondern an jeder beliebigen Stelle in das Buch einsteigen können. Wählen Sie als Einstieg also das Kapitel, das Sie am meisten interessiert. Je nachdem, womit Sie sich gerade hauptsächlich beschäftigen, empfehle ich die folgenden Startpunkte:

✔ Wenn Sie sich näher mit statistischen Kennzahlen wie Mittelwert, Median, Standardabweichung etc. beschäftigen möchten, beginnen Sie ganz konventionell am Anfang des Buches, also mit Teil I.

✔ Möchten Sie jetzt endlich verstehen, was es mit der Normalverteilung und dem zentralen Grenzwertsatz auf sich hat, überspringen Sie den ersten Teil und legen Sie direkt mit Teil II los.

✔ Um mehr Übung im Umgang mit Konfidenzintervallen und Hypothesentests zu bekommen, knöpfen Sie sich die Teile III und IV vor.

✔ Wenn Sie sich näher mit den Unterschieden, Anwendungsfällen und Grenzen von Umfragen und Experimenten auseinandersetzen möchten, springen Sie direkt zu Teil V.

✔ Interessieren Sie sich besonders für den Zusammenhang zwischen zwei Variablen (Sie wissen schon, mit Korrelationen, Regressionen und so weiter), sollten Sie in Teil VI fündig werden.

Und jetzt legen Sie einfach los. Viel Spaß und viel Erfolg!

Teil I

Kopfüber eintauchen in die Statistik

IN DIESEM TEIL ...

In diesem ersten Teil steigen Sie gleich richtig ein in die Grundlagen der Statistik. Sie beginnen mit dem Erstellen und Auswerten von Häufigkeitstabellen, erzeugen Balkendiagramme für kategoriale Daten und Histogramme für quantitative Daten.

Dann lernen Sie die wichtigsten Kennzahlen der Statistik wie Mittelwert, Median und Standardabweichung nicht nur zu berechnen, sondern auch richtig zu interpretieren.

Kapitel 1

Kategoriale Daten zusammenfassen: Häufigkeiten und Prozente

Als *kategoriale Daten* werden solche Daten bezeichnet, die jede Beobachtung genau einer Kategorie zuordnen. Typische Beispiele für solche Kategorien sind klein, mittel, groß oder männlich, weiblich oder Deutscher, Franzose, Italiener, Österreicher etc. Wenn Sie kategoriale Daten erhoben haben, liegen diese in den meisten Fällen zunächst als lange Liste vor, in der jede befragte Person (beziehungsweise allgemein jede Beobachtungseinheit) eine Zeile bildet und die Werte der kategorialen Variablen in einer langen Spalte einzeln untereinander stehen. Eine solche unübersichtliche Liste ist jedoch nur selten aussagekräftig. Daher müssen die Daten für eine Auswertung zusammengefasst und in übersichtlicher Form dargestellt werden. Der einfachste Weg hierzu besteht darin auszuzählen, wie viele Beobachtungen in die einzelnen Kategorien fallen, und das Ergebnis als sogenannte *Häufigkeitstabelle* darzustellen. Genau dies können Sie in diesem Kapitel üben, nämlich das Erstellen und Interpretieren von absoluten und relativen Häufigkeitstabellen für kategoriale Daten.

Auf die Häufigkeit zählen

Die Anzahl der Beobachtungen, die in eine bestimmte Kategorie fallen, wird als *absolute Häufigkeit* dieser Kategorie bezeichnet. Durch das einfache Auflisten sämtlicher Kategorien mit den dazugehörigen Häufigkeiten erhalten Sie eine Häufigkeitstabelle. Die Summe der

Häufigkeiten aller Kategorien sollte dabei stets der Größe der gesamten Stichprobe entsprechen, da ja schließlich jede Beobachtung genau einer Kategorie zugeordnet wurde.

Die folgenden Aufgaben enthalten Beispiele dafür, wie sich kategoriale Daten mithilfe von Häufigkeitstabellen zusammenfassen lassen.

Angenommen, Sie haben zehn Personen gefragt, ob sie ein Handy besitzen. Jede dieser zehn Personen kann also in eine von zwei möglichen Kategorien fallen: *Ja* oder *Nein*. Das Ergebnis Ihrer Befragung ist in der folgenden Tabelle wiedergegeben.

Person Nr.	Handy	Person Nr.	Handy
1	Ja	6	Ja
2	Nein	7	Ja
3	Ja	8	Ja
4	Nein	9	Nein
5	Ja	10	Ja

1. Fassen Sie diese Daten in einer Häufigkeitstabelle zusammen.

2. Worin besteht der Nutzen der Zusammenfassung von kategorialen Daten?

Lösung

In der Zusammenfassung werden die erhobenen Daten klar und übersichtlich dargestellt.

1. Die Häufigkeitstabelle für die Antworten der zehn befragten Personen ist in der folgenden Tabelle wiedergegeben.

2. Die Zusammenfassung der Daten ermöglicht es Ihnen, die Relevanz der einzelnen Kategorien abzulesen und Muster in den Daten zu erkennen, die aus Rohdaten nicht auf den ersten Blick ersichtlich wären.

Besitzen Sie ein Handy?	Absolute Häufigkeit
Ja	7
Nein	3
Gesamt	10

Aufgabe 1

Sie lassen 20 Kunden in einem Supermarkt zwei unterschiedliche Marken eines Softdrinks testen und fragen anschließend, welches Getränk besser geschmeckt hat, Marke A oder Marke B. Die Ergebnisse dieser Befragung sehen wie folgt aus: A, A, B, B, B, B, B, B, A, A, A, B, A, A, A, A, B, B, A, A.

Welche der beiden Marken bevorzugen die Kunden? Erstellen Sie hierzu eine Häufigkeitstabelle und erläutern Sie das Ergebnis.

Aufgabe 2

Die Einwohner einer Stadt sind in einer Volksabstimmung dazu aufgerufen, über die Erhöhung einer Sonderabgabe zur Finanzierung der öffentlichen Schulen abzustimmen. Insgesamt haben 18.726 Wähler ihre Stimme hierzu abgegeben. Davon stimmten 10.479 für die Erhöhung der Sonderabgabe, die übrigen Wähler dagegen.

1. Stellen Sie das Ergebnis in einer Häufigkeitstabelle dar.

2. Warum ist es wichtig, die Anzahl der insgesamt befragten Personen in der Tabelle mit auszuweisen?

Aufgabe 3

Ein Zoo führt eine Befragung durch und möchte von 1.000 Personen wissen, ob sie im letzten Jahr den Zoo besucht haben. 592 der Befragten antworten mit Ja, 198 mit Nein und 210 haben gar nicht geantwortet.

1. Erstellen Sie eine Häufigkeitstabelle mit den Ergebnissen der Befragung.

2. Erläutern Sie, warum es notwendig ist, auch die Personen, die keine Antwort abgegeben haben, in der Häufigkeitstabelle mit aufzuführen.

Aufgabe 4

Mal angenommen, Sie würden eine Häufigkeitstabelle erstellen, in der für jede Kategorie nicht die absolute Anzahl der Nennungen dieser Kategorie aufgeführt wird, sondern lediglich der Prozentwert (die *relative Häufigkeit*). Welchen Vorteil hat eine solche relative Häufigkeitstabelle gegenüber einer Häufigkeitstabelle mit absoluten Häufigkeiten?

Kategorien vergleichen mit Prozentwerten

Eine andere Möglichkeit, kategoriale Daten zusammenzufassen und in verdichteter Form darzustellen, besteht darin aufzulisten, welcher prozentuale Anteil der Antworten auf die verschiedenen Kategorien entfällt. Diese Prozentwerte sind die relativen Häufigkeiten der Kategorien. Die *relative Häufigkeit* einer bestimmten Kategorie ergibt sich aus der absoluten Häufigkeit (der Anzahl der Beobachtungen in einer Kategorie) geteilt durch die gesamte Stichprobengröße. Wenn Sie beispielsweise 50 Personen nach ihren Präferenzen zu einem bestimmten Thema befragen und zehn der Befragten geben sich als Anhänger einer bestimmten Variante zu erkennen, errechnet sich die relative Häufigkeit der Anhänger dieser Variante als $10 \div 50 = 0{,}2$ beziehungsweise 20%.

Durch die Auflistung sämtlicher Kategorien mit ihren jeweiligen relativen Häufigkeiten erstellen Sie eine *relative Häufigkeitstabelle*. Die Summe der relativen Häufigkeiten aller Kategorien sollte stets 100 Prozent ergeben (wenn man einmal kleine Rundungsfehler außer Acht lässt).

Das folgende Beispiel zeigt, wie kategoriale Daten in einer relativen Häufigkeitstabelle zusammengefasst werden können.

Beispiel

In der folgenden Tabelle können Sie für insgesamt zehn Personen ablesen, ob diese ein Mobiltelefon besitzen. Erstellen Sie für diese Daten eine relative Häufigkeitstabelle und interpretieren Sie das Ergebnis.

Person Nr.	Handy	Person Nr.	Handy
1	Ja	6	Ja
2	Nein	7	Ja
3	Ja	8	Ja
4	Nein	9	Nein
5	Ja	10	Ja

Lösung

Die folgende Tabelle zeigt eine relative Häufigkeitstabelle für die Handy-Daten. 70% der befragten Personen haben angegeben, ein Handy zu besitzen, während 30% offenbar noch in der Steinzeit leben und mit Rauchzeichen kommunizieren.

Besitzen Sie ein Handy?	Relative Häufigkeit
Ja	70%
Nein	30%

Den Wert 70% in der Tabelle errechnen Sie, indem Sie die Zahl der Personen mit Handy (also 7) durch die Zahl aller befragten Personen (10) dividieren. Sie rechnen also $7 \div 10 = 0,7$ beziehungsweise 70%. Entsprechend ergeben sich die 30% »Steinzeitmenschen« als $3 \div 10 = 0,3$ beziehungsweise 30%.

Aufgabe 5

Sie lassen 20 Kunden in einem Supermarkt zwei verschiedene Softdrinks testen und fragen anschließend, welches Getränk ihnen besser schmeckt, Marke A oder Marke B. Sie erhalten die folgenden Ergebnisse: A, A, B, B, B, B, B, B, A, A, A, B, A, A, A, A, B, B, A, A. Welches Getränk findet bei den Befragten mehr Zuspruch?

1. Erstellen Sie eine relative Häufigkeitstabelle, um das beliebteste Getränk zu ermitteln.

2. Welche Art von Häufigkeitsauswertung ist generell leichter zu interpretieren: absolute oder relative Häufigkeiten? Begründen Sie Ihre Antwort.

Aufgabe 6

Die Bewohner einer Stadt sind aufgerufen, in einer Volksabstimmung über die Erhöhung einer Sonderabgabe zur Finanzierung öffentlicher Schulen zu entscheiden. Insgesamt haben 18.726 Wähler ihre Stimme hierzu abgegeben; davon stimmten 10.479 für die Erhöhung der Sonderabgabe, die übrigen Wähler dagegen. Stellen Sie das Wahlergebnis in einer relativen Häufigkeitstabelle dar.

Aufgabe 7

Ein Zoo führt eine Befragung durch und möchte von 1.000 Personen wissen, ob sie im letzten Jahr den Zoo besucht haben. 592 der Befragten antworten mit Ja, 198 mit Nein und 210 haben gar nicht geantwortet. Erstellen Sie für dieses Ergebnis eine relative Häufigkeitstabelle und ermitteln Sie anhand der Tabelle die Antwortrate, also den Anteil der Personen, die überhaupt auf die Frage nach dem Zoobesuch geantwortet haben.

Aufgabe 8

Nennen Sie einen Nachteil von relativen Häufigkeitstabellen gegenüber einfachen Häufigkeitstabellen mit absoluten Häufigkeiten.

Vorsicht bei der Interpretation von absoluten und relativen Häufigkeiten

Werden umfangreiche kategoriale Daten wie in einer Häufigkeitstabelle zu verdichteten Daten zusammengefasst, können dabei leicht wichtige Informationen verloren gehen, die in den Ursprungsdaten enthalten sind. Zusammengefasste Daten bergen daher stets das Risiko, dass sie unpräzise oder unvollständig sind. Bei der Interpretation von Häufigkeitstabellen und anderen Formen von Datenzusammenfassungen sollten Sie daher stets wissen, auf welche möglichen Schwachstellen Sie achten müssen, um nicht irreführende oder unvollständige Informationen zu erhalten.

In Statistik-Kursen und -Prüfungen fordern die Lehrer gerne dazu auf, »die Ergebnisse zu interpretieren«. Was der Prüfer damit eigentlich meint, ist nichts anderes, als die vorliegenden Daten in Bezug auf die jeweilige Fragestellung zu bewerten. Mit anderen Worten will der Prüfer wissen: Was kann die Person, die die vorliegenden Daten vor dem Hintergrund einer konkreten Fragestellung erhoben hat, nun aus den gewonnenen Daten lernen?

Wenn Sie relative Häufigkeitstabellen erstellen oder auswerten, vergessen Sie nie zu prüfen, ob sich die Prozentwerte sämtlicher Kategorien zu 100% addieren (abgesehen von minimalen Rundungsfehlern, die zulässig sind). Außerdem sollten Sie sich nie auf die alleinige Betrachtung der relativen Häufigkeiten beschränken, sondern stets überprüfen, wie groß die Stichprobe ist, auf der die relative Häufigkeitstabelle basiert.

Das folgende Beispiel zeigt einige entscheidende Aspekte für einen kritischen Umgang mit zusammengefassten Daten.

Beispiel

Sie sehen im Fernsehen einen Werbespot, in dem der Hersteller eines neuen Erkältungsmedikaments »Antigrippe« dieses mit dem derzeit meistverkauften Erkältungsmedikament vergleicht. Die Ergebnisse sind in der folgenden Tabelle wiedergegeben.

Bewertung von Antigrippe im Vergleich zum Marktführer	Prozent
Viel besser	47%
Mindestens gleich gut	18%

1. Was für eine Art von Tabelle wurde hier verwendet?

2. Interpretieren Sie das Ergebnis. Hat das neue Erkältungsmedikament den aktuellen Marktführer geschlagen?

3. Welche wichtigen Informationen fehlen in der Tabelle?

Lösung

Mit der im Werbespot verwendeten Tabelle verhält es sich ähnlich wie mit guten Ratschlägen: Sie hilft nicht wirklich weiter.

1. Bei der Tabelle handelt es sich um eine unvollständige relative Häufigkeitstabelle. Die Tabelle ist unvollständig, weil die Kategorie »Antigrippe ist *weniger gut* als das führende Produkt« fehlt. Sie können den fehlenden Wert aber leicht selbst berechnen, denn vermutlich sagen 100% − (47% + 18%) = 35% der Testpersonen, dass der aktuelle Marktführer besser ist als Antigrippe. (Wenn es nicht noch weitere Kategorien wie »Weiß nicht« gibt.)

2. Wenn man die beiden Kategorien aus der Tabelle zusammenfasst, erkennt man, dass 65% der Testpersonen angeben, dass Antigrippe mindestens so gut wirkt wie das aktuell führende Produkt. Etwa die Hälfte der Personen sagt sogar, Antigrippe wirke besser.

3. Welche Informationen fehlen? Zunächst einmal fehlt mindestens eine Kategorie, damit sich alle möglichen Antworten fair miteinander vergleichen lassen. Noch gravierender ist aber, dass die Stichprobengröße nicht mit ausgewiesen wird. So

wird nicht deutlich, ob die Ergebnisse auf einer Befragung von 10, 100 oder 1.000 Patienten basieren. Damit ist die Zuverlässigkeit der Ergebnisse vollkommen unklar. Es ist überhaupt nicht zu erkennen, ob sich die Ergebnisse verallgemeinern lassen (weil die Stichprobe so groß war, dass starke Abweichungen vom tatsächlichen Stimmungsbild sehr unwahrscheinlich sind) oder ob die Ergebnisse letztlich nur für einige wenige von dem Hersteller befragte Patienten gelten.

Aufgabe 9

Sie haben 1.000 Personen gebeten, aus einer Liste von typischen Urlaubszielen diejenigen anzugeben, die der jeweilige Befragte bereits besucht hat. Bei dieser Befragung haben Sie folgende Ergebnisse erhalten: Spanien: 216 Nennungen; Italien: 312; Frankreich: 418; England: 359; USA: 188.

1. Erläutern Sie, warum eine klassische relative Häufigkeitstabelle für diese Daten nicht sinnvoll ist.

2. Wie können Sie die vorliegenden Daten stattdessen sinnvoll mithilfe von relativen Häufigkeiten zusammenfassen und darstellen?

Aufgabe 10

Angenommen, Ihnen liegt als Ergebnis einer Befragung ausschließlich eine Häufigkeitstabelle mit absoluten Häufigkeiten vor. Können Sie anhand dieser Tabelle die korrespondierende relative Häufigkeitstabelle erstellen?

Wie verhält es sich im umgekehrten Fall? Können Sie auf Basis einer relativen Häufigkeitstabelle auch die entsprechende Tabelle mit absoluten Häufigkeiten erstellen?

Begründen Sie Ihre Antworten.

Lösungen für die Aufgaben zum Thema Zusammenfassen von kategorialen Daten

Lösung 1

11 Kunden bevorzugen Marke A, 9 Kunden geben Marke B den Vorzug. Dieses Ergebnis ist in der folgenden Häufigkeitstabelle dargestellt. Marke A hat damit mehr Stimmen erhalten, insgesamt liegen beiden Marken jedoch sehr dicht beieinander.

Bevorzugte Marke	Absolute Häufigkeit
Marke A	11
Marke B	9
Gesamt	20

Lösung 2

Kategoriale Daten können sehr gut durch die einfache Angabe der absoluten Häufigkeiten der einzelnen Kategorien zusammengefasst werden, solange man dabei stets die Gesamtzahl aller Beobachtungen im Auge behält.

1. Die Ergebnisse der Volksabstimmung sind in der folgenden Tabelle dargestellt. Da insgesamt 18.726 Einwohner abgestimmt haben und davon 10.479 mit Ja stimmten, ergibt sich die Anzahl der Nein-Stimmen aus der Differenz und beträgt damit $18.726 - 10.479 = 8.247$.

2. Es ist wichtig, die Gesamtzahl der Befragten zu kennen, da sich nur im Vergleich zu dieser Gesamtzahl die Häufigkeiten einzelner Kategorien bewerten lassen.

Wahl	Absolute Häufigkeit
Ja	10.479
Nein	8.247
Gesamt	18.726

Lösung 3

Dieses Beispiel zeigt, wie wichtig es ist, bei der Ergebnisdarstellung nicht nur die Antworten der Befragungsteilnehmer auszuweisen, sondern auch anzugeben, wie viele Personen insgesamt gefragt wurden und welcher Anteil davon tatsächlich an der Befragung teilgenommen hat.

1. Die Ergebnisse der Befragung werden in der folgenden Häufigkeitstabelle wiedergegeben.

2. Würden in dieser Tabelle die Befragten ohne Antwort nicht mit ausgewiesen werden, würden sich die Häufigkeiten der einzelnen Kategorien nicht zu 1.000 (der Gesamtzahl der Befragten) addieren. Grundsätzlich besteht natürlich die Möglichkeit, die Ergebnisse nur auf Basis der gültigen Antworten darzustellen, diese Darstellung könnte jedoch verzerrt sein und relevante Informationen verschweigen. Würde man die Befragten ohne Antwort einfach unter den Tisch fallen lassen, würde man damit implizit unterstellen, diese Personen hätten, wenn sie denn an der Befragung teilgenommen hätten, im Wesentlichen genauso geantwortet wie die tatsächlichen Befragungsteilnehmer. Diese Annahme ist jedoch nicht ohne Weiteres zulässig.

Haben Sie im letzten Jahr den Zoo besucht?	Absolute Häufigkeit
Ja	592
Nein	198
keine Antwort	210
Gesamt	1.000

Lösung 4

Wenn Sie für die Zusammenfassung kategorialer Daten statt absoluter Häufigkeiten Prozentwerte angeben, erzeugen Sie damit eine relative Häufigkeitstabelle. Ein Vorteil einer solchen relativen Häufigkeitstabelle besteht darin, dass sich die Anteile der einzelnen Kategorien (also ihre relativen Häufigkeiten) stets zu 100% addieren. Dadurch fällt es häufig leichter, die Ergebnisse zu interpretieren, da sich die Bedeutung einzelner Kategorien in Relation zu den übrigen Kategorien leichter ablesen lässt, insbesondere wenn viele verschiedene Kategorien betrachtet werden. Ferner können verschiedene Tabellen gleichen Aufbaus miteinander verglichen werden.

Lösung 5

Relative Häufigkeiten leisten genau das, was ihr Name verspricht: Sie helfen dabei, die einzelnen Ergebnisse in Relation zueinander zu setzen.

1. 11 von 20 Kunden bevorzugen Marke A, 9 der 20 Befragten haben Marke B gewählt. Die relative Häufigkeitstabelle für dieses Ergebnis ist in der folgenden Darstellung wiedergegeben. Marke A hat mehr Stimmen erhalten, allerdings liegen beide Marken nahe beieinander: 55% der Kunden präferieren Marke A, 45% geben Marke B den Vorzug.

Bevorzugte Marke	Relative Häufigkeit
Marke A	55%
Marke B	45%

2. Häufig lassen sich Prozentangaben leichter interpretieren als absolute Häufigkeiten, denn für eine sinnvolle Bewertung von absoluten Häufigkeiten müssen diese immer noch in Relation zur Basis gesetzt werden, Sie benötigen also Aussagen der Art »soundso viele von insgesamt soundso vielen«.

Lösung 6

Die Ergebnisse sind in der folgenden relativen Häufigkeitstabelle wiedergegeben. Der Prozentwert der Ja-Stimmen beträgt $10.479 \div 18.726 = 55{,}96\%$. Da die Gesamtheit stets 100% umfasst, lässt sich der Anteil der Nein-Stimmen berechnen als $100\% - 55{,}96\% = 44{,}04\%$.

Wahl	Relative Häufigkeit
Ja	55,96%
Nein	44,04%

Lösung 7

Die folgende Tabelle gibt die relative Häufigkeitstabelle für die Befragungsergebnisse wieder. Um die Ergebnisse angemessen interpretieren zu können, ist es wichtig, auch die Antwortrate zu kennen. Je höher die Antwortrate, desto besser. Die Antwortrate beträgt hier 59,2% + 19,8% = 79%. Dies ist der Gesamtanteil der Personen, die auf die Frage in irgendeiner Form (mit Ja oder Nein) geantwortet haben. 21 Prozent haben dagegen nicht geantwortet.

Haben Sie im letzten Jahr den Zoo besucht?	Relative Häufigkeit
Ja	$592 \div 1.000 = 0,592 = 59,2\%$
Nein	19,8%
keine Antwort	21%

Lösung 8

Ein Nachteil einer relativen Häufigkeitstabelle besteht darin, dass sie nur die prozentuale Verteilung der Ergebnisse anzeigt, nicht aber die absolute Anzahl der Beobachtungen, die der Tabelle zugrunde liegen. Ohne diese Information lässt sich jedoch nicht einschätzen, wie zuverlässig die Ergebnisse sind und ob ihre Aussagekraft hinreichend groß ist, um die Ergebnisse zu verallgemeinern. Diese Schwäche von relativen Häufigkeitstabellen können Sie vermeiden, indem Sie einfach die Größe der Stichprobe direkt ober- oder unterhalb der Tabelle mit angeben.

Wenn Sie eine relative Häufigkeitstabelle erstellen, geben Sie gemeinsam mit der Tabelle stets die Stichprobengröße an.

Lösung 9

Besonders vorsichtig müssen Sie bei der Interpretation von solchen Tabellen sein, bei denen es möglich ist, dass eine Person (beziehungsweise allgemein eine Beobachtung) mehreren Kategorien gleichzeitig zugeordnet ist.

1. Die Häufigkeiten der einzelnen Kategorien addieren sich hier nicht zu 1.000, der Stichprobengröße, da jeder Befragte eines, mehrere oder auch gar keines der Reiseziele aus der Liste auswählen kann. Es ist also nicht sichergestellt, dass jeder Befragte im Ergebnis genau einer Kategorie zugeordnet ist. Wenn Sie die Summe aller Antworten berechnen (1.493) und die Häufigkeit jeder einzelnen Kategorie durch 1.493 teilen, erhalten Sie die relative Häufigkeit dieser Kategorie. Die relativen Häufigkeiten sämtlicher Kategorien addieren sich dabei auch zu 100%, genau so, wie es sein soll. Aber was sagen die relativen Häufigkeiten aus? Es ist sehr schwierig, diese Prozentwerte zu interpretieren, denn sie basieren nicht auf der Anzahl der befragten Personen (sondern auf der Anzahl der insgesamt genannten Reiseziele).

2. Eine Möglichkeit, die Ergebnisse sinnvoll darzustellen, besteht darin, für jedes Urlaubsziel den Anteil der Personen anzugeben, die dieses Urlaubsziel bereits

besucht haben (im Vergleich zu den Personen, die das Urlaubsziel noch nicht kennen). Diese Prozentangaben beziehen sich nur jeweils auf das einzelne Urlaubsziel und addieren sich daher für jedes einzelne Urlaubsziel zu 100% (Anteil der Besucher + Anteil der Nichtbesucher = 100%). Die folgende Tabelle stellt die Ergebnisse in dieser Form dar. *Beachten Sie aber:* Bei dieser Tabelle handelt es sich nicht um eine relative Häufigkeitstabelle, auch wenn die Darstellung freilich relative Häufigkeiten nutzt.

Urlaubsziel	% Besucher	% Nichtbesucher
Spanien	$216 \div 1.000 = 21{,}6\%$	$100\% - 21{,}6\% = 78{,}4\%$
Italien	$312 \div 1.000 = 31{,}2\%$	68,8%
Frankreich	$418 \div 1.000 = 41{,}8\%$	58,2%
England	$359 \div 1.000 = 35{,}9\%$	64,1%
USA	$188 \div 1.000 = 18{,}8\%$	81,2%

Nicht in allen Tabellen, die Prozentangaben ausweisen, müssen sich diese zu 1 (beziehungsweise 100%) addieren. Verbiegen Sie eine Tabelle daher nicht so lange, bis sich eine Summe von 100% ergibt, wenn dies gar nicht erforderlich ist. Hinterfragen Sie besser stets, ob es sein kann, dass eine Person (oder allgemein eine Beobachtung) in mehrere Kategorien fällt. Ist dies der Fall, ist eine relative Häufigkeitstabelle, in der sich die einzelnen relativen Häufigkeiten zu 100% addieren, für die Darstellung der Ergebnisse nicht geeignet.

Lösung 10

Sie können immer einfach sämtliche absoluten Häufigkeiten zu einer Gesamthäufigkeit addieren und anschließend die relativen Häufigkeiten berechnen, indem Sie die einzelnen absoluten Häufigkeiten durch die Gesamthäufigkeit teilen.

Liegen Ihnen dagegen nur die Prozentangaben vor, können Sie nicht ohne Weiteres rückwärts vorgehen und die ursprünglichen absoluten Häufigkeiten ermitteln, es sei denn, Ihnen ist auch die Anzahl der Personen (Beobachtungen) bekannt, die insgesamt befragt wurden. Angenommen, Sie wissen, dass 80% der Personen aus einer Umfrage Eiscreme mögen. Wie viele Personen mögen dann Eiscreme? Wenn insgesamt 100 Personen befragt wurden, mögen 80 Befragte (100 · 0,8) Eiscreme. Umfasst die Stichprobe dagegen nur 50 Befragte, mögen 40 der Befragten (50 · 0,8) Eiscreme. Wurden insgesamt nur 5 Personen befragt, mögen nur 4 davon (5 · 0,8) Eiscreme. Diese Rechnungen zeigen noch einmal, wie wichtig es ist, dass eine relative Häufigkeitstabelle an irgendeiner Stelle auch die Größe der Stichprobe mit ausweist.

Achten Sie bei der Auswertung einer relativen Häufigkeitstabelle stets auf die Größe der Stichprobe. Lassen Sie sich nicht von einer isolierten Prozentangabe in die Irre führen, indem Sie implizit unterstellen, diese Angaben würden schon auf einer großen Anzahl von Beobachtungen basieren. Häufig ist dies nicht der Fall.

Kapitel 2

Kategoriale Daten darstellen: Grafiken und Diagramme

Für eine Auswertung von kategorialen Daten wird im ersten Schritt zumeist eine Häufigkeitstabelle erstellt, die sämtliche Kategorien, die in den Antworten beziehungsweise den Daten vorkommen können, auflistet und dabei für jede Kategorie die absolute Häufigkeit oder den prozentualen Anteil (*relative Häufigkeit*), mit dem die jeweilige Kategorie in den Daten vertreten ist, ausweist. In diesem Kapitel wird nun der zweite Schritt in der Auswertung kategorialer Daten geübt, nämlich das Erstellen, Interpretieren und Auswerten von Grafiken und Diagrammen für kategoriale Daten.

Kreisdiagramme erstellen, interpretieren und auswerten

Ein *Kreisdiagramm* (häufig auch als *Tortendiagramm* bezeichnet) stellt einen Kreis dar, der in verschiedene Segmente (Tortenstücke) unterteilt ist. Jedes Segment entspricht einer Kategorie und die Größe der einzelnen Segmente zeigt an, welcher Anteil der insgesamt betrachteten Personen (beziehungsweise Beobachtungen) der jeweiligen Kategorie zuzuordnen ist. Größere Segmente repräsentieren Kategorien mit einer größeren Anzahl von Personen (Beobachtungen), kleine Segmente entsprechend Kategorien, auf die nur wenige Personen (Beobachtungen) entfallen.

 Bevor Sie ein Tortendiagramm anfertigen, können Sie die darzustellenden Daten zunächst in einer Tabelle zusammenfassen. So listet eine Häufigkeitstabelle

sämtliche Kategorien aus den untersuchten Daten auf und gibt für jede Kategorie an, wie viele Personen (Beobachtungen) der jeweiligen Kategorie angehören. Die Summe der Häufigkeiten sämtlicher Kategorien ergibt die Stichprobengröße. Eine relative Häufigkeitstabelle nennt dagegen für jede Kategorie den prozentualen Anteil von Personen (Beobachtungen), der auf die jeweilige Kategorie entfällt. Diese Anteilswerte erhält man, indem man die absoluten Häufigkeiten der einzelnen Kategorien durch die Stichprobengröße teilt. Die relativen Häufigkeiten aller Kategorien addieren sich stets zu 100%.

Kreisdiagramme sind generell gut geeignet, die relative Größe der einzelnen Kategorien anschaulich darzustellen, in bestimmten Fällen können Kreisdiagramme aber auch leicht irreführend oder unbrauchbar sein. Bei der Erstellung von Kreisdiagrammen sollten Sie daher insbesondere die folgenden Punkte beachten:

✔ Sind alle wichtigen Informationen wie zum Beispiel die Größe der zugrunde liegenden Stichprobe enthalten?

✔ Sind die Kategorien hinreichend detailliert dargestellt? So gibt es zum Beispiel immer wieder Kreisdiagramme, die nur wenige Segmente umfassen, von denen das größte Segment nur sehr schwammig mit einem Begriff wie »Sonstiges« bezeichnet ist.

✔ Sind die Kategorien hinreichend gut unterscheidbar? Ein Kreisdiagramm sollte nicht zahllose kleine Kategorien darstellen, wodurch die einzelnen Segmente derart klein werden, dass sich im Ergebnis gar nichts mehr erkennen lässt.

Mit zunehmender Erfahrung im Umgang mit Kreisdiagrammen fällt es immer leichter, die Schwachstellen in einem Kreisdiagramm zu erkennen und einzuschätzen, ob eine Darstellung in einem Kreisdiagramm seriös und glaubwürdig ist. Die folgenden Beispiele und Übungen sollen genau diese Punkte verdeutlichen.

Beispiel

Ein Computerladen möchte herausfinden, wie viele seiner Kunden weiblich sind. Der Geschäftsführer betrachtet eine Zufallsstichprobe von 76 Kunden, die den Laden betreten, und notiert das Geschlecht der einzelnen Kunden. 22 Kunden sind weiblich, alle übrigen sind männlich. Das Ergebnis ist in dem folgenden Tortendiagramm dargestellt.

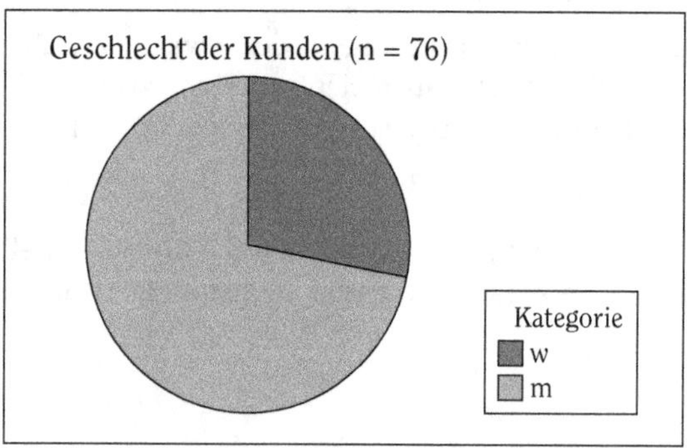

1. Beschreiben Sie das Ergebnis.

2. Wie lässt sich dieses Kreisdiagramm noch verbessern?

Lösung

Offenbar stellen die Männer die Mehrheit unter den Kunden des Computerladens, die Frauen haben aber auch einen nicht zu vernachlässigenden Anteil.

1. Die in dem Kreisdiagramm dargestellten Ergebnisse zeigen, dass der Anteil der Frauen unter den Kunden ungefähr ein Drittel und damit circa 33% beträgt.

2. Das Diagramm lässt sich noch verbessern, indem für jedes Segment auch die tatsächlichen Prozentangaben mit ausgewiesen werden. (Die genauen prozentualen Anteile betragen für die Frauen 28,9% und für die Männer 71,1%.)

Aufgabe 1

Angenommen, 375 Personen werden gefragt, welche Art von Auto sie fahren: Geländewagen, Kombi oder ein normales Auto. Die Ergebnisse dieser Befragung sind in der folgenden Häufigkeitstabelle wiedergegeben.

Kategorie	Absolute Häufigkeit
Geländewagen	150
Kombi	125
normales Auto	100
Gesamt	375

1. Erstellen Sie eine relative Häufigkeitstabelle für diese Ergebnisse.

2. Stellen Sie die Ergebnisse in einem Kreisdiagramm dar.

3. Interpretieren Sie die Ergebnisse.

Aufgabe 2

Angenommen, ein Restaurantbesitzer beobachtet, zu welchen Zeiten seine Gäste das Restaurant besuchen: zum Frühstück, Mittagessen, Abendessen oder zu einer anderen Zeit. Einen Monat lang notiert er genau die Besuchszeiten all seiner Gäste. Insgesamt besuchen in diesem Monat 1.000 Gäste das Restaurant. Das Tortendiagramm gibt die Ergebnisse seiner Beobachtung wieder.

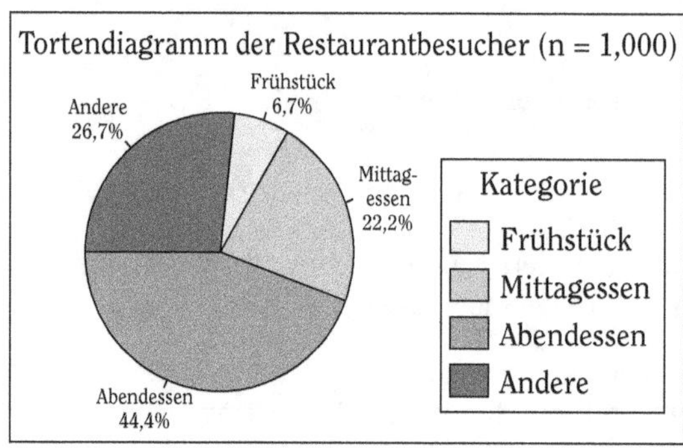

1. Welche Erkenntnisse lassen sich aus diesem Diagramm für den Restaurantbesitzer ablesen?

2. Welches Problem könnte es mit der Kategorie »Andere« geben? Wie könnte eine solche Untersuchung in der Zukunft verbessert werden?

Aufgabe 3

Angenommen, eine Büroangestellte möchte herausfinden, wie sie künftig besser mehrere Aufgaben gleichzeitig erledigen kann. Sie hat festgestellt, dass sie einen Großteil ihrer Arbeitszeit mit der Beantwortung von E-Mails zubringt, und hat daher ihre E-Mails in fünf Kategorien unterteilt: 1. Hohe Priorität; 2. Mittlere Priorität; 3. Niedrige Priorität; 4. Privat; 5. Spam-Mails, die unmittelbar gelöscht werden können. Unten sehen Sie eine Häufigkeitstabelle, in der die Beobachtungen der Büroangestellten für einen Zeitraum von zwei Wochen zusammengefasst sind.

1. Erstellen Sie eine relative Häufigkeitstabelle für diese Daten.

2. Erstellen Sie ein Kreisdiagramm für diese Daten.

3. Interpretieren Sie die Ergebnisse für die Büroangestellte.

Kategorie	Absolute Häufigkeit	Kategorie	Absolute Häufigkeit
Hohe Priorität	60	Privat	50
Mittlere Priorität	120	Spam	150
Niedrige Priorität	20	Gesamt	400

Aufgabe 4

Angenommen, eine Befragung soll Aufschluss darüber geben, welche Haustiere die Menschen in Deutschland so besitzen. Die Antworten von 100 Befragten zeigen, dass 40 Personen einen Hund, 60 eine Katze, 20 einen Fisch und 10 einen Hamster haben. Können diese Daten sinnvoll in einem Tortendiagramm dargestellt werden? Begründen Sie Ihre Antwort.

Aufgabe 5

Angenommen, als Teil der Führerscheinausbildung haben Fahrschüler die Aufgabe, an einer Kreuzung mit Stoppschild zu beobachten, ob die Autofahrer tatsächlich korrekt anhalten. Die Fahrschüler notieren dabei zwei Stunden lang, ob die Autofahrer an dem Stoppschild tatsächlich zu einem kompletten Stopp kommen, langsam an dem Stoppschild vorbeirollen oder das Schild komplett missachten. Die beobachteten Daten sind in dem folgenden Kreisdiagramm wiedergegeben.

1. Interpretieren Sie die Ergebnisse gemäß der Darstellung in dem Kreisdiagramm.

2. Welche Information fehlt in dem Kreisdiagramm?

3. Beeinflusst die fehlende Information die Interpretation der Ergebnisse?

4. Ist es möglich, die Ergebnisse aus dem Kreisdiagramm zu verallgemeinern und auf die Gesamtheit der Autofahrer zu schließen?

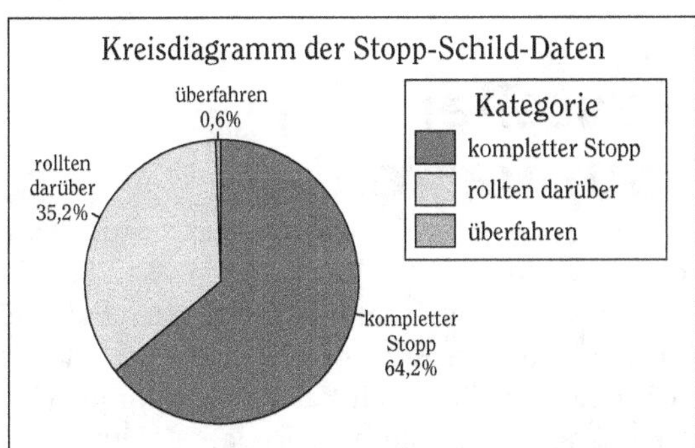

Aufgabe 6

20 Angestellte eines Büros werden gefragt, ob sie es vorziehen würden, von zu Hause aus zu arbeiten. Von den 10 befragten Frauen haben 7 angegeben, sie würden in der Tat lieber zu Hause arbeiten; 3 sagten, sie würden dies nicht vorziehen. Von den 10 befragten Männern lehnten 8 die Arbeit von zu Hause aus ab; 2 würden dagegen lieber von zu Hause aus arbeiten. Vergleichen Sie die Ergebnisse, indem Sie zwei Kreisdiagramme erstellen. Beeinflusst das Geschlecht die Präferenz für den Arbeitsort? Erläutern Sie Ihre Antwort.

Aufgabe 7

Geben Sie ein Beispiel für kategoriale Daten, die sich nicht sinnvoll in einem Kreisdiagramm darstellen lassen.

Aufgabe 8

Eine Studie soll herausfinden, ob Arbeitgeber und Angestellte der Meinung sind, dass das Surfen auf nicht arbeitsrelevanten Websites im Internet die Arbeitsproduktivität der Angestellten verringert. Die Ergebnisse einer entsprechenden Befragung sind in dem folgenden Kreisdiagramm wiedergegeben.

1. Interpretieren Sie die Ergebnisse.

2. Welche wichtige Information fehlt in den Kreisdiagrammen?

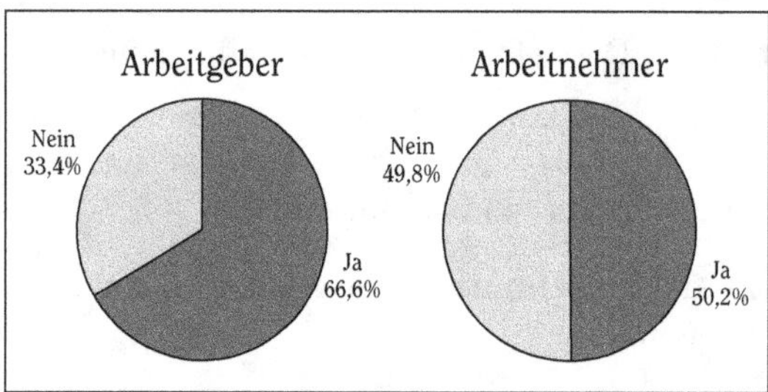

Balkendiagramme erstellen, interpretieren und auswerten

Balkendiagramme sind wahrscheinlich die in den Medien am häufigsten verwendete Form der grafischen Darstellung von Daten. Ebenso wie Kreisdiagramme stellen auch Balkendiagramme kategoriale Daten dar, indem für jede einzelne Kategorie die absolute oder relative Häufigkeit grafisch wiedergegeben wird. Dazu verwenden Balkendiagramme, wie der Name bereits vermuten lässt, Balken, deren Länge die absolute oder relative Häufigkeit der jeweiligen Kategorie anzeigt.

 Bevor Sie ein Balkendiagramm erstellen, kann es hilfreich sein, die Daten zunächst in einer Häufigkeitstabelle zusammenzufassen. Jeder Kategorie der Häufigkeitstabelle entspricht dann ein Balken in dem Balkendiagramm, wobei die Länge des Balkens die Häufigkeit der Kategorie anzeigt.

Wie Kreisdiagramme können auch Balkendiagramme, die nicht sorgfältig und korrekt erstellt wurden, leicht irreführend sein und einen falschen Eindruck von den Daten vermitteln. Achten Sie daher auf die Feinheiten bei der Darstellung in einem Balkendiagramm, die den Gesamteindruck der Grafik maßgeblich beeinflussen können.

Das folgende Beispiel verdeutlicht die Gemeinsamkeiten und Unterschiede von Balken- und Kreisdiagrammen.

Beispiel

Die beiden Abbildungen zeigen ein Kreisdiagramm und ein Balkendiagramm mit den Ergebnissen eines Ratespiels, das zehn Fragen umfasst. Beide Diagramme stellen die Anzahl der richtigen Antworten für die zehn verschiedenen Fragen dar. Nennen Sie für jedes der beiden Diagramme einen Vorteil, den dieses gegenüber der jeweils anderen Grafik hat.

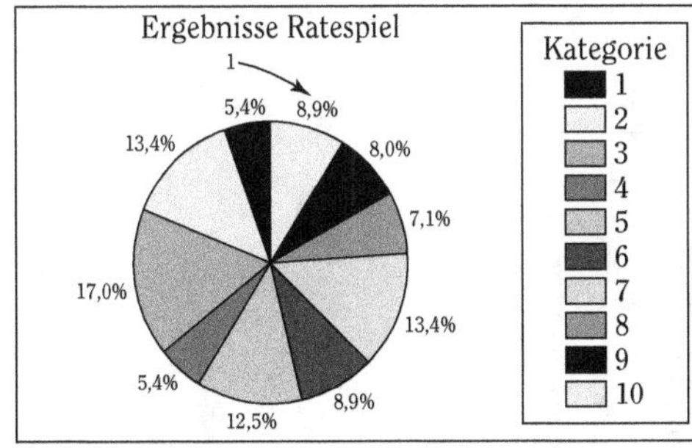

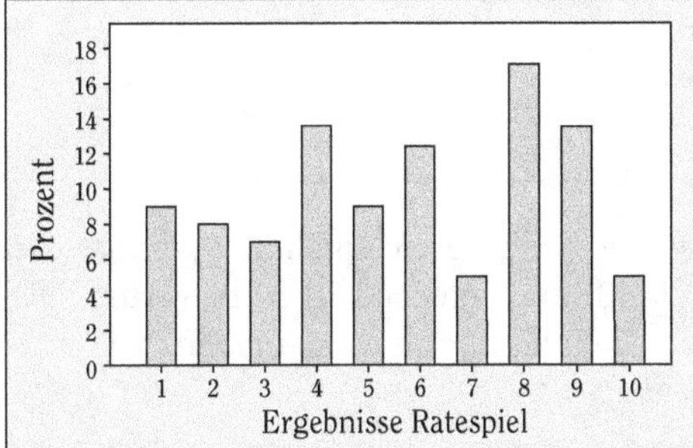

Lösung

Das Kreisdiagramm stellt die einzelnen Kategorien als Teile eines Ganzen dar. Anhand dieser Darstellung können Sie die einzelnen Kategorien in Relation zur Gesamtheit setzen und bewerten, denn Sie wissen sofort, dass sich die Anteile der einzelnen Segmente zu 100% addieren. In dem Balkendiagramm ist es dagegen einfacher, die Kategorien miteinander zu vergleichen. Ein Vergleich der Kategorien ist grundsätzlich auch in dem Kreisdiagramm möglich, die Unterschiede zwischen den Kategorien sind jedoch im Balkendiagramm auf einen Blick zu erkennen. Ohne Angabe der genauen Prozentwerte wäre ein solcher Vergleich im Kreisdiagramm kaum möglich.

Aufgabe 9

Die folgende Abbildung zeigt ein Balkendiagramm mit absoluten Häufigkeiten für insgesamt 500 Personen, die sich in drei Kategorien unterteilen (1: für ein Rauchverbot; 2: gegen ein Rauchverbot; 3: keine Meinung).

1. Erstellen Sie anhand der Daten aus dem Balkendiagramm eine relative Häufigkeitstabelle.

2. Verwenden Sie die relative Häufigkeitstabelle, um daraus die Daten in einem Balkendiagramm darzustellen.

3. Interpretieren Sie die Ergebnisse. Wie denken die Menschen dieser Stichprobe über ein Rauchverbot?

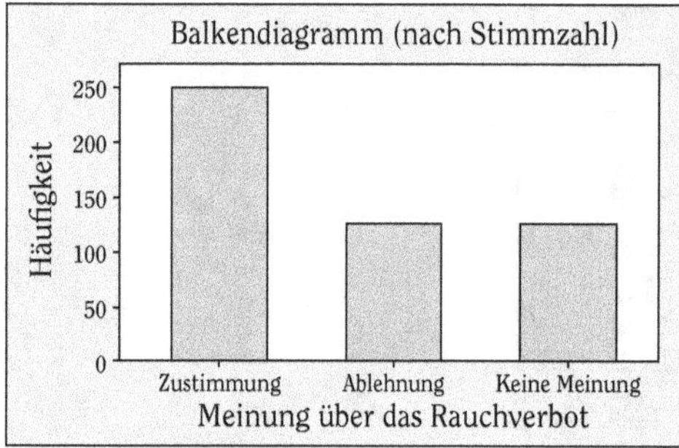

Aufgabe 10

Ein Fitnessklub bittet 30 seiner Mitglieder, die Servicequalität auf einer Skala mit den Noten sehr gut (1), gut (2), mittelmäßig (3) und schlecht (4) zu bewerten. Die Antworten der Mitglieder sind in dem folgenden Balkendiagramm wiedergeben. Wie viel Prozent der Mitglieder bewerteten den Service als gut?

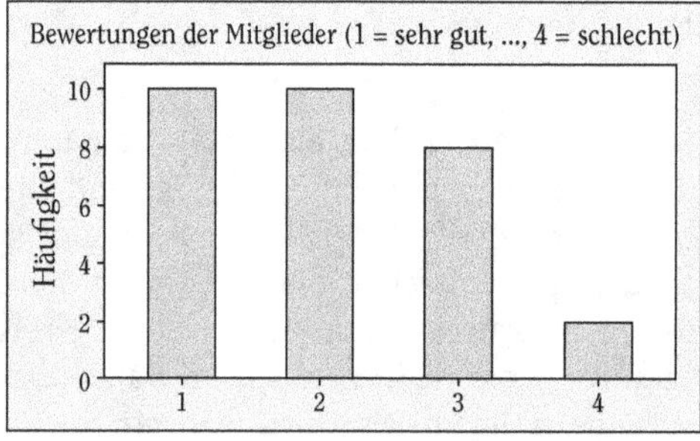

Aufgabe 11

Ein Wahlforschungsinstitut möchte herausfinden, wie die Stimmungslage unter den Wählern in Bezug auf ein bestimmtes Thema X ist. Dazu befragt das Institut eine Zufallsstichprobe aus den wahlberechtigten Personen nach ihrer Meinung zu diesem Thema. Die Antworten sind in dem folgenden Balkendiagramm wiedergegeben.

1. Erstellen Sie eine Häufigkeitstabelle dieser Ergebnisse. (Vergessen Sie dabei nicht die Angabe der Gesamthäufigkeit.)

2. Beurteilen Sie das Balkendiagramm daraufhin, ob es die Ergebnisse angemessen und korrekt wiedergibt.

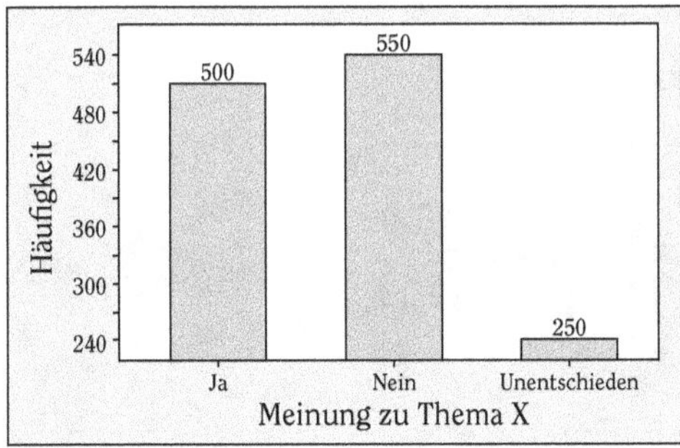

Aufgabe 12

Angenommen, eine Zufallsstichprobe von 270 Uni-Absolventen wird nach ihren aktuellen Prioritäten hinsichtlich ihrer Zukunftspläne befragt, wobei eine der möglichen Prioritäten der Kauf eines Hauses sei. Die Ergebnisse sind in dem folgenden Balkendiagramm dargestellt.

1. Das Balkendiagramm ist in dieser Form irreführend. Warum?

2. Erstellen Sie ein neues Balkendiagramm, das die Ergebnisse besser wiedergibt.

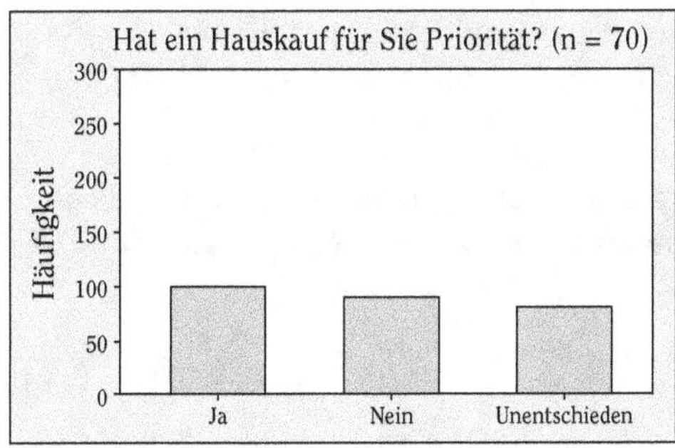

Aufgabe 13

Ein Autohändler, der sich auf Minivans spezialisiert hat, möchte etwas genauer erfahren, wer seine typischen Kunden sind. Eine der Variablen, die sich das Unternehmen dazu anschaut, ist das Geschlecht der Kunden. Das Ergebnis für diese Variable ist in dem folgenden Balkendiagramm wiedergegeben.

1. Interpretieren Sie das Ergebnis.

2. Denken Sie, dass das Balkendiagramm die Daten angemessen und korrekt darstellt? Begründen Sie Ihre Meinung.

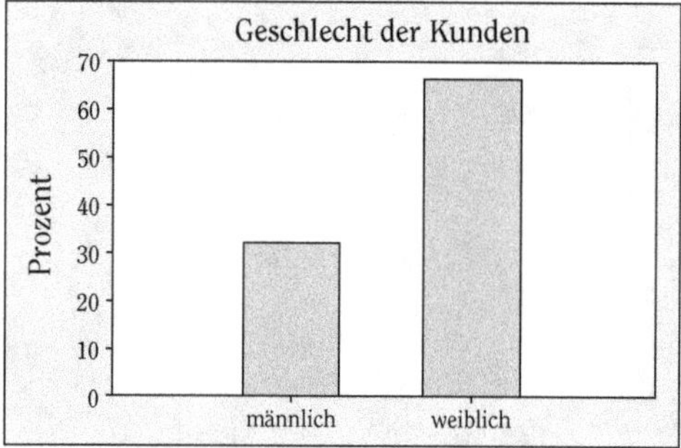

Aufgabe 14

Es wird eine Befragung durchgeführt, um zu ermitteln, ob 20 Angestellte in einem bestimmten Büro es vorziehen würden, von zu Hause aus zu arbeiten. Das Gesamtergebnis der Befragung ist in dem oberen Balkendiagramm wiedergegeben, die Ergebnisse unterteilt nach Geschlecht sind im zweiten Balkendiagramm dargestellt.

1. Interpretieren Sie beide Grafiken.

2. Erläutern Sie, inwieweit die zusätzliche Berücksichtigung des Geschlechts im zweiten Diagramm einen Mehrwert für die Interpretation der Daten bietet. (Die spezielle Darstellungsform in dem zweiten Balkendiagramm wird als *gruppiertes Balkendiagramm* bezeichnet und häufig verwendet, wenn die dargestellten Ergebnisse nach zwei oder mehr Variablen differenziert werden sollen, wie hier nach Antwortverhalten und Geschlecht.)

3. Vergleichen Sie das gruppierte Balkendiagramm mit den Kreisdiagrammen, die Sie in Aufgabe 6 erstellt haben. Welche Darstellungsmethode eignet sich besser für den Vergleich zweier Gruppen?

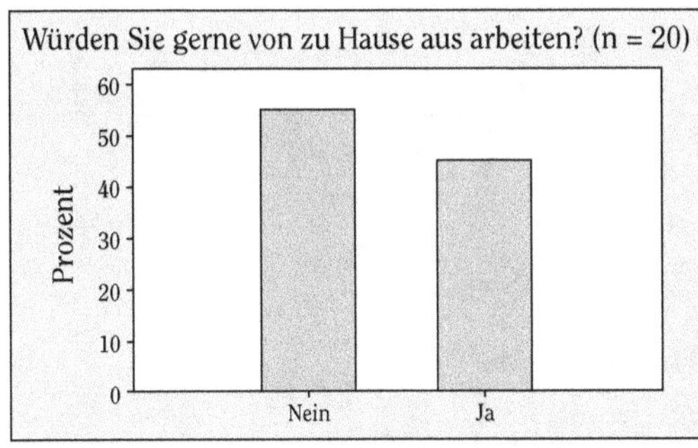

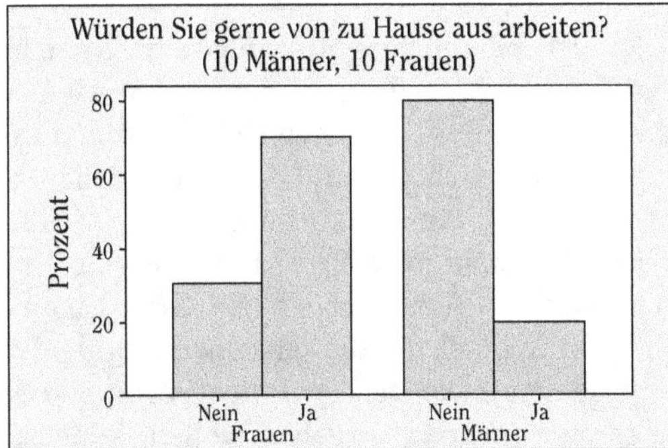

Lösungen für die Aufgaben zum Thema Darstellen von kategorialen Daten

Lösung 1

Vor dem Erstellen eines Kreisdiagramms ist es häufig hilfreich, die zugrunde liegenden Daten zunächst in einer relativen Häufigkeitstabelle zusammenzufassen.

1. Die folgende Tabelle zeigt die relative Häufigkeitstabelle für diese Daten.

Kategorie	Relative Häufigkeit
Geländewagen	$150 \div 375 = 0{,}400 = 40{,}0\%$
Kombi	$125 \div 375 = 0{,}333 = 33{,}3\%$
normales Auto	$100 \div 375 = 0{,}267 = 26{,}7\%$
Gesamt	$375 \div 375 = 1{,}000 = 100\%$

2. Die folgende Grafik zeigt das Kreisdiagramm für die betrachteten Daten. (Das Kreisdiagramm wurde mit Excel erstellt. Wenn Sie das Kreisdiagramm mit der Hand gezeichnet haben, sollte es ähnlich aussehen, auch wenn es freilich nicht so präzise sein mag.)

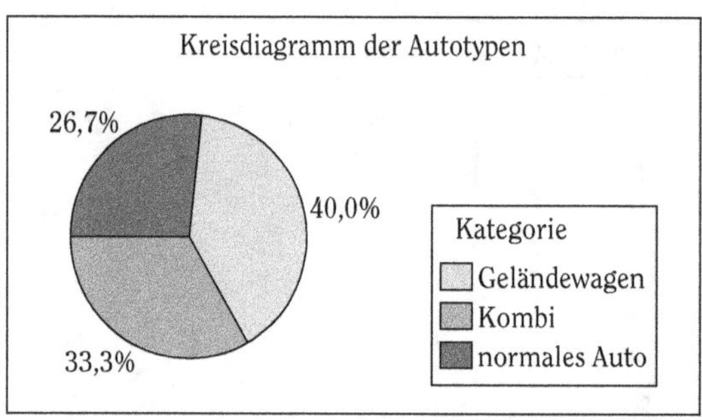

Auch wenn sich mit der Hand leidlich herzeigbare Kreisdiagramme zeichnen lassen (und in schriftlichen Prüfungen und Klausuren werden Sie um das Zeichnen mit der Hand auch kaum herumkommen), so lassen sich Kreisdiagramme mit dem Computer doch noch wesentlich einfacher und präziser erstellen, zum Beispiel mit Programmen wie Excel oder SPSS. Das Problem beim Zeichnen eines Kreisdiagramms mit der Hand besteht vor allem darin, die Größe der Segmente richtig zu bemessen. Wenn Sie sich noch an die Grundlagen der Geometrie erinnern, können Sie den Winkel für die einzelnen Segmente ermitteln, indem Sie für jede Kategorie den jeweiligen Prozentwert mit 360 Grad multiplizieren. Wenn Sie nicht ganz so präzise vorgehen wollen, können Sie alternativ den Kreis zunächst mit gestrichelten Hilfslinien in ein grobes Raster unterteilen – zunächst in Viertel (die jeweils 25% umfassen), dann in Achtel (jeweils 12,5%) – und dann anhand dieses Rasters die Stücke so gut wie möglich abschätzen.

3. Aus den Ergebnissen lässt sich ablesen, dass 40% der Personen einen Geländewagen besitzen. Die übrigen Personen verteilen sich auf die beiden anderen Kategorien, wobei 26,7% ein normales Auto besitzen und 33,3% einen Kombi.

Lösung 2

Vorsicht ist generell bei Kreisdiagrammen geboten, die eine große Kategorie »Andere« aufweisen.

1. Das Kreisdiagramm zeigt, dass von den drei Mahlzeiten das Abendessen die meisten Gäste lockt. (44,4% aller Gäste kamen zum Abendessen, 22,2% zum Mittagessen und 6,7% zum Frühstück.)

2. Das Kreisdiagramm hat eine Schwäche: Es weist eine sehr große Kategorie »Andere« auf, der 26,7% aller Gäste des Restaurants zugeordnet sind. Aus dieser Kategorie kann der Restaurantbesitzer keine Anhaltspunkte für die Optimierung seines Geschäfts ableiten, denn es ist nicht zu erkennen, wann genau die 26,7% der Gäste aus dieser Kategorie das Restaurant besucht haben. Besser wäre es gewesen, die Besuchszeiten der Gäste wären feiner unterteilt worden, beispielsweise mithilfe der zusätzlichen Kategorien »zwischen Frühstück und Mittagessen«, »zum Kaffee«, »am späten Nachmittag« etc.

Wenn Ihnen ein Kreisdiagramm unterkommt, das eine große Kategorie »Sonstiges« enthält, die eventuell sogar größer ist als einige andere Kategorien des Diagramms, sollten Sie aufmerksam werden. Eine große Kategorie »Sonstiges« ist immer ein Hinweis darauf, dass die Daten wohl besser in etwas feinere Kategorien hätten unterteilt werden sollen oder wichtige Kategorien vollständig vergessen wurden.

Lösung 3

Es ist schnell zu erkennen, dass der Posteingang der Büroangestellten mit Spam-Mails überflutet wird, zwischen denen die wirklich wichtigen Mails leicht untergehen können. Dies kann in einer relativen Häufigkeitstabelle und einem Kreisdiagramm anschaulich dargestellt werden.

1. Die folgende Tabelle zeigt die relative Häufigkeitstabelle für die Daten. Mehr als ein Drittel der E-Mails (37,5%) gehen auf Spam zurück.

Kategorie	Relative Häufigkeit	Kategorie	Relative Häufigkeit
Hohe Priorität	$60 \div 400 = 15\%$	Privat	$50 \div 400 = 12,5\%$
Mittlere Priorität	$120 \div 400 = 30\%$	Spam	$150 \div 400 = 37,5\%$
Niedrige Priorität	$20 \div 400 = 5\%$	Gesamt	$\mathbf{400 \div 400 = 100\%}$

2. Die folgende Grafik zeigt die Darstellung in einem Kreisdiagramm. Dieses Kreisdiagramm wurde mit Excel erstellt, aber auch ein mit der Hand gezeichnetes Kreisdiagramm sollte ähnlich aussehen.

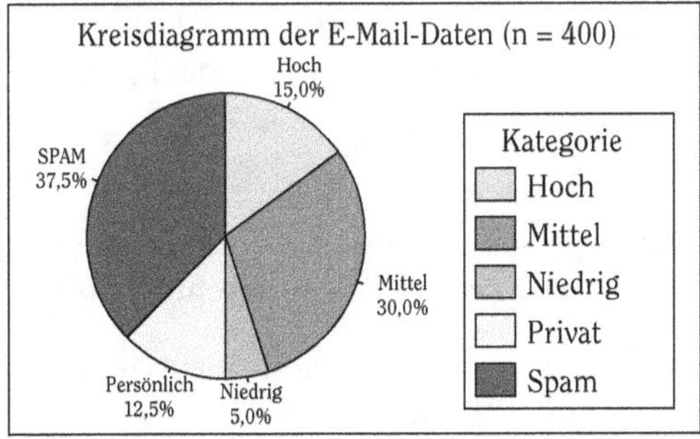

Wenn Sie ein Kreisdiagramm mit der Hand zeichnen, empfiehlt es sich meistens, im ersten Schritt das größte Segment einzuzeichnen, dann das zweitgrößte und so weiter. Um ein Kreisdiagramm mit Excel zu erstellen, geben Sie dort zunächst die Daten aus der relativen Häufigkeitstabelle in eine Excel-Tabelle ein (ohne die Kategorie *Gesamt*) und erzeugen anschließend für diese Daten ein Kreisdiagramm.

3. Die Ergebnisse zeigen der Büroangestellten, dass sie jede Menge Spam-Mails bekommt. Zudem erhält sie auch einen nicht unerheblichen Anteil privater Mails, die sie in ihren Pausen oder mittags lesen sollte, um ihre effektive Arbeitszeit zu maximieren. Außerdem ist erkennbar, dass 15% + 30% = 45% der Mails wichtig oder sehr wichtig sind, weshalb sie ohnehin genug zu tun haben dürfte.

Lösung 4

Nein, die Daten lassen sich nicht sinnvoll in einem Tortendiagramm darstellen. Die Daten weisen insgesamt 40 + 60 + 20 + 10 = 130 »Mensch-Tier-Beziehungen« aus, die Gesamtheit der Befragten umfasste jedoch nur 100 Personen. Wie kann das sein? Nun, ganz einfach: Einige Befragte wurden doppelt beziehungsweise mehrfach gezählt, da sie mehr als ein Haustier besitzen. Die Summe addiert sich also nicht zu n, der Stichprobengröße, und damit addieren sich auch die Anteilswerte (Anteil der Hundebesitzer plus Anteil der Katzenbesitzer etc.) nicht zu 100%. Genau dies wäre aber erforderlich, wenn die Daten in einem Kreisdiagramm dargestellt werden sollten. Möchten Sie die Tierhalter-Daten dennoch anschaulich grafisch aufbereiten, bietet sich ein Balkendiagramm als sinnvolle Alternative an.

 Alle Prozentwerte in einem Kreisdiagramm müssen sich stets zu 100% addieren (von kleineren Rundungsfehlern einmal abgesehen).

Lösung 5

Ein Kreisdiagramm zu interpretieren ist denkbar einfach – mitunter mag es einem derart trivial vorkommen, dass man versucht ist, in dem Diagramm mehr zu erkennen, als es tatsächlich aussagt.

1. Das Kreisdiagramm zeigt, dass 64,2% der Autofahrer am Stoppschild vollständig zum Stillstand kamen, 35,2% langsam vorbeifuhren und 0,6% das Schild komplett missachteten.

2. Das Kreisdiagramm gibt keinen Hinweis darauf, wie viele Autofahrer die Fahrschüler beobachteten. Die Stichprobengröße n ist damit unbekannt, es ist also möglich, dass die Fahrschüler nur eine kleine Anzahl von Autos beobachtet haben.

3. Wenn die Größe der Stichprobe, die einem Kreisdiagramm zugrunde liegt, unbekannt ist, lässt sich nicht ablesen, ob die dargestellten Werte zuverlässig sind. Akzeptiert man die in dem Kreisdiagramm dargestellte Verteilung unkritisch als allgemeingültige Aussage, kann man daraus sehr leicht unpräzise oder sogar falsche Schlüsse ziehen.

4. Die Daten wurden an einem einzigen Tag, im Verlauf von nur zwei Stunden und an einem einzigen Stoppschild erhoben. Die Datenbasis ist damit sehr eingeschränkt und es ist nicht möglich, aus den Ergebnissen Rückschlüsse auf das generelle Verhalten sämtlicher Autofahrer zu ziehen.

Behalten Sie bei der Auswertung von Kreisdiagrammen und der Bewertung von relativen Häufigkeiten stets die Größe der zugrunde liegenden Stichprobe im Auge. Die Stichprobengröße ist entscheidend für die Genauigkeit und Aussagekraft der Daten.

Lösung 6

Die beiden Kreisdiagramme sind in der folgenden Abbildung dargestellt. Es sieht so aus, dass tatsächlich ein Zusammenhang zwischen dem Geschlecht und der Vorliebe für das Arbeiten von zu Hause aus besteht – zumindest unter den 20 Mitarbeitern dieses Büros. Frauen haben hier eine höhere Präferenz für die Arbeit von zu Hause aus (70%) als ihre männlichen Kollegen (20%).

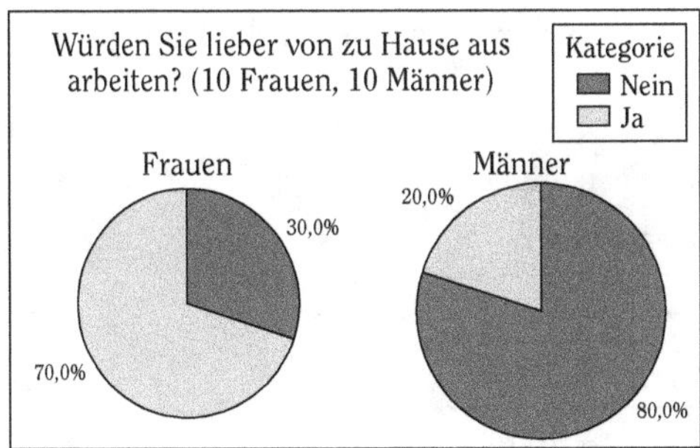

Lösung 7

Hier eignet sich jedes Beispiel, bei dem sich die prozentualen Anteile der einzelnen Kategorien nicht zu 100% addieren. Dies ist unter anderem dann der Fall, wenn eine Person in mehr als einer Kategorie vertreten sein kann. Zum Beispiel: Eine Gruppe von Erwachsenen wird nach ihren Beschäftigungen an einem Freitagabend befragt: 41% schauen fern, 50% gehen ins Kino und 60% gehen essen. Der Interviewer hat die Personen nicht gefragt, was sie am liebsten machen (das hätte zu genau einer Antwort pro Person geführt), sodass die Möglichkeit zu Mehrfachantworten besteht. Für die Darstellung der Antworten wäre ein Kreisdiagramm daher ungeeignet.

Lösung 8

Die Kreisdiagramme haben eine häufig zu beobachtende Schwäche: Sie enthalten keine Angaben zur Stichprobengröße, weshalb sich die Ergebnisse nur eingeschränkt verwerten lassen.

1. Es ist nicht wirklich überraschend, dass Arbeitgeber und Angestellte eine etwas unterschiedliche Meinung zum Surfen im Internet während der Arbeitszeit haben: Während zwei Drittel der Arbeitgeber der Meinung sind, das Surfen verringere die Arbeitsproduktivität der Mitarbeiter (66,6% sehen dies so, 33,4% haben mit Nein geantwortet), teilen sich die Angestellten in zwei gleich große Lager (50,2% antworteten mit Ja, 49,8% mit Nein).

2. In der Grafik fehlt die Angabe zur Stichprobengröße. Es ist daher nicht zu erkennen, ob 100 oder 10.000 Personen befragt wurden. Diese fehlende Information schränkt die Aussagekraft der Ergebnisse erheblich ein. Zudem fehlt jegliche Angabe zum Zeitpunkt der Befragung.

Ein Kreisdiagramm sollte stets mit seinen Ergebnissen für sich allein stehen können. Alle notwendigen Informationen, die zur korrekten Interpretation der Daten erforderlich sind, sollten in dem Diagramm mit ausgewiesen werden.

Lösung 9

Relative Häufigkeiten (Prozentwerte) ermöglichen es, Gruppen und Kategorien sehr einfach miteinander zu vergleichen.

1. Die folgende Tabelle zeigt die relative Häufigkeitstabelle für die Daten aus dem Balkendiagramm.

Kategorie	Relative Häufigkeit
Für ein Rauchverbot	$250 \div 500 = 50\%$
Gegen ein Rauchverbot	$125 \div 500 = 25\%$
Keine Meinung	$125 \div 500 = 25\%$
Gesamt	$500 \div 500 = 100\%$

2. Die folgende Grafik zeigt das entsprechende Balkendiagramm.

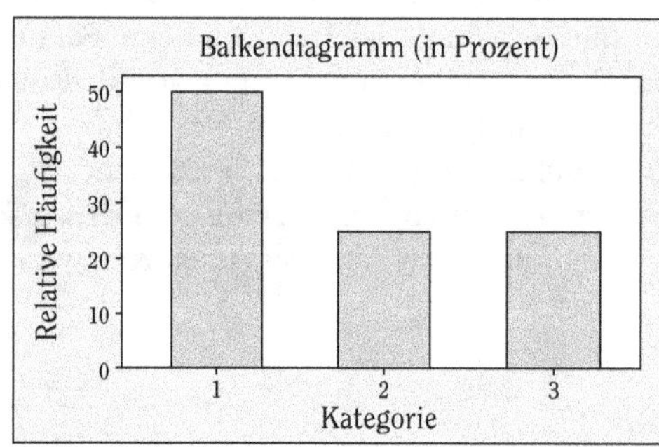

3. Die Hälfte der Befragten spricht sich für ein Rauchverbot aus. Die andere Hälfte teilt sich zu gleichen Teilen in Personen, die ein Rauchverbot ablehnen, und Personen, die keine Meinung dazu haben.

Lösung 10

Das Balkendiagramm zeigt, dass 10 von 30 Kunden ($10 \div 30 = 33{,}3\%$) den Service als gut beurteilt haben. Beachten Sie, dass 10 Kunden (nicht 10% der Kunden) mit *gut* geantwortet haben, da auf der y-Achse nicht relative, sondern absolute Häufigkeiten abgetragen wurden.

Bei der Interpretation eines Balkendiagramms sollten Sie stets die genauen Achsenbeschriftungen beachten und als Erstes feststellen, ob das Diagramm absolute Werte (einfache Häufigkeiten) oder Prozentwerte (relative Häufigkeiten) wiedergibt.

Lösung 11

Achten Sie bei der Auswertung von Balkendiagrammen auch auf die Skalierung der Achsen, die Lage des Ursprungs und die Größe der zugrunde liegenden Stichprobe.

1. Die folgende Häufigkeitstabelle gibt die Meinung der Befragten zum Thema X wieder. Die Häufigkeiten sind dem Balkendiagramm entnommen; dort zeigt die Höhe der Balken in Verbindung mit der Skala an der y-Achse die absoluten Häufigkeiten für die einzelnen Kategorien an. Insgesamt wurden somit 1.300 Personen befragt.

Kategorie	Absolute Häufigkeit
Ja	500
Nein	550
Unentschieden	250
Gesamt	1.300

2. Das Balkendiagramm ist ein wenig irreführend: Die Kategorie »Unentschieden« enthält halb so viele Personen wie die Kategorie »Ja«, die Balken vermitteln jedoch optisch den Eindruck, die Kategorie »Unentschieden« sei deutlich kleiner. Die Höhenverhältnisse der Balken werden hier verzerrt dargestellt, weil die Skalierung der y-Achse, an der die Häufigkeiten abgetragen sind, unglücklich gewählt ist. Die Achse hat ihren Ursprung in der Grafik nicht bei dem Wert 0, sondern bei 240. Das folgende Balkendiagramm stellt die gleichen Daten mit verbesserter Skalierung dar: Die y-Achse hat nun ihren Ursprung bei 0. Da die Achse damit einen größeren Wertebereich (von 0 bis 600) umfasst, wurden gleichzeitig die Abstände zwischen den Achsenbeschriftungen von 60 auf 100 vergrößert. Zusätzlich wird in dem Diagramm nun auch die Stichprobengröße mit ausgewiesen, sodass der Leser der Grafik diese nicht mehr im Kopf zusammenrechnen muss.

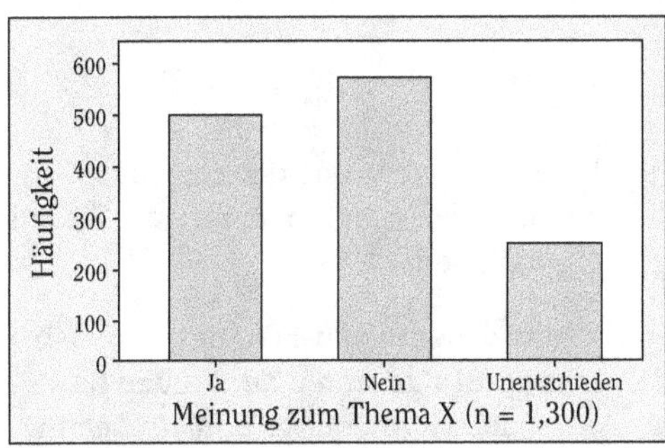

Achten Sie stets auf die Skalierung und den Ursprung der Achsen. Wenn eine Achse mit Häufigkeiten oder Prozentwerten nicht bei 0 beginnt, erscheint die Höhe der Balken im Verhältnis zu den durch die Balken dargestellten Werten verzerrt.

Lösung 12

Nicht nur der Ursprung, sondern auch die Endpunkte einer Achsenskala sind wichtig, denn die Größe des an einer Achse abgetragenen Wertebereichs entscheidet, ob die Balken in dem Balkendiagramm gestaucht oder gestreckt erscheinen.

1. Das Balkendiagramm ist irreführend, weil es die Unterschiede zwischen den Häufigkeiten der einzelnen Kategorien kleiner erscheinen lässt, als sie tatsächlich sind. Der Grund hierfür ist der unglücklich gewählte Endwert der y-Achse: Die Achse erstreckt sich bis zum Wert 300, obwohl keiner der dargestellten Balken höher als bis zum Wert 100 reicht. Durch den unnötig großen Wertebereich der y-Achse erscheinen die Balken in dem Diagramm gestaucht und die Unterschiede zwischen den Balken relativ gering.

2. Die folgende Grafik zeigt das Balkendiagramm in einer angemesseneren Darstellung, die eine korrekte Interpretation der Daten erleichtert.

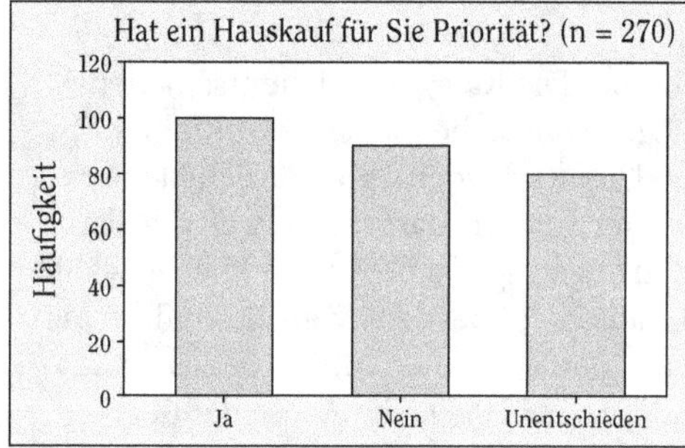

Achten Sie beim Erstellen und Interpretieren von Diagrammen darauf, ob die Sachverhalte angemessen dargestellt werden oder möglicherweise Unterschiede zwischen den Kategorien durch eine ungeschickte Skalierung der Achsen überzeichnet oder heruntergespielt werden.

Lösung 13

Mithilfe von Prozentwerten lässt sich auf einen Blick die Bedeutung der einzelnen Kategorien vergleichen. Um Prozentangaben angemessen bewerten zu können, müssen Sie jedoch zwingend die Größe der zugrunde liegenden Stichprobe kennen.

1. Das Balkendiagramm zeigt, dass unter den Kunden des Minivan-Händlers ungefähr zweimal so viele Frauen wie Männer sind. Der prozentuale Anteil der Frauen beträgt circa 67% (ungefähr zwei Drittel), der Anteil der Männer circa 33% (ungefähr ein Drittel).

2. Das größte Problem dieses Balkendiagramms besteht darin, dass nur die Prozentangaben jeder Gruppe ausgewiesen sind, nicht aber die Stichprobengröße. 67% Frauen könnte zum Beispiel bedeuten, dass der Autohändler 3.000 Personen befragt hat, von denen 2.000 weiblich waren. Es könnte aber auch sein, dass er nur 30 Personen befragt hat, von denen 20 weiblich waren.

Lösung 14

Die zweite Variable hat hier entscheidenden Einfluss auf das Ergebnis und sollte daher unbedingt mit betrachtet werden.

1. Das erste Balkendiagramm aus Aufgabe 14 zeigt, dass circa 45% der Büroangestellten lieber von zu Hause aus arbeiten würden und 55% das Arbeiten im Büro vorziehen. Das zweite Diagramm stellt dies etwas differenzierter dar: Von den befragten Frauen würden sich 70% die Arbeit von zu Hause wünschen und 30% lieber im Büro arbeiten. Betrachtet man dagegen die Männer, so ergibt sich ein anderes Bild: 20% präferieren das Arbeiten von zu Hause und 80% das Arbeiten im Büro. (Beachten Sie, dass sich die Prozentanteile innerhalb jeder Gruppe zu 100% addieren. Deshalb sind Vergleiche zwischen Gruppen zulässig.)

2. Das zweite Balkendiagramm liefert die interessanteren Aussagen, denn es zeigt, dass die Präferenzen vom Geschlecht der Befragten abhängen.

3. Sowohl zwei Kreisdiagramme als auch gruppierte Balkendiagramme stellen den Sachverhalt korrekt und angemessen dar. Ein gruppiertes Balkendiagramm hat allerdings den Vorteil, dass sich die Kategorien aus den verschiedenen Gruppen (hier also die Antworten der Männer und der Frauen) leichter miteinander vergleichen lassen, da sie nebeneinander dargestellt und auf derselben Achse abgetragen werden.

Kapitel 3

Quantitative Daten darstellen: Grafiken und Diagramme

Quantitative Daten begegnen einem häufig als Ergebnis von Messungen, bei denen die Zahlen tatsächlich als Zahlen gemeint sind und nicht als fortlaufende Nummern oder Platzhalter für Kategorienbezeichnungen. Um quantitative Daten darzustellen, verwenden Statistiker gerne Histogramme, die es dem Betrachter auch bei umfangreichen quantitativen Daten ermöglichen, alle Daten auf einen Blick zu erfassen. Histogramme vermitteln insbesondere einen guten Eindruck davon, wie sich die Daten insgesamt verteilen, wo die »Mitte« der Daten liegt und in welchem Maße die Daten um diese »Mitte« streuen. Damit zeigt ein Histogramm die wichtigsten charakteristischen Merkmale eines quantitativen Datensatzes auf.

Erstaunlicherweise begegnet man im Alltag und in den populären Medien nicht allzu vielen Histogrammen, denn sie haben es trotz ihrer Einfachheit über die Wissenschaft hinaus noch nicht zu allzu großer Popularität gebracht. Spätestens im Statistikunterricht spielen Histogramme aber eine zentrale Rolle, weshalb es sich lohnt, mit dem Umgang und der Interpretation von Histogrammen vertraut zu werden. Dieses Kapitel wird Ihnen dabei helfen.

Histogramme erstellen

Ein *Histogramm* ist quasi ein Balkendiagramm für quantitative Daten. Für die Darstellung in einem Histogramm werden die fortlaufenden numerischen Daten so in Gruppen unterteilt, dass die einzelnen Wertegruppen (häufig auch Klassen genannt) ohne Lücken direkt aneinanderstoßen. Im Histogramm wird dann für jede Wertegruppe ein Balken erstellt – ähnlich wie bei kategorialen Daten für jede Kategorie ein Balken eingezeichnet wird. Die Tatsache, dass in dem Histogramm nicht Kategorien, sondern direkt aneinander angrenzende Wertegruppen dargestellt werden, wird auch dadurch veranschaulicht, dass sich die benachbarten

Balken in einem Histogramm berühren, zwischen zwei Balken also keine Lücke verbleibt. Auf der y-Achse des Histogramms werden entweder Häufigkeiten (absolute Werte) oder Prozente (relative Häufigkeiten) abgetragen. Die Höhe eines Balkens im Histogramm zeigt an, wie viele absolute Beobachtungen beziehungsweise wie viel Prozent aller Beobachtungen in die jeweilige Wertegruppe fallen.

Um ein Histogramm zu erstellen, unterteilen Sie die Daten zunächst in eine sinnvolle Anzahl von Wertegruppen, die jeweils die gleiche Intervallbreite aufweisen. Ordnen Sie die einzelnen Werte des Datensatzes anschließend den jeweiligen Wertegruppen zu. Für den Fall, dass ein Wert genau auf der Grenze zwischen zwei Wertegruppen liegt, müssen Sie sich entscheiden, welcher Gruppe Sie diesen Wert zuordnen wollen. Achten Sie dabei darauf, dass Sie in solchen Fällen immer konsistent vorgehen, derartige »Grenzwerte« also entweder stets der höheren oder stets der niedrigeren Wertegruppe zuordnen. Im nächsten Schritt erstellen Sie ein Balkendiagramm, in das Sie für jede Wertegruppe einen Balken einzeichnen, dessen Höhe die Anzahl der Werte in der jeweiligen Wertegruppe darstellt. Das Ergebnis ist ein *Histogramm der absoluten Häufigkeiten.* Wenn Sie dagegen statt der absoluten Anzahl die relative Häufigkeit (also die absolute Häufigkeit der einzelnen Wertegruppe dividiert durch die Gesamtzahl aller Beobachtungen) der einzelnen Wertegruppen darstellen, erhalten Sie entsprechend ein *Histogramm der relativen Häufigkeiten.*

 Zum Erstellen der Histogramme können Sie Computerprogramme wie zum Beispiel SPSS benutzen, aber natürlich können Sie Histogramme auch mit der Hand zeichnen. In beiden Fällen kann es sein, dass Sie in den folgenden Übungsbeispielen andere Intervallbreiten für die Wertebereiche verwenden, als in den dargestellten Lösungen vorgesehen ist. Das ist vollkommen in Ordnung, denn es gibt keine feste Regel, die vorschreibt, wie groß die Intervallbreite gewählt werden sollte. Ihre Lösung ist richtig, solange das resultierende Histogramm eine deutliche Ähnlichkeit mit der in den Lösungen dargestellten Grafik aufweist. Dies sollte gewährleistet sein, sofern Sie nicht eine ganz außergewöhnlich große oder kleine Anzahl von Wertegruppen erstellen und die Regel beachten, dass alle Wertegruppen eines Diagramms die gleiche Intervallbreite aufweisen sollten. Möglicherweise verwenden Sie auch andere Anfangs- und Endpunkte für die einzelnen Wertegruppen. Auch das sollte kein Problem sein. Achten Sie nur stets darauf, dass Sie Ihre Histogramme klar und vollständig beschriften, damit stets nachvollzogen werden kann, wie Sie das Histogramm erstellt haben. Wichtig ist zudem, dass Sie »Grenzwerte«, die auf der Grenze zwischen zwei benachbarten Wertegruppen liegen, einheitlich stets der höheren oder der niedrigeren Wertegruppe zuordnen. Besser ist es sogar noch, die Wertegruppen gleich so zu bilden, dass sich keine Überschneidungen ergeben. (Sie sollten also nicht eine Wertegruppe von 10 bis 20 und eine von 20 bis 30 bilden, sondern besser eine von 10 bis unter 20, die nächste von 20 bis unter 30 etc.)

Das folgende Beispiel zeigt die Vorgehensweise zum Erstellen beider Arten von Histogrammen – für absolute und für relative Häufigkeiten.

Beispiel

In der folgenden Tabelle sind die Testergebnisse einer Klausur aus einem Kurs mit 30 Studenten wiedergegeben. Die Studenten haben Punktzahlen zwischen 70 und 99 erreicht, die in der Tabelle bereits zu Wertegruppen zusammengefasst sind.

Punktzahl	Absolute Häufigkeit
70–79	8
80–89	16
90–99	6

1. Erstellen Sie ein Histogramm der absoluten Häufigkeiten.

2. Ermitteln Sie die relativen Häufigkeiten für jede Wertegruppe.

3. Beschreiben Sie, ohne ein Histogramm für relative Häufigkeiten zu zeichnen, wie sich dieses von dem Histogramm für absolute Häufigkeiten unterscheiden würde.

Lösung

Histogramme für absolute Häufigkeiten und solche für relative Häufigkeiten sehen nahezu identisch aus. Der einzige Unterschied besteht darin, dass sie an der y-Achse eine unterschiedliche Skala verwenden.

1. Die folgende Grafik zeigt das Histogramm der absoluten Häufigkeiten für die Testergebnisse der Studenten.

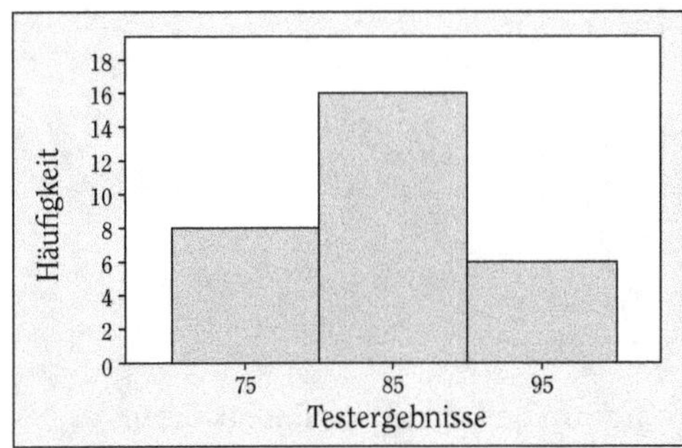

2. Die relativen Häufigkeiten ermitteln Sie, indem Sie die absolute Häufigkeit jeder Wertegruppe durch die Stichprobengröße (hier: 30) teilen. Die relativen Häufigkeiten für die drei Gruppen sind somit $8 \div 30 = 0{,}27$ beziehungsweise 27%, $16 \div 30 = 0{,}53$ beziehungsweise 53% und $6 \div 30 = 0{,}20$ beziehungsweise 20%.

3. Das Histogramm der relativen Häufigkeiten sieht genauso aus wie das der absoluten Häufigkeiten. Der einzige Unterschied besteht in der Skalierung und damit auch der Beschriftung der y-Achse.

Aufgabe 1

Bei der Darstellung von Daten in einem Histogramm gehen Informationen verloren, die in den Ursprungsdaten noch enthalten sind. Welche Informationen sind es, die hier verloren gehen?

Aufgabe 2

Erstellen Sie ein Histogramm für den folgenden Datensatz von Testergebnissen: 72, 79, 81, 80, 63, 62, 89, 99, 50, 78, 87, 97, 55, 69, 97, 87, 88, 99, 76, 78, 65, 77, 88, 90 und 81.

Würde sich auch ein Kreisdiagramm für die Darstellung dieser Daten eignen?

Aufgabe 3

Angenommen, Sie führen eine Befragung von 45 Personen durch, um herauszufinden, wie viele Fernsehgeräte diese besitzen. Die Befragung liefert folgende Ergebnisse: 2 Personen besitzen keinen Fernseher, 17 Personen besitzen 1 Fernseher, 22 Personen 2 Fernseher, 3 Personen besitzen 3 und 1 Person hat 4 Fernseher. Erstellen Sie für diese Daten ein Histogramm der relativen Häufigkeiten und interpretieren Sie Ihr Ergebnis.

Aufgabe 4

Sie würfeln einige Male mit einem gezinkten Würfel und erhalten die in dem folgenden Histogramm dargestellten Ergebnisse.

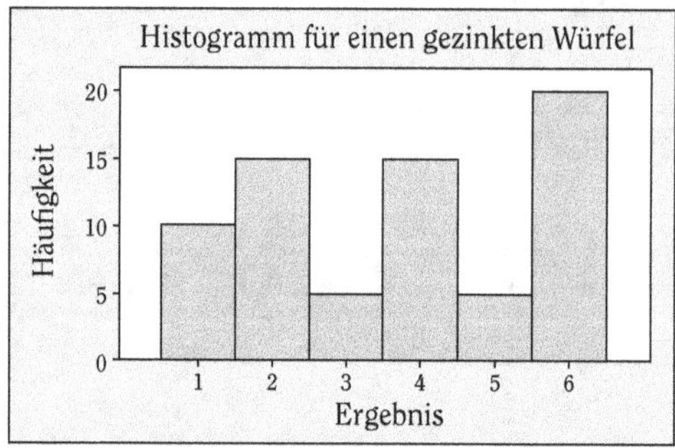

1. Erstellen Sie für diese Ergebnisse ein Histogramm der relativen Häufigkeiten.

2. Sie können aus dem Histogramm der absoluten Häufigkeiten ein Histogramm der relativen Häufigkeiten erstellen. Ist auch der umgekehrte Weg möglich?

Histogramme richtig verwenden

Ein Histogramm beschreibt vor allem drei wichtige Eigenschaften der dargestellten quantitativen (numerischen) Daten: die Form ihrer Verteilung, ihr Zentrum und ihre Streuung.

Die Verteilungs*form* der Daten kommt durch das allgemeine Muster der Balken in dem Histogramm zum Ausdruck. Dabei können sich grundsätzlich viele unterschiedliche Muster ergeben, es gibt jedoch einige typische Formen, die immer wieder auftreten:

- ✔ **Glockenförmig:** Diese Form ähnelt einer Glocke – mit einem hohen Gipfel in der Mitte und zu beiden Seiten einem Schwanz, der gleichmäßig abfällt (siehe Abbildung 3.1 a).

- ✔ **Rechtsschief:** Die Daten häufen sich auf der linken Seite des Histogramms (bei den kleineren Werten), während sie auf der rechten Seite (bei den höheren Werten) eher vereinzelt auftreten und stärker streuen (siehe Abbildung 3.1 b).

- ✔ **Linksschief:** Die Daten häufen sich auf der rechten Seite des Histogramms (bei den großen Werten), während sie auf der linken Seite (bei den kleineren Werten) eher vereinzelt auftreten und stärker streuen (siehe Abbildung 3.1 c).

- ✔ **Gleichverteilt:** Alle Balken in dem Histogramm besitzen die gleiche Höhe (siehe Abbildung 3.1 d).

- ✔ **Bimodal:** Die Verteilung weist zwei Gipfel (Häufungspunkte) auf (siehe Abbildung 3.1 e).

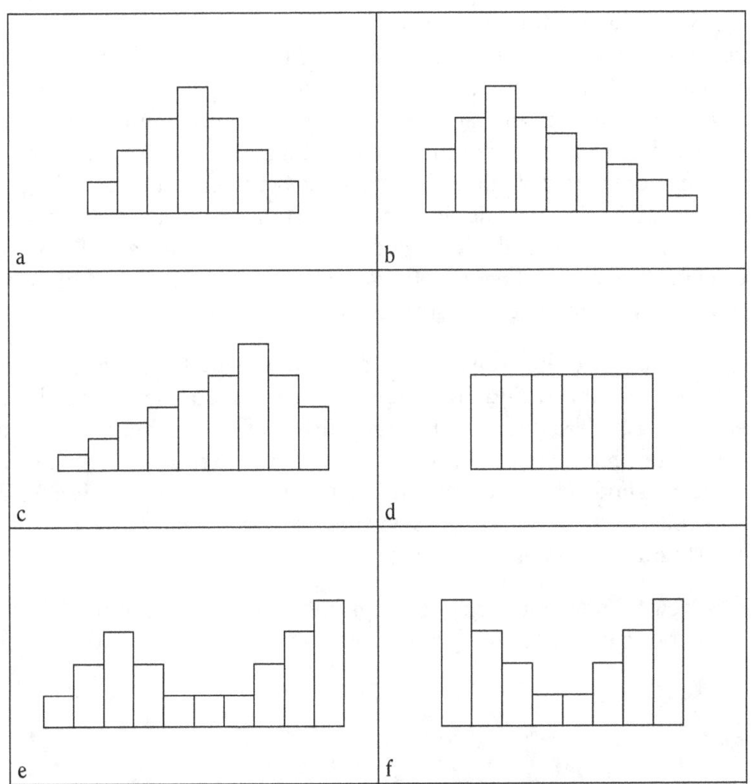

Abbildung 3.1: Typische Verteilungsformen in Histogrammen

✔ **U-förmig:** Eine bimodale Verteilung, bei der die beiden Gipfel (Häufungspunkte) an dem unteren und oberen Ende der Verteilung liegen, während sich bei den mittleren Werten nur wenige Daten befinden (siehe Abbildung 3.1 f).

✔ **Symmetrisch:** Hier sieht die Verteilung der Daten zu beiden Seiten der Mitte gleich aus. Glockenförmige, gleichverteilte und u-förmige Verteilungen sind zugleich auch immer symmetrisch (siehe Abbildung 3.1 a, e und f)

Das *Zentrum* eines Histogramms kann unterschiedlich definiert werden. Zum einen kann als Zentrum der Punkt auf der x-Achse angesehen werden, an dem das Histogramm ausbalanciert ist, an dem die Grafik also, würde man sie nur an diesem Punkt von unten hochheben, weder nach links noch nach rechts kippen würde. Dieser Punkt ist zugleich der Durchschnitt (das arithmetische Mittel) der Daten. Zum anderen kann man auch jenen Punkt als Zentrum bezeichnen, der die Verteilung der Daten genau in zwei gleich große Hälften teilt, sodass exakt 50% der Daten auf der einen und 50% der Daten auf der anderen Seite dieses Punktes liegen. Diese Stelle ist der Median und sie repräsentiert die physische Mitte des Datensatzes.

Die *Streuung* kennzeichnet die Distanz zwischen den Daten, entweder relativ zueinander oder relativ zu einem bestimmten, zentralen Punkt. Eine recht grobe Methode, die Streuung zu messen, besteht darin, den Wertebereich zwischen dem kleinsten und dem größten Wert zu bestimmen (siehe hierzu auch Kapitel 4); dieser Wert wird als *Spannweite* bezeichnet. Ein anderes Maß für die Streuung ist die mittlere Distanz der einzelnen Werte zum Mittelwert, die mit der *Standardabweichung* gemessen wird. Die Standardabweichung lässt sich kaum durch einfaches Betrachten aus einem Histogramm ablesen. Es gibt aber eine einfache Regel, um eine erste grobe Schätzung für die Standardabweichung vorzunehmen: Teilen Sie hierzu einfach die Spannweite durch 6. Darüber hinaus gelten folgende allgemeine Regeln: Sind die Balken, die sich in der Mitte der Verteilung befinden, sehr hoch, liegen viele Werte in der Nähe des arithmetischen Mittels, sodass die Standardabweichung eher gering sein wird. Sind die Balken in der Mitte der Verteilung dagegen kurz, während die Balken an den Enden der Verteilung hoch sind, liegen viele Werte weit vom Mittelwert entfernt, was in einer hohen Standardabweichung zum Ausdruck kommt.

Um die Werteverteilung von quantitativen Daten präzise zu beschreiben, können Sie Maße für das Zentrum wie den Mittelwert und Streuungsmaße wie die Standardabweichung exakt berechnen (siehe hierzu auch Kapitel 4), mit einem Histogramm erhalten Sie aber bereits auf einen Blick einen ersten generellen Eindruck von den Daten. Beachten Sie jedoch, dass ebenso wie Kreis- und Balkendiagramme auch Histogramme die Daten nicht immer angemessen, präzise und vollständig beschreiben. Sie sollten daher wissen, worauf Sie achten müssen, wenn Sie Histogramme erstellen und interpretieren.

Das folgende Beispiel zeigt Ihnen, wie Sie ein Histogramm verwenden, um Ihre Daten anschaulich und aussagekräftig darzustellen.

Beispiel

Die Polizei hat die Geschwindigkeit der Autos an einer besonders riskanten Stelle in einer »30er-Zone« überprüft, nachdem diese Stelle zuvor durch Markierungen als unfallträchtig gekennzeichnet wurde. Die gemessenen Geschwindigkeiten sind in dem folgenden Histogramm dargestellt. Erläutern Sie, was Sie aus dem Histogramm über die Geschwindigkeit der Autos ablesen können.

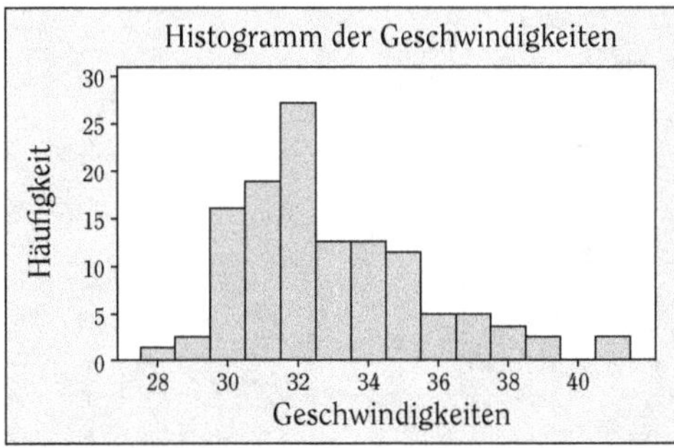

Lösung

Die Geschwindigkeit der Autos liegt in dieser Stichprobe zwischen 28 km/h (niedrigster Wert) und 41 km/h (höchster Wert). Die meisten Autos fuhren mit einer Geschwindigkeit zwischen 30 und 35 km/h (diese Balken zeigen die höchste Häufigkeit an). Einige Autos fuhren auffallend schnell, was in den kurzen Balken am oberen Ende der Verteilung zum Ausdruck kommt und zu einer rechtsschiefen Form der Werteverteilung führt. Die durchschnittliche Geschwindigkeit liegt wohl bei circa 32 km/h, allerdings kann dieser Wert ohne exakte Berechnung nur grob geschätzt werden.

Aufgabe 5

An einem Geldautomaten können Kunden, die Geld abheben möchten, den Betrag in 50-Euro-Schritten wählen, wobei nur Beträge zwischen 100 Euro und 500 Euro möglich sind. In der folgenden Grafik sind die tatsächlich abgehobenen Beträge für eine Stichprobe der Kunden dargestellt. Diskutieren Sie Form, Zentrum und Streuung der Daten.

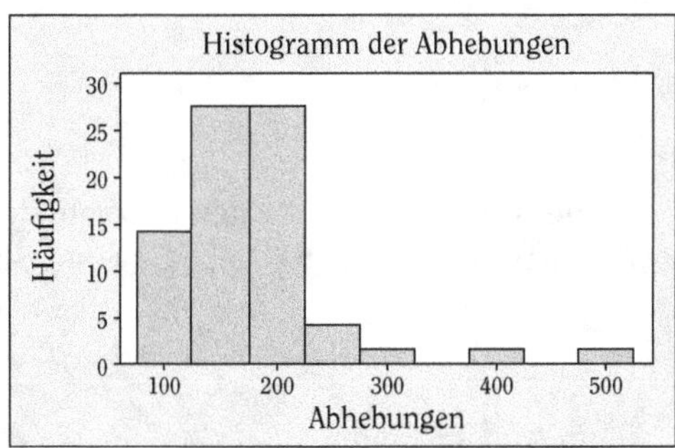

Aufgabe 6

Eine Eisenfirma soll für einen Kunden Eisenstangen produzieren, die alle eine Länge von 100 cm haben sollen. Das folgende Histogramm zeigt die Verteilung der nach der Produktion tatsächlich gemessenen Längen der Eisenstangen. Diskutieren Sie die Präzision dieser Firma (in Bezug auf diesen Auftrag) anhand von Form, Zentrum und Streuung der Messdatenverteilung.

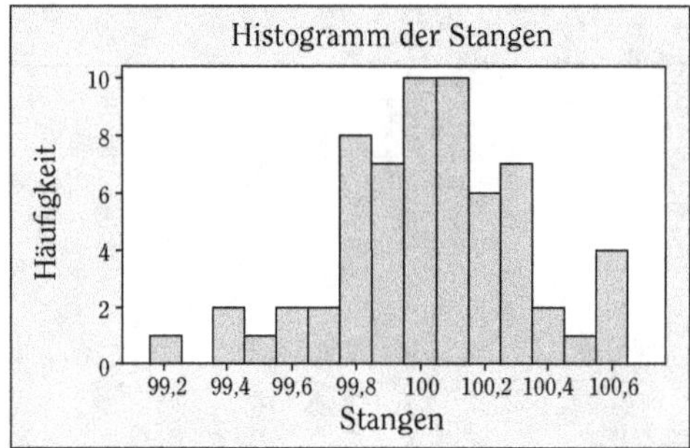

Aufgabe 7

Das folgende Histogramm zeigt für 317 zufällig ausgewählte Haushalte die Verteilung von deren monatlichen Ausgaben für Obst und Gemüse. Diskutieren Sie Form, Zentrum und Streuung der Daten vor dem Hintergrund ihrer inhaltlichen Bedeutung. Erläutern Sie also, was die drei Merkmale der Verteilung über die Ausgaben der Haushalte für Obst und Gemüse aussagen.

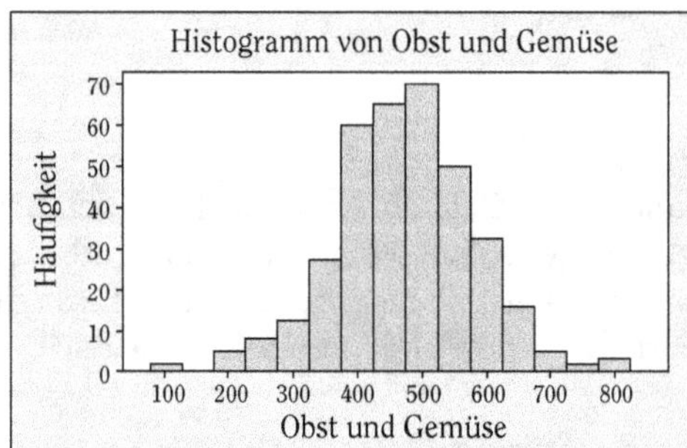

Aufgabe 8

Ein Finanzinvestor beobachtet für eine Reihe von Wertpapieren den prozentualen Gewinn, den diese im Verlauf des letzten Jahres erwirtschaftet haben. Diese Gewinne sind in dem folgenden Histogramm dargestellt.

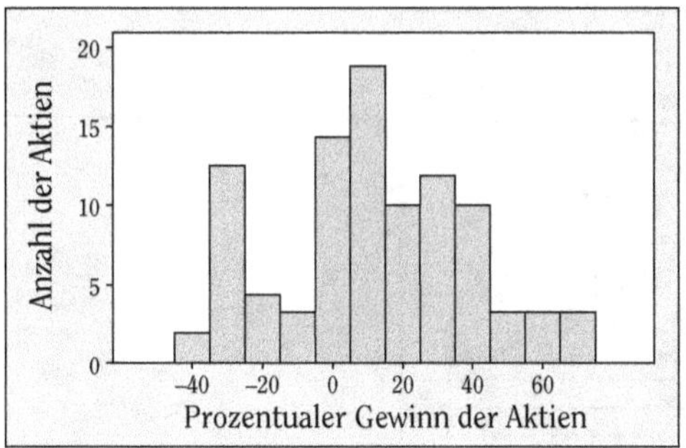

1. Auf der x-Achse sind unter anderem negative Werte abgetragen. Was hat dies zu bedeuten?

2. Wann ist es grundsätzlich möglich, dass ein Histogramm auf der x-Achse und/oder der y-Achse negative Werte aufweist?

Aufgabe 9

In der folgenden Grafik sind die Einkommen von Uni-Absolventen, die an einem speziellen Berufseinstiegsprogramm teilgenommen haben, für das erste Berufsjahr dargestellt.

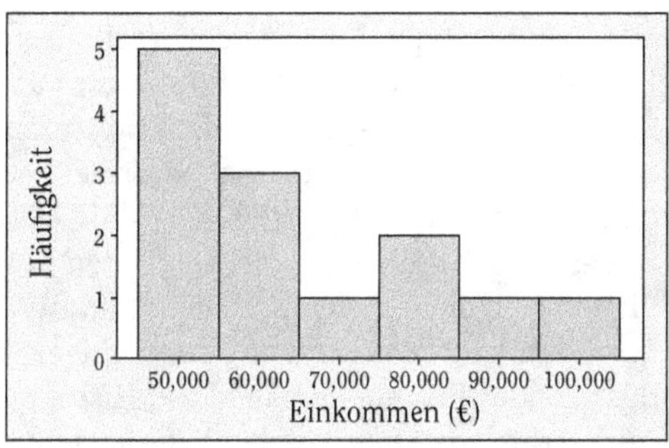

1. Diskutieren Sie die Implikationen für die Teilnehmer dieses Berufseinstiegsprogramms.

2. Schätzen Sie, wo der Median der Einkommensverteilung in diesem Datensatz liegt.

3. Sehen Sie irgendwelche Besonderheiten, die jemand, der dieses Histogramm auswertet, berücksichtigen sollte?

Aufgabe 10

Die folgenden Abbildungen zeigen zwei Histogramme, die für unterschiedliche Datensätze erstellt wurden. Jedes von ihnen basiert auf 200 Beobachtungen. Welches der Histogramme hat eine geringere Streuung, das obere oder das untere?

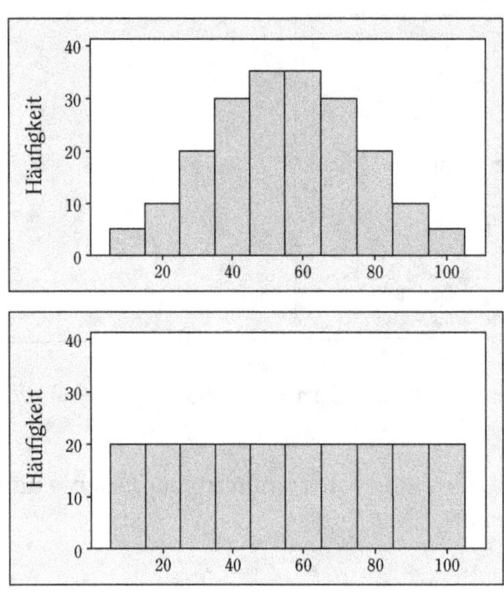

Irreführende Histogramme erkennen

Histogramme können wie alle andere Diagrammtypen auch leicht irreführende Darstellungen enthalten. Tatsächlich kann ein Histogramm seine Betrachter sogar auf eine Weise in die Irre führen, wie es bei einem einfachen Balkendiagramm nicht auftreten kann. Um irreführende Histogramme zu erkennen, ist es wichtig zu verstehen, dass in Histogrammen nicht kategoriale, sondern numerische Daten dargestellt werden. Für die Darstellung der Daten in einem Histogramm müssen daher zunächst die numerischen Daten in Wertegruppen unterteilt werden, um diese anschließend auf der x-Achse des Histogramms abzutragen. Die Unterteilung der Daten in Wertegruppen kann dabei mehr oder weniger frei gewählt werden, hat aber entscheidenden Einfluss auf das Erscheinungsbild des Histogramms. Achten Sie daher bei der Auswertung von Histogrammen stets darauf, ob die gewählte Gruppenbildung möglicherweise zu fehlerhaften Interpretationen verleitet. Zudem ist wie in einem Balkendiagramm auch hier die Skalierung der y-Achse entscheidend für das Erscheinungsbild der Grafik: Wird auf der y-Achse ein unnötig hoher Wertebereich abgetragen, erscheinen die Unterschiede zwischen den Häufigkeiten der einzelnen Wertegruppen kleiner, als sie tatsächlich sind. Wird der Wertebereich für die y-Achse dagegen sehr klein gewählt (zum Beispiel, indem die Skala nicht beim Wert 0 beginnt), werden die Unterschiede zwischen den Häufigkeiten übertrieben groß dargestellt.

Die folgende Grafik zeigt ein Beispiel dafür, wie Daten durch »Manipulation« der Skalen in einem Histogramm zwar formal korrekt, aber inhaltlich irreführend dargestellt werden können.

Beispiel

In Aufgabe 4 wurden die Ergebnisse eines offensichtlich gezinkten Würfels in einem Histogramm dargestellt. Nun könnte aber irgendjemand (möglicherweise einer der Spieler oder auch dessen Anwalt) Interesse daran haben, dieselben Würfelresultate unverfälscht erscheinen zu lassen. Hierzu kann das Histogramm einfach in leicht veränderter Form erstellt werden. Erläutern Sie, wodurch das folgende Histogramm, das auf denselben Daten basiert wie das Histogramm aus Aufgabe 4, die Ergebnisse des Würfels nun unverfälscht aussehen lässt.

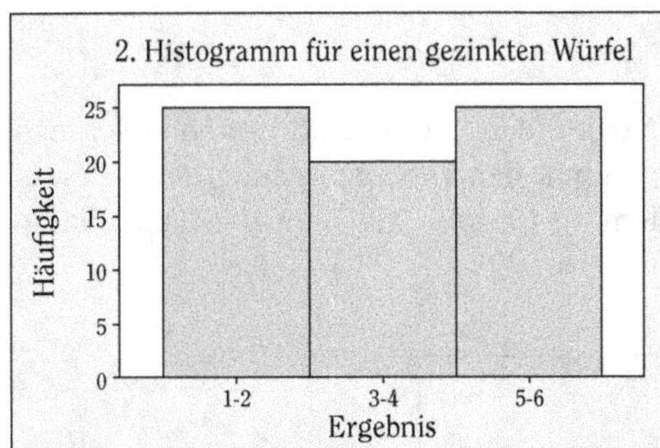

Lösung

Das dargestellte Histogramm unterteilt die Daten in nur drei Wertebereiche, indem die Würfelergebnisse 1 und 2 zur ersten Gruppe, die Ergebnisse 3 und 4 zur zweiten Gruppe und die Ergebnisse 5 und 6 zu einer dritten Gruppe zusammengefasst werden. Damit stellt das Histogramm nur noch drei und nicht mehr sechs Balken wie in Aufgabe 4 dar. Entscheidend ist dabei, dass durch das Zusammenfassen der Einzelwerte zu Wertegruppen genau die Unterschiede in den Würfelergebnissen, die auf den gefälschten Würfel hinweisen, in der Darstellung verloren gehen. Die Wertegruppen sind damit für die hier vorliegenden Daten und die zugrunde liegende Fragestellung zu grob und das Histogramm im Ergebnis irreführend.

Aufgabe 11

Angenommen, Ihr Freund vermutet, dass sein Spielpartner mit einem gezinkten Würfel spielt, und zeigt Ihnen unten stehendes Histogramm mit den Ergebnissen dieses Würfels. Würden Sie auf Basis dieser Grafik Ihrem Freund darin zustimmen, dass der Würfel wahrscheinlich gefälscht ist? Begründen Sie Ihre Antwort.

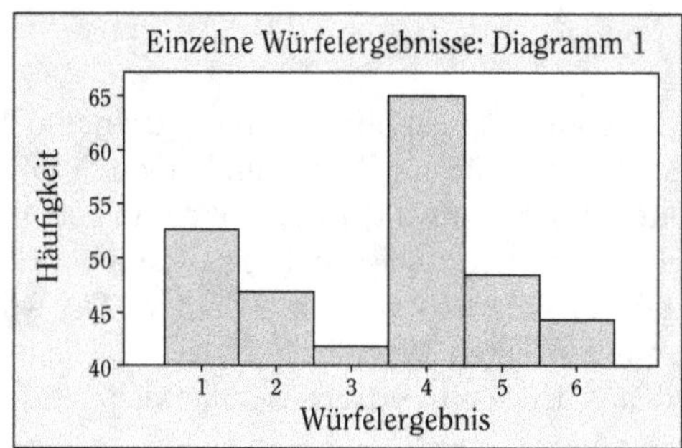

Aufgabe 12

Die folgende Grafik stellt für die Neukunden eines bestimmten Telefonanbieters die Höhe der Telefonrechnung im ersten Monat dar. Die Darstellung der Daten ist allerdings irreführend. Erläutern Sie, warum dem so ist und wie man die Darstellung verbessern könnte.

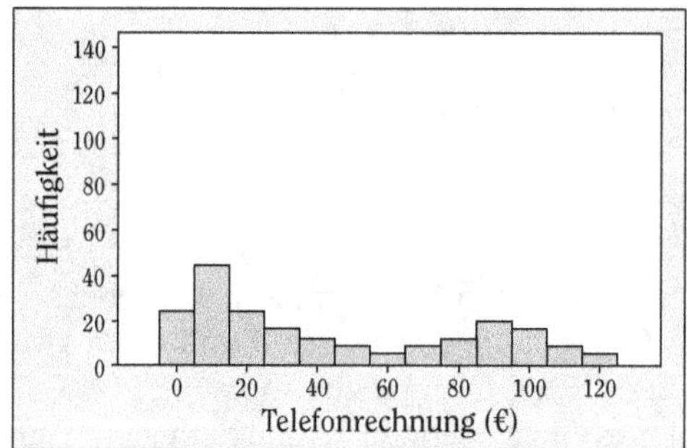

Der richtige Umgang mit Liniendiagrammen

Ein Liniendiagramm ist in erster Linie dazu geeignet, Zeitreihendaten darzustellen, also quantitative Daten, die über einen gewissen Zeitverlauf gesammelt wurden. Typische Beispiele sind etwa Aktienkurse, Lohnentwicklungen, die Bevölkerungsentwicklung oder Temperaturentwicklungen. Um ein Liniendiagramm zu erstellen, werden die Daten einfach in der Reihenfolge des Messzeitpunktes geordnet. Die x-Achse stellt die Zeitachse dar und an der y-Achse werden die gemessenen Werte abgetragen. Liniendiagramme sind damit in ihrer Konzeption sehr einfach, können aber wie alle anderen Diagrammtypen in bestimmten Konstellationen auch leicht irreführend sein. Es ist daher wichtig zu wissen, worauf bei der Auswertung von Liniendiagrammen zu achten ist.

Das folgende Beispiel macht deutlich, wie ein Liniendiagramm genutzt werden kann, um einen Trend in der zeitlichen Entwicklung von Daten zu erkennen.

Beispiel

Die folgende Abbildung zeigt die Umsätze eines Unternehmens in der zeitlichen Entwicklung. Jeder einzelne Punkt repräsentiert den Umsatz des jeweiligen Jahres, hier dargestellt in Millionen Euro.

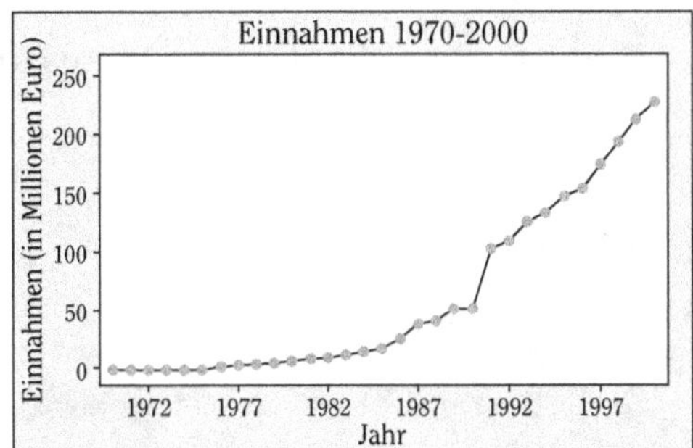

1. Über welchen Zeitraum wurden die dargestellten Daten gesammelt?

2. Beschreiben Sie, was Ihnen das Liniendiagramm über die Einnahmen des Unternehmens in diesem Zeitraum verrät.

3. Welche zusätzlichen Aspekte müssen Sie berücksichtigen, um die Entwicklung des Umsatzes (sowie jeder anderen in Euro gemessenen Variablen) im Zeitverlauf richtig zu bewerten?

Lösung

Beachten Sie den Einfluss der Inflation auf Zeitreihendaten, die in Euro oder einer anderen Währung gemessen sind. In einigen Darstellungen sind die Angaben bereits um den Einfluss der Inflation bereinigt, in anderen wiederum nicht.

1. Der Beobachtungszeitraum erstreckt sich über die Jahre 1970 bis 2000.

2. In den 70er-Jahren sind die Umsätze zunächst von Jahr zu Jahr geringfügig angestiegen, bis das Umsatzwachstum vor allem in den 80er-Jahren stetiger und deutlicher wurde – ungefähr bis zum Jahr 1989, als die Firma die 50-Millionen-Euro-Grenze überschritten hat. Anschließend in den Jahren 1990 bis 1991 erlebte das Unternehmen einen Umsatzsprung und realisierte fortan einen stetigen, starken Umsatzanstieg. Im Jahr 2000 erreichte das Unternehmen schließlich einen Umsatz von 220 Millionen Euro.

3. Sie sollten bei der Bewertung der Umsatzentwicklung den Effekt der Inflation berücksichtigen. Der Umsatz des Unternehmens ist in den späteren Jahren deutlich höher als in den früheren Jahren, allerdings hat der Wert des Euro in dieser Zeit durch die Inflation auch abgenommen, ein Euro im Jahr 2000 ist also weniger wert als ein Euro (beziehungsweise der Gegenwert in DM) im Jahr 1970. In einigen Liniendiagrammen werden die Daten bereits um diesen Effekt bereinigt dargestellt. Ob dies auch hier der Fall ist, lässt sich nicht erkennen.

Aufgabe 13

Im folgenden Diagramm sehen Sie die US-Absatzzahlen eines bestimmten Autos über einen Zeitraum von 60 Tagen.

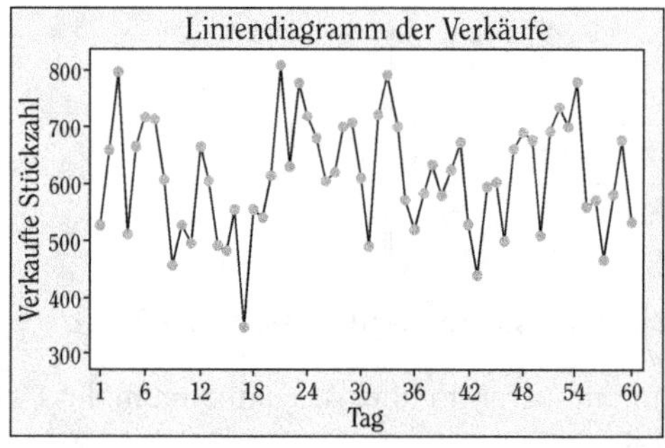

1. Können Sie aus den Daten ein Muster in den Absatzzahlen des Autos im dargestellten Zeitraum erkennen?

2. Welches sind die höchsten und die niedrigsten gemessenen Absatzzahlen und wann wurden diese realisiert?

3. Können Sie den durchschnittlichen Tagesabsatz für den dargestellten Zeitraum schätzen?

Aufgabe 14

Nach einem Herzinfarkt möchte Rolf etwas für seine Fitness tun und beginnt mit einem täglichen Training. Sein Ziel ist es dabei, die Trainingsdauer im Laufe der Zeit kontinuierlich zu steigern. Seine tatsächlichen Trainingsdaten sind in den folgenden beiden Liniendiagrammen dargestellt. Eines der beiden Diagramme bietet eine gute, anschauliche Darstellung seiner Trainingserfolge, während die andere Darstellung nicht eine Sekunde Aufmerksamkeit verdient.

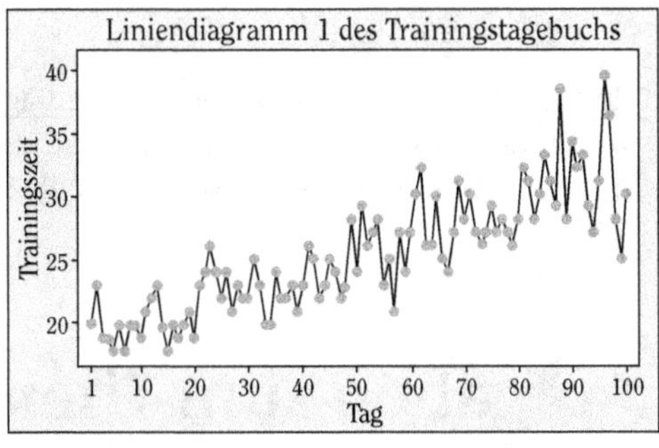

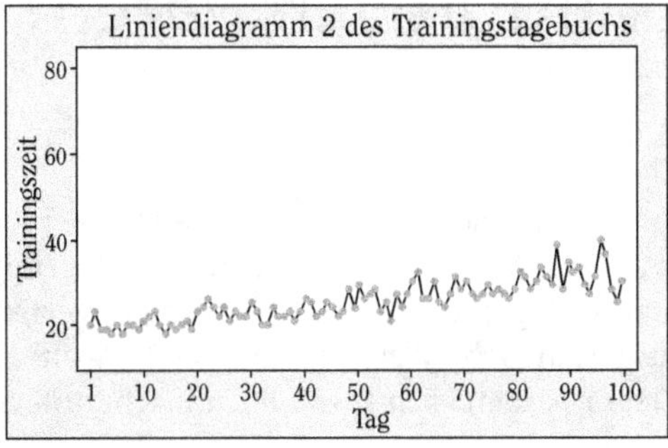

1. Vergleichen Sie die beiden Diagramme. Stellen beide Grafiken denselben Datensatz dar oder werden hier unterschiedliche Messergebnisse wiedergegeben?

2. Angenommen, beide Diagramme basieren auf demselben Datensatz. Welches Diagramm bietet die bessere Darstellung? Begründen Sie Ihre Antwort.

Aufgabe 15

Das Liniendiagramm in der folgenden Abbildung zeigt die zeitliche Entwicklung der Umsätze eines Unternehmens. Erklären Sie, warum diese Grafik irreführend ist und wie man dieses Problem lösen kann.

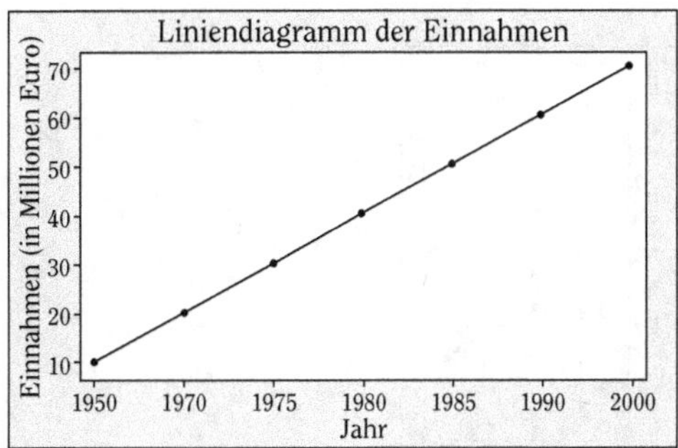

Aufgabe 16

Typischerweise werden die einzelnen Punkte, die die Daten in einem Liniendiagramm darstellen, durch eine Linie miteinander verbunden. Erläutern Sie, warum diese Praxis insbesondere dann, wenn zwischen zwei Messungen eine große Zeitspanne liegt, irreführend sein kann.

Lösungen für die Aufgaben zum Thema Darstellen von quantitativen Daten

Lösung 1

Aus einem Histogramm sind die genauen Einzeldaten nicht mehr ersichtlich. Sie können an einem Histogramm nur ablesen, wie viele Werte in den einzelnen Wertegruppen liegen, nicht aber, welche Werte dies genau sind. Liegen beispielsweise in einer Wertegruppe, die den Bereich von 70 bis 79 abdeckt, insgesamt acht Werte, könnte dies sowohl achtmal der Wert 70 als auch achtmal der Wert 79 sein, es kann sich aber auch um acht unterschiedliche Werte zwischen 70 und 79 handeln.

Lösung 2

Eine mögliche Lösung für ein Histogramm sehen Sie in der folgenden Abbildung. Sie haben möglicherweise eine andere Gruppenbildung verwendet, weshalb Ihr Histogramm durchaus etwas anders aussehen kann. Für dieses Histogramm wurden die folgenden Wertegruppen gebildet: 48–52, 53–57, 58–62, 63–67, 68–72, 73–77, 78–82, 83–87, 88–92, 93–97, 98 und mehr.

Da es sich um quantitative Daten handelt, ist ein Kreisdiagramm für die Darstellung der Werte nicht geeignet, denn es ergäben sich sehr viele kleine Kreissegmente, die keine Aussagekraft mehr hätten.

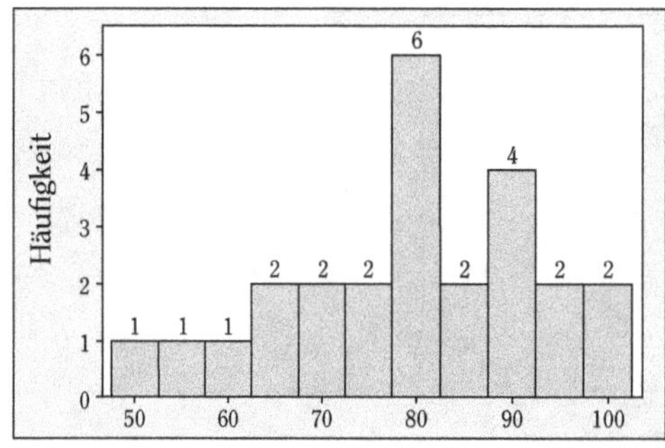

Die Skalierung der x-Achse eines Histogramms ist immer fortlaufend, sodass Sie auch für Kategorien, für die Sie möglicherweise keine Werte gemessen haben, Platz für einen Balken vorsehen und entsprechend eine Lücke lassen müssen. Ansonsten wäre das Histogramm fehlerhaft, denn man könnte die Breite der einzelnen Wertebereiche nicht mehr korrekt ablesen und würde insbesondere ein falsches Bild von der Verteilung der Daten vermittelt bekommen.

Lösung 3

Die folgende Abbildung zeigt das Histogramm der relativen Häufigkeiten. Ihr Histogramm sollte ähnlich aussehen. Die relativen Häufigkeiten betragen: $2 \div 45 = 0{,}044$ beziehungsweise 4,4%, $17 \div 45 = 0{,}378$ beziehungsweise 37,8%, $22 \div 45 = 0{,}489$ beziehungsweise 48,9%, $3 \div 45 = 0{,}067$ beziehungsweise 6,7% und $1 \div 45 = 0{,}022$ beziehungsweise 2,2%.

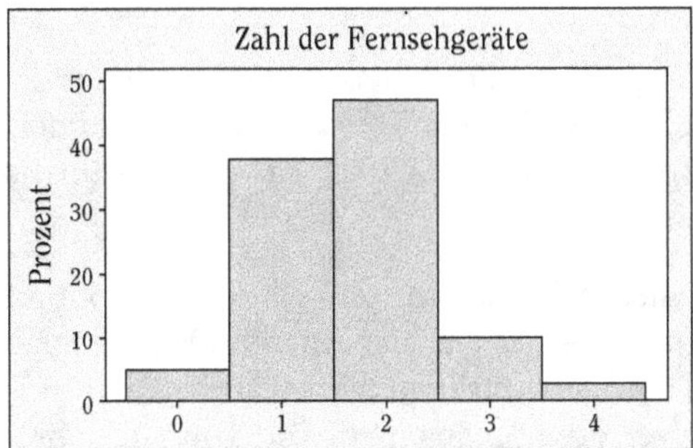

Lösung 4

Die gesamte Stichprobengröße können Sie aus dem Histogramm ablesen.

1. In der folgenden Abbildung ist das Histogramm der relativen Häufigkeiten wiedergegeben. In der Ursprungsgrafik ist die gesamte Stichprobengröße nicht mit ausgewiesen, sie lässt sich aber durch Addieren der Häufigkeiten der einzelnen Wertegruppen (die sich an der Höhe der Balken ablesen lassen) ermitteln: $10 + 15 + 5 + 15 + 5 + 20 = 70$. Für die relativen Häufigkeiten dividieren Sie die Häufigkeiten der einzelnen Wertegruppen durch 70 (die gesamte Stichprobengröße) und erhalten so die entsprechenden Prozentwerte. Für den ersten Wertebereich ergibt sich zum Beispiel eine relative Häufigkeit von $10 \div 70 = 14{,}3\%$.

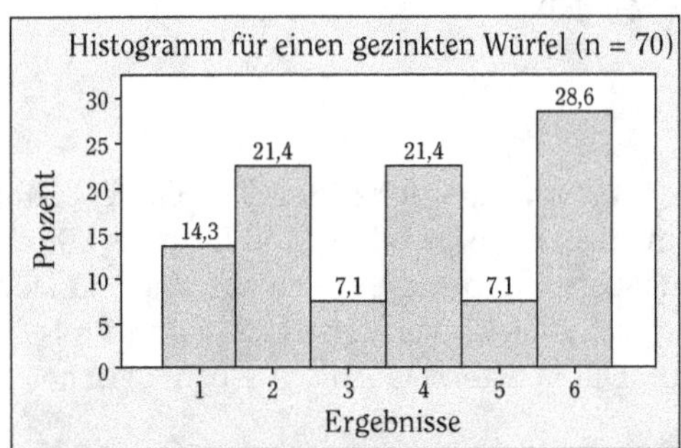

Wenn Sie selbst Balkendiagramme und Histogramme erstellen, sollten Sie darin stets die Stichprobengröße mit ausweisen, insbesondere wenn Sie in Prüfungen bei Ihrem Professor punkten wollen.

2. Der umgekehrte Weg, aus einem Histogramm der relativen Häufigkeiten ein Histogramm der absoluten Häufigkeiten zu erstellen, ist nicht ohne Weiteres möglich. Sie benötigen dazu zusätzlich die Information über die Größe der gesamten Stichprobe. Wenn diese allerdings mit ausgewiesen wird – wie es in einem ordentlichen Histogramm stets der Fall sein sollte –, können Sie aus den relativen Häufigkeiten der einzelnen Wertegruppen in Verbindung mit der Stichprobengröße die absoluten Häufigkeiten (zumindest näherungsweise) ermitteln und somit auch ein Histogramm der absoluten Häufigkeiten erstellen.

Lösung 5

Die Daten der abgehobenen Geldbeträge haben eine rechtsschiefe Verteilungsform. Der Median liegt irgendwo im Bereich zwischen 150 Euro und 200 Euro, während der Mittelwert (das arithmetische Mittel) durch die wenigen hohen Geldbeträge von 400 Euro beziehungsweise 500 Euro etwas höher sein müsste.

Eine erste grobe Schätzung für die Standardabweichung ohne die 400-Euro- und 500-Euro-Beträge ergibt einen Wert unter 50 (den Wert erhält man, indem man die Spannweite der Daten, also 300 − 100 = 200 durch 6 teilt). Nimmt man die Schätzung unter Einbeziehung der 400-Euro- und 500-Euro-Beträge vor, erhält man einen Wert von ungefähr 80. (Die Berechnung dieses Werts sowie die exakte Methode zur Messung der Streuung werden in Kapitel 4 beschrieben.)

Lösung 6

Die Verteilung der für die Eisenstangen gemessenen Längen ist leicht linksschief. Das Zentrum scheint in der Nähe von 100 zu liegen, während der Mittelwert etwas niedriger sein dürfte, insbesondere aufgrund der einen sehr kurzen Eisenstange (mit 99,2 cm). Die Spannweite der Längen ist recht gering; alle gemessenen Längen liegen zwischen 99,2 cm und 100,6 cm (die Eisenstäbe unterscheiden sich also um maximal 1,4 cm). Der Großteil der Eisenstangen hat dabei eine Länge zwischen 99,8 cm und 100,3 cm. Offenbar hat die Firma bei der Herstellung recht akkurat gearbeitet, allerdings sollte sie womöglich nachforschen, wie es zu den einzelnen Ausreißern kommen konnte, insbesondere zu der einen Stange mit nur 99,2 cm Länge und den vier 100,6 cm langen Stangen.

Lösung 7

Das Histogramm zeigt eine symmetrische, glockenförmige Verteilung. Der Gipfel befindet sich bei 500 Euro. Die Spannweite ist mit einem Bereich zwischen 100 Euro bis 800 Euro sehr groß, was sowohl auf unterschiedliche Haushaltsgrößen als auch auf Unterschiede in den Ernährungsgewohnheiten sowie auf unterschiedliche Verfügbarkeiten und Preise von Obst und Gemüse zurückzuführen sein kann. Die meisten Haushalte geben zwischen 200 Euro und 700 Euro für Obst und Gemüse aus.

 Wenn Sie – zum Beispiel in einer Klausur – aufgefordert werden, die »Ergebnisse zu interpretieren«, werden zwei Dinge verlangt: Zum einen müssen Sie die dargestellte Statistik korrekt beschreiben und so weit wie möglich in numerische Aussagen (wie hier Aussagen zu Form, Zentrum und Spannweite) übersetzen, zum anderen sollten Sie diese Aussagen auch auf die inhaltliche Bedeutung der dargestellten Daten anwenden und überlegen, was man aus den Daten in Bezug auf die zugrunde liegende inhaltliche Fragestellung lernen kann.

Lösung 8

Der prozentuale Gewinn eines Wertpapiers ist die Differenz zwischen dem Wert am Ende des Jahres und dem Wert zu Beginn des Jahres, dividiert durch den Anfangswert. Der prozentuale Gewinn kann also positiv sein (wenn der Wert gestiegen ist), negativ (wenn der Wert gesunken ist) oder gleich null (wenn sich der Wert nicht geändert hat).

1. Auf der x-Achse werden die gemessenen Daten abgetragen, in diesem Beispiel also die prozentualen Gewinne der Wertpapiere. Ein negativer Wert bedeutet somit, dass das Wertpapier im zurückliegenden Jahr an Wert verloren hat.

2. Die x-Achse kann negative Werte anzeigen, wenn die gemessenen Daten negativ sind. An der y-Achse eines Histogramms werden dagegen immer die absoluten oder die relativen Häufigkeiten der gemessenen Daten für die einzelnen Wertegruppen abgetragen. Diese Häufigkeiten sind immer positiv oder gleich 0, können aber niemals negativ sein, weshalb die y-Achse eines Histogramms keine negativen Werte anzeigen kann.

Lösung 9

Bedenken Sie, dass Personen, die nach persönlichen Daten gefragt werden, geneigt sein könnten, falsche Antworten zu geben (also zu lügen), um sich selbst besonders günstig darzustellen. Solche *verzerrten Antworten* führen dazu, dass die Daten systematisch zu hoch oder zu niedrig ausfallen – in diesem Beispiel wohl eher zu hoch.

1. Das Histogramm zeigt, dass die befragten Personen zwar eine Menge Geld verdienen, die Verteilung aber insgesamt rechtsschief ist und damit nur wenige Berufseinsteiger richtig viel Geld verdienen. Die Spannweite des Einkommens ist mit einem Bereich zwischen 50.000 Euro und 100.000 Euro relativ groß. Die Mitte befindet sich vermutlich in der oberen 60.000-Euro-Region.

2. Da sich die Höhe der Balken zu 13 addiert (5 + 3 + 1 + 2 + 1 + 1), ist klar, dass insgesamt 13 Personen nach ihren Einstiegsgehältern gefragt wurden. Der Median ist der mittlere Wert in einem geordneten Datensatz, hier also der siebte Einkommenswert. Da der erste Balken insgesamt fünf Einkommensangaben repräsentiert und der zweite Balken drei Werte vereint, liegt das siebte Gehalt in dieser zweiten Wertegruppe und somit in der Region der 60.000-Euro-Einkommen (also irgendwo zwischen 55.000 Euro und 65.000 Euro).

3. Bei der Interpretation der Ergebnisse sollten Sie unbedingt berücksichtigen, dass insgesamt nur 13 Personen zu ihrem Einkommen befragt wurden. Die erhobenen

Daten repräsentieren also nur eine kleine Gruppe von Personen und lassen sich damit nicht einfach verallgemeinern. Zudem handelt es sich um eine kurze Momentaufnahme, die durch verschiedene Sondereffekte beeinflusst sein kann; es ist daher gut möglich, dass sich die Daten der Berufseinstiegsgehälter im Laufe der Zeit verändern werden.

Lösung 10

Das obere Histogramm aus Aufgabe 10 hat die geringere Streuung, denn hier konzentrieren sich die Daten stärker in der Mitte (die Balken in der Mitte sind höher als die Balken am Rand). Entsprechend liegt ein großer Teil der Daten in der Nähe des Mittelwerts, sodass die durchschnittliche Abweichung vom Mittelwert geringer ist. Das untere Histogramm zeigt dagegen eine Gleichverteilung, in der ebenso viele Daten weit vom Mittelwert entfernt wie in der Nähe des Mittelwerts liegen. Die weit entfernt liegenden Daten erhöhen die durchschnittliche Abweichung aller Daten vom Mittelwert, die Streuung der Daten ist also relativ hoch im Vergleich zum oberen Histogramm.

Machen Sie nicht den Fehler, ein Histogramm mit lauter gleich hohen Balken als Ausdruck von Daten ohne Schwankung oder Streuung zu interpretieren. Das Gegenteil ist der Fall: Ein gleichverteiltes Histogramm zeigt an, dass sich die Daten gleichmäßig über den dargestellten Wertebereich erstrecken. Im Gegensatz dazu liegen bei einer glockenförmigen Verteilung relativ viele Daten in der Nähe des Mittelwerts, sodass die Streuung generell geringer ist.

Beachten Sie beim Vergleich der Histogramme, dass der Wertebereich der x-Achsen in beiden Diagrammen identisch ist. Würden sich die Werte an der x-Achse unterscheiden, wäre ein Vergleich der Streuung beider Datensätze deutlich schwieriger. Darüber hinaus sollten Sie bei jedem Vergleich von Histogrammen auch auf die Skalierung der Werte achten. Sind zwei Datensätze unterschiedlich skaliert und/oder weisen einen unterschiedlichen Mittelwert auf, ist ein direkter Vergleich der Streuungen ebenfalls schwierig. In diesen Fällen kann Ihnen der *Variationskoeffizient* weiterhelfen. Der Variationskoeffizient ist die Standardabweichung geteilt durch den Mittelwert. Ein hoher Variationskoeffizient zeigt an, dass die Streuung im Verhältnis zum Mittelwert hoch ist; ein niedriger Variationskoeffizient steht dagegen für eine geringe Streuung im Verhältnis zum Mittelwert.

Lösung 11

Nein, der Würfel ist nicht gezinkt; das Histogramm ist gezinkt. Die Darstellung ist irreführend, denn die Skala an der y-Achse beginnt erst bei dem Wert 40 und erstreckt sich bis zum Wert 65. Dadurch werden die unterschiedlichen Längen der einzelnen Balken übertrieben groß dargestellt, denn die Balken beginnen alle bei dem Wert 0, was die y-Achse auch tun sollte. Die folgende Grafik zeigt eine angemessenere Darstellung derselben Ergebnisse. Hier ist schnell zu erkennen, dass alle sechs Werte des Würfels ungefähr gleich häufig aufgetreten sind. Es gibt daher keine Hinweise darauf, dass der Würfel gefälscht sein könnte.

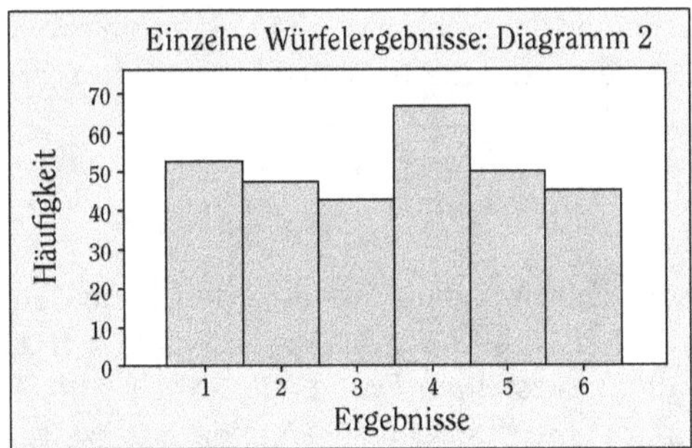

Lösung 12

Das Histogramm zeigt im oberen Bereich sehr viel weiße Fläche und lässt gleichzeitig die Balken zusammengestaucht erscheinen. Der Grund hierfür ist, dass die Skalierung der y-Achse übertrieben weit gewählt wurde: Es ist für diese Daten überhaupt nicht notwendig, an der y-Achse einen Wertebereich bis 140 abzutragen, denn keine Wertegruppe wurde häufiger als 50-mal beobachtet. Ein besseres Histogramm würde an der y-Achse nur einen kleineren Wertebereich berücksichtigen und dafür die Beschriftungen der y-Achse feiner unterteilen, so wie zum Beispiel die folgende Darstellung.

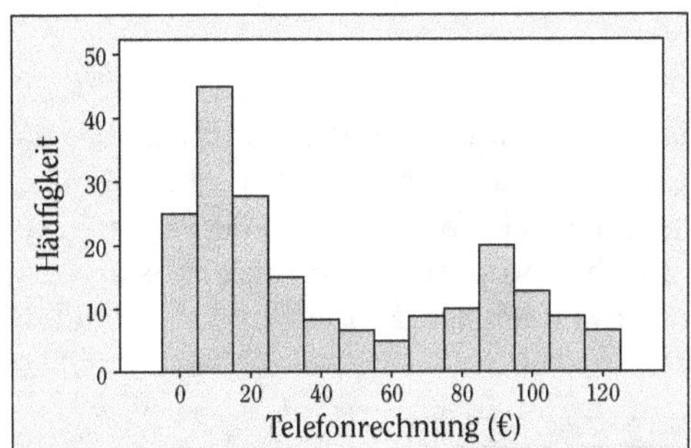

Lösung 13

Ein Liniendiagramm ist anders zu interpretieren als ein Histogramm: Während ein Histogramm lediglich eine einzige Momentaufnahme im Detail darstellt, zeigt ein Liniendiagramm eine Folge von Momentaufnahmen und deren Entwicklung im Zeitverlauf.

1. Es ist kein klares Muster in dem dargestellten Liniendiagramm zu erkennen. Vielmehr schwanken die Daten im Bereich zwischen 350 und 800 Absätzen pro Tag unregelmäßig auf und ab.

2. Es ist nicht ganz genau zu erkennen, aber der höchste Wert liegt ungefähr bei 800 und wurde am 3., 21. oder 33. Tag gemessen. Der niedrigste Wert beträgt circa 350 und wurde ungefähr am 17. Tag gemessen. Interessant wäre nun, nach den Ursachen der besonders niedrigen sowie der besonders hohen Absätze an bestimmten Tagen zu forschen, darüber sagt das Diagramm allerdings nichts aus.

3. Der durchschnittliche Tagesabsatz scheint ungefähr bei 600 Verkäufen pro Tag zu liegen, denn die Linie schwankt in etwa um diesen Wert. Der exakte Wert ist übrigens 591.

Lösung 14

Die Art und Weise, wie Daten in einem Diagramm dargestellt werden, kann den Betrachter bei der Interpretation einer Grafik erheblich beeinflussen. Verschaffen Sie sich daher immer zuerst einen Überblick darüber, wie die dargestellten Daten aufbereitet sind. Erst danach sollten Sie beginnen, sich inhaltlich mit den Ergebnissen auseinanderzusetzen.

1. Beide Liniendiagramme basieren auf demselben Datensatz. Der Unterschied zwischen den Diagrammen besteht ausschließlich in der Skalierung der y-Achse. Das untere Diagramm stellt auf der y-Achse einen größeren Wertebereich dar und verwendet größere Abstände zwischen den an der Achse eingezeichneten Markierungen, sodass die Unterschiede zwischen den zu verschiedenen Zeitpunkten gemessenen Daten heruntergespielt werden.

2. Das obere Diagramm zeigt die angemessenere Darstellung. Die Skalierung nutzt einen Großteil des Raums in dem Diagramm aus und gibt damit Rolfs Trainingserfolge ohne große Unter- oder Übertreibung wieder.

Lösung 15

Das in der Aufgabe dargestellte Liniendiagramm ist irreführend, da die Zeitabstände auf der x-Achse nicht einheitlich sind, das Diagramm auf den ersten Blick aber den Eindruck erweckt, als sei dies der Fall. Dadurch sieht es so aus, als ob der Umsatz im Zeitverlauf in immer gleichem Ausmaß angestiegen ist. Um das Problem zu beheben, müssen die Abstände zwischen den Messpunkten auf der x-Achse proportional zum Zeitabstand zwischen den Messungen gewählt werden. Ein korrektes Liniendiagramm ist in der folgenden Abbildung dargestellt.

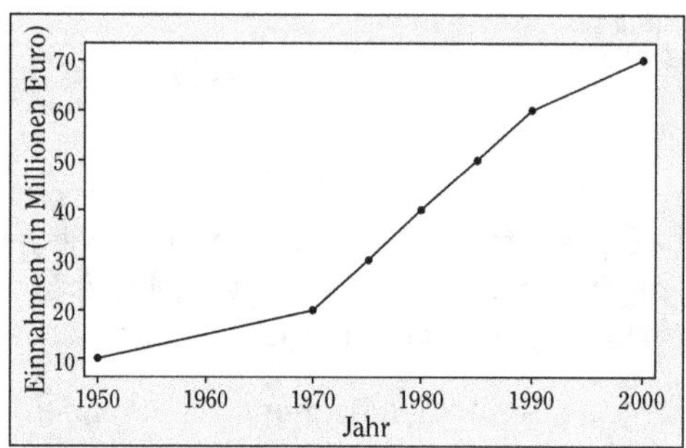

Lösung 16

Durch die Verbindung der Punkte wird der Eindruck vermittelt, dass sich die Werte zwischen den ausgewiesenen Messungen kontinuierlich verändert haben. Dies muss aber nicht immer der Fall sein und ist umso unwahrscheinlicher, je weiter die einzelnen Messungen auseinanderliegen.

Kapitel 4

Quantitative Daten zusammenfassen: Mittelwert, Median und mehr

U m umfangreiche quantitative Daten sinnvoll auswerten zu können, müssen diese in überschaubarer und aussagekräftiger Form zusammengefasst werden. Daher besteht der erste Schritt der Analyse häufig darin, die Daten wie im vorhergehenden Kapitel beschrieben in einem Diagramm darzustellen, um sich so einen ersten Überblick über Verlauf und Größenordnung der Werte zu verschaffen. Im zweiten Schritt werden dann zumeist Kennzahlen berechnet, die die wesentlichen Eigenschaften der Daten möglichst treffend beschreiben sollen. Die wichtigsten Eigenschaften quantitativer Daten sind dabei die Form der Verteilung, die Lage des Zentrums und das Ausmaß der Varianz beziehungsweise Streuung der Daten. Alle drei Eigenschaften lassen sich sehr gut durch Kennzahlen beschreiben. Darüber hinaus kann es in einigen Fällen wichtig sein, einzelne Ausreißer (einzelne Werte, die auffallend groß oder klein ausfallen) zu kennzeichnen und gesondert zu betrachten.

Obwohl die Berechnung der üblichen und anerkannten Kennzahlen nach klaren, eindeutigen Formeln erfolgt, können auch diese, wie alle anderen Instrumente der Statistik, genutzt werden, um die Aussagen zu verzerren und die Ergebnisse in einem bestimmten Licht erscheinen zu lassen. Vor allem durch die Auswahl der Kennzahlen, durch die man einen Datensatz beschreibt (und das Weglassen von Kennzahlen, die vielleicht »zu viel« über den Datensatz erzählen würden), lässt sich die Interpretation der Daten leicht manipulieren. Daher ist es auch hier wichtig zu wissen, mit welchen Tricks man im Umgang mit Kennzahlen rechnen muss und wie man Daten mithilfe von Kennzahlen richtig und angemessen zusammenfasst. Beides üben Sie in diesem Kapitel.

Mit Histogrammen die Verteilung der Daten zeigen

Mithilfe von Histogrammen können Sie die Form der Verteilung Ihrer Daten untersuchen: Wie häufig wurden kleine, mittlere und große Werte beobachtet? Sind die Werte vielleicht über den gesamten Wertebereich gleichverteilt? Weisen die Daten eine symmetrische Verteilung auf, sodass die rechte Hälfte des Histogramms wie ein Spiegelbild der linken Hälfte aussieht? Oder sind die Daten »schief« und treten auf einer Seite des Histogramms stark gehäuft auf, während sie auf der anderen Seite breit streuen? Treten die Daten vielleicht sogar an zwei oder mehr Stellen gehäuft auf, sodass das Histogramm entsprechend zwei oder mehr Gipfel bildet? Alle diese Fragen lassen sich anhand eines Histogramms sehr einfach beantworten – zumindest wenn man weiß, wie man es richtig zu lesen hat.

Das folgende Beispiel zeigt, wie man ein Histogramm nutzen kann, um die Verteilung der Daten zu beschreiben.

Beispiel

Beschreiben Sie die in dem folgenden Histogramm dargestellte Verteilung der Daten.

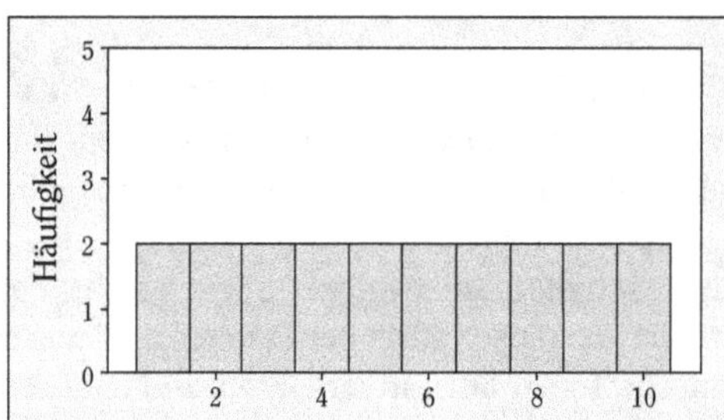

Lösung

Die dem Histogramm zugrunde liegenden Daten sind gleichmäßig über den Wertebereich von 1 bis 10 verteilt. Die Daten weisen also eine *Gleichverteilung* auf. (Eine Gleichverteilung bedeutet, dass alle gemessenen Werte – hier also die Werte 1, 2, 3, …, 10 – mit der gleichen Häufigkeit vorkommen; Gleichverteilung bedeutet dagegen nicht, dass alle gemessenen Werte gleich sind, also beispielsweise immer wieder nur der Wert 7 gemessen wurde.)

Aufgabe 1

Ist die Verteilung der Daten in dem folgenden Histogramm symmetrisch oder schief? Wie viele Gipfel (Häufungspunkte) weist der Datensatz auf?

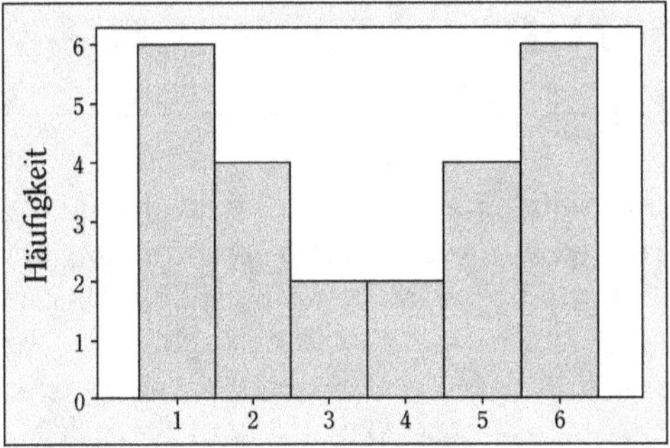

Aufgabe 2

Beschreiben Sie die Form der in dem folgenden Histogramm dargestellten Verteilung.

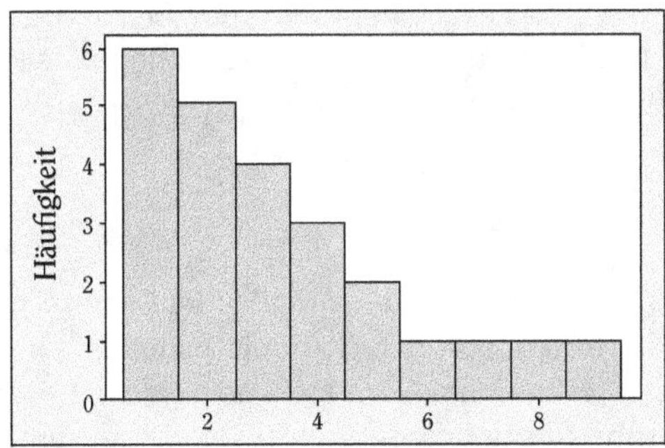

Aufgabe 3

Beschreiben Sie die Form der Verteilung aus dem folgenden Histogramm.

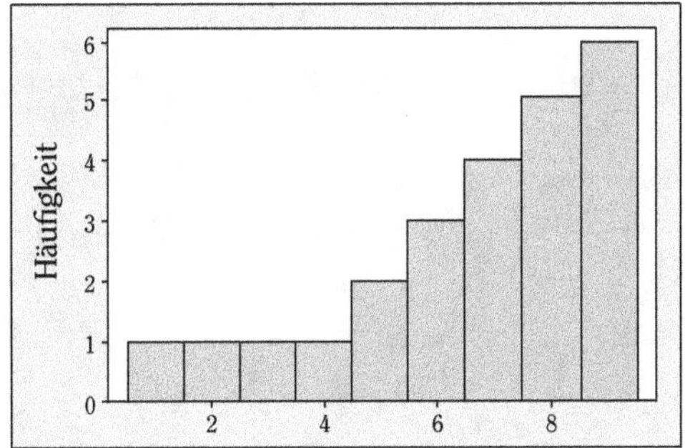

Aufgabe 4

Erstellen Sie ein symmetrisches Histogramm mit zwei Modalwerten (Häufungspunkten).

Maße für das Zentrum berechnen und interpretieren

Wenn quantitative Daten sehr kompakt in einer einzigen Kennzahl zusammengefasst werden sollen, werden meistens Werte gewählt, die die *Lage des Zentrums* der Daten beschreiben. Die bekannteste und am häufigsten verwendete Kennzahl für das Zentrum eines Datensatzes ist der Mittelwert. Daneben gibt es allerdings noch zahlreiche weitere Maße zum Bestimmen des Zentrums. Generell sollte das *Zentrum* ein Wert sein, der »typisch und kennzeichnend« für den vorliegenden Datensatz ist. Dabei sollten Sie sich stets bewusst machen, dass die verschiedenen Kennzahlen, die alle die Lage des Zentrums beschreiben sollen, durchaus sehr unterschiedliche Aussagen liefern und damit unterschiedliche Eindrücke von dem zu beschreibenden Datensatz vermitteln können.

Der *Mittelwert* eines Datensatzes wird häufig auch als Durchschnittswert bezeichnet. Um den Mittelwert zu berechnen, werden sämtliche Werte des Datensatzes addiert und die Summe durch die Anzahl der Werte geteilt, das nennt man auch arithmetisches Mittel. Dieser Mittelwert einer Stichprobe wird häufig mit dem Symbol $\bar{x}$ bezeichnet; die Formel zum Berechnen des Mittelwerts lautet damit:

$$\bar{x} = \frac{1}{n} \sum_{i=1}^{n} x_i.$$

Ein zweites sehr gebräuchliches Maß für die Lage des Zentrums ist der *Median*. Der Median ist der tatsächliche »mittlere Wert« der Daten, also der Wert, der genau in der Mitte liegt, wenn sämtliche Daten in der richtigen Reihenfolge vom kleinsten bis zum größten Wert angeordnet werden. Wenn die Stichprobe eine ungerade Anzahl von Werten enthält, gibt es auch nur genau einen Wert, der in der Mitte sämtlicher Werte liegt, und genau dieser Wert ist dann der Median. Enthält die Stichprobe jedoch eine gerade Anzahl von Beobachtungen, sucht man zunächst die beiden Werte in der Mitte der Verteilung heraus; als Median wird dann der Mittelwert dieser beiden Werte berechnet.

In dem folgenden Beispiel wird die Vorgehensweise zum Berechnen von Mittelwert und Median verdeutlicht.

Beispiel

Bestimmen Sie den Mittelwert und den Median für den folgenden Datensatz: 1; 6; 5; 7; 3; 2,5; 2; −2; 1; 0.

Lösung

Der Mittelwert beträgt $1 + 6 + 5 + 7 + 3 + 2{,}5 + 2 - 2 + 1 + 0 = 25{,}5$ geteilt durch 10 (denn es liegen insgesamt zehn Werte vor), also 2,55.

Um den Median zu bestimmen, werden die Werte zunächst in aufsteigender Reihenfolge geordnet: −2; 0; 1; 1; 2; 2,5; 3; 5; 6; 7. Da es sich um eine gerade Anzahl von Werten handelt, gibt es nicht den *einen* mittleren Wert. Daher wird der Mittelwert aus den beiden mittleren Werten 2 und 2,5 gebildet. Der Median beträgt damit $(2 + 2{,}5) \div 2 = 2{,}25$.

Aufgabe 5

Muss der Mittelwert einer der Werte sein, die als tatsächlich beobachtete oder gemessene Werte in dem Datensatz enthalten sind? Erläutern Sie Ihre Antwort.

Aufgabe 6

Muss der Median einer der Werte sein, die als tatsächlich beobachtete oder gemessene Werte in dem Datensatz enthalten sind? Erläutern Sie Ihre Antwort.

Aufgabe 7

Warum müssen die Daten aus der Stichprobe geordnet werden, um den Median zu bestimmen, nicht aber für die Berechnung des Mittelwerts?

Aufgabe 8

Angenommen, Ihnen liegt ein Datensatz mit einem Ausreißer (einem sehr großen oder sehr kleinen Wert, der stark von allen übrigen Werten abweicht) vor. Wie beeinflusst dieser Ausreißer den Mittelwert und den Median?

Aufgabe 9

Angenommen, Sie haben den Mittelwert eines bestimmten Datensatzes berechnet.

1. In Abhängigkeit von den tatsächlichen Werten des Datensatzes sollte der Mittelwert eigentlich immer zwischen dem größten und dem kleinsten Wert des Datensatzes liegen. Erläutern Sie, warum dies so ist.

2. Wann kann der Mittelwert mit dem größten Wert des Datensatzes übereinstimmen?

Aufgabe 10

Denken Sie sich zwei verschiedene Datensätze mit jeweils drei Werten aus, die beide den gleichen Mittelwert und Median aufweisen. Erläutern Sie zudem, warum der Median allein nicht ausreicht, um einen Datensatz aussagekräftig zu beschreiben.

Aufgabe 11

Angenommen, sowohl der Mittelwert als auch der Median aller Gehälter in einer Firma beträgt 50.000 Euro. Nun erhalten alle Angestellten der Firma eine Gehaltserhöhung um 1.000 Euro.

1. Wie wirkt sich die Gehaltserhöhung auf den Mittelwert aller Gehälter aus?

2. Wie wirkt sich die Gehaltserhöhung auf den Median aller Gehälter aus?

Aufgabe 12

Angenommen, sowohl der Mittelwert als auch der Median aller Gehälter in einer Firma betragen 50.000 Euro. Nun erhalten alle Angestellten der Firma eine Gehaltserhöhung um 10%.

1. Wie wirkt sich die Gehaltserhöhung auf den Mittelwert aller Gehälter aus?

2. Wie wirkt sich die Gehaltserhöhung auf den Median aller Gehälter aus?

Maße für die Streuung berechnen und interpretieren

Die *Streuung* ist ohne Frage eines der wichtigsten Merkmale in der Statistik. Sie misst, wie stark die Werte in einer Stichprobe oder einer Grundgesamtheit variieren beziehungsweise streuen. Je näher die Werte beieinanderliegen, desto geringer ist die Streuung. Liegen die Werte dagegen breit gestreut auseinander, ist die Streuung in dem Datensatz entsprechend hoch.

Ein sehr grobes Maß für die Streuung ist die *Spannweite*. Die Spannweite ist einfach definiert als Differenz zwischen dem höchsten und dem niedrigsten Wert eines Datensatzes. Sie wird nur durch den einzelnen Wert (der Differenz zwischen höchstem und niedrigstem Wert) angegeben, nicht durch die beiden (höchsten und niedrigsten) Werte selbst. Damit ist die Spannweite eine einzelne Kennzahl, die auf nur zwei Werten basiert, und bei diesen beiden Werten kann es sich zudem sehr leicht um Ausreißer handeln. Daher muss die Spannweite als ein sehr grobes Maß für die Streuung angesehen werden.

Weil die Spannweite eine so grobe Kennzahl ist, ist die mit Abstand am häufigsten betrachtete Maßzahl für die Streuung die *Standardabweichung*. Die Standardabweichung misst die »typische« Distanz jedes einzelnen Werts in einem Datensatz von dem Mittelwert. Vereinfacht (und nicht ganz zutreffend) ausgedrückt ist die Standardabweichung die durchschnittliche Distanz aller Werte vom Mittelwert.

Um die Standardabweichung für die Daten einer Stichprobe zu ermitteln, berechnen Sie zunächst den Mittelwert (siehe hierzu den vorherigen Abschnitt). Anschließend können Sie die Standardabweichung in drei einfachen Schritten berechnen:

1. **Berechnen Sie für jeden Wert des Datensatzes die Differenz zum Mittelwert und quadrieren Sie das Ergebnis.**

2. **Addieren Sie sämtliche »quadrierten Abweichungen« und teilen Sie die Summe durch n − 1 (dabei ist n die Anzahl der Werte in der Stichprobe); Sie erhalten die Varianz der Stichprobe.**

3. **Ziehen Sie aus dem Ergebnis die Wurzel, um die Quadrierung der Werte aus dem ersten Schritt wieder »aufzuheben«; Sie erhalten die Standardabweichung der Stichprobe.**

Die Standardabweichung wird in der Statistik mit s bezeichnet und berechnet sich damit nach der folgenden Formel:

$$s = \sqrt{\sum_{i=1}^{n} \frac{(x_i - \overline{x})^2}{n-1}}.$$

Das folgende Beispiel zeigt noch einmal, wie die Standardabweichung berechnet und interpretiert wird.

Beispiel

Berechnen und interpretieren Sie die Standardabweichung für folgenden Datensatz: 1, 2, 3, 4, 5.

Lösung

Zunächst einmal beträgt der Mittelwert dieses Datensatzes 3 (die Vorgehensweise zum Berechnen des Mittelwerts ist im vorhergehenden Abschnitt in diesem Kapitel beschrieben). Nach der Berechnung des Mittelwerts werden die Abweichungen der einzelnen Werte vom Mittelwert berechnet und anschließend quadriert:

$1 - 3 = -2$ und -2 zum Quadrat ergibt 4;

$2 - 3 = -1$ und -1 zum Quadrat ergibt 1;

$3 - 3 = 0$ und 0 zum Quadrat ergibt wieder 0;

$4 - 3 = 1$ und 1 zum Quadrat ergibt wieder 1;

$5 - 3 = 2$ und 2 zum Quadrat ergibt 4.

Die Summe der quadrierten Abweichungen ergibt $4 + 1 + 0 + 1 + 4 = 10$. Dieser Wert dividiert durch $5 - 1$ (denn $n = 5$) ergibt $10 \div 4 = 2{,}5$. Als Letztes muss nun noch die Wurzel aus 2,5 gezogen werden, um so die Standardabweichung von $s = 1{,}58$ zu erhalten. Dieses Ergebnis besagt, dass die Werte in dem Datensatz »im Durchschnitt« um 1,58 Einheiten von dem Mittelwert 3 abweichen. (Dabei ist wichtig, dass es sich nicht wirklich um die durchschnittliche Abweichung im Sinne des arithmetischen Mittels der Abweichungen handelt, sondern vielmehr um eine »typische« Streuung um den Mittelwert.)

Aufgabe 13

Welches ist der kleinste Wert, den die Standardabweichung annehmen kann, und wann erreicht die Standardabweichung diesen Minimalwert?

Aufgabe 14

Wählen Sie aus den ganzzahligen Werten von 1 bis 5 vier Zahlen aus (wobei Sie auch Zahlen doppelt verwenden dürfen), sodass Sie einen Datensatz mit der größtmöglichen Standardabweichung erhalten.

Aufgabe 15

Angenommen, der Mittelwert aller Gehälter in einer Firma beträgt 50.000 Euro. Nun erhalten alle Angestellten der Firma eine Gehaltserhöhung um 1.000 Euro. Wie wirkt sich dies auf die Standardabweichung der Gehälter aus?

Aufgabe 16

Angenommen, der Mittelwert aller Gehälter in einer Firma beträgt 50.000 Euro. Nun erhalten alle Angestellten der Firma eine Gehaltserhöhung um 10%. Wie wirkt sich dies auf die Standardabweichung der Gehälter aus?

Schiefe Daten richtig erkennen

Im Umgang mit Datensätzen, die eine schiefe Verteilung aufweisen, sollten Sie besonders sorgfältig darauf achten, welche Kennzahlen zur adäquaten Beschreibung der Daten angemessen sind. Seien Sie sich dabei stets bewusst, dass die Anwendung falscher oder ungeeigneter Statistiken sehr leicht ein irreführendes Bild vermitteln und dadurch zu falschen Schlussfolgerungen führen kann.

Das folgende Beispiel zeigt, wie Sie aus einem Vergleich von Mittelwert und Median unmittelbar Rückschlüsse auf die Form der Verteilung Ihrer Daten ziehen können.

Beispiel

Erläutern Sie, warum ein Datensatz, dessen Mittelwert und Median nahe beieinanderliegen, eine mehr oder weniger symmetrische Verteilung aufweisen wird.

Lösung

Der Mittelwert wird durch Ausreißer, also durch besonders große und kleine Werte in den Daten beeinflusst, der Median dagegen nicht. Wenn nun Mittelwert und Median nahe beieinanderliegen, deutet dies darauf hin, dass die Daten nicht asymmetrisch auf einer Seite besonders stark streuen oder besonders viele Ausreißer aufweisen (denn dies würde sich einseitig auf den Mittelwert auswirken, der sich dadurch vom Median entfernen müsste). Mit anderen Worten ist davon auszugehen, dass die Verteilung der Daten auf beiden Seiten des Zentrums in etwa ähnlich aussieht, die Daten also mehr oder weniger symmetrisch verteilt sein werden.

Die Tatsache, dass ein Mittelwert und ein Median, die nahe beieinanderliegen, auf eine symmetrische Verteilung hindeuten, kann auch für eine andere häufige Testfrage genutzt werden: Angenommen, Sie werden gefragt, ob ein Datensatz eine symmetrische Verteilung aufweist, Ihnen liegt aber kein Histogramm der Daten vor, sondern lediglich deren Mittelwert und Median. In diesem Fall vergleichen Sie einfach die beiden Werte miteinander; liegen die Werte nahe beieinander, sind die Daten sehr wahrscheinlich symmetrisch verteilt. Weichen Mittelwert und Median dagegen deutlich voneinander ab, ist die Verteilung nicht symmetrisch.

Aufgabe 17

Angenommen, das Durchschnittsgehalt in einer bestimmten Firma beträgt 100.000 Euro und der Median aller Gehälter ist 40.000 Euro.

1. Was können Sie aus diesen beiden Kennzahlen über die Form des Histogramms aller Gehälter der Firma schließen?

2. Welche der beiden Kennzahlen für das Zentrum der Daten ist in diesem Fall geeigneter?

3. Wenn die Firma nun mit der Gewerkschaft in eine Lohnverhandlungsrunde eintritt, wie könnten dann die beiden Parteien die Kennzahlen nutzen, um ihre jeweiligen Standpunkte zu untermauern?

Aufgabe 18

Angenommen, Sie wissen von einem bestimmten Datensatz, dass die Werte linksschief verteilt sind. Außerdem wissen Sie, dass die beiden Maße für das Zentrum, Mittelwert und Median, die Werte 19 und 38 haben. Welcher der beiden Werte ist der Mittelwert und welcher ist der Median?

Aufgabe 19

Kann der Mittelwert eines Datensatzes größer sein als die meisten einzelnen Werte des Datensatzes? Wenn ja, unter welchen Bedingungen kann dies der Fall sein? Und wie verhält es sich beim Median?

Aufgabe 20

Wirkt sich eine schiefe Verteilung der Daten auf die Standardabweichung aus? Wenn ja, in welcher Weise?

Die 68-95-99,7-Prozent-Regel (auch bekannt als k-σ-Regel)

Die 68-95-99,7-Prozent-Regel, auch bekannt als k-σ-Regel (sprich: Ka-Sigma-Regel), liefert eine Faustformel für einige zentrale Zusammenhänge zwischen dem Mittelwert und der Standardabweichung bei Datensätzen mit einer glockenförmigen Verteilung. Eine glockenförmige Verteilung ist symmetrisch und weist genau einen Hügel (Häufungspunkt) in der Mitte der Verteilung auf, von dem aus die Verteilungskurve zu beiden Seiten gleichförmig abfällt.

Eine glockenförmige Verteilung besitzt einige spezifische Eigenschaften, die in der k-σ-Regel zusammengefasst sind:

✔ In dem Wertebereich, der sich ausgehend vom Mittelwert genau eine Standardabweichung nach links und eine Standardabweichung nach rechts erstreckt – also in dem Bereich zwischen (Mittelwert – Standardabweichung) und (Mittelwert + Standardabweichung) –, liegen circa 68% aller Werte des Datensatzes.

✔ Wird der Wertebereich zu jeder Seite um eine weitere Standardabweichung vergrößert – betrachtet man also den Wertebereich zwischen (Mittelwert – 2 · Standardabweichung) und (Mittelwert + 2 · Standardabweichung) –, liegen in diesem Bereich circa 95% aller Werte des Datensatzes.

✔ Erweitert man den Wertebereich noch einmal zu jeder Seite um eine weitere Standardabweichung – sodass man den Bereich zwischen (Mittelwert – 3 · Standardabweichung) und (Mittelwert + 3 · Standardabweichung) erhält –, deckt dieser Bereich über 99% (tatsächlich sogar circa 99,7%) aller Werte des Datensatzes ab.

Bevor die k-σ-Regel in den weiteren Aufgaben zur Anwendung kommt, soll das folgende Beispiel die zulässigen Anwendungsfälle verdeutlichen.

Beispiel

Ist die k-σ-Regel auf den in der folgenden Grafik dargestellten Datensatz anwendbar? Begründen Sie Ihre Antwort.

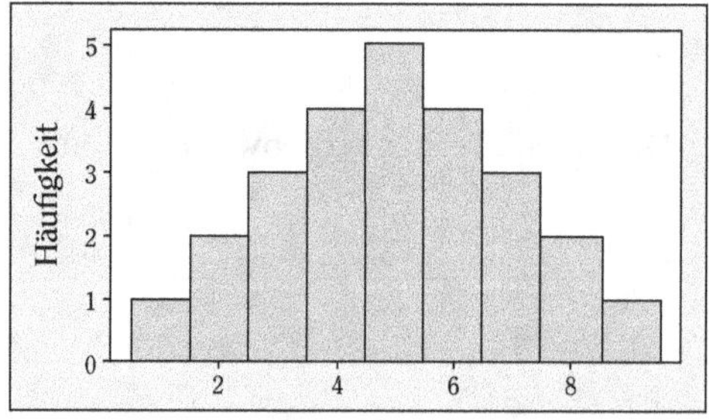

Lösung

Ja, die k-σ-Regel lässt sich hier anwenden, denn die Daten weisen eine glockenförmige Verteilung auf.

Aufgabe 21

Lässt sich die k-σ-Regel auf die in der folgenden Grafik dargestellten Daten anwenden? Begründen Sie Ihre Antwort.

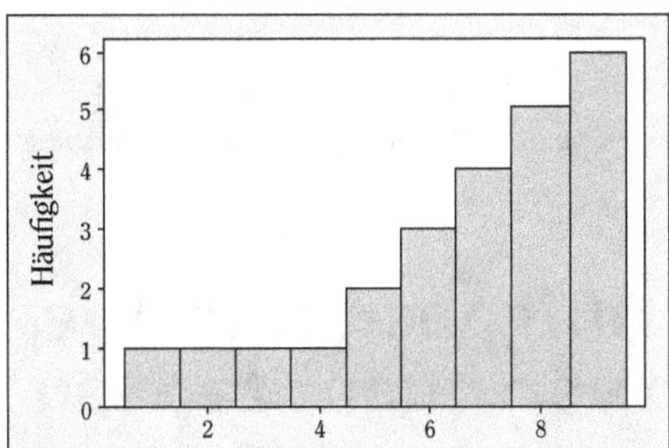

Aufgabe 22

Angenommen, die Studenten eines Statistik-Kurses haben in einer Prüfung im Durchschnitt 7 von 10 möglichen Punkten erreicht und die Testergebnisse weisen eine Standardabweichung von 0,5 auf. Ferner sei die Verteilung der Testergebnisse von glockenförmiger Gestalt.

1. In welchem Wertebereich sollten die Testergebnisse von 68% der Studenten, die an dem Test teilgenommen haben, liegen?

2. In welchem Bereich sollten die Ergebnisse von 95% der Studenten liegen?

3. In welchem Bereich sollten die Ergebnisse von 99,7% der Studenten liegen?

Aufgabe 23

Angenommen, ein glockenförmig verteilter Datensatz hat einen Mittelwert von 10 und eine Standardabweichung von 2.

1. Welcher Anteil der Werte wird ungefähr in dem Bereich zwischen 8 und 12 liegen?

2. Welcher Anteil der Werte wird größer sein als 10?

3. Und welcher Anteil der Werte wird größer als 12 sein?

Aufgabe 24

Angenommen, ein glockenförmig verteilter Datensatz hat einen Mittelwert von 10 und eine Standardabweichung von 2.

1. Welcher Anteil der Werte wird ungefähr in dem Bereich zwischen 6 und 12 liegen?

2. Welcher Anteil der Werte wird im Bereich zwischen 4 und 6 liegen?

3. Und welcher Anteil der Werte wird kleiner als 4 sein?

Aufgabe 25

Erläutern Sie, wie Sie mithilfe der k-σ-Regel allein auf Basis der Daten ohne Histogramm herausfinden können, ob ein Datensatz eine glockenförmige Verteilung aufweist.

Lösungen für die Aufgaben zum Thema Zusammenfassen von quantitativen Daten

Lösung 1

Die Verteilung in dem Histogramm wird als *u-förmig* bezeichnet, weil sie in ihrer Form dem Buchstaben U ähnelt. Die Verteilung ist symmetrisch, denn wenn man in der Mitte der Verteilung (zwischen den Werten 3 und 4) eine senkrechte Linie einzeichnet, sieht die Verteilung zu beiden Seiten dieser Linie gleich aus. Die Daten haben zwei Häufungspunkte (zwei Werte oder Werteklassen, die am häufigsten vorkommen), nämlich die Werte 1 und 6.

In einigen Fällen kann es auch vorkommen, dass ein Datensatz gar keinen Häufungspunkt aufweist, wie zum Beispiel bei einer Gleichverteilung, bei der jeder beobachtete Wert mit der gleichen Häufigkeit auftritt. Man könnte bei einer solchen Verteilung auch zu dem Schluss kommen, jeder beobachtete Wert sei ein Häufungspunkt (schließlich gibt es keinen Wert, der häufiger vorkommt), damit hätte der Begriff des Häufungspunktes jedoch keine allzu große Aussagekraft mehr. Bei gleichverteilten Daten ist es daher üblich zu sagen, die Daten weisen keinen Häufungspunkt auf.

Lösung 2

Die Daten weisen eine schiefe Verteilung auf, und zwar spricht man in diesem Fall von einer *rechtsschiefen Verteilung*. Die Daten häufen sich auf der linken Seite des Histogramms und laufen auf der rechten Seite flach aus. Daher finden sich auf der rechten Seite einzelne Werte, die deutlich größer sind als der Großteil der übrigen Werte. (Umgekehrt kann man auch sagen, dass sich die Werte auf der linken Seite besonders stark häufen, sodass die

Verteilung links besonders steil ansteigt; daher wird eine rechtsschiefe Verteilung häufig auch als *linkssteile Verteilung* bezeichnet.)

Lösung 3

Diese Verteilung ist *linksschief*, denn die Daten laufen auf der linken Seite flach aus. Ebenso kann die Verteilung als *rechtssteil* bezeichnet werden, weil sich die Daten auf der rechten Seite besonders stark häufen.

Wenn man eine schiefe Verteilung vorliegen hat, kann man sehr leicht die Begriffe rechts- und linksschief verwechseln. Es gibt jedoch eine ganz einfache Regel: Achten Sie immer darauf, auf welcher Seite die Werte flach auslaufen, auf welcher Seite die Verteilung also einen langen Schwanz bildet. Auf dieser Seite ist die Verteilung schief. Liegt der lange Schwanz also auf der linken Seite, ist die Verteilung linksschief (und damit zugleich rechtssteil).

Lösung 4

Das Histogramm in der folgenden Abbildung ist symmetrisch, denn wenn man das Histogramm mit einer senkrechten Linie in der Mitte teilt, sehen die beiden Hälften wie Spiegelbilder zueinander aus. Es hat zudem zwei Gipfel und damit zwei Modalwerte. Daher wird eine solche Verteilung auch als *bimodale Verteilung* bezeichnet.

Beachten Sie: Für diese Aufgabe gibt es mehrere richtige Lösungen, Ihr Histogramm muss also nicht exakt wie die hier dargestellte Lösung aussehen.

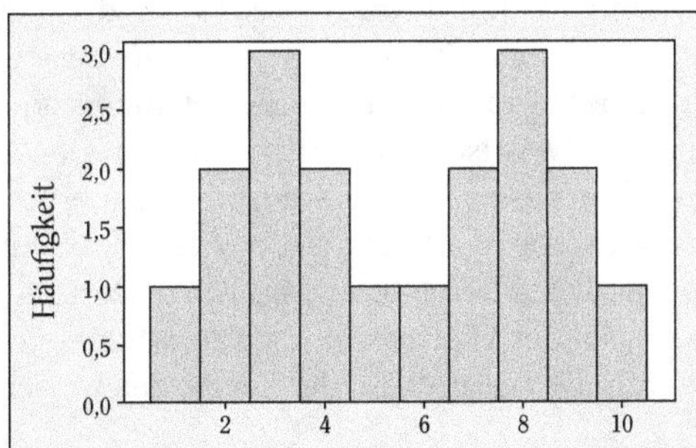

Lösung 5

Der Mittelwert muss nicht einer von den Werten aus der Stichprobe sein, er kann allerdings rein zufällig mit einem dieser Werte übereinstimmen. Besteht die Stichprobe beispielsweise nur aus den beiden Werten 1 und 2, beträgt der Mittelwert 1,5 und ist damit nicht als Wert in der Stichprobe enthalten. Besteht die Stichprobe dagegen aus den Werten 1, 2 und 3, ist der Mittelwert 2 und stimmt damit zufällig mit einem der Werte aus der Stichprobe überein.

Lösung 6

Wenn die Stichprobe eine ungerade Anzahl von Werten umfasst, gibt es auch genau einen Wert in der Mitte der Verteilung. Dieser Wert ist dann der Median, sodass umgekehrt der Median in diesen Fällen stets mit einem Wert aus der Stichprobe übereinstimmt. Umfasst die Stichprobe dagegen eine gerade Anzahl von Werten, wird der Median als Mittelwert der beiden mittleren Werte der Verteilung berechnet. Dieser Mittelwert kann, muss aber nicht mit einem in der Verteilung vorkommenden Wert übereinstimmen. Besteht die Stichprobe zum Beispiel aus den Werten 1, 2, 3, 4, ist der Median 2,5 und damit nicht als Wert in der Stichprobe enthalten. Lauten die Werte in der Stichprobe dagegen 1, 3, 3, 4, beträgt der Median 3 und stimmt damit mit einem der Werte aus der Stichprobe überein.

Lösung 7

Der Median ist der »mittlere Wert« in der Verteilung der Daten. Um diesen mittleren Wert zu bestimmen, müssen die Daten zunächst in aufsteigender Reihenfolge geordnet werden. Wären die Daten ungeordnet und man würde einfach den zufällig »in der Mitte liegenden« Wert herausgreifen, bekäme man natürlich unsinnige Ergebnisse. Enthält eine Stichprobe beispielsweise die Werte 1, 5, 2, ist der Median natürlich 2, würde man allerdings den mittleren Wert aus dem ungeordneten Datensatz herausgreifen, erhielte man hier den Wert 5; wäre der Datensatz dagegen zufällig in der Reihenfolge 2, 1, 5 angeordnet, läge der Wert 1 in der Mitte. Um den Median korrekt zu bestimmen, müssen die Daten daher zwingend vom kleinsten bis zum größten Wert geordnet werden, andernfalls erhielte man ziemlich sicher unsinnige Ergebnisse.

Für die Berechnung des Mittelwerts werden dagegen sämtliche Werte aus der Stichprobe addiert und anschließend wird die Summe durch die Anzahl der Werte dividiert. Nun erinnern Sie sich ja sicherlich noch aus Ihrer Schulzeit an das Kommutativgesetz (sagen Sie nicht, Sie kennen das Kommutativgesetz nicht mehr; Ihr Lehrer hat Ihnen doch schon in der Schule erzählt, dass dies nun wirklich etwas ist, das Sie Ihr ganzes Leben lang immer wieder benötigen werden) und wissen daher, dass $a + b = b + a$ ist. Mit anderen Worten: Es ist vollkommen egal, in welcher Reihenfolge die Werte addiert werden, die Summe ist immer die gleiche. Daher müssen die Daten für die Berechnung des Mittelwerts auch nicht in einer bestimmten Weise angeordnet sein, sondern können einfach so, wie sie gerade zufällig vorliegen, addiert und anschließend durch die Gesamtzahl der Werte geteilt werden.

Lösung 8

Ausreißer in einem Datensatz beeinflussen den Mittelwert, lassen den Median aber unberührt. Der Mittelwert verändert seinen Wert durch einzelne Ausreißer »in die Richtung« der Ausreißer, wird also durch hohe Ausreißer vergrößert und durch kleine Ausreißer verringert. Umfasst ein Datensatz beispielsweise die Werte 1, 2 und 3, betragen sowohl der Mittelwert als auch der Median 2. Enthält der Datensatz dagegen die Werte 1, 2, 297, ergibt sich der Mittelwert $(1 + 2 + 297) \div 3 = 100$, während der Median weiterhin 2 beträgt. Der Mittelwert repräsentiert in diesem Fall nicht wirklich den »typischen« Wert der Stichprobe und liefert damit ein verzerrtes Bild des Datensatzes ab.

Ausreißer beeinflussen nur den Mittelwert, nicht den Median. Der Mittelwert kann durch einzelne Ausreißer derart verzerrt werden, dass er nicht mehr den »typischen« Wert des Datensatzes repräsentiert.

Lösung 9

Die beiden folgenden Punkte sind wichtige Hinweise, um Daten und Kennzahlen auf Plausibilität zu prüfen:

1. Da der Mittelwert der Durchschnitt aller Werte des Datensatzes ist, muss er typischerweise irgendwo in der Mitte der Werteverteilung und damit zwischen dem kleinsten und dem größten Wert des Datensatzes liegen.

2. Der Mittelwert kann genau dann dem größten Wert des Datensatzes entsprechen, wenn alle Werte in dem Datensatz identisch sind. Sobald auch nur ein einziger Wert abweicht, ändert sich auch der Mittelwert und liegt dann zwischen dem kleinsten und dem größten Wert des Datensatzes (selbst dann, wenn der kleinste oder der größte Wert sehr häufig vorkommt).

Lösung 10

Für diese Aufgabe sind viele richtige Lösungen möglich. Der Schlüssel besteht darin, dass beide Datensätze denselben mittleren Wert aufweisen und die beiden übrigen Werte in gleichem Maße nach oben und unten von diesem mittleren Wert abweichen.

Eine mögliche Lösung ist daher Datensatz 1 mit den Werten 100, 200, 300 und Datensatz 2 mit den Werten 199, 200, 201. Für beide Datensätze beträgt sowohl der Median als auch der Mittelwert 200. Damit haben beide Datensätze das gleiche Zentrum, weisen dabei aber sehr unterschiedliche Spannweiten (beziehungsweise Streuungen) auf. Dies zeigt auch, warum die alleinige Betrachtung eines Kennwerts für das Zentrum des Datensatzes nicht ausreicht, um den Datensatz umfassend zu beschreiben, denn diese Kennzahl liefert keinen Hinweis auf das Ausmaß der Streuung in den Daten.

Lösung 11

Diese Aufgabe verdeutlicht ganz allgemein, wie sich Mittelwert und Median verändern, wenn sämtliche Werte eines Datensatzes um einen konstanten Betrag erhöht werden.

1. Der Mittelwert erhöht sich ebenfalls um 1.000, denn bildlich gesprochen passiert nichts anderes, als dass jeder einzelne Wert des Datensatzes um 1.000 Euro nach oben geschoben wird – und dabei wandert der Mittelwert einfach mit nach oben.

2. Aus dem gleichen Grund, nämlich weil einfach die gesamte Werteverteilung des Datensatzes um 1.000 Euro nach oben verschoben wird, steigt auch der Median um 1.000 an.

Werden sämtliche Werte eines Datensatzes um einen konstanten Wert erhöht oder verringert, verändern sich auch der Mittelwert und der Median um diesen konstanten Wert. Dies gilt in beide Richtungen, also sowohl für positive als auch für negative konstante Veränderungen der Daten.

Lösung 12

Diese Aufgabe zeigt allgemein, wie sich Mittelwert und Median verändern, wenn sämtliche Werte eines Datensatzes mit einem konstanten Faktor multipliziert werden. In diesem Beispiel beträgt die Konstante 1,1, denn jedes Gehalt in der Firma wird um 10% erhöht, und das ist nichts anderes, als dass jedes Gehalt mit dem Faktor 1,1 multipliziert wird. Hat ein Angestellter bisher ein Gehalt von X bezogen, so bekommt er künftig ein Gehalt von $X + 0{,}1 \cdot X$, also insgesamt $1{,}1 \cdot X$.

1. Der Mittelwert erhöht sich ebenfalls um 10% auf $1{,}1 \cdot 50.000$ Euro = 55.000 Euro, denn um diesen Faktor steigt auch jeder einzelne Wert aus dem Datensatz und damit auch die Summe aller Werte des Datensatzes. Da der Mittelwert nichts anderes ist als die Summe aller Werte dividiert durch die Anzahl aller Werte, steigt er gleichermaßen um 10% an.

2. Auch der Median erhöht sich um 10% auf 55.000 Euro, da ja auch jeder einzelne Wert der Verteilung um diesen Faktor erhöht wurde.

Lösung 13

Die Standardabweichung kann niemals negativ sein, denn die Berechnung beruht auf der quadrierten Abweichung, und ein quadrierter Wert ist stets positiv. Der kleinste Wert, den die Standardabweichung annehmen kann, ist der Wert 0. Diesen Wert erreicht sie allerdings nur, wenn der Datensatz überhaupt keine Streuung aufweist, also alle Werte in dem Datensatz exakt gleich sind. Der Datensatz 1, 1, 1 oder auch der Datensatz 2, 2, 2, 2, 2 haben beispielsweise eine Standardabweichung von 0.

Lösung 14

Mit den Werten 1, 1, 5, 5 erhalten Sie die größtmögliche Standardabweichung, denn diese Werte weichen am stärksten voneinander ab und streuen damit auch am stärksten um den gemeinsamen Mittelwert (der 3 beträgt).

Lösung 15

Wird zu jedem Wert eines Datensatzes eine Konstante hinzuaddiert, ändert sich die Standardabweichung dadurch nicht. Durch die Addition einer Konstanten wird die gesamte Werteverteilung (und auch der Mittelwert) einfach »verschoben«, die absoluten Abstände zwischen den einzelnen Werten und damit auch die Abweichungen der einzelnen Werte vom gemeinsamen Mittelwert bleiben aber unverändert.

Lösung 16

Wird jeder Wert eines Datensatzes mit einer Konstanten multipliziert, wirkt sich dies im gleichen Ausmaß auf die Standardabweichung aus. Wenn die Werte wie in diesem Beispiel mit 1,1 (oder allgemein mit einer Konstanten größer als 1) multipliziert werden, vergrößert sich die Standardabweichung. Dies liegt daran, dass kleine Werte durch die Multiplikation mit der Konstanten vom absoluten Betrag her weniger stark ansteigen als große Werte: Nehmen wir zwei Angestellte, die 30.000 Euro und 50.000 Euro verdienen; die beiden Gehälter liegen somit 20.000 Euro auseinander. Nach der zehnprozentigen Gehaltserhöhung verdienen die Kollegen 33.000 Euro und 55.000 Euro, sodass der Gehaltsabstand auf 22.000 Euro steigt (die Besserverdienenden bekommen also eine größere Gehaltserhöhung als ihre weniger gut verdienenden Kollegen). Wenn man die Standardabweichung vor und nach der Gehaltserhöhung berechnet, wird man daher feststellen, dass auch die Standardabweichung um 10% gestiegen ist.

Allgemein gilt: Wenn Sie alle Werte eines Datensatzes mit einer nicht negativen Konstanten c multiplizieren, ändert sich auch die Standardabweichung auf das c-Fache der bisherigen Standardabweichung. Werden die Daten dagegen mit einer negativen Konstanten multipliziert, ändert sich die Standardabweichung auf das $|c|$-Fache ihres bisherigen Werts, ändert sich also gemäß dem Betrag der Konstanten (auch hier wirkt sich wieder die Quadrierung der Werte bei der Berechnung der Standardabweichung aus, durch die der Einfluss des negativen Vorzeichens einfach aufgehoben wird). Beachten Sie dabei auch, dass die Standardabweichung kleiner wird, wenn die Konstante zwischen 0 und 1 (beziehungsweise 0 und −1) liegt; ist die Konstante größer als 1 (kleiner als −1), nimmt die Standardabweichung dagegen zu.

Lösung 17

Allein aus dem Mittelwert und dem Median lässt sich bereits einiges über die Gehaltsstruktur der Firma lernen:

1. Die Gehaltsverteilung ist rechtsschief. Einige wenige Mitarbeiter in der Firma beziehen sehr hohe Gehälter im Vergleich zu dem Einkommen der übrigen Mitarbeiter. Dies wirkt sich auf den Mittelwert aus, der dadurch entsprechend höher ausfällt, während der Median von den einzelnen hohen Gehältern unbeeinflusst bleibt. Daher liegt der Mittelwert hier deutlich über dem Median.

2. Bei einer schiefen Verteilung ist der Median das geeignetere Maß für das Zentrum der Daten, denn er wird, anders als der Mittelwert, nicht von Ausreißern beeinflusst.

3. Die Gewerkschaft würde in den Verhandlungen eher auf den Median verweisen, um das niedrigere Gehaltsniveau der Firma zu dokumentieren, während die Firmenvertreter eher auf den Mittelwert abstellen würden, um zu belegen, dass die Gehälter auch ohne weitere Lohnerhöhungen bereits ein hohes Durchschnittsniveau erreicht haben.

Bei einem Datensatz mit rechtsschiefer Verteilung der Werte ist der Mittelwert höher als der Median. Sind die Daten dagegen linksschief verteilt, liegt der Mittelwert unterhalb des Medians. Im Falle einer symmetrischen Verteilung sind Mittelwert und Median identisch beziehungsweise liegen sehr nahe beieinander.

Lösung 18

Da die Daten linksschief verteilt sind, streuen die Werte auf der linken Seite der Verteilung (also die niedrigen Werte) stärker als die hohen Werte. Die stark streuenden niedrigen Werte, die deutlich kleiner sind als der Großteil der übrigen Werte, verringern den Mittelwert, während der Median davon unberührt bleibt. Der Mittelwert ist daher niedriger als der Median, sodass in diesem Fall der Mittelwert 19 und der Median 38 beträgt.

Dieser Zusammenhang ist wichtig und wird auch in Prüfungen immer wieder gerne in sämtlichen Variationen abgefragt: Eine linksschiefe Verteilung bedeutet, dass die niedrigen Werte besonders stark streuen, es also einige besonders niedrige Werte gibt, die deutlich von den übrigen Werten abweichen. Bei einer rechtsschiefen Verteilung ist es entsprechend umgekehrt. Wenn Sie sich dies bildlich vor Augen führen, ist das Verhältnis von Mittelwert zu Median bei schiefen Verteilungen unmittelbar klar.

Lösung 19

Der Mittelwert eines Datensatzes liegt immer zwischen dem höchsten und dem niedrigsten Wert des Datensatzes (oder ist mit dem höchsten und dem niedrigsten Wert identisch). Wo genau der Mittelwert in dem Bereich zwischen höchstem und niedrigstem Wert liegt, hängt dabei von der Form der Verteilung der Daten ab. Der Mittelwert kann auch höher sein als der Großteil aller Werte des Datensatzes; die Daten sind in dem Fall rechtsschief.

Der Median kann dagegen nicht größer sein als der Großteil aller Daten des Datensatzes. Der Median liegt immer in der Mitte der Verteilung und ist damit größer als 50% der Werte, aber gleichzeitig kleiner als die übrigen 50% der Werte.

Lösung 20

Die Standardabweichung basiert auf den durchschnittlichen Distanzen zwischen den einzelnen Werten eines Datensatzes und dem Mittelwert. Ausreißer (die bei schiefen Verteilungen häufiger auftreten) beeinflussen die Lage des Mittelwerts und damit auch die Standardabweichung. Ausreißer führen dazu, dass die Standardabweichung größer wird; sie zeigt dadurch eine höhere durchschnittliche Abweichung der einzelnen Werte von dem Mittelwert an, als es für den Großteil aller Werte des Datensatzes richtig wäre, denn die Standardabweichung bezieht natürlich auch die wenigen Ausreißer, die sehr weit vom Mittelwert entfernt liegen, mit ein. Wie sollte man mit dieser Verzerrung umgehen? Eine Möglichkeit besteht darin, zusätzlich den Interquartilsabstand (die Differenz zwischen dem 75%- und dem 25%-Quartil) als Maß für die Streuung mit auszuweisen (siehe hierzu im Einzelnen Kapitel 6).

Lösung 21

Nein, für diese Daten ist die k-σ-Regel nicht gültig. Die Verteilung der Daten ist schief und nicht glockenförmig. Sie weist zwar ebenso wie eine glockenförmige Verteilung genau einen Häufungspunkt auf, jedoch liegt dieser nicht in der Mitte der Verteilung und die Verteilung insgesamt ist alles andere als symmetrisch.

Die k-σ-Regel ist nur für glockenförmige Verteilungen gültig; sie lässt sich nicht auf Daten mit einer schiefen Verteilung anwenden. Vor jeder Anwendung dieser Regel sollten Sie daher immer zuerst die Verteilungsform der betrachteten Daten überprüfen, um nicht den Fehler zu begehen, eine grundsätzlich sehr hilfreiche, aber für die vorliegenden Daten vollkommen ungeeignete Regel anzuwenden.

Lösung 22

1. Gemäß der k-σ-Regel sollten circa 68% der Testergebnisse nicht stärker als eine Standardabweichung vom Mittelwert abweichen. 68% der Ergebnisse sollten also in dem Wertebereich von $7 \pm 0{,}5$ liegen und damit zwischen 6,5 und 7,5 Punkte aufweisen.

2. Des Weiteren gilt gemäß der k-σ-Regel, dass circa 95% der Testergebnisse nicht weiter als zwei Standardabweichungen vom Mittelwert entfernt liegen sollten. Demnach liegen 95% der Ergebnisse im Bereich von $7 \pm (2 \cdot 0{,}5) = 7 \pm 1$ und damit im Bereich zwischen 6 und 8 Punkten.

3. Die dritte Aussage der k-σ-Regel ist, dass die Ergebnisse von circa 99,7% der Testpersonen nicht mehr als drei Standardabweichungen vom Mittelwert entfernt liegen. 99,7% der Studenten müssten demnach im Bereich von $7 \pm (3 \cdot 0{,}5) = 7 \pm 1{,}5$ liegen und damit zwischen 5,5 und 8,5 Punkte erzielt haben.

Lösung 23

Die Aufgabe lässt sich lösen, wenn man die k-σ-Regel mit der Idee kombiniert, dass die Summe der relativen Häufigkeiten aller Werte 100% ergeben muss.

1. Da die Werte 8 und 12 jeweils eine Standardabweichung vom Mittelwert entfernt liegen, sollten gemäß der k-σ-Regel 68% der Werte im Bereich zwischen 8 und 12 liegen.

2. Da eine glockenförmige Verteilung symmetrisch ist, sollte die Hälfte der Werte über und die andere Hälfte unter dem Mittelwert liegen. Die Antwort lautet also: 50%.

3. Da circa 68% der Werte im Bereich zwischen 8 und 12 liegen, werden $68 \div 2 = 34\%$ der Werte zwischen 8 und 10 und die anderen 34% zwischen 10 und 12 liegen. Außerdem wissen wir, dass die Hälfte der Werte größer als der Mittelwert und damit größer als 10 ist. Da also 50% der Werte größer als 10 sind und 34% zwischen den Werten 10 und 12 liegen, lässt sich unmittelbar folgern, dass $50\% - 34\% = 16\%$ größer als 12 sind.

Für die Beantwortung derartiger Aufgaben sollten Sie immer zunächst eine Bestandsaufnahme der Informationen machen, die Ihnen über die Daten bereits vorliegen, und anschließend schauen, wie Sie durch Subtraktion und Addition der Teilinformationen wie im folgenden Bild skizziert zu den gewünschten Ergebnissen kommen.

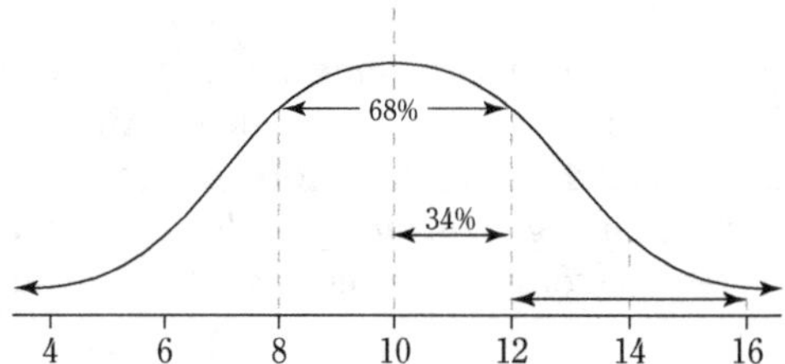

Eine Zeichnung kann bei der Anwendung der k-σ-Regel sehr hilfreich sein und die Vorgehensweise zur Problemlösung verdeutlichen. Die Zeichnung hilft vor allem, den Überblick über die vorliegenden und die noch benötigten Informationen zu behalten, und kann in Prüfungen auch helfen, dem Prüfer den Gedankengang und die Vorgehensweise zu verdeutlichen.

Lösung 24

Zur Beantwortung dieser Aufgabe müssen Sie die verschiedenen Teile der k-σ-Regel miteinander kombinieren.

1. Der Wert 6 liegt zwei Standardabweichungen unter dem Mittelwert, denn $10 - 2 \cdot 2 = 6$. Sie wissen von der k-σ-Regel, dass 95% aller Werte in dem Bereich zwischen 6 und 14 liegen, sodass die Hälfte davon (also 47,5% der Werte) in den Wertebereich zwischen 6 und 10 fällt, denn die Verteilung der Werte ist symmetrisch. Damit haben Sie den ersten Baustein zur Lösung der Aufgabe.

   Als zweiten Baustein müssen Sie herausfinden, welcher Anteil der Werte zwischen 10 und 12 liegt. Der Wert 12 liegt eine Standardabweichung über dem Mittelwert und aus der k-σ-Regel ist bekannt, dass 68% aller Werte in dem Bereich zwischen 8 und 12 liegen, sodass die Hälfte davon (also 34%) in den Bereich zwischen 10 und 12 fällt.

   Nun müssen Sie nur noch die beiden Bausteine addieren, um so zu berechnen, dass 47,5% + 34% = 81,5% aller Werte im Bereich zwischen 6 und 12 liegen.

2. Für diesen Teil der Aufgabe müssen Sie zunächst mithilfe der k-σ-Regel die beiden Wahrscheinlichkeiten für die Wertebereiche zwischen 4 und 10 und zwischen 6 und 10 betrachten und anschließend die Differenz zwischen den beiden Ergebnissen berechnen:

   - Da der Wert 6 zwei Standardabweichungen unter dem Mittelwert 10 liegt, wissen Sie von der k-σ-Regel, dass 95% aller Werte im Bereich zwischen 6 und 14 und damit 95% ÷ 2 = 47,5% im Bereich zwischen 6 und 10 liegen.

- Der Wert 4 liegt drei Standardabweichungen unter dem Mittelwert und daher besagt die k-σ-Regel, dass 99,7% aller Werte im Bereich zwischen 4 und 16 liegen. Dementsprechend liegt die Hälfte dieses Anteils, also 99,7% ÷ 2 = 49,85% aller Werte, im Bereich zwischen 4 und 10.

- Um nun zu berechnen, wie viele Werte im Bereich zwischen 4 und 6 liegen, müssen Sie nur noch die Differenz zwischen dem Anteil des 4-bis-10-Bereichs und dem Anteil des 6-bis-10-Bereichs bilden. Sie erhalten so das Ergebnis, dass der Wertebereich zwischen 4 und 6 ungefähr 49,85% − 47,5% = 2,35% aller Werte beinhaltet.

Beachten Sie, dass Prozentwerte niemals negativ sein können. Wenn Sie den Anteil der Werte innerhalb eines bestimmten Wertebereichs berechnen, indem Sie die Differenz aus zwei Teilbereichen bilden, sollten Sie daher stets darauf achten, dass Sie den kleineren Anteilswert von dem größeren Anteilswert abziehen und nicht umgekehrt.

3. Um den Anteil der Werte zu berechnen, die kleiner als 4 sind, betrachten Sie zunächst den Wertebereich zwischen 4 und 10, in dem 99,7% ÷ 2 = 49,85% aller Werte liegen. Gleichzeitig wissen Sie, dass 50% aller Werte kleiner als der Mittelwert 10 sind. Die Differenz zwischen 50% und 49,85% ergibt daher den Anteil der Werte, die kleiner als 4 sind: 50% − 49,85% = 0,15% aller Werte sind kleiner als 4.

Lösung 25

Sie können zunächst den Mittelwert und die Standardabweichung der Daten berechnen und anschließend den Wertebereich zwischen Mittelwert ± 1 · Standardabweichung bestimmen. Wenn die Daten glockenförmig verteilt sind, müssten gemäß der k-σ-Regel 68% der Werte in diesem Wertebereich liegen. Zählen Sie also, wie viele Werte des Datensatzes tatsächlich in diesen Wertebereich fallen, und teilen Sie das Ergebnis durch die Stichprobengröße. Wenn das Resultat nicht ungefähr 0,68 beziehungsweise 68% beträgt, sind die Daten offenbar nicht glockenförmig verteilt. Liegt das Ergebnis dagegen tatsächlich in der Nähe von 68%, prüfen Sie im nächsten Schritt, ob auch 95% aller Daten im Bereich zwischen Mittelwert ± 2 · Standardabweichung liegen. Wenn auch dies der Fall ist, prüfen Sie im dritten Schritt, ob der Wertebereich zwischen Mittelwert ± 3 · Standardabweichung circa 99,7% aller Werte umfasst. Wenn auch diese dritte Prüfung positiv ausfällt, ist es naheliegend, dass die Daten eine glockenförmige Verteilung aufweisen.

Von Wahrscheinlich-keiten, der Normal-verteilung und dem zentralen Grenzwertsatz

IN DIESEM TEIL ...

Dieser Teil behandelt fundamentale Konzepte der Statistik, die für die eigentliche »Analyse« von Daten unverzichtbar sind.

Wenn Sie die Übungen dieses Teils beherrschen, sind Sie Experte für Begriffe wie Stichprobenverteilung, Fehlergrenze, Perzentile und Standardwerte.

Sie werden vertraut sein mit zwei ständigen Begleitern in der Statistik, der Normal- und der t-Verteilung.

Kapitel 5

Die Grundlagen der Wahrscheinlichkeitsrechnung verstehen

Die Gesetze der Wahrscheinlichkeitsrechnung widersetzen sich häufig unserer Intuition. So erscheint die Zahlenkombination 1, 2, 3, 4, 5, 6 auf einem Lottoschein vielen Lottospielern als aussichtslos, da es wohl sehr unwahrscheinlich ist, dass eine derart auffällige Zahlenkombination gezogen wird. Tatsächlich ist diese Zahlenkombination aber genauso wahrscheinlich oder unwahrscheinlich wie jede andere Kombination aus sechs Zahlen. Ebenso erwarten viele Spieler beim Roulette, dass nach einer längeren Folge von schwarzen Zahlen die Wahrscheinlichkeit, dass beim nächsten Wurf eine rote Zahl fällt, steigt und umso größer wird, je länger die Serie schwarzer Zahlen bereits anhält. Auch diese Erwartung ist aber natürlich falsch, denn die Wahrscheinlichkeit für ein bestimmtes Ergebnis beim Roulette ist vollkommen unabhängig davon, welche Ergebnisse das Spiel in der Vergangenheit hervorgebracht hat. Solchen Irrtümern werden Sie künftig nicht mehr unterliegen, denn in diesem Kapitel üben Sie den Umgang mit den grundlegenden Regeln der Wahrscheinlichkeitsrechnung. Diese Übung wird Sie vor den typischen Irrtümern bei der Berechnung von Wahrscheinlichkeiten bewahren und Ihr intuitives Gespür für richtige und falsche Aussagen der Wahrscheinlichkeitsrechnung schärfen.

Die Gesetze der Wahrscheinlichkeit verstehen

Die *Wahrscheinlichkeit* eines bestimmten Ergebnisses ist definiert als der langfristige Anteil (die relative Häufigkeit) dieses Ergebnisses an allen möglichen Ergebnissen. Wahrscheinlichkeiten folgen dabei bestimmten Regeln und Gesetzmäßigkeiten. Einige der wichtigsten Regeln lauten:

✔ Jede Wahrscheinlichkeit ist ein Prozentwert zwischen 0 und 100. Als Dezimalzahl ausgedrückt ist jede Wahrscheinlichkeit (jeder Anteil) ein Wert zwischen 0 und 1. Eine Wahrscheinlichkeit von 1 bedeutet, dass das entsprechende Ergebnis mit Sicherheit eintritt; eine Wahrscheinlichkeit von 0 besagt, dass das Ergebnis unmöglich ist.

✔ Die Menge aller möglichen Ergebnisse nennt man die *Ergebnismenge.* Die Summe der Wahrscheinlichkeiten aller Ergebnisse aus der Ergebnismenge ist gleich 1.

✔ Eine Menge von Ergebnissen, also eine Teilmenge der Ergebnismenge, nennt man *Ereignis.*

✔ Die Wahrscheinlichkeit für ein bestimmtes Ereignis ist gleich der Summe der Wahrscheinlichkeiten für die einzelnen Ergebnisse dieses Ereignisses.

✔ Die Wahrscheinlichkeit für eine Menge von Ereignissen, die disjunkt sind (sich also gegenseitig ausschließen), ist gleich der Summe der Wahrscheinlichkeiten für die einzelnen Ereignisse.

✔ Die Komplementärmenge eines Ereignisses ist die Gesamtheit aller Ergebnisse, die nicht Bestandteil des Ereignisses selbst sind. Die Wahrscheinlichkeit für das Eintreten der Komplementärmenge eines Ereignisses ist 1 minus die Wahrscheinlichkeit des Ereignisses.

Um das Konzept der Wahrscheinlichkeit besser zu verstehen, betrachten wir zunächst ein sehr einfaches Beispiel, von dem aus wir uns im Folgenden zu schwierigeren Fragestellungen vorarbeiten werden.

Beispiel

Angenommen, Sie werfen dreimal nacheinander eine ungezinkte Münze.

1. Wie viele verschiedene Ergebnisse sind möglich?

2. Wie hoch ist die Wahrscheinlichkeit für jedes Ergebnis?

3. Angenommen, Sie interessieren sich nur dafür, wie häufig bei den drei Münzwürfen Kopf erscheint. Welche Häufigkeiten für Kopf als Ergebnis der drei Münzwürfe sind möglich und mit welcher Wahrscheinlichkeit treten die unterschiedlichen Häufigkeiten ein?

Lösung

Bevor Sie sich auf ein Münzspiel einlassen, sollten Sie immer genau wissen, welche Ergebnisse überhaupt eintreten können und wie hoch die Wahrscheinlichkeiten für die unterschiedlichen Ergebnisse sind. Die Tabelle am Ende dieser Lösung gibt eine kurze Übersicht über alle möglichen Ergebnisse, die aus drei Münzwürfen hervorgehen können.

1. Jeder einzelne Münzwurf kann zu zwei unterschiedlichen Ergebnissen führen, zu Kopf (K) oder Zahl (Z). Daher können drei Münzwürfe in Folge $2 \cdot 2 \cdot 2 = 8$ unterschiedliche Ergebnisse hervorbringen. Die Ergebnismenge umfasst somit die folgenden acht Ergebnisse: K-K-K, K-K-Z, K-Z-K, Z-K-K, K-Z-Z, Z-K-Z, Z-Z-K, Z-Z-Z.

2. Jedes der acht Ergebnisse hat eine Wahrscheinlichkeit von 1 aus 8, denn die Anzahl aller möglichen Ergebnisse ist 8 und es wurde angenommen, dass die Münze nicht gefälscht ist, sodass bei jedem Münzwurf Kopf und Zahl mit der gleichen Wahrscheinlichkeit eintreten.

3. Kopf kann bei drei Münzwürfen insgesamt drei, zwei, ein oder null Mal erscheinen. Dreimal Kopf kann nur auf einem Wege und damit nur in einem der insgesamt acht möglichen Ergebnisse (K-K-K) der Münzwürfe auftreten. Die Wahrscheinlichkeit für das Ereignis, dass dreimal Kopf erscheint, beträgt damit ein Achtel. Zweimal Kopf erhält man dagegen durch drei unterschiedliche Ergebnisse (K-K-Z, K-Z-K, Z-K-K). Das Ereignis »Es fällt zwei Mal Kopf« besteht also aus diesen drei Ergebnissen. Die Wahrscheinlichkeit für dieses Ereignis ist daher drei Achtel. Ebenso gibt es drei Ergebnisse, die nur einmal Kopf zeigen (K-Z-Z, Z-K-Z, Z-Z-K), sodass auch für dieses Ereignis die Wahrscheinlichkeit drei Achtel beträgt. Bei drei Münzwürfen kein einziges Mal Kopf zu erhalten ist dagegen nur auf einem Wege möglich, nämlich wenn dreimal hintereinander die Zahl fällt (Z-Z-Z), und die Wahrscheinlichkeit dafür beträgt wiederum ein Achtel.

Anzahl Kopf	Mögliche Ergebnisse	Wahrscheinlichkeit
3	K-K-K	1/8
2	K-K-Z, K-Z-K, Z-K-K	3/8
1	K-Z-Z, Z-K-Z, Z-Z-K	3/8
0	Z-Z-Z	1/8

Aufgabe 1

In einer Tüte M&Ms sind die verschiedenen Farben mit folgenden Häufigkeiten vertreten: 13% Braun, 14% Gelb, 13% Rot, 24% Blau, 20% Orange und 16% Grün. Nun greifen Sie blind in die Tüte und nehmen sich genau ein M&M heraus.

1. Wie hoch ist die Wahrscheinlichkeit, dass Sie ein braunes oder ein gelbes M&M erwischen?

2. Wie hoch ist die Wahrscheinlichkeit, dass Sie kein blaues M&M aus der Tüte ziehen?

Aufgabe 2

Angenommen, Sie werfen viermal hintereinander eine Münze und jedes Mal erscheint Kopf. Ist dieses Ergebnis für Sie ein Grund zu glauben, dass die Münze gezinkt ist?

Aufgabe 3

Sie werfen eine ungezinkte Münze zehn Mal und notieren dabei, wie häufig die Münze mit dem Kopf nach oben liegen bleibt.

1. Zu wie vielen unterschiedlichen Ergebnissen können die zehn Münzwürfe führen?

2. Wie hoch ist die Wahrscheinlichkeit für jedes der möglichen Ergebnisse?

3. In wie vielen der unterschiedlichen Ergebnisse erscheint genau ein Mal Kopf? Wie hoch ist die Wahrscheinlichkeit dafür, dass bei zehn Münzwürfen genau ein Mal Kopf (und damit neunmal Zahl) erscheint?

4. Wie viele Ergebnisse gibt es, in denen kein einziges Mal Kopf erscheint? Wie hoch ist die Wahrscheinlichkeit, dass die Münze bei zehn Würfen nie mit dem Kopf nach oben liegen bleibt?

5. Und wie hoch ist die Wahrscheinlichkeit, dass bei zehn Münzwürfen entweder ein Mal oder gar nicht Kopf geworfen wird?

Aufgabe 4

Wie hoch ist die Wahrscheinlichkeit, dass bei zehn Münzwürfen mehr als ein Mal der Kopf oben liegen bleibt?

Die häufigsten Irrtümer über Wahrscheinlichkeiten – und wie man sie vermeidet

Die Gesetze der Wahrscheinlichkeit stehen häufig im Widerspruch zu unserer Intuition – und noch häufiger im Widerspruch zu unseren Wünschen. Daher ignorieren wir nur allzu gerne die bekannten Gesetzmäßigkeiten oder machen uns ihre Konsequenzen nicht bewusst. Die größte Ignoranz in Bezug auf Wahrscheinlichkeiten herrscht aber eindeutig beim Glücksspiel, bei dem viele Menschen immer wieder hoffen, kurz vor dem großen Jackpot zu stehen – und sei es nur, weil die »Pechsträhne« schon so lange anhält, dass sie ja irgendwann abreißen muss. Genau auf diese Ignoranz zählen Kasinos (und ganz nebenbei zählen sie Ihr Geld).

Die folgende Liste zeigt eine kleine Zusammenstellung von typischen Irrtümern über Wahrscheinlichkeiten, die Sie mit Sicherheit vermeiden sollten:

✔ zu glauben, dass Ergebnisse, die »zufälliger aussehen«, eine größere Eintrittswahrscheinlichkeit haben als »geordnet erscheinende« Ergebnisse (Nein, die Zahlenkombination 6, 11, 17, 24, 28, 35 hat keine größere Chance beim Lotto als die Zahlenfolge 1, 2, 3, 4, 5, 6.)

✔ zu glauben, Wahrscheinlichkeiten seien gut geeignet, kurzfristiges Verhalten vorherzusagen

✔ zu glauben, Sie hätten gerade eine »Glückssträhne« oder müssten nach dem »Gesetz des Durchschnitts« kurz davor stehen, den Jackpot zu knacken

✔ zu glauben, jede Situation, die auf zwei unterschiedliche Arten ausgehen kann, würde eine »50:50-Chance« bieten

✔ zu glauben, weil ein seltenes Ereignis tatsächlich eingetreten ist, müsse irgendetwas Ungewöhnliches vor sich gehen

Das Problem mit vielen dieser Irrtümer besteht darin, dass sie intuitiv vernünftig erscheinen und man sich je nach Situation möglicherweise sogar wünscht, sie seien wahr – sie sind es aber nicht. Der beste Weg, diese Irrtümer nicht zu begehen, besteht darin, den Umgang mit Wahrscheinlichkeiten immer wieder zu üben. Die folgenden Aufgaben dienen genau diesem Zweck, und die Lösungen am Ende dieses Kapitels werden immer wieder auf die möglichen Irrtümer Bezug nehmen.

Aufgabe 5

Angenommen, die Trefferquote eines Fußballspielers beim Elfmeter beträgt 70%.

1. Erläutern Sie, was diese Wahrscheinlichkeit aussagt.

2. Warum ist es falsch anzunehmen, ein Fußballer habe eine 50:50-Chance, einen Elfmeter zu verwandeln (denn der Schuss kann ja nur entweder ins Tor oder danebengehen).

Aufgabe 6

Angenommen, Sie füllen einen Lottoschein aus und kreuzen sechs unterschiedliche Zahlen von 1 bis 49 an. Welche der folgenden Zahlenkombinationen hat eine größere Gewinnchance: 13, 48, 17, 22, 6, 39 oder 1, 2, 3, 4, 5, 6?

Aufgabe 7

Sie fühlen sich vom Glück geküsst und kaufen eine Handvoll Lose. Die letzten drei Lose, die Sie öffnen, gewinnen jeweils einen Euro. Sollten Sie da nicht weitere Lose kaufen, um Ihre Glückssträhne fortzusetzen?

Aufgabe 8

Angenommen, in einer kleinen Stadt sind fünf Einwohner an einer äußerst seltenen Krebsart erkrankt. Lässt sich daraus automatisch schließen, dass es sich hierbei um ein generelles Problem handelt, um das sich die Stadt schnell kümmern sollte?

Vorhersagen treffen mithilfe von Wahrscheinlichkeit

Eine der nützlichsten Eigenschaften von Wahrscheinlichkeiten, von der sowohl die Wissenschaft als auch die Medien häufig Gebrauch machen, besteht darin, dass sie Vorhersagen ermöglichen. Gute Vorhersagen können sehr wertvoll sein; Sie sollten sich allerdings immer bewusst sein, dass Vorhersagen, die auf Wahrscheinlichkeiten basieren, ausschließlich für langfristige Zusammenhänge gelten und nicht für Ad-hoc-Prognosen geeignet sind. Dabei kann das Erstellen eines zuverlässigen Vorhersagemodells leicht zu einer sehr komplexen Angelegenheit werden, die sich nicht mal eben aus dem Ärmel schütteln lässt.

Das folgende Beispiel verdeutlicht den Zusammenhang zwischen Wahrscheinlichkeiten und Vorhersagemöglichkeiten.

Beispiel

Angenommen, Ihnen ist bekannt, dass Sie beim Kauf eines einzelnen Loses mit einer Wahrscheinlichkeit von 1 aus 10 einen Sofortgewinn erwischen. Bedeutet dies gleichzeitig, dass Sie beim Kauf von zehn Losen in jedem Fall einen Sofortgewinn erzielen werden?

Lösung

Nein. Dies ist einer der am weitesten verbreiteten Irrtümer im Zusammenhang mit Wahrscheinlichkeiten. Die bekannte Wahrscheinlichkeit für das Eintreten eines Sofortgewinns gilt langfristig und lässt sich nur bei vielen Wiederholungen anwenden, ist aber vollkommen ungeeignet, das Ergebnis von nur zehn Losen vorherzusagen. Bei einer derart kleinen Stichprobe mit nur zehn Losen können die tatsächlichen Ergebnisse stark variieren. Wesentlich zuverlässiger wäre dagegen eine langfristige Vorhersage für beispielsweise 1.000 Loskäufe. Gemäß der bekannten Wahrscheinlichkeit von 10% für einen Sofortgewinn kann man davon ausgehen, dass sich unter 1.000 Losen ungefähr 100 Sofortgewinne befinden werden, und noch zuverlässiger ist die Prognose, dass 10.000 zufällig ausgewählte Lose in etwa 1.000 Sofortgewinne bereithalten.

Aufgabe 9

Ein Ehepaar hat bereits drei Töchter bekommen und erwartet nun sein viertes Kind. Würden Sie den Eltern vor diesem Hintergrund raten, das Kinderzimmer hellblau oder rosa einzurichten? Begründen Sie Ihre Prognose für das Geschlecht des Kindes.

Aufgabe 10

Meteorologen nutzen Computermodelle, um möglichst präzise vorherzusagen, ob, wann und wo genau ein Hurrikan auf die Küste trifft. Angenommen, für einen aktuellen Hurrikan »Tony« prognostizieren die Wissenschaftler, dass er mit einer Wahrscheinlichkeit von 20% auf die Ostküste der USA treffen wird.

1. Auf der Grundlage welcher Informationen treffen die Meteorologen ihre Aussage?

2. Warum ist eine solche Vorhersage des Verhaltens eines Hurrikans schwieriger zu treffen als beispielsweise die Wahrscheinlichkeit dafür, dass Sie beim nächsten Münzwurf den Kopf nach oben zu liegen bekommen?

Aufgabe 11

Martin sitzt bereits seit vier Stunden vor demselben Spielautomaten, den er bereits mit einem Haufen Münzen gefüttert hat. Er hatte heute noch kein Glück, möchte aber den Spielautomaten gerade jetzt nicht verlassen, da er glaubt, je länger er spielt, desto höher ist die Wahrscheinlichkeit, dass er demnächst gewinnen wird. Hat der arme Martin recht?

Aufgabe 12

Mit welcher der beiden folgenden Münzwurfserien werden Sie mit der größeren Wahrscheinlichkeit etwa 50% Kopf erhalten: wenn Sie zehnmal nacheinander eine Münze werfen oder wenn Sie dieselbe Münze 10.000-mal werfen.

Lösungen für die Aufgaben zum Thema Wahrscheinlichkeitsrechnung

Lösung 1

Die Regeln der Wahrscheinlichkeit gelten für eine einzelne Ziehung ebenso wie bei häufigen Wiederholungen.

1. Da 13% aller M&Ms in der Tüte braun sind, liegt die Wahrscheinlichkeit dafür, ein braunes M&M aus der Tüte zu ziehen, bei 13%. Für ein gelbes M&M besteht eine Chance von 14%. Die Wahrscheinlichkeit, ein braunes oder ein gelbes M&M zu erwischen, beträgt damit 13% + 14% = 27%.

2. 24% der M&Ms in der Tüte sind blau; nach der Komplementärregel sind also 100% − 24% = 76% nicht blau.

Lösung 2

Vier Münzwürfe reichen nicht aus, um die Korrektheit der Münze zu bestätigen oder anzuzweifeln. Ob tatsächlich beide Seiten der Münze mit gleich hoher Wahrscheinlichkeit fallen, lässt sich nur anhand eines langfristigen Verhältnisses zwischen Kopf und Zahl beurteilen – und vier Wiederholungen sind keine hinreichend langfristige Betrachtung. Für diese konkrete Aufgabe können Sie sich der Problemstellung auch wie folgt nähern: Vier Münzwürfe können zu insgesamt $2^4 = 16$ unterschiedlichen Ergebnissen führen. Nur ein einziges dieser 16 möglichen Ergebnisse liefert dabei viermal Kopf in Folge, sodass die Wahrscheinlichkeit dafür, dass viermal Kopf fällt, $1 \div 16 = 0{,}06$ beziehungsweise 6%

beträgt. Viermal Kopf in Folge tritt damit zwar nicht besonders häufig auf, ist aber auch alles andere als ausgeschlossen. Viermal Kopf zu werfen, mag Sie daher zwar skeptisch machen, bevor Sie die Unverfälschtheit der Münze infrage stellen, sollten Sie jedoch weitere Daten sammeln, also mehr Wiederholungen mit der Münze durchführen.

Lösung 3

Die Lösung dieser Aufgabe scheint durch die vielen unterschiedlichen Ergebnisse, die bei zehn Münzwürfen eintreten können, sehr aufwendig zu sein – allerdings nur so lange, bis Sie entdecken, dass es neben dem steinigen Weg auch einen einfachen Lösungsweg gibt. Und wenn Sie eine solche Aufgabe in einer Prüfung gestellt bekommen, hat Ihr Professor die verfügbare Zeit zur Lösung der Aufgabe mit Sicherheit so bemessen, dass Sie schon aus Zeitgründen auf die einfache Lösung angewiesen sein werden.

1. Wird eine Münze zehn Mal hintereinander geworfen, kann dies zu $2 \cdot 2 \cdot 2 \ldots \cdot 2$ beziehungsweise $2^{10} = 1.024$ unterschiedlichen Ergebnissen führen. (Auch als Musterschüler sollten Sie davon absehen, diese Ergebnisse alle sauber aufzuschreiben.)

2. Da die Münze ungezinkt ist, kann jedes Ergebnis mit der gleichen Wahrscheinlichkeit eintreten, also mit einer Wahrscheinlichkeit von $1 \div 1.024$ beziehungsweise 0,098%.

3. Es gibt zehn verschiedene Möglichkeiten, beim zehnmaligen Werfen der Münze genau einmal Kopf zu erhalten. Ein mögliches Ergebnis lautet zum Beispiel K-Z-Z-Z-Z-Z-Z-Z-Z-Z, ebenso kann Kopf aber auch beim zweiten Wurf, beim dritten Wurf oder an jeder anderen Stelle bis zum zehnten Wurf fallen. Die Wahrscheinlichkeit dafür, genau ein Mal Kopf zu werfen, beträgt daher 10 aus $1.024 = 0,0098$ beziehungsweise 0,98%.

4. Wenn bei zehn Würfen kein einziges Mal Kopf erscheint, bedeutet dies umgekehrt, dass zehn Mal Zahl geworfen wird. Dies ist genau bei einem der 1.024 möglichen Ergebnisse der Fall und tritt daher mit einer Wahrscheinlichkeit von 0,00098 beziehungsweise 0,098% ein.

5. Um diese Frage zu beantworten, addieren Sie einfach die Wahrscheinlichkeiten, die Sie in den beiden vorhergehenden Teilaufgaben berechnet haben: Die Wahrscheinlichkeit dafür, dass bei zehn Münzwürfen höchstens ein Mal Kopf erscheint, beträgt $(10 + 1) \div 1.024 = 0,0107$ beziehungsweise 1,07%.

Lösung 4

Diese Aufgabe lässt sich am einfachsten lösen, wenn man zunächst den Komplementärfall betrachtet. Die Komplementärmenge dazu, dass mehr als ein Mal Kopf erscheint, beinhaltet alle Ergebnisse, bei denen genau ein Mal oder kein Mal Kopf geworfen wird. In Aufgabe 3 haben Sie bereits die Wahrscheinlichkeit dafür, dass die Münze ein- oder keinmal mit dem Kopf nach oben liegen bleibt, mit 1,07% berechnet. Da dies der Komplementärfall zu dem von uns gesuchten Ereignis ist (dass nämlich Kopf mehr als ein Mal geworfen wird), beträgt die Wahrscheinlichkeit für unser Ereignis $1 - 0{,}0107 = 0{,}9893$ beziehungsweise in Prozentwerten ausgedrückt $100\% - 1{,}07\% = 98{,}93\%$.

Lösung 5

Der Irrtum, dass jede Situation, die zufälligen Einflüssen unterliegt und nur zwei mögliche Ergebnisse haben kann, automatisch eine 50:50-Chance bietet, ist leider sehr verbreitet.

1. Die Angabe, ein Fußballer verwandele Elfmeter zu 70% in Tore, bedeutet, dass er langfristig, über viele Elfmeterschüsse hinweg, im Durchschnitt aus 70% der Elfmeterschüsse ein Tor herausholen kann.

2. Die 50:50-Annahme ist falsch, weil die beiden möglichen Ergebnisse nicht mit der gleichen Wahrscheinlichkeit eintreten. Die Beobachtungen in der Vergangenheit haben gezeigt, dass unser Fußballspieler 70% der Elfmeter verwandeln kann – nur 30% seiner Schüsse gehen daneben oder werden gehalten. Es ist daher zwar richtig, dass es nur zwei mögliche Ergebnisse gibt (Tor oder kein Tor), aber die Ergebnisse sind nicht – wie die zwei Seiten einer gezinkten Münze – gleich wahrscheinlich. (Würde die 50:50-Annahme für alle Situationen mit nur zwei möglichen Ergebnissen zutreffen, sollten wir alle ganz schnell Lotto spielen, denn auch hier gibt es aus einer gewissen Perspektive nur zwei mögliche Ergebnisse: Entweder man gewinnt oder man verliert. Schön wär's.)

Allein die Tatsache, dass eine Situation zu zwei unterschiedlichen Ergebnissen führen kann, bedeutet noch nicht, dass jedes der beiden Ergebnisse mit einer 50-prozentigen Chance eintritt. Um die tatsächliche Eintrittswahrscheinlichkeit der beiden Ergebnisse zu bestimmen, können Sie in die Vergangenheit schauen und ermitteln, mit welchen Anteilen die Ergebnisse in der Vergangenheit realisiert wurden.

Lösung 6

Beide Zahlenreihen sind gleich wahrscheinlich. Sofern bei der Lottoziehung alles mit rechten Dingen zugeht, hat jede einzelne Zahl und damit auch jede Zahlenkombination die gleiche Wahrscheinlichkeit, gezogen zu werden. Intuitiv scheint die Zahlenfolge 1, 2, 3, 4, 5, 6 sehr unwahrscheinlich zu sein – und tatsächlich ist sie das auch, genauso unwahrscheinlich nämlich wie jede andere Zahlenfolge, die sich mit 6 aus 49 Zahlen bilden lässt.

Lösung 7

Nein, besser nicht, denn die gerade zurückliegenden Ergebnisse Ihrer Losziehung haben keinerlei Einfluss auf die kommenden Ergebnisse. Zwar ist es möglich, aus der Vergangenheit auf die Zukunft zu schließen, aber nur, wenn Sie dabei eine große Zahl von Wiederholungen betrachten und nicht von Einzelfällen ausgehen. Wenn in der Vergangenheit immer 5% aller Lose gewonnen haben, so können Sie daraus schließen, dass die Gewinnquote bei 5% liegt und dementsprechend auch in Zukunft nur jedes zwanzigste Los (eben 5%) ein Treffer sein wird, während 95% Nieten sind. Nicht zulässig ist dagegen die Schlussfolgerung, dass drei einzelne Glückstreffer bereits eine Gesetzmäßigkeit anzeigen und daher auch die nächsten drei Lose (oder auch nur das eine nächste Los) ein Treffer sein müsste.

 Auf Basis von Wahrscheinlichkeiten lassen sich immer nur Aussagen über das langfristige Verhalten eines Spiels treffen. Aus Einzelereignissen oder einigen wenigen Beobachtungen können keine Wahrscheinlichkeitsaussagen abgeleitet werden. Insbesondere lassen sich »Glückssträhnen« oder »überfällige Treffer« nicht mithilfe der Wahrscheinlichkeitstheorie erkennen – vielmehr fallen diese »Konzepte« eher in die Kategorie »Hoffnung«.

Lösung 8

Nicht notwendigerweise. Die Wahrscheinlichkeit, dass die fünf Personen rein zufällig an derselben seltenen Krebsart erkrankt sind, ist zwar sehr gering, aber es gibt eine Wahrscheinlichkeit dafür, und selbst wenn diese Wahrscheinlichkeit nur bei 1:1 Million liegt, sollte man damit rechnen, dass das Phänomen irgendwann einmal eintritt. Für jede einzelne Kleinstadt ist es zwar unwahrscheinlich, dass fünf Einwohner rein zufällig zur gleichen Zeit an derselben seltenen Krebsart erkranken, in einem großen Land mit vielen Kleinstädten wird genau dieses Phänomen im Verlaufe der Zeit aber mit ziemlich großer Wahrscheinlichkeit irgendwann einmal eintreten.

Freilich sollte einen das gleichzeitige Auftreten einer seltenen Krankheit bei fünf Einwohnern einer kleinen Stadt dennoch stutzig machen und gute Stadtväter sollten sich sofort auf die Suche nach möglichen Ursachen begeben.

Lösung 9

Die Wahrscheinlichkeit, dass dieses Paar diesmal einen Sohn bekommt, ist genauso groß wie die Wahrscheinlichkeit für ein Mädchen, nämlich 1:1. Die Wahrscheinlichkeit ist unabhängig von den gerade zurückliegenden Ereignissen und es gibt keinen Zusammenhang zwischen den drei vorhergehenden und der anstehenden Geburt.

Lösung 10

Computermodelle verwenden sogenannte *Simulationen*. In einem Simulationsmodell werden alle bekannten Einflüsse und Informationen über das zu simulierende Phänomen in mathematischen Gleichungen formuliert, wobei die Wahrscheinlichkeiten für das Eintreten bestimmter Ereignisse berücksichtigt werden. Dann lässt man den Computer die Simulation durchspielen und sieht so, zu welchen Resultaten die Simulation führt.

1. Die Aussage, dass der Hurrikan mit einer Wahrscheinlichkeit von 20% auf die Ostküste treffen wird, könnten die Meteorologen dadurch gewonnen haben, dass sie ihr Simulationsmodell immer wieder haben ablaufen lassen und in 20% der Simulationsläufe der Hurrikan die Ostküste getroffen hat, während er in den übrigen 80% einen anderen Verlauf genommen oder sich bereits über See abgeschwächt hat.

2. In computergestützte Simulationsmodelle können zahlreiche Informationen einfließen, in aller Regel liegen den Wissenschaftlern bei der Formulierung der Modelle aber gar nicht alle relevanten Informationen vor, sodass sie die verbleibenden Lücken mithilfe bestmöglicher Annahmen schließen müssen. Diese Annahmen können jedoch falsch sein, weshalb auch die bestmögliche Simulation falsche Vorhersagen treffen kann.

Generell ist das Verhalten eines Hurrikans schwieriger vorherzusagen als das Wurfverhalten einer Münze. Das liegt daran, dass Sie eine Münze beliebig oft werfen können, um zu prüfen, was passiert. Ein Hurrikan lässt sich (glücklicherweise) nicht beliebig oft wiederholen.

Lösung 11

Nicht wirklich. Auf lange Sicht gesehen sollte Martin davon ausgehen, dass er mit jedem einzelnen Spiel mit großer Wahrscheinlichkeit einen kleinen Geldbetrag verlieren wird. Natürlich kann es das eine Spiel geben, mit dem er den Supergewinn abräumt, die Wahrscheinlichkeit dafür ist aber derart gering, dass er davon ausgehen muss, bis zum Eintreten dieses Supergewinns bereits mehr Münzen in die Maschine geworfen zu haben, als er über den Jackpot wieder rausholen wird. Und auch wenn er schon seit Ewigkeiten erfolglos an der Maschine sitzt: Die Wahrscheinlichkeit dafür, dass er mit dem nächsten Spiel den Jackpot knackt, wird dadurch auch nicht größer. Wo bleibt also das ganze Geld, das Martin in die Maschine wirft? Ganz einfach: beim Besitzer des Spielautomaten.

Lösung 12

Wenn Sie die Münze 10.000-mal werfen, werden Sie mit höherer Wahrscheinlichkeit in etwa 50% der Fälle den Kopf oben zu sehen bekommen. Wenn die Münze nur zehnmal geworfen wird, können die Resultate so stark variieren, dass auch ein Ergebnis mit drei-, vier-, sechs- oder siebenmal Kopf mit hoher Wahrscheinlichkeit eintreten kann. Je größer die Stichprobe wird, desto stärker nähert sich jedoch die relative Häufigkeit von Kopf (der Anteil von Kopf an allen Münzwürfen) der langfristigen Wahrscheinlichkeit für einen Kopfwurf an (in diesem Fall also der Wahrscheinlichkeit von 50%). In diesem Zusammenhang kommt das wahre Wesen der Wahrscheinlichkeit zum Ausdruck.

Je häufiger ein bestimmtes »Spiel« wiederholt wird, desto stärker stimmen die Anteile der verschiedenen möglichen Spielergebnisse mit den echten Eintrittswahrscheinlichkeiten der unterschiedlichen Ergebnisse überein.

Kapitel 6

Die Normalverteilung verstehen und richtig nutzen

Dieses Kapitel soll Ihnen helfen, sich mit der *Normalverteilung* anzufreunden – der wichtigsten und gebräuchlichsten Verteilung in der Statistik. In den folgenden Übungen sollen Sie mit der Normalverteilung »jonglieren« lernen, sodass es für Sie anschließend ein Kinderspiel ist, eine Normalverteilung in eine Standardnormalverteilung (Z-Verteilung) zu transformieren oder die Perzentile der Normalverteilung zu bestimmen. Sie verinnerlichen die genaue Bedeutung der Normalverteilung und lernen die typischen und bei Professoren so beliebten Aufgabenstellungen für normalverteilte Daten in jede Richtung beherrschen.

Was hat uns die Normalverteilung zu sagen?

Mit Sicherheit ist Ihnen in der Statistik schon einmal die *Glockenkurve* begegnet. Eine Glockenkurve beschreibt die Verteilung der Daten einer Variablen, die unendlich viele verschiedene (oder zumindest eine sehr große Anzahl unterschiedlicher) Werte annehmen kann. Dabei treten die Werte um den Mittelwert herum stark gehäuft auf, während Werte, die weiter vom Mittelwert entfernt liegen, seltener auftreten. Die Häufigkeit einzelner Werte nimmt umso stärker ab, je weiter die Werte vom Mittelwert entfernt sind, wobei dieser Zusammenhang auf beiden Seiten des Mittelwerts gleichermaßen gilt. Eine typische Verteilung mit diesen Eigenschaften nennen die Statistiker eine Normalverteilung. Sie hat einen glockenförmigen Verlauf. Die typische Form der Normalverteilung ist in Abbildung 6.1 dargestellt.

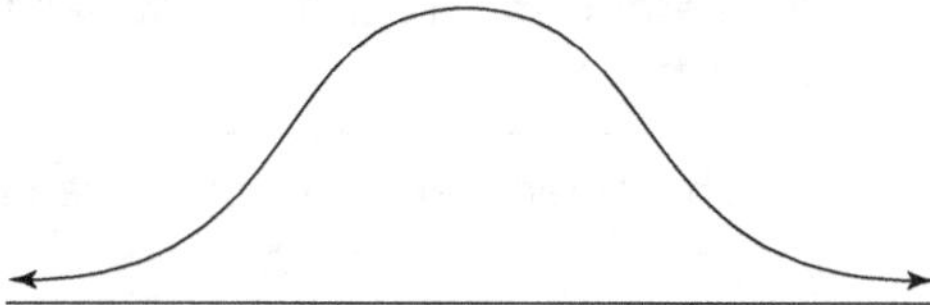

Abbildung 6.1: Laien nennen dies eine Glockenkurve – Sie nennen es eine Normalverteilung

Jede Normalverteilung hat bestimmte Eigenschaften. Wenn Sie diese Eigenschaften kennen, können Sie sie nutzen, um einzelne Ergebnisse, die auf einem normalverteilten Datensatz basieren, zu bewerten und deren Lage innerhalb des Spektrums möglicher Werte einzuordnen. Jede Normalverteilung besitzt die folgenden Eigenschaften:

✔ Der Kurvenverlauf ist symmetrisch.

✔ Die Verteilungskurve bildet in der Mitte einen Hügel, der zu beiden Seiten gleichförmig abfällt und zu den Enden hin flach ausläuft.

✔ Der Mittelwert liegt genau in der Mitte der Verteilung. Der Mittelwert der Grundgesamtheit wird typischerweise mit dem griechischen Buchstaben μ (sprich: »Mü«, im Deutschen gelegentlich als My ausgeschrieben) bezeichnet.

✔ Der Mittelwert und der Median sind aufgrund des symmetrischen Verlaufs der Kurve identisch.

✔ Die Standardabweichung ist die typische (nahezu durchschnittliche) Entfernung aller Daten vom Mittelwert des jeweiligen Datensatzes. In der glockenförmigen Verteilungskurve entspricht die Standardabweichung dem Abstand zwischen dem Zentrum und dem Wendepunkt (dem Punkt, an dem die Kurve ihre Form von einer nach außen gekrümmten Kurve zu einer nach innen gekrümmten Kurve wechselt). Die Standardabweichung der Grundgesamtheit wird typischerweise mit dem griechischen Buchstaben σ (Sigma) bezeichnet, ihr quadrierter Wert σ^2 heißt Varianz.

✔ Ungefähr 68% aller Werte der Grundgesamtheit liegen in dem Wertebereich, der sich vom Mittelwert plus/minus eine Standardabweichung erstreckt. Mit anderen Worten: 68% aller Werte sind nicht weiter als eine Standardabweichung vom Mittelwert entfernt. Gleichzeitig sind 95% aller Werte nicht weiter als zwei Standardabweichungen vom Mittelwert entfernt und der überwiegende Teil aller Werte (nämlich 99,7%) liegt in dem Bereich um den Mittelwert plus/minus drei Standardabweichungen.

✔ Es gibt unendlich viele unterschiedliche Ausprägungen der Normalverteilung, die unterschiedliche Mittelwerte und Standardabweichungen aufweisen. Allen Normalverteilungen gemein ist jedoch die Tatsache, dass sie einen glockenförmigen Verlauf aufweisen.

In dem folgenden Beispiel werden zwei Normalverteilungen mit identischem Mittelwert, aber unterschiedlicher Standardabweichung miteinander verglichen.

Welche der beiden folgenden Normalverteilungen hat eine größere Varianz und damit auch eine größere Standardabweichung?

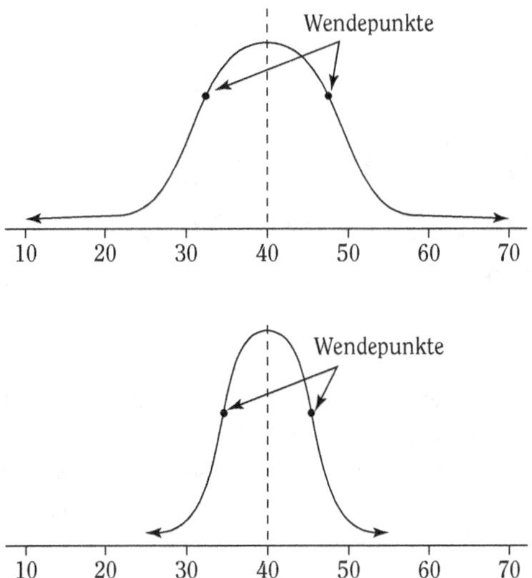

Lösung

Die obere Verteilung hat eine größere Varianz und Standardabweichung, denn die Werte verteilen sich breiter gestreut um das Zentrum und die Schwänze zu beiden Seiten der Verteilung fallen langsamer und flacher ab als bei der unteren Verteilung.

Aufgabe 1

Schätzen Sie, welche Standardabweichungen die beiden Verteilungen aus dem vorhergehenden Beispiel haben.

Aufgabe 2

Zeichnen Sie eine Normalverteilung mit einem Mittelwert von 70 und einer Standardabweichung von 5.

Aufgabe 3

Zeichnen Sie ein Bild mit zwei Normalverteilungen. Beide Normalverteilungskurven sollen den gleichen Mittelwert von 70, aber unterschiedliche Standardabweichungen haben. Eine Verteilungskurve soll eine Standardabweichung von 5 aufweisen, die andere eine Standardabweichung von 10. Wie unterscheiden sich die beiden Verteilungen voneinander?

Aufgabe 4

Angenommen, Ihnen liegt ein normalverteilter Datensatz mit einem Mittelwert von 110 und einer Standardabweichung von 15 vor.

1. Welcher Anteil der Werte in dem Datensatz liegt ungefähr zwischen 110 und 125?

2. Welcher Anteil der Werte liegt ungefähr im Bereich zwischen 95 und 140?

3. Und welcher Anteil der Werte liegt ungefähr zwischen 80 und 95?

Zur Standardnormalverteilung konvertieren: Z-Werte berechnen und interpretieren

Um die relative Lage eines bestimmten Werts innerhalb eines normalverteilten Datensatzes zu bestimmen und mit der Lage anderer Werte, die gegebenenfalls anderen Normalverteilungen entstammen, vergleichen zu können, müssen Sie diesen Wert in einen sogenannten *Standardwert (Z-Wert)* konvertieren. Die Formel zur Standardisierung eines Werts x lautet:

$$z = \frac{x - \mu}{\sigma}.$$

Um einen Wert aus einem Datensatz in einen Standardwert umzuwandeln – nun spricht man von *Standardisierung* –, gehen Sie folgendermaßen vor:

1. **Bestimmen Sie den Mittelwert und die Standardabweichung der Daten, deren Verteilung Sie betrachten möchten.**

2. **Nehmen Sie den einzelnen Wert, für den Sie den Standardwert berechnen möchten, und ziehen Sie von diesem Wert den Mittelwert ab.**

3. **Dividieren Sie das Ergebnis durch die Standardabweichung.**

Derart standardisierte Werte lassen sich sehr einfach interpretieren und mit anderen Werten vergleichen. Insbesondere bei einem Vergleich von Daten, die unterschiedlichen Variablen (und damit verschiedenen Verteilungen) entstammen, sind Standardwerte (Z-Werte) extrem hilfreich.

In Tests und Klausuren ist es eine (zumindest bei den Prüfern) sehr beliebte Aufgabe, Standardwerte interpretieren zu lassen. Sie sollten daher ohne Schwierigkeiten in der Lage sein, eine solche Interpretation abzuliefern. Hier einige Interpretationsbeispiele: Ein Standardwert von +2 bedeutet, dass der Wert zwei Standardabweichungen über dem Mittelwert liegt. Ob dies nun gut oder schlecht ist, hängt von der inhaltlichen Fragestellung ab: Wenn Sie das Einkommen einer Person betrachten, ist ein Standardwert von +2 sicherlich gut, denn diese Person verdient im Umfang von zwei Standardabweichungen mehr als der Durchschnitt aller Personen; betrachten Sie dagegen das Körpergewicht dieser Person, wäre ihr ein kleinerer Z-Wert möglicherweise lieber. Entscheidend ist hierbei jedoch, dass sich Z-Werte ganz einfach interpretieren lassen, ohne dass Sie den Originalwert, den Mittelwert oder die Standardabweichung des zugrunde liegenden Datensatzes kennen. Der Standardwert zeigt Ihnen direkt die relative Lage des Werts an, was häufig vollkommen genügt, um einen Wert interpretieren und einordnen zu können.

Wenn Sie für einen normalverteilten Datensatz die exakten Z-Werte (Standardwerte) berechnen, folgen diese Z-Werte ebenfalls einer Normalverteilung, und zwar einer ganz speziellen, nämlich einer Normalverteilung mit einem Mittelwert von 0 und einer Standardabweichung von 1. Diese Verteilung wird auch als *Standardnormalverteilung* oder *Z-Verteilung* bezeichnet (siehe Abbildung 6.2).

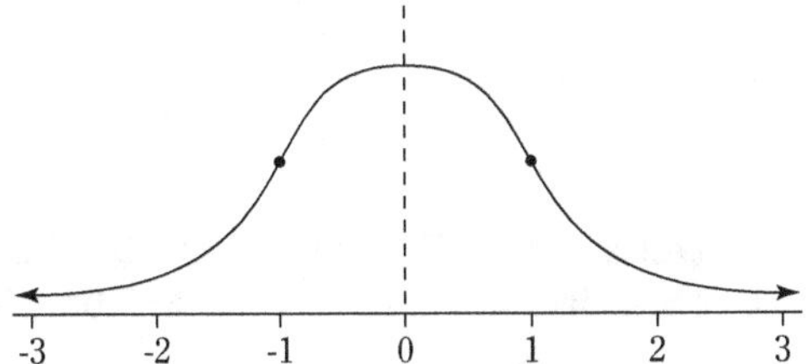

Abbildung 6.2: Die Standardnormalverteilung hat einen Mittelwert von 0 und eine Standardabweichung von 1

Das folgende Beispiel zeigt, wie Standardwerte richtig zu interpretieren sind.

Angenommen, Sie spielen eine Runde Golf und wollen Ihr Ergebnis mit dem der anderen Mitglieder Ihres Golfklubs vergleichen. Sie stellen fest, dass Ihr Ergebnis unter dem Durchschnitt liegt.

1. Was sagt Ihnen dieses über den Standardwert Ihres Ergebnisses aus?

2. Ist dies positiv oder negativ für Sie?

Lösung

Wenn Sie einen Standardwert interpretieren, sollten Sie als Erstes immer auf das Vorzeichen schauen.

1. Da Ihre Punktzahl beim Golf unter dem Mittelwert liegt, ist der Standardwert negativ.

2. Oftmals ist es nicht besonders gut, unter dem Durchschnitt zu liegen. Beim Golf jedoch ist dies anders. Beim Golf werden die Schläge gezählt, die Sie für eine Runde benötigen. Je weniger Schläge Sie brauchen, desto besser. Ein negativer Standardwert zeigt damit an, dass Sie weniger Schläge benötigt haben als der Durchschnitt in Ihrem Golfklub. Das ist gut. Glückwunsch!

Aufgabe 5

In einer Klausur haben alle Schüler des Kurses im Durchschnitt 70 Punkte erreicht. Dabei sind die Ergebnisse der Schüler normalverteilt und haben eine Standardabweichung von 10. Tim hat in der Klausur 80 Punkte erzielt. Berechnen Sie den Standardwert für dieses Ergebnis und interpretieren Sie ihn.

Aufgabe 6

Tim erzielt in seinen Abiturprüfungen zweimal hintereinander 80 Punkte, einmal in Mathe (wo alle Schüler im Durchschnitt 70 Punkte erzielt haben bei einer Standardabweichung von 10) und einmal in Englisch (wo der Durchschnitt bei 85 Punkten liegt und die Standardabweichung 5 beträgt). Berechnen und interpretieren Sie Tims Standardwerte für beide Klausuren. In welcher Klausur hat Tim besser abgeschnitten – oder war er in beiden Fächern gleich gut?

Aufgabe 7

Simones Mathekurs hat im Examen im Durchschnitt 70 Punkte erreicht, die Standardabweichung der Ergebnisse beträgt 5. Der Standardwert für Simones Ergebnis ist –2. Wie viele Punkte hat Simone erzielt?

Aufgabe 8

Angenommen, Sie erzielen in einer Klausur genau die durchschnittliche Punktzahl. Wie hoch ist der Standardwert für Ihr Ergebnis?

Aufgabe 9

Angenommen, das Gewicht von Müslipackungen ist normalverteilt mit einem Mittelwert von 500 Gramm und einer Standardabweichung von 25 Gramm. Wie viel wiegt eine Packung, die einen Standardwert von 0 hat?

Aufgabe 10

Angenommen, Sie wollen Ihren etwas zu dicken Hund Mopsi auf Diät setzen. Vor der Diät hat sein Gewicht einen Standardwert von +2 im Vergleich zu anderen Hunden seiner Rasse und Größe. Nach der Diät beträgt der Standardwert –2. Das Gewicht von Mopsi betrug vor der Diät 150 Pfund und die Standardabweichung für das Gewicht dieser Hunderasse beträgt 5.

1. Wie hoch ist das Durchschnittsgewicht aller Hunde von Mopsis Rasse und Größe?

2. Wie viel Kilo bringt Mopsi nach der Diät noch auf die Waage?

Die Lage mithilfe von Perzentilen bestimmen

Perzentile (auch Quantile genannt) sind ebenfalls ein Maß für die relative Lage eines bestimmten Werts innerhalb der gesamten Verteilung eines Datensatzes. So ist zum Beispiel das 90%-Perzentil der Wert, der gerade größer ist als 90% (und kleiner als 10%) sämtlicher Werte aus dem Datensatz. Allgemein gilt: Das k%-Perzentil ist der Wert, bei dem genau k Prozent unterhalb dieses Werts liegen und (100 – k) Prozent größer als dieser Wert sind.

Um für einen bestimmten Wert aus einer normalverteilten Stichprobe zu berechnen, welchem Perzentil dieser entspricht, gehen Sie folgendermaßen vor:

1. **Berechnen Sie zunächst den Standardwert, indem Sie von dem Originalwert den Mittelwert abziehen und das Ergebnis durch die Standardabweichung teilen. (Mit anderen Worten: Wenden Sie also die Z-Wert-Formel an.)**

2. **Verwenden Sie die sogenannte Z-Tabelle (Sie finden diese Tabelle auch auf der Schummelseite vorn in diesem Buch), um das korrespondierende Perzentil für den Standardwert zu ermitteln.**

   Die Z-Tabelle listet alle Standardwerte (Z-Werte) und die zugehörigen Perzentile auf. Die Standardwerte beschreiben eine spezielle Normalverteilung (nämlich eine Normalverteilung mit einem Mittelwert von 0 und einer Standardabweichung von 1). Diese Verteilung wird als Standardnormalverteilung oder auch als *Z-Verteilung* bezeichnet.

Das folgende Beispiel verdeutlicht die Vorgehensweise zum Bestimmen der Perzentile für einen normalverteilten Datensatz.

Bei Ihrer Eisdiele um die Ecke fallen die Eiskugeln mal größer und mal kleiner aus. Im Durchschnitt wiegen die Eiskugeln 80 Gramm, allerdings schwankt das Gewicht. Das Gewicht der Eiskugeln ist normalverteilt mit einer Standardabweichung von 2,5 Gramm. Nun erhalten Sie eine Eiskugel, die 85 Gramm wiegt. Wie viel Prozent aller Eiskugeln wiegen weniger als Ihre?

Lösung

Ihre Eiskugel wiegt 85 Gramm und Sie suchen nun das zugehörige Perzentil. Bevor Sie dieses aus der Z-Tabelle auf der Schummelseite ganz vorn in diesem Buch ablesen können, müssen Sie zunächst den Standardwert für die 85 Gramm berechnen. Hierzu wenden Sie einfach die Z-Formel an und erhalten so:

$$z = \frac{85 - 80}{2,5} = \frac{5}{2,5} = 2.$$

Der Standardwert für das Gewicht Ihrer Eiskugel beträgt damit +2. Für diesen Wert können Sie nun in der Z-Tabelle das korrespondierende Perzentil ablesen. Es ist das 97,73%-Perzentil. Dieser Wert sagt Ihnen, dass 97,73% aller Eiskugeln, die bei Ihrer Eisdiele um die

Ecke verkauft werden, weniger wiegen als die Kugel, die Sie gerade bekommen haben. Sie Glückspilz!

Aufgabe 11

Tim fährt jeden Morgen mit dem Auto zur Arbeit. Die Zeit, die er dafür benötigt, ist normalverteilt mit einem Mittelwert von 45 Minuten und einer Standardabweichung von 10 Minuten.

1. In wie viel Prozent aller Tage benötigt Tim maximal 30 Minuten für den Weg zur Arbeit?

2. Tims Arbeitstag fängt regulär um 9 Uhr an. Wie häufig wird er zu spät kommen, wenn er jeden Morgen um 8 Uhr das Haus verlässt?

Aufgabe 12

Für die Abschlussklausur eines Statistik-Kurses benötigen die Studenten im Durchschnitt 40 Minuten. Die Zeit der verschiedenen Studenten ist dabei normalverteilt mit einer Standardabweichung von 6 Minuten. Die Zeit von Tom entspricht genau dem 90%-Perzentil. Wie viel Prozent der Studenten schwitzen noch über den Aufgaben, wenn Tom seine Sachen zusammenpackt?

Aufgabe 13

Angenommen, Sie erreichen in einer Klausur eine Punktzahl, die in standardisierter Form den Z-Wert 0,9 hat. Bedeutet dies, dass 90% der übrigen Klausurteilnehmer weniger Punkte erreicht haben?

Aufgabe 14

Angenommen, das Gewicht eines Babys bei der Geburt entspricht genau dem Median der Geburtsgewichte aller Babys. Auf welchem Perzentil liegt das Gewicht des Babys dann?

Aufgabe 15

Clemens schläft im Durchschnitt 8 Stunden pro Nacht, allerdings schwankt die Schlafzeit mit einer Standardabweichung von 15 Minuten. Wie groß ist die Wahrscheinlichkeit, dass er in der kommenden Nacht weniger als 7,5 Stunden schläft, wenn man annimmt, dass die Schlafzeit normalverteilt ist?

Aufgabe 16

Angenommen, Sie wissen, dass Tims Klausurergebnis über dem Durchschnitt liegt, Sie wissen aber nicht genau, wie weit Tim den Durchschnitt übertreffen konnte. Mindestens wie viele Studenten haben damit schlechter abgeschnitten als Tim?

Wahrscheinlichkeiten für normalverteilte Daten berechnen

Sehr häufig werden mithilfe der Statistik Fragestellungen der folgenden Art beantwortet: »Wie wahrscheinlich ist es, dass eine bestimmte Variable einen Wert zwischen x und y annimmt?« Fragestellungen dieser Art können in vielen unterschiedlichen Ausprägungen vorkommen, werden aber, sofern die zugrunde liegenden Daten normalverteilt sind, letztlich immer auf die gleiche Art beantwortet:

1. **Bestimmen Sie für den oder die relevanten Werte mithilfe der Z-Formel die zugehörigen Standardwerte.**

2. **Schauen Sie in der Z-Tabelle (siehe die Schummelseite ganz vorn in diesem Buch) die korrespondierenden Perzentile nach.**

3. **Ermitteln Sie anhand dieser Perzentile (indem Sie je nach Fragestellung die Prozentwerte addieren, subtrahieren, die Differenz zu 100% berechnen oder die Prozentwerte im einfachsten Fall unverändert übernehmen) die gesuchte Wahrscheinlichkeit.**

In den folgenden Aufgaben finden Sie für jede Variante, die es dabei so geben kann, eine Übung.

Beachten Sie, dass es verschiedene Darstellungsformen für die Z-Tabelle gibt. Die Tabelle in diesem Buch (siehe Schummelseite) ist zwar eine sehr gebräuchliche Darstellung, dennoch kann es aber sehr gut sein, dass Ihnen in einem anderen Lehrbuch eine andere Z-Tabelle begegnet. Die Z-Tabelle in diesem Buch führt zu jedem Standardwert das Perzentil auf und gibt damit an, welcher Anteil der Werte unterhalb des jeweiligen Standardwerts liegt. Es gibt andere Z-Tabellen, die ausweisen, welcher Anteil der Werte zwischen dem Mittelwert und dem jeweils betrachteten Standardwert liegt (und damit Aussagen analog zu denen der k-σ-Regel treffen). Mit beiden Arten von Z-Tabellen können Sie alle Fragestellungen gleichermaßen beantworten, Sie müssen sich aber stets bewusst machen, mit welcher Art von Z-Tabelle Sie es zu tun haben. Von der Art der Z-Tabelle hängt es ab, in welcher Weise Sie die gegebenen Prozentwerte addieren, subtrahieren oder anders verknüpfen müssen, um die gesuchten Wahrscheinlichkeiten zu berechnen.

Das folgende Beispiel zeigt die Vorgehensweise zum Berechnen der Wahrscheinlichkeit, dass eine normalverteilte Variable einen Wert zwischen zwei vorgegebenen Grenzen annimmt.

Beispiel

Bei Ihrer Eisdiele um die Ecke wiegen die Eiskugeln im Durchschnitt 80 Gramm. Allerdings variiert das Gewicht normalverteilt mit einer Standardabweichung von 5 Gramm. Wie hoch ist die Wahrscheinlichkeit, dass eine Eiskugel zwischen 70 und 90 Gramm wiegt?

Lösung

Hier wird der Bereich zwischen zwei Grenzen betrachtet. Daher müssen Sie zunächst für jede der beiden Grenzen den zugehörigen Standardwert berechnen. Danach ermitteln Sie für jeden Standardwert in der Z-Tabelle das zugehörige Perzentil, um anschließend den Anteil der Werte zwischen den beiden Grenzen zu berechnen, indem Sie das kleinere Perzentil von dem größeren abziehen.

Die obere Grenze des betrachteten Bereichs, 90 Gramm, entspricht dem Standardwert von $(90 - 80) \div 5 = 2$. Zu diesem Standardwert gehört das 97,73%-Perzentil (siehe die Z-Tabelle auf der Schummelseite vorn in diesem Buch). Der Standardwert für die untere Grenze, 70 Gramm, beträgt $(70 - 80) \div 5 = -2$; diesem Standardwert entspricht das 2,27%-Perzentil. Die Differenz zwischen den beiden Perzentilen ist der Anteil der Werte, die innerhalb des gesuchten Bereichs von 70 bis 90 Gramm liegen: $97{,}73\% - 2{,}27\% = 95{,}46\%$. Die Wahrscheinlichkeit dafür, dass eine Kugel in der Eisdiele zwischen 70 und 90 Gramm wiegt, beträgt also 95,46%.

Aufgabe 17

Die Fahrzeit, die Tim morgens für den Weg zur Arbeit benötigt, ist normalverteilt mit einem Mittelwert von 45 Minuten und einer Standardabweichung von 10 Minuten. Wie häufig wird Tim für den Weg eine Zeit zwischen 30 und 45 Minuten benötigen?

Aufgabe 18

Die Zeit, die die Studenten eines Statistik-Kurses zur Bearbeitung ihrer Abschlussklausur benötigen, ist normalverteilt mit einem Mittelwert von 40 Minuten und einer Standardabweichung von 6 Minuten. Wie hoch ist die Wahrscheinlichkeit, dass ein zufällig ausgewählter Student für die Klausur eine Zeit zwischen 30 und 35 Minuten benötigt?

Aufgabe 19

Die Zeit, bis man in einem bestimmten Restaurant bedient wird, ist normalverteilt mit einem Mittelwert von 10 Minuten und einer Standardabweichung von 3 Minuten. Wie hoch ist die Wahrscheinlichkeit, dass es länger als 15 Minuten dauert, bis man seine Bestellung aufgeben kann?

Aufgabe 20

Wie groß ist die Chance, dass man in dem Restaurant aus Aufgabe 19 nach 15 Minuten seine Bestellung bereits aufgegeben hat?

Aufgabe 21

Clemens, offensichtlich kein Student, schläft im Durchschnitt 8 Stunden pro Nacht mit einer Standardabweichung von 15 Minuten. Wie hoch ist die Wahrscheinlichkeit dafür, dass er in einer zufällig ausgewählten Nacht zwischen 7,5 und 8,5 Stunden schläft, wenn man annimmt, dass der Nachtschlaf von Clemens normalverteilt ist?

Aufgabe 22

Die jährliche Niederschlagsmenge eines Landes sei normalverteilt mit einem Mittelwert von 100 Litern pro Quadratmeter und einer Standardabweichung von 25 Litern pro Quadratmeter. Angenommen, die günstigsten Bedingungen für die Landwirtschaft in dieser Region sind gegeben, wenn jährlich zwischen 100 und 150 Liter Regen fällt. Wie hoch ist die Chance, dass die Regenmenge in diesem Bereich liegt?

Rückwärts zur Normalverteilung: Aus dem Perzentil auf den Messwert schließen

Eine der beliebtesten Aufgabenstellungen (beliebt vor allem bei Professoren, seltener bei Studenten) besteht darin, für einen vorgegebenen Prozentwert p den zugehörigen Grenzwert zu bestimmen, sodass gerade p% aller Werte der Verteilung kleiner oder größer als dieser Grenzwert sind. Wollen Sie eine gute Nachricht hören: Derartige Aufgaben sind gar nicht so schwierig, wie sie häufig auf den ersten Blick erscheinen. Wichtig ist vor allem, dass man die Aufgabenstellung richtig versteht, die verfügbaren Informationen ordnet und sich einen Plan zurechtlegt, wie man aus den vorhandenen Daten auf die fehlenden Werte schließen kann. Auch hier gilt: Übung macht den Meister. Deshalb werden in den folgenden Aufgaben die verschiedenen Varianten von Rückwärtsfragestellungen für die Normalverteilung geübt.

Wenn Ihnen in einer Aufgabe für eine Normalverteilung ein Anteil (Prozentwert) von Werten genannt wird, die kleiner oder größer als ein bestimmter Grenzwert sind, und Sie gefragt werden, um welchen Grenzwert es sich dabei handelt, wissen Sie, dass Sie »rückwärts« rechnen müssen. Sie können also nicht wie bisher von einem gegebenen Datenwert auf den zugehörigen Standardwert schließen und daraus ein Perzentil ableiten, sondern arbeiten sich genau umgekehrt von dem gegebenen Perzentil zum Originaldatenwert vor:

1. **Als Erstes müssen Sie aus der Aufgabenstellung herauslesen, welches Perzentil Ihnen vorgegeben ist.**

2. **Anschließend ermitteln Sie anhand der Z-Tabelle den zu dem Perzentil gehörenden Standardwert.**

3. **Den Standardwert rechnen Sie anschließend noch in den Originalwert um, und schon ist die Aufgabe gelöst.**

   Um aus dem Z-Wert den Originalwert zu berechnen, können Sie wieder die Z-Formel verwenden. Entweder setzen Sie dazu alle aus der Aufgabe vorliegenden Werte in die bekannte Z-Formel ein und lösen die Formel anschließend nach dem fehlenden Wert x auf, oder Sie verwenden von vornherein die umgeformte, nach x aufgelöste Z-Formel: $x = z \cdot \sigma + \mu$. Diese Gleichung besagt nichts anderes als die Z-Formel, bei der einfach beide Seiten mit σ multipliziert wurden und anschließend μ addiert wurde, sodass man die dargestellte Gleichung für x erhält.

 Es ist immer hilfreich, sowohl die Z-Formel als auch die nach x aufgelöste Z-Formel parat zu haben. Damit sind Sie dann auf alle Fälle vorbereitet und müssen nicht erst anfangen, die Z-Formel umzuformen, um eine Aufgabe, in der x gesucht wird, lösen zu können. Wenn Sie also in einer Aufgabe den Wert x gegeben haben und nach dem zugehörigen Prozentwert gefragt werden, verwenden Sie die Z-Formel in ihrer Standardversion; wenn aber umgekehrt ein Prozentwert vorgegeben ist und Sie den zugehörigen Originalwert x bestimmen sollen, nehmen Sie einfach die nach x aufgelöste Gleichung der Z-Formel.

Das folgende Beispiel verdeutlicht, wie Sie sich zur Lösung von Rückwärtsfragestellungen ausgehend von einem Prozentwert bis zum Originalwert »rückwärts« vorarbeiten.

 Bevor Rennpferde zu einem Finallauf zugelassen werden, müssen sie sich zunächst in einer Qualifizierungsrunde durchsetzen. Die Zeiten der Pferde in der Qualifizierungsrunde sind normalverteilt mit einem Mittelwert von 120 Sekunden und einer Standardabweichung von 5 Sekunden. Nur die schnellsten 10% aller Pferde werden zu dem Finallauf zugelassen. Welche Zeit muss ein Pferd mindestens erreichen (beziehungsweise unterschreiten), um sich für die Finalrunde zu qualifizieren?

Lösung

Die schnellsten 10% der Pferde schaffen es ins Finale. Gesucht ist also das 10%-Perzentil und damit der Grenzwert, der von genau 10% aller Pferde unterschritten (und damit von 90% der Pferde überschritten) wird. Der Standardwert für das 10%-Perzentil beträgt ungefähr $-1,3$ (dies können Sie in der Z-Tabelle auf der Schummelseite vorn in diesem Buch ablesen). Um nun den Originalwert zu ermitteln, setzen Sie die bekannten Werte (Standardwert $z = -1,3$, Mittelwert $\mu = 120$ und Standardabweichung $\sigma = 5$) in die nach x aufgelöste Gleichung der Z-Formel ein: $x = -1,3 \cdot 5 + 120 = -6,5 + 120 = 113,5$ Sekunden. Damit hat ein Pferd, das weniger als 113,5 Sekunden für die Qualifikationsrunde benötigt, gute Chancen, zum Finale zugelassen zu werden.

Aufgabe 23

Das Gewicht von Tomaten einer bestimmten Zuchtsorte ist normalverteilt mit einem Mittelwert von 100 Gramm und einer Standardabweichung von 10 Gramm. Welches Gewicht markiert die Grenze, die von 60% aller Tomaten unterschritten wird, während 40% der Tomaten mehr wiegen?

Aufgabe 24

Tim geht regelmäßig joggen und benötigt für eine Runde um den See durchschnittlich 8 Minuten, wobei die Rundenzeiten normalverteilt mit einer Standardabweichung von einer Minute variieren. Welche Zeit muss Tim laufen, um in den Top 10% seiner bisher schnellsten Zeiten zu landen?

Aufgabe 25

Die Zeit, die Studenten für die Bearbeitung ihrer Statistik-Abschlussklausur benötigen, ist normalverteilt mit einem Mittelwert von 40 Minuten und einer Standardabweichung von 6 Minuten. Die von Tom benötigte Zeit entspricht gerade dem 42%-Perzentil. Wie lange hat Tom über seiner Klausur gesessen?

Aufgabe 26

Die Anzahl der Punkte, die Studenten in ihrer Mathe-Abschlussklausur erreichen, ist normalverteilt mit einem Mittelwert von 75 und einer Standardabweichung von 5. Der Professor möchte den besten 20% der Studenten die Note Eins geben. Wie viele Punkte muss ein Student also mindestens erreicht haben, um noch eine Eins zu bekommen (sofern der Professor den Grenzwert richtig berechnet hat)?

Aufgabe 27

Die Zeit für die Bearbeitung von Serviceanfragen in einer Firma ist normalverteilt mit einem Durchschnittswert von 10 Minuten und einer Standardabweichung von 3 Minuten. Unternehmensberater wollen nun von allen Anfragen die 10% mit der längsten Bearbeitungsdauer näher untersuchen, um daraus Verbesserungsmöglichkeiten ableiten zu können. Wie lange hat die Bearbeitung dieser Anfragen mindestens gedauert?

Aufgabe 28

Die Geländewagen einer bestimmten Marke können mit 10 Liter Benzin im Durchschnitt 75 Kilometer weit fahren. Die Reichweite ist dabei normalverteilt und in 20% der Streckenmessungen schaffen die Wagen mit 10 Litern über 100 Kilometer. Wie groß ist die Standardabweichung der Reichweite?

Lösungen für die Aufgaben zum Thema Normalverteilung

Lösung 1

In der oberen Verteilung können Sie erkennen, dass die Wendepunkte der Kurve (also die Punkte, an denen die Kurve von einem nach außen gekrümmten Verlauf zu einem nach innen gekrümmten Verlauf übergeht) ungefähr zehn Einheiten vom Mittelwert entfernt liegen. Daraus lässt sich schließen, dass die Verteilung eine Standardabweichung von 10 hat. Zu dieser Beobachtung passt eine zweite Beobachtung: Der überwiegende Teil aller Daten liegt in dem Wertebereich zwischen 10 und 70. Aus den Regeln, die für eine Normalverteilung gelten, ist bekannt, dass der überwiegende Teil der Werte stets in dem Bereich zwischen dem Mittelwert plus/minus der dreifachen Standardabweichung liegt. Bei einer Standardabweichung von 10 und einem Mittelwert von 40 ist dies genau der Bereich zwischen 10 und 70.

In der zweiten Normalverteilung liegen die Wendepunkte circa fünf Einheiten vom Mittelwert entfernt, daher beträgt die Standardabweichung hier ungefähr 5. Auch dies passt wieder dazu, dass die meisten Werte im Bereich zwischen 25 und 55, also im Bereich um den Mittelwert plus/minus 15 liegen. Dementsprechend müsste 15 das Dreifache der Standardabweichung sein, sodass auch diese Regel für eine Standardabweichung von 5 spricht.

Lösung 2

Die folgende Abbildung zeigt eine entsprechende Normalverteilung. Der Gipfel liegt beim Wert 70 und die Wendepunkte sollten bei 65 und 75 liegen.

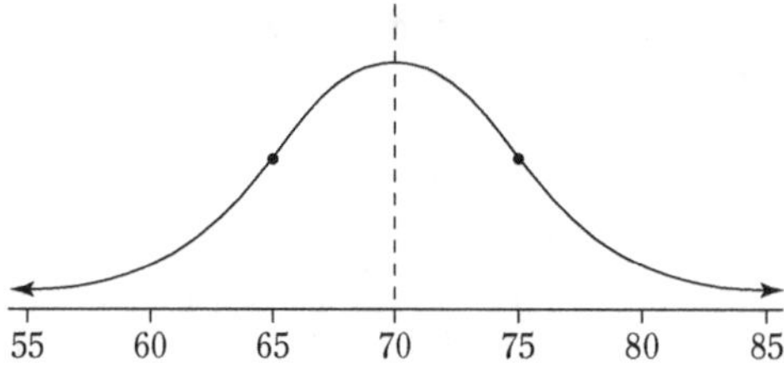

Lösung 3

Die Lösung ist in der folgenden Abbildung dargestellt. Die Kurve der Verteilung mit einer Standardabweichung von 5 ist höher und schmaler als die Kurve der Verteilung mit einer Standardabweichung von 10. Umgekehrt hat die Normalverteilung mit der Standardabweichung von 10 einen flacheren und stärker in die Breite gezogenen Kurvenverlauf.

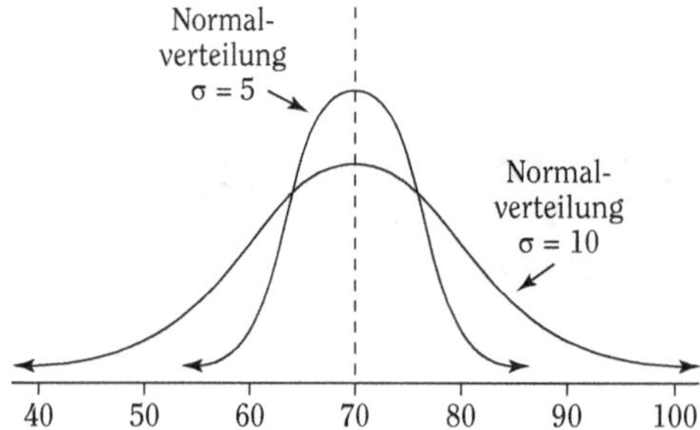

Eine Normalverteilung, die flacher verläuft, hat eine größere Streuung als eine Verteilung mit sehr steilem Gipfel. Bei einer Kurve mit steilem Gipfel häufen sich die Werte in der Mitte der Verteilung; es liegen also viele Werte in der Nähe des Mittelwerts. Dies bedeutet, dass die Werte im Durchschnitt nur einen relativ geringen Abstand zum Mittelwert aufweisen und damit nur in geringem Maße streuen.

Lösung 4

Diese Aufgabe lässt sich am einfachsten mithilfe eines kleinen Bildes und der k-σ-Regel (der sogenannten 68-95-99,7-Prozent-Regel) lösen, wie sie für normalverteilte Daten näherungsweise gilt.

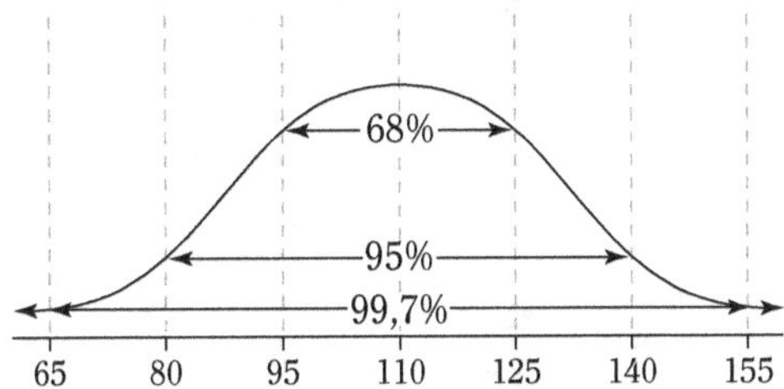

1. Der Wert 110 ist der Mittelwert der Daten und der Wert 125 liegt genau eine Standardabweichung über dem Mittelwert. Gemäß der k-σ-Regel liegen circa 68% innerhalb einer Standardabweichung (zu beiden Seiten) vom Mittelwert entfernt. In dem Wertebereich zwischen 110 und 125 liegt daher die Hälfte von 68% aller Daten, also 34%. Dies ist in der folgenden Abbildung noch einmal illustriert.

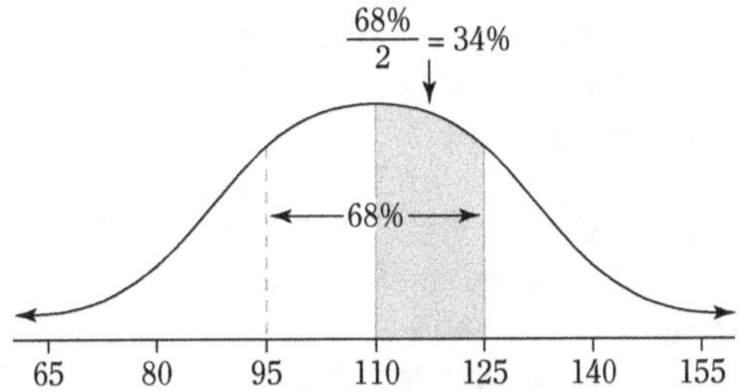

2. Der Wert 95 liegt eine Standardabweichung unterhalb des Mittelwerts. In dem Bereich zwischen dem Mittelwert (110) und dem Wert 95 liegt daher circa die Hälfte von 68%, also 34% aller Werte. Der Wert 140 liegt dagegen genau zwei Standardabweichungen über dem Mittelwert. Da ungefähr 95% der Daten innerhalb zweier Standardabweichungen (zu beiden Seiten) vom Mittelwert entfernt liegen, umfasst der Bereich von 110 bis 140 die Hälfte von 95%, also 47,5% aller Werte. Um nun zu beantworten, welcher Anteil der Werte zwischen 95 und 140 liegt, muss man lediglich die beiden Teilbereiche addieren und erhält so den Anteil von 34% + 47,5% = 81,5%. Dieses Vorgehen ist im folgenden Bild noch einmal dargestellt.

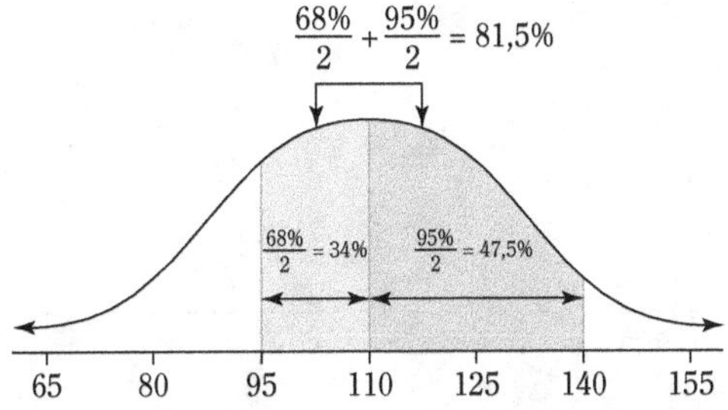

3. Der Wert 80 liegt zwei Standardabweichungen unterhalb des Mittelwerts, sodass in den Bereich zwischen 80 und 110 (dem Mittelwert) in etwa $95 \div 2 = 47{,}5\%$ aller Daten fallen. Der Wert 95 liegt dagegen genau eine Standardabweichung unter dem Mittelwert; im Bereich zwischen 95 und 110 liegen somit $68 \div 2 = 34\%$ aller Daten. Um nun die Fläche zwischen 80 und 95 zu betrachten, berechnen Sie die Differenz zwischen den beiden Anteilen: $47{,}5\% - 34\% = 13{,}5\%$; siehe auch die Darstellung in der folgenden Abbildung.

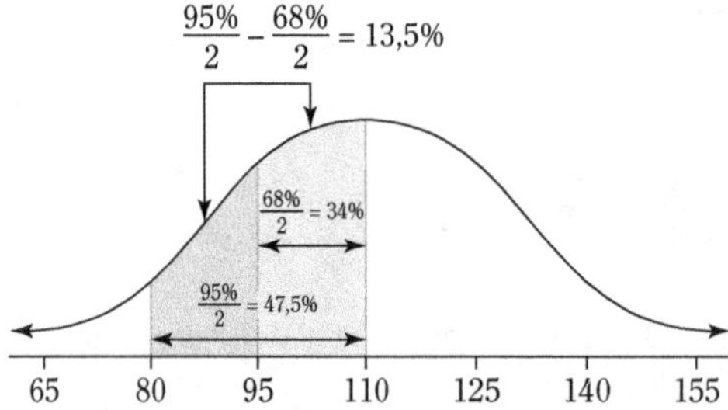

 Wenn Sie mithilfe der empirischen Regel ermitteln möchten, welcher Anteil der Daten zwischen zwei bestimmten Werten liegt, hängt die genaue Vorgehensweise davon ab, ob diese beiden Werte auf derselben Seite des Mittelwerts liegen (also beide kleiner oder größer als der Mittelwert sind) oder ob sie auf unterschiedlichen Seiten vom Mittelwert liegen (sodass ein Wert kleiner und einer größer als der Mittelwert ist). In jedem Fall ermitteln Sie im ersten Schritt für jeden der beiden Werte, welcher Anteil der Daten zwischen dem Mittelwert und dem jeweils betrachteten Wert liegt. Auf diese Weise erhalten Sie zwei Prozentangaben. Liegen die beiden Werte nun auf unterschiedlichen Seiten des Mittelwerts, addieren Sie die beiden Prozentangaben. Befinden sich dagegen beide Werte auf derselben Seite vom Mittelwert, ziehen Sie den kleineren Prozentwert von dem größeren ab, um den Anteil der Daten zu erhalten, die in der Fläche zwischen den beiden Werten liegen. Eine kleine Skizze kann dabei oft hilfreich sein, um genau zu verstehen, wie vorzugehen ist.

Lösung 5

Die folgende Abbildung zeigt die Verteilung als Grafik. Um den Standardwert für Tims Ergebnis zu ermitteln, rechnen Sie $80 - 70 = 10$ (Tims Punktzahl minus den Mittelwert) und teilen das Ergebnis durch 10 (die Standardabweichung). Der Standardwert beträgt damit 1. Tims Ergebnis liegt damit eine Standardabweichung über dem Mittelwert.

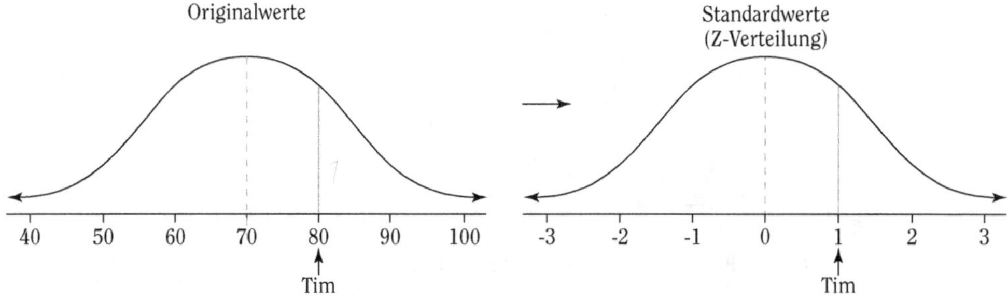

Lösung 6

Die 80 Punkte in der Matheklausur entsprechen einem Standardwert von 1 (zum Berechnen siehe auch Lösung 5). Die 80 Punkte in der Englischprüfung entsprechen dagegen einem Standardwert von $(80 - 85) \div 5 = -5 \div 5 = -1$. Die Umrechnung der Punkte in Standardwerte zeigt damit, dass Tim in Mathe das deutlich bessere Ergebnis vorgelegt hat, hier war er nämlich im Umfang einer Standardabweichung besser als der Durchschnitt aller Schüler. In Englisch lag er dagegen im gleichen Umfang unter dem Durchschnitt.

 Standardwerte eliminieren das absolute Niveau des einzelnen Werts und beschreiben immer nur dessen relative Lage im Verhältnis zu Mittelwert und Streuung des gesamten zugrunde liegenden Datensatzes.

Lösung 7

Auch für diese Aufgabe können Sie die bekannte Formel

$$z = \frac{x - \mu}{\sigma}$$

verwenden, müssen diese allerdings nach x auflösen. Sie kennen aus der Aufgabenstellung den Mittelwert $\mu = 70$ und die Standardabweichung $\sigma = 5$. Ebenfalls bekannt ist der Wert $z = -2$ und gesucht wird der Wert x. Wenn Sie daher die Gleichung nach x auflösen, erhalten Sie die Formel $x = z \cdot \sigma + \mu$. Hier lassen sich nun einfach die vorhandenen Werte einsetzen, um x zu berechnen: $x = -2 \cdot 5 + 70 = 60$. Dieses Ergebnis ist unmittelbar plausibel, denn Simone war um zwei Standardabweichungen schlechter als der Durchschnitt; die Standardabweichung beträgt 5, also muss Simones Klausurergebnis zehn Punkte unter dem Mittelwert liegen. Simone hat demnach 60 Punkte bekommen.

Lösung 8

Der Standardwert für das Ergebnis beträgt 0. Ein Standardwert von 0 bedeutet stets, dass der Originalwert exakt dem Mittelwert entspricht, denn der Standardwert gibt ja an, wie weit (wie viele Standardabweichungen) der Originalwert vom Mittelwert abweicht. Bei einem Standardwert von 0 weicht der Originalwert damit nicht vom Mittelwert ab, ist also mit diesem identisch. Würden Ihnen die genaue Punktzahl, der Mittelwert und die Standardabweichung der Klausur vorliegen, könnten Sie den Standardwert auch wie üblich anhand der Z-Wert-Formel berechnen; das Ergebnis der Formel wäre 0.

Lösung 9

Die Packung wiegt genau 500 Gramm, denn ein Standardwert von 0 bedeutet, dass der Originalwert exakt mit dem Mittelwert übereinstimmt.

Lösung 10

Für die Lösung dieser Aufgabe ist es hilfreich, zunächst eine kleine Skizze anzufertigen, in der alle Größen eingetragen werden können, die bereits bekannt sind. Damit lassen sich dann sehr einfach die unbekannten Größen berechnen:

1. Die folgende Abbildung zeigt Mopsis Lage vor und nach der Diät. Sie wissen aus der Aufgabenstellung, dass das Gewicht von 150 Pfund einem Standardwert von +2 entspricht und die Standardabweichung für diese Hunderasse 5 beträgt. Wenn Sie diese Werte in die Z-Wert-Formel einsetzen, erhalten Sie:

$$+2 = \frac{150 - \mu}{5}.$$

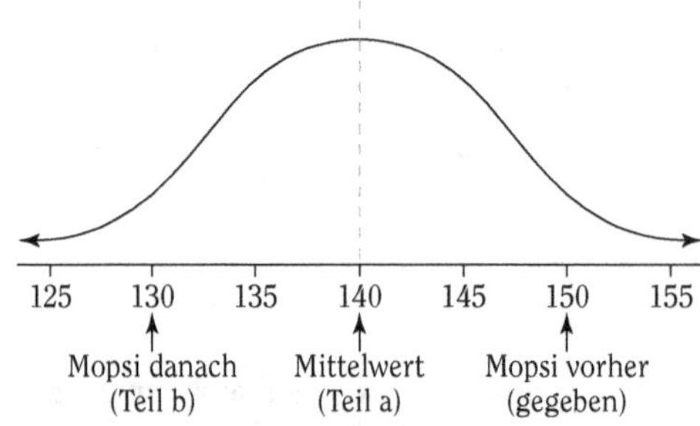

Diese Formel können Sie einfach nach μ (dem Mittelwert) auflösen und erhalten so $\mu = 150 - 2 \cdot 5 = 140$. Das durchschnittliche Gewicht aller Hunde von Mopsis Rasse und Gewicht beträgt damit 140 Pfund.

2. Ein Z-Wert von -2 entspricht einem Gewicht, das um zwei Standardabweichungen unter dem Mittelwert liegt. Der Mittelwert beträgt 140 und die Standardabweichung 5, sodass Mopsi nach der Diät nur noch $140 - 2 \cdot 5 = 130$ Pfund wiegt.

Lösung 11

Um diese Aufgabe zu lösen, müssen zunächst einmal die in der Aufgabenstellung gelieferten Informationen in ihre Bedeutung für die Statistik übersetzt werden.

1. Gefragt ist nach der prozentualen Häufigkeit, mit der die Fahrzeit unter einem bestimmten Wert (in diesem Fall 30 Minuten) liegt. Sie müssen also das Perzentil ermitteln, das mit diesem Wert (30 Minuten) korrespondiert. Hierzu muss zunächst der Wert 30 standardisiert werden; Sie erhalten den zugehörigen Z-Wert als $(30 - 45) \div 10 = -1,5$. Eine Fahrzeit von 30 Minuten ist damit um 1,5 Standardabweichungen kleiner als die durchschnittliche Fahrzeit, es wird also nicht allzu häufig vorkommen, dass Tim schon nach 30 Minuten im Büro ist. Das zu dem Standardwert von $-1,5$ gehörende Perzentil ist gemäß der Z-Tabelle (siehe die Schummelseite ganz vorn in diesem Buch) 6,68. Dies bedeutet, dass Tim an 6,68% aller Tage eine Fahrzeit von höchstens 30 Minuten hat; an allen übrigen Tagen benötigt er mehr als 30 Minuten zum Büro.

2. Wenn Tim um 8 Uhr das Haus verlässt und dennoch zu spät zur Arbeit kommt, benötigt er mehr als 60 Minuten für den Weg zum Büro. Gefragt ist also nach der prozentualen Häufigkeit, mit der die Fahrzeit *mehr* als 60 Minuten beträgt. Diesen Wert können Sie zwar nicht direkt aus den Perzentilen ablesen, aber dennoch sehr einfach mithilfe der Perzentile ermitteln: Bestimmen Sie zunächst, in wie viel Prozent aller Fälle Tim maximal 60 Minuten für den Weg zur Arbeit benötigt, und berechnen Sie anschließend den Anteil aller übrigen Tage (also 100% minus den Anteil der Tage, an denen Tim pünktlich ist). Hierzu standardisieren Sie zunächst den Wert 60 und erhalten so den zugehörigen Z-Wert von $(60 - 45) \div 10 = +1{,}5$. In der Z-Tabelle können Sie ablesen, dass diesem Wert das 93,32%-Perzentil entspricht. Die Differenz zu 100% ergibt den Anteil der Tage, an denen Tim zu spät bei der Arbeit erscheint: $100\% - 93{,}32\% = 6{,}68\%$. Hoffentlich hat Tim einen verständnisvollen Chef.

Haben Sie gemerkt, dass die Antwort für beide Teilfragen identisch ist? Hierin kommt die symmetrische Form der Normalverteilung zum Ausdruck. Die beiden betrachteten Fahrzeiten von 30 und 60 Minuten haben beide den gleichen Abstand zum Mittelwert (45 Minuten). Daher gibt es genauso viele Tage, an denen Tim den Weg zum Büro in höchstens 30 Minuten schafft, wie Tage, an denen Tim mehr als 60 Minuten benötigt.

Lösung 12

Da Tom mit seiner Bearbeitungszeit genau auf dem 90%-Perzentil liegt, haben also 90% der Studenten weniger Zeit als Tom benötigt. Dies bedeutet umgekehrt, dass 10% mehr Zeit brauchen und damit noch an den Aufgaben sitzen, wenn Tom bereits fertig ist.

Lösung 13

Nein. Ein Standardwert von 0,9 bedeutet vielmehr, dass Ihr Klausurergebnis 0,9 Standardabweichungen oberhalb des Mittelwerts liegt. Um zu ermitteln, wie viele Kursteilnehmer Sie damit hinter sich gelassen haben, schauen Sie, sofern die Punktzahl der Klausur normalverteilt ist, in der Z-Tabelle (siehe die Schummelseite ganz vorn in diesem Buch) nach, welches Perzentil dem Standardwert von 0,9 entspricht. Sie werden dann sehen, dass dies das 81,59%-Perzentil ist. Ihre Punktzahl ist also besser als die von 81,59% aller Kursteilnehmer. Herzlichen Glückwunsch!

Ein Standardwert zwischen 0 und 1 kann sehr leicht mit einem Perzentil verwechselt werden. Achten Sie daher stets darauf, welche Werte in einer Aufgabe gemeint sind.

Lösung 14

Der Median ist der mittlere Wert eines geordneten Datensatzes und teilt damit die Daten in zwei Hälften: Die eine Hälfte aller Werte ist kleiner als der Median, die andere Hälfte ist größer. Damit ist der Median nichts anderes als das 50%-Perzentil. (Zur Bedeutung des Medians lesen Sie Kapitel 4.)

Lösung 15

Hier kommt eine andere Sichtweise auf Perzentile zum Ausdruck: Es ist nach der *Wahrscheinlichkeit* dafür gefragt, dass ein Wert unter einem bestimmten Grenzwert liegt. Bei dieser Aufgabe sollten Sie zusätzlich beachten, dass in der Aufgabenstellung unterschiedliche Maßeinheiten (Minuten und Stunden) verwendet werden. Diese Einheiten sollten Sie daher als Erstes einmal vereinheitlichen. In diesem Fall bietet es sich an, die Minuten in Stunden umzurechnen. In Stunden ausgedrückt beträgt die Standardabweichung damit $\frac{1}{4}$ beziehungsweise 0,25.

Die eigentliche Frage ist nun, mit welcher Wahrscheinlichkeit x einen Wert unter 7,5 annimmt, wenn x einen Mittelwert von 8 und eine Standardabweichung von 0,25 hat. Um diese Wahrscheinlichkeit zu berechnen, wird zunächst der Wert 7,5 mithilfe der Z-Formel standardisiert. Der zugehörige Standardwert beträgt

$$z = \frac{7,5 - 8}{0,25} = \frac{-0,5}{0,25} = -2.$$

Nun kann in der Z-Tabelle das zugehörige Perzentil abgelesen werden, das angibt, mit welcher Wahrscheinlichkeit x einen Wert unter 7,5 annimmt. Die Antwort lautet 2,27% beziehungsweise in Dezimalschreibweise 0,0227.

Lesen Sie die Aufgabenstellung immer sorgfältig und nehmen Sie sich Zeit, die verfügbaren Informationen zu ordnen und die Fragestellung korrekt in eine statistische Aufgabenstellung zu übersetzen. Damit haben Sie meistens schon 90% der Aufgabe erledigt und es kann kaum noch etwas schiefgehen.

Lösung 16

Tims Ergebnis liegt über dem Mittelwert, das heißt, der Standardwert seines Ergebnisses muss in jedem Fall positiv sein. Daraus lässt sich unmittelbar schließen, dass das Ergebnis von Tim einem Perzentil von über 50 entspricht. (Würde Tims Punktzahl exakt dem Durchschnitt entsprechen, hätte er gerade das 50%-Perzentil getroffen.) Damit hat in jedem Fall etwas mehr als die Hälfte aller Studenten weniger Punkte erreicht als Tim.

Lösung 17

Die Abbildung unten skizziert den Lösungsweg. Gefragt ist nach der Wahrscheinlichkeit, dass x einen Wert zwischen 30 und 45 annimmt, wobei x in diesem Fall die Fahrzeit ist, die Tim morgens für den Weg zur Arbeit benötigt. Die Umrechnung der unteren Grenze 30 in den Standardwert mithilfe der Z-Formel liefert

$$z = \frac{30 - 45}{10} = \frac{-15}{10} = -1,5.$$

Auf die gleiche Weise erhält man für die obere Grenze 45 einen Standardwert von 0 (denn 45 ist genau der Mittelwert, deshalb lautet die Z-Formel (45 − 45) / 10 = 0). Da Sie nun die Wahrscheinlichkeit dafür ermitteln wollen, dass x zwischen den beiden Grenzen liegt, bestimmen Sie zunächst für jede der beiden Grenzen das zugehörige Perzentil und berechnen anschließend die Differenz (größeres Perzentil minus kleineres Perzentil). In der Z-Tabelle (siehe die Schummelseite vorn in diesem Buch) können Sie ablesen, dass zu dem Standardwert −1,5 das 6,68%-Perzentil gehört, während der Standardwert 0 mit dem 50%-Perzentil korrespondiert. Wenn Sie nun die Differenz zwischen den beiden Perzentilen berechnen, erhalten Sie das Ergebnis: In 50% − 6,68% = 43,32% aller Fälle wird Tim für den Weg zur Arbeit zwischen 30 und 45 Minuten benötigen.

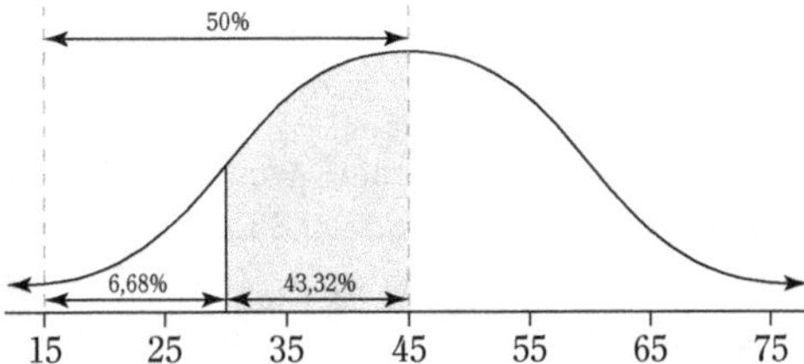

Ein Perzentil gibt die Wahrscheinlichkeit dafür an, dass eine Variable einen Wert unterhalb eines bestimmten Grenzwerts annimmt. Wenn Sie dagegen die Wahrscheinlichkeit dafür suchen, dass eine Variable einen Wert innerhalb eines bestimmten Wertebereichs annimmt, ermitteln Sie die beiden Perzentile für die obere und untere Grenze des Wertebereichs und berechnen anschließend die Differenz zwischen den beiden Perzentilen. Dabei sollten Sie stets das kleinere von dem größeren Perzentil abziehen, um negative Werte zu vermeiden – und Sie wissen ja, dass Wahrscheinlichkeiten niemals negativ sein können.

Lösung 18

Die unten stehende Abbildung veranschaulicht die Aufgabenstellung. Sie suchen die Wahrscheinlichkeit dafür, dass x (die Bearbeitungszeit für die Klausur) zwischen zwei Grenzen (30 und 35 Minuten) liegt. Um diese Wahrscheinlichkeit zu ermitteln, berechnen Sie zunächst mithilfe der Z-Formel die Standardwerte für die beiden Grenzen des relevanten Wertebereichs. Die untere Grenze 30 hat den Standardwert

$$z = \frac{30 - 40}{6} = \frac{-10}{6}$$

$$= -1,67 \text{ beziehungsweise} - 1,7, \text{ dem das } 4,46\%\text{-Perzentil entspricht.}$$

Der Standardwert für die obere Grenze 35 beträgt

$$z = \frac{35 - 40}{6} = \frac{-5}{6}$$

$$= -0,83 \text{ beziehunsgweise gerundet} - 0,8, \text{ zu dem das } 21,19\%\text{-Perzentil gehört.}$$

Um nun die Wahrscheinlichkeit beziehungsweise Fläche zwischen den beiden Grenzwerten zu berechnen, bilden Sie die Differenz zwischen den beiden Perzentilen, indem Sie das kleinere von dem größeren abziehen; Sie erhalten so 21,19% − 4,46% = 16,73%. Dies ist die

Wahrscheinlichkeit dafür, dass ein Student die Klausur in einer Zeit zwischen 30 und 35 Minuten bearbeitet.

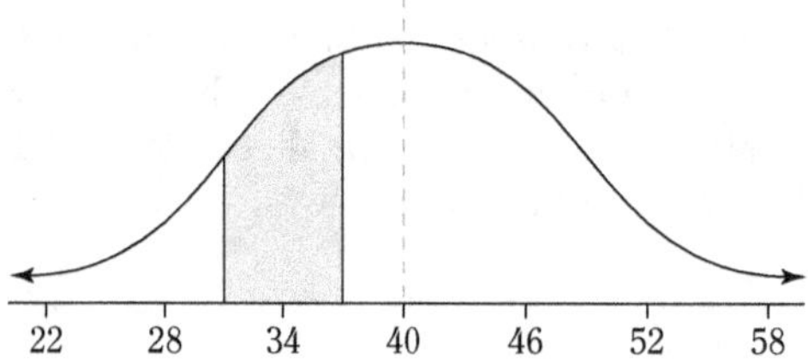

Die Lösung dieser Aufgabe war ein wenig ungenau, weil eigentlich die Perzentile für die Standardwerte −1,67 beziehungsweise −0,83 gesucht wurden, in der Z-Tabelle in diesem Buch sind aber nur die Standardwerte −1,7 beziehungsweise −0,8 aufgeführt, sodass wir uns einfach mit diesen Werten zufriedengegeben haben. Viele Lehrbücher enthalten präzisere Angaben und listen Standardwerte mit mehr Dezimalstellen auf. Wenn Sie dennoch wie in dieser Aufgabe das Perzentil für einen Standardwert suchen, der in der Ihnen vorliegenden Z-Tabelle nicht aufgeführt ist, verwenden Sie den am nächsten liegenden Standardwert aus der Z-Tabelle. Wenn Sie richtig professionell arbeiten möchten, können Sie auch die Perzentile für den nächstgrößeren und den nächstkleineren Standardwert heranziehen und das gesuchte Perzentil für Ihren Standardwert durch lineare Interpolation näherungsweise ermitteln. Dies ist das Vorgehen für fortgeschrittene Statistiker.

Lösung 19

Gesucht ist die Wahrscheinlichkeit, dass x (Zeit bis zur Bedienung) größer als 15 Minuten ist; siehe auch die unten stehende Abbildung. Um diese Wahrscheinlichkeit zu ermitteln, bestimmen Sie zunächst den Standardwert für die Grenze 15 sowie das zugehörige Perzentil. Berechnen Sie anschließend die Differenz zu 100%, um den Anteil der Werte zu erhalten, der über dem Grenzwert von 15 liegt.

Der Standardwert für 15 beträgt in diesem Fall:

$$z = \frac{15 - 10}{3} = \frac{5}{3} = 1,67 \text{ beziehungsweise } 1,7.$$

Diesem Standardwert entspricht das 95,54%-Perzentil. Die Wahrscheinlichkeit dafür, dass die Bedienung mehr als 15 Minuten auf sich warten lässt, beträgt also 100% − 95,54% = 4,46%.

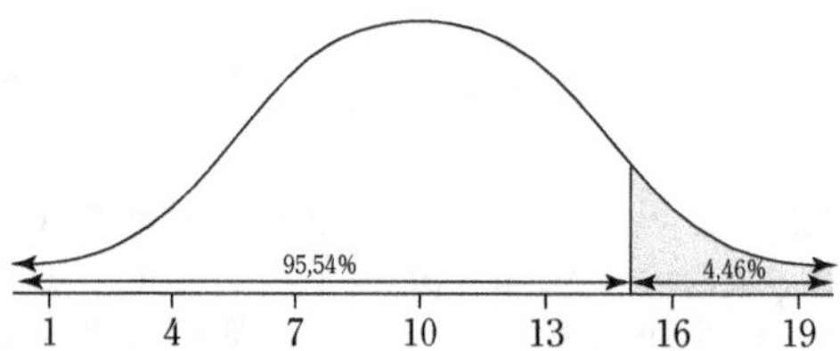

Please remove the small black vertical line that delimits the gray shaded area of the curve on the right. The area then simply ends with the border between gray and white.

Lösung 20

Diese Aufgabe ist genau die komplementäre Fragestellung zu Aufgabe 19. Gesucht wird hier die Wahrscheinlichkeit, dass x nicht größer als 15 Minuten ist, was nichts anderes bedeutet, als dass x 15 Minuten oder kleiner ist. Wenn nun die Wahrscheinlichkeit für eine Wartezeit über 15 Minuten, wie in Lösung 19 berechnet, 4,46% beträgt, so ist die Wahrscheinlichkeit für ein x kleiner oder gleich 15 Minuten 100% − 4,46% = 95,54% beziehungsweise in Dezimalschreibweise 0,9554.

Die Wahrscheinlichkeit dafür, dass eine normalverteilte Variable exakt einen bestimmten Wert annimmt, ist stets gleich 0. Es ist daher unerheblich, ob Sie die Wahrscheinlichkeit dafür berechnen, dass x kleiner als 15 ist, oder die Wahrscheinlichkeit, dass x einen Wert kleiner oder gleich 15 annimmt. In beiden Fällen erhalten Sie das gleiche Ergebnis, denn die Wahrscheinlichkeit für x = 15 beträgt 0.

Lösung 21

Zur Lösung dieser Aufgabe berechnen Sie für die beiden Grenzen 7,5 und 8,5 die zugehörigen Standardwerte, ermitteln anhand der Z-Tabelle die zugehörigen Perzentile und berechnen die Differenz zwischen den Perzentilen, indem Sie den kleineren Wert von dem größeren Wert abziehen. Der Standardwert für 7,5 beträgt in diesem Fall:

$$z = \frac{7,5 - 8}{0,25} = \frac{-0,5}{0,25} = -2.$$

Der Standardwert für 8,5 beträgt entsprechend:

$$z = \frac{8,5 - 8}{0,25} = \frac{0,5}{0,25} = 2.$$

Die korrespondierenden Perzentile für −2 und +2 sind das 2,27%- beziehungsweise das 97,73%-Perzentil. Die Differenz beträgt 97,73% − 2,27% = 95,46%. In 95,46% aller Nächte schläft Clemens damit zwischen 7,5 und 8,5 Stunden. Dies bedeutet zugleich, dass die Wahrscheinlichkeit dafür, dass Clemens in einer beliebigen, zufällig ausgewählten Nacht zwischen 7,5 und 8,5 Stunden schläft, eben genau 95,46% beträgt.

Gleichartige Aufgabenstellungen können sehr unterschiedlich formuliert sein. Versuchen Sie daher in Ihren Übungen ein möglichst breites Spektrum an unterschiedlich formulierten Aufgabenstellungen zu bearbeiten, um in den wichtigen Klausuren keine Überraschung zu erleben und nicht an einer merkwürdigen Formulierung für eine Ihnen im Grunde vertraute Aufgabenstellung zu scheitern.

Lösung 22

In dieser Aufgabe ist nach der Wahrscheinlichkeit gefragt, mit der die jährliche Niederschlagsmenge x zwischen 100 und 150 Litern beträgt. Um diese Wahrscheinlichkeit zu berechnen, standardisieren Sie zunächst die beiden Grenzwerte 100 und 150, bestimmen anschließend die zugehörigen Perzentile und bilden die Differenz, um so die gesuchte Wahrscheinlichkeit zu erhalten. Der Z-Wert für 100 beträgt 0 (denn 100 ist gerade die durchschnittliche Niederschlagsmenge) und korrespondiert mit dem 50%-Perzentil. Für 150 ergibt sich ein Standardwert von +2, dem das 97,73%-Perzentil entspricht. Die Differenz zwischen diesen beiden Perzentilen entspricht der Fläche zwischen 100 und 150 und damit der Wahrscheinlichkeit, dass die Regenmenge innerhalb dieses Wertebereichs liegt: 97,73% − 50% = 47,73%.

Lösung 23

Das Schwierigste an dieser Aufgabe ist zu verstehen, wonach überhaupt gefragt wird. Gesucht wird das 60%-Perzentil, denn dies ist der Wert, der genau 60% aller Messwerte unter sich versammelt und von 40% der Messwerte überschritten wird. Um diesen Wert zu ermitteln, schlagen Sie zunächst in der Z-Tabelle den Standardwert für das 60%-Perzentil nach; dies ist ungefähr der Wert 0,3. Mithilfe der nach x aufgelösten Z-Formel können Sie nun ganz einfach den zugehörigen Originalwert ermitteln: x = 0,3 · 10 + 100 = 103. 60% aller Tomaten wiegen also weniger als 103 Gramm, 40% bringen dagegen etwas mehr Gewicht auf die Waage.

Unterschätzen Sie nicht die Schwierigkeit, in einer Klausuraufgabe herauszufinden, welche Art von Fragestellung mit einer bestimmten Aufgabe überhaupt angesprochen wird. In den Klausurvorbereitungen haben Sie es typischerweise mit Skripten und Lehrbüchern zu tun, die eine klare Gliederung und Struktur aufweisen, weshalb Sie allein aus den Kapitelüberschriften und dem jeweiligen Kontext schon erkennen können, um welche Art von Aufgabenstellung es sich handeln muss. Derartige Hinweise stehen Ihnen in der Klausur nicht zur Verfügung. Daher kann es für die Klausurvorbereitung hilfreich sein, Übungsaufgaben aus unterschiedlichen Themenbereichen durcheinander zu bearbeiten. Hierzu können Sie die Übungsaufgaben aus Ihren Skripten und Lehrbüchern auf neutrale, weiße Zettel kopieren und »durcheinandermischen«, um sie anschließend in zufälliger Reihenfolge durchzugehen. Auf diese Weise üben Sie nicht nur die Lösung der verschiedenen Aufgaben, sondern auch das Erkennen der unterschiedlichen Fragestellungen – eine essenzielle Voraussetzung, um die Aufgaben anschließend richtig lösen zu können.

Lösung 24

Da nach den »schnellsten« 10% der Rundenzeiten gefragt ist, dürfen nur 10% der bisherigen Zeitmessungen unter dem gesuchten Grenzwert liegen. Benötigt wird also das 10%-Perzentil, das gemäß der Z-Tabelle bei einem Standardwert von ungefähr −1,3 liegt. Anhand der nach x aufgelösten Z-Formel lässt sich der zugehörige Originalwert berechnen: x = −1,3 · 1 + 8 = 6,7. Tim muss den See also in nicht mehr als 6,7 Minuten umrundet haben, um in den Top 10% seiner bisherigen Zeiten zu bleiben.

Lösung 25

In diesem Fall ist das Perzentil explizit vorgegeben und es wird der zugehörige Originalwert gesucht. Um diesen zu ermitteln, muss zunächst der zu dem Perzentil gehörende Standardwert bestimmt werden. Dieser lässt sich aus der Z-Tabelle (siehe die Schummelseite ganz vorn in diesem Buch) ablesen und beträgt ungefähr −0,2. Mit der nach x aufgelösten Z-Formel lässt sich nun der Originalwert berechnen: $x = -0,2 \cdot 6 + 40 = 38,8$. Tom hat seine Klausur also nach 38,8 Minuten abgegeben.

Lösung 26

Die besten 20% der Studenten bekommen eine Eins, der Grenzwert für die Note Eins ist also das 100% − 20% = 80%-Perzentil. Zufällig entspricht das 80%-Perzentil ungefähr dem Standardwert 0,8. Mithilfe der nach x aufgelösten Z-Formel lässt sich nun ausrechnen, dass die Studenten mindestens $x = 0,8 \cdot 5 + 75 = 79$ Punkte erreichen müssen, um mit einem Einser nach Hause gehen zu können.

Je nachdem, mit welcher Z-Tabelle Sie arbeiten, können die Angaben in der Tabelle mehr oder weniger präzise sein und es kann Ihnen leicht passieren, dass der Standardwert oder das Perzentil, das Sie für eine Aufgabe benötigen, in der Tabelle gerade nicht mit aufgeführt wird. Verwenden Sie in dem Fall das nächstgelegene Perzentil, das in der Tabelle enthalten ist. Dieses Perzentil kann sowohl etwas höher als auch etwas niedriger als das von Ihnen eigentlich benötigte Perzentil sein.

Lösung 27

Es geht um die 10% mit der längsten Bearbeitungsdauer, also um die 10% mit den höchsten Messwerten. 90% der Anfragen haben also eine geringere Bearbeitungsdauer gehabt, sodass zur Lösung der Aufgabe das 90%-Perzentil herangezogen werden muss. Dem 90%-Perzentil entspricht der Standardwert 1,3, aus dem sich anhand der nach x aufgelösten Z-Formel der Originalwert berechnen lässt: $x = 1,3 \cdot 3 + 10 = 13,9$. Die Unternehmensberater müssen sich also sämtliche Anfragen vornehmen, für deren Bearbeitung die Servicemitarbeiter der Firma mehr als 13,9 Minuten benötigt haben.

Achten Sie immer darauf, ob in einer Aufgabe nach den größten oder den kleinsten p% aller Werte gefragt ist. Häufig sind Aufgaben so vertrackt formuliert, dass die genaue Fragestellung nicht auf den ersten Blick zu erkennen ist. Wird nach den größten p% der Werte gefragt, ist klar, dass (100 − p)% aller Werte kleiner sind; daher benötigen Sie zur Lösung der Aufgabe in einem solchen Fall das (100 − p)%-Perzentil.

Lösung 28

Das Beste kommt zum Schluss! Diese Aufgabe ist schon etwas für Fortgeschrittene, die einige Extrapunkte in der Klausur erzielen wollen. Hier wird ein Prozentwert vorgegeben, aber nicht nach dem zugehörigen Grenzwert, sondern nach der Standardabweichung gefragt. Wenn Ihnen nicht unmittelbar klar ist, wie Sie diese Aufgabe lösen sollen, sortieren Sie zunächst, welche Angaben Ihnen vorliegen und welche Puzzleteile fehlen, um die Frage beantworten zu können.

Sie wissen, dass die Geländewagen in 20% aller Fälle mehr als 100 Kilometer weit kommen. Daher wissen Sie auch, dass 80% aller Autos mit 10 Liter Benzin keine 100 Kilometer schaffen. Das 80%-Perzentil liegt also bei 100 Kilometern (Originalwert). Aus der Z-Tabelle können Sie ablesen, dass dem 80%-Perzentil der Standardwert 0,8 entspricht. Damit liegen Ihnen folgende Informationen vor: Der Mittelwert μ beträgt 75, der Originalwert x ist 100 und der Standardwert z ist 0,8. Setzen Sie diese Werte in die nach x aufgelöste Z-Formel ein, und Sie erhalten $100 = 0,8 \cdot \sigma + 75$. Diese Gleichung können Sie nun nach der gesuchten Standardabweichung σ auflösen:

$$\sigma = \frac{100 - 75}{0,8} = \frac{25}{0,8} = 31,25.$$

Die Standardabweichung für die Reichweite der Geländewagen beträgt 31,25 Kilometer.

Kapitel 7

Geheimnisse der Statistik: Die Stichprobenverteilung und der zentrale Grenzwertsatz

Vielleicht haben Sie es schon gemerkt: Statistiker können sich endlos über die Bedeutung des zentralen Grenzwertsatzes auslassen und den Eindruck vermitteln, ohne den Grenzwertsatz und die Stichprobenverteilung wäre das Leben auf diesem Planeten undenkbar. Wenn Ihnen die Konzepte von Grenzwertsatz und Stichprobenverteilung nicht ganz so wichtig erscheinen, müssen Sie sich deshalb nicht schlecht fühlen. Allerdings sollten Sie sich zumindest so weit mit beiden Konzepten auseinandersetzen, dass Sie unbeschadet durch den Statistik-Kurs kommen und das notwendige Handwerkszeug zur Anwendung der Statistik beherrschen. Genau dabei soll Ihnen dieses Kapitel helfen: Die folgenden Übungen konzentrieren sich sehr stark auf den Anwendungsnutzen des zentralen Grenzwertsatzes und der Stichprobenverteilung. Der theoretische »Überbau« wird dabei ausgeblendet zugunsten einer möglichst umfangreichen praktischen Übung im Umgang mit den unterschiedlichen Fragestellungen, die sich mithilfe der Konzepte des zentralen Grenzwertsatzes und der Stichprobenverteilung beantworten lassen.

Was genau ist eine Stichprobenverteilung?

Um zu verstehen, was genau eine Stichprobenverteilung ist, hilft es auch zu wissen, was eine Stichprobenverteilung definitiv nicht ist: Eine Stichprobenverteilung bezeichnet nicht die Verteilung der einzelnen Werte in einer Stichprobe! Vielmehr bezieht sich der Begriff *Stichprobenverteilung* auf die Verteilung statistischer Kennzahlen wie zum Beispiel des Mittelwerts oder des Medians in vielen gleichartigen Stichproben: Wenn Sie eine Zufallsstichprobe von zum Beispiel 100 Beobachtungen aus einer sehr großen Grundgesamtheit ziehen, können Sie für eine numerische Variable in dieser Stichprobe anschließend den Mittelwert berechnen, der mehr oder weniger stark von dem Mittelwert derselben Variablen in der Grundgesamtheit abweichen wird, denn der Mittelwert in der Stichprobe hängt auch davon ab, welche 100 Beobachtungen Sie zufällig für die Stichprobe gezogen haben. Wenn Sie eine neue Stichprobe mit 100 Beobachtungen ziehen und erneut den Mittelwert für dieselbe Variable berechnen, werden Sie sehr wahrscheinlich ein etwas anderes Ergebnis erhalten. Ebenso kann der Mittelwert bei weiteren Stichproben in Abhängigkeit davon, welche 100 Beobachtungen zufällig in der Stichprobe landen, jedes Mal etwas anders ausfallen. Wenn Sie nun sehr viele gleich große Stichproben ziehen und für jede Stichprobe den Mittelwert berechnen, erhalten Sie eine Folge von Stichprobenmittelwerten, die mehr oder weniger stark um den Mittelwert der betrachteten Variablen in der Grundgesamtheit schwanken werden. Die Verteilung dieser verschiedenen Stichprobenmittelwerte wird als *Stichprobenverteilung des Mittelwerts* bezeichnet. Ebenso kann die Stichprobenverteilung für andere statistische Kennzahlen wie zum Beispiel die Varianz betrachtet werden.

Die Form dieser Stichprobenverteilung (ist sie kompakt oder breit gestreut?) ist sehr wichtig für die Interpretation der Ergebnisse in der Statistik. Denn in aller Regel basieren die Ergebnisse auf einer einzelnen Stichprobe, die aus einer großen Grundgesamtheit gezogen wurde, und unterliegen damit Zufallseinflüssen (welche Beobachtungen wurden zufällig für die Stichprobe gezogen?). Die Form der Stichprobenverteilung gibt dabei einen Hinweis darauf, wie sehr die Ergebnisse schwanken, wenn man unterschiedliche Stichproben betrachtet. Ist die Stichprobenverteilung sehr kompakt, liegen die Ergebnisse (zum Beispiel die Mittelwerte) bei unterschiedlichen Stichproben nahe beieinander und das Risiko, dass zwei unterschiedliche Stichproben sehr verschiedene Ergebnisse liefern, ist eher gering. Streuen die Kennzahlen bei unterschiedlichen Stichproben dagegen sehr stark, sind die Ergebnisse einer einzelnen Stichprobe eher mit Vorsicht zu genießen, denn es ist unsicher, wie präzise diese Ergebnisse die Verhältnisse in der Grundgesamtheit widerspiegeln.

Eine Stichprobenverteilung lässt sich wie jede andere Verteilung durch ihre Form, ihr Zentrum und das Maß der Streuung beschreiben. Eine Stichprobenverteilung des Mittelwerts, häufig einfach als Stichprobenverteilung für $\overline{X}$ bezeichnet, hat unter anderem folgende Eigenschaften:

✔ Wenn eine Variable in der Grundgesamtheit normalverteilt ist, folgt auch die Stichprobenverteilung für $\overline{X}$ einer Normalverteilung.

✔ Wenn die Stichprobe hinreichend groß ist, ist die Stichprobenverteilung für $\overline{X}$ in jedem Fall annähernd normalverteilt – unabhängig von der Verteilung der zugehörigen Variablen in der Grundgesamtheit. (Dies folgt aus dem zentralen Grenzwertsatz, einem bei Lehrern und Prüfern sehr beliebten Theorem, das immer wieder gerne abgefragt wird. Im nächsten Abschnitt wird der zentrale Grenzwertsatz daher etwas näher unter die Lupe genommen.)

Aber wann ist die Stichprobe »hinreichend groß«, um davon ausgehen zu können, dass $\overline{X}$ normalverteilt ist? Statistiker fordern in diesem Zusammenhang häufig eine Stichprobengröße von mindestens 30. Je größer die Stichprobe, desto besser ist es natürlich, aber weniger als 30 Werte sollte eine Stichprobe auf keinen Fall umfassen, wenn Sie davon ausgehen wollen, dass $\overline{X}$ ungefähr normalverteilt ist, selbst wenn die Variable in der Grundgesamtheit nicht normalverteilt ist.

Es liegt natürlich die Frage nahe, warum es einen überhaupt interessieren sollte, ob $\overline{X}$ normalverteilt ist. Die Antwort hierauf ist aber sehr einfach: Wenn Sie davon ausgehen können, dass eine bestimmte Kennzahl wie der Mittelwert eine normalverteilte Stichprobenverteilung aufweist, können Sie für den in einer einzelnen Stichprobe tatsächlich beobachteten Mittelwert einen Standardwert (Z-Wert) berechnen und anhand der Z-Tabelle Wahrscheinlichkeiten ableiten. Auf diese Weise können Sie aus einer einzelnen Stichprobe zuverlässige Rückschlüsse auf die Grundgesamtheit ziehen und zum Beispiel ermitteln, in welchem Bereich der Mittelwert einer Variablen in der Grundgesamtheit (mit sehr großer Wahrscheinlichkeit) liegt.

✔ Der Mittelwert aller möglichen $\overline{X}$ (also der Mittelwert aller Mittelwerte, die sich für unterschiedliche Stichproben ergeben können) ist gleich dem Mittelwert in der Grundgesamtheit, μ.

✔ Die Streuung von $\overline{X}$ wird anhand des sogenannten *Standardfehlers* gemessen. Der Standardfehler einer statistischen Kennzahl ist nichts anderes als die Standardabweichung, die sich ergibt, wenn man die Kennzahl für alle möglichen Stichproben einer bestimmten Größe, die sich aus der Grundgesamtheit ziehen lassen, berechnet. Der Standardfehler von $\overline{X}$ ist also die Standardabweichung der Stichprobenmittelwerte von allen möglichen Stichproben gleicher Größe.

✔ Zum Glück gibt es zum Berechnen des Standardfehlers eine einfache Formel: Der Standardfehler von $\overline{X}$ ist gleich der Standardabweichung in der Grundgesamtheit geteilt durch die Quadratwurzel von n (der Stichprobengröße):

$$\text{Standardfehler} = \frac{\sigma}{\sqrt{n}}.$$

Und falls σ (die Standardabweichung in der Grundgesamtheit) nicht bekannt ist, verwenden Sie stattdessen s, die Standardabweichung in der vorliegenden Stichprobe:

$$\text{geschätzter Standardfehler} = \frac{s}{\sqrt{n}}.$$

Die Formel zeigt deutlich: Je größer die Stichprobe, desto kleiner ist der Standardfehler. Dies ist unmittelbar einleuchtend, denn der Standardfehler ist ja ein Maß dafür, wie stark der Mittelwert in verschiedenen Stichproben streut (also wie sehr er von Zufallseinflüssen bei der Stichprobenziehung beeinflusst wird), und je größer eine Stichprobe ist, desto kleiner sind die möglichen Zufallseinflüsse bei der Ziehung der Stichprobe. Daher liefern große Stichproben präzisere Ergebnisse als kleinere Stichproben und erlauben zuverlässigere Rückschlüsse auf die Grundgesamtheit.

Neben der Stichprobenverteilung des Mittelwerts ist häufig auch die Stichprobenverteilung eines Anteilswerts $\hat{p}$ von besonderem Interesse. Die Stichprobenverteilung für einen Anteilswert $\hat{p}$ hat folgende Eigenschaften:

✔ Auch die Stichprobenverteilung für $\hat{p}$ ist annähernd normalverteilt, wenn die Stichprobe hinreichend groß ist. (Auch dies folgt aus dem zentralen Grenzwertsatz; siehe hierzu im Einzelnen den folgenden Abschnitt.)

Auch hier stellt sich die Frage, wann die Stichprobe »hinreichend groß« ist, um eine Normalverteilung unterstellen zu können. Es gibt dafür eine einfache Faustregel: Wenn Sie die Stichprobenverteilung eines Anteils p betrachten, sollte sowohl (p · n) als auch (1 − p) · n mindestens 5 ergeben. n ist dabei die Stichprobengröße. Wenn Sie sich also beispielsweise für einen Anteil von p = 5% (beziehungsweise 0,05) interessieren, sollte die Stichprobe mindestens 100 Beobachtungen umfassen, denn dann ist p · n = 0,05 · 100 = 5 und (1 − p) · n = 0,95 · 100 = 95, sodass beide Bedingungen erfüllt sind.

✔ Der Mittelwert aller $\hat{p}$-Werte, die sich für unterschiedliche Stichproben ergeben, ist gleich dem tatsächlichen Wert p in der Grundgesamtheit.

✔ Der Standardfehler von $\hat{p}$ lässt sich berechnen als $\sqrt{\dfrac{p(1-p)}{n}}$, wobei p der entsprechende Anteil in der Grundgesamtheit ist.

✔ Je größer die Stichprobe, desto kleiner ist der Standardfehler. Auch hier gilt also, dass die Aussagen, die sich aus einer Stichprobe ableiten lassen, umso zuverlässiger sind, je größer die Stichprobe ist.

Das folgende Beispiel verdeutlicht noch einmal den Zusammenhang zwischen Stichprobe, Grundgesamtheit und Stichprobenverteilung für den Mittelwert.

Angenommen, Sie ziehen eine Stichprobe mit einem Umfang von n = 100 aus einer normalverteilten Grundgesamtheit mit einem Mittelwert von 50 und einer Standardabweichung von 15.

1. Welche Bedingungen hinsichtlich der Stichprobengröße müssen Sie hier prüfen, um Aussagen über die Stichprobenverteilung treffen zu können?

2. Wo liegt das Zentrum der Stichprobenverteilung von $\overline{X}$?

3. Wie groß ist der Standardfehler?

Lösung

Bevor Sie Aussagen über die Stichprobenverteilung treffen, sollten Sie prüfen, welche Informationen Ihnen über die Verteilung der Grundgesamtheit vorliegen.

1. Die Grundgesamtheit ist normalverteilt, deshalb ist auch sichergestellt, dass die Stichprobenverteilung normalverteilt ist, und zwar vollkommen unabhängig von der Stichprobengröße. Die Verteilung von $\overline{X}$ folgt in jedem Fall der Normalverteilung, Sie müssen also nicht darauf achten, dass die Stichprobe mindestens 30 oder mehr Beobachtungen umfasst, um eine annähernd normalverteilte Stichprobenverteilung zu erhalten.

2. Das Zentrum der Stichprobenverteilung von $\overline{X}$ ist gleich dem Mittelwert in der Grundgesamtheit und damit in diesem Fall 50.

3. Der Standardfehler ist die Standardabweichung der Grundgesamtheit (15) dividiert durch die Quadratwurzel der Stichprobengröße (100). Damit beträgt der Standardfehler $15 \div 10 = 1{,}5$. Die Streuung des Stichprobenmittels ist also um den Faktor 10 kleiner als die der Einzeldaten.

Aufgabe 1

Angenommen, Sie ziehen eine Stichprobe mit einem Umfang von 100 aus einer Grundgesamtheit mit einer schiefen Verteilung und einem Mittelwert von 50 sowie einer Standardabweichung von 15.

1. Welche Bedingungen hinsichtlich der Stichprobengröße müssen Sie hier prüfen, um Aussagen über die Stichprobenverteilung treffen zu können?

2. Welche Form und welches Zentrum hat die Stichprobenverteilung des Mittelwerts?

3. Wie groß ist der Standardfehler?

Aufgabe 2

Angenommen, Sie ziehen aus einer Grundgesamtheit von Bundesbürgern, in der 45% Partei 1 wählen, eine Zufallsstichprobe mit einem Umfang von 100.

1. Welche Bedingungen hinsichtlich der Stichprobengröße müssen Sie hier prüfen, um Aussagen über die Stichprobenverteilung treffen zu können?

2. Wie hoch ist der Standardfehler von $\hat{p}$?

3. Vergleichen Sie die Standardfehler von $\hat{p}$ für Stichprobengrößen von $n = 100$, $n = 1.000$ und $n = 10.000$.

Die Geheimnisse des zentralen Grenzwertsatzes

Der Grund dafür, dass die Stichprobenverteilung von $\overline{X}$ und $\hat{p}$ bei hinreichend großen Stichproben unabhängig von der Verteilung der Werte in der Grundgesamtheit stets annähernd normalverteilt ist, liegt darin, dass sich Zufallseinflüsse, die sich bei der Ziehung der Stichprobe ergeben können, bei hinreichend großen Stichproben gegenseitig ausgleichen. Dies ist der gleiche Effekt, der sich ergibt, wenn Sie einen ungezinkten Würfel häufig hintereinander werfen: Bei einigen wenigen Würfen können noch einzelne Werte besonders häufig auftreten, wenn Sie jedoch genügend Würfe hintereinander durchführen, gleichen sich die kleinen und die großen Werte gegenseitig aus und der Durchschnitt aller Zahlen, die Sie würfeln, wird im Ergebnis stets bei 3,5 (dem Mittelwert der Grundgesamtheit aller Würfe mit einem fairen, ungefälschten Würfel) liegen.

Diese Erkenntnis hat eine weitreichende Bedeutung in der Statistik: Wenn Sie anhand der Ergebnisse einer Stichprobe Rückschlüsse auf die Grundgesamtheit ziehen, können Sie dabei, weil Ihnen die Stichprobenverteilung der Kennzahlen bekannt ist, auch Aussagen über die Zuverlässigkeit beziehungsweise Präzision Ihrer Rückschlüsse treffen. Dies ist zum Beispiel wichtig, wenn Sie aus den Daten einer Stichprobe Erkenntnisse über den Mittelwert einer Variablen in der Grundgesamtheit gewinnen wollen (siehe Kapitel 9) oder wenn Sie Hypothesen über den Mittelwert der Grundgesamtheit testen (siehe Kapitel 11).

Um die Erkenntnis, dass die Stichprobenverteilung (annähernd) normalverteilt ist, tatsächlich nutzen zu können, müssen Sie jedoch auch wissen, wie groß der Standardfehler (also die Standardabweichung der betrachteten Kennzahl) ist. Dies ist zum Glück kein großes Problem, denn den Standardfehler können Sie leicht berechnen. Dazu benötigen Sie nur zwei Werte:

✔ die Standardabweichung in der Grundgesamtheit, σ (und wenn Sie diese nicht kennen, verwenden Sie einfach die Standardabweichung der Stichprobe, s; zum Berechnen der Standardabweichung einer Stichprobe siehe Kapitel 4)

✔ die Stichprobengröße

Beide Werte, die Sie zum Berechnen des Standardfehlers benötigen, können Sie ganz einfach aus jeder hinreichend großen Stichprobe berechnen. Und das ist ehrlich gesagt ziemlich cool. Sie können eine einzige Stichprobe betrachten und anhand dieser Stichprobe nicht nur Rückschlüsse auf die Grundgesamtheit ziehen, sondern dabei auch noch Aussagen über die Zuverlässigkeit treffen, also die Genauigkeit Ihrer eigenen Stichprobe relativieren, ohne dazu andere Stichproben explizit betrachten zu müssen. Wow.

Der zentrale Grenzwertsatz ist sehr weitreichend und seine Herleitung durchaus nicht trivial. Daher sind die wichtigsten Aussagen des zentralen Grenzwertsatzes für den Mittelwert, die Sie für übliche Statistik-Prüfungen benötigen, hier einmal zusammengestellt. Für jede Grundgesamtheit mit einem Mittelwert μ und einer Standardabweichung σ gilt:

✔ Die Verteilung aller möglichen Stichprobenmittelwerte $\overline{X}$ (also die Stichprobenverteilung des Mittelwerts) folgt annähernd der Normalverteilung (zu den Eigenschaften der Normalverteilung siehe Kapitel 6).

✔ Je größer die Stichprobe, desto besser ist die Annäherung der Stichprobenverteilung an die Normalverteilung (die meisten Statistiker stimmen darüber ein, dass bei einer Stichprobengröße von mindestens 30 für die meisten Fragestellungen eine hinreichend gute Annäherung an die Normalverteilung vorliegt).

✔ Der Mittelwert aller Stichprobenmittelwerte ist gleich dem Mittelwert der Grundgesamtheit, μ.

✔ Der Standardfehler für die Stichprobenmittelwerte beträgt $\frac{\sigma}{\sqrt{n}}$. Der Standardfehler ist damit umso kleiner, je größer die Stichprobe ist.

✔ Wenn die Daten in der Grundgesamtheit normalverteilt sind, folgt die Stichprobenverteilung ebenfalls nicht nur annähernd, sondern exakt der Normalverteilung, und zwar unabhängig von der Stichprobengröße.

Angenommen, Sie suchen den Wert p, wobei p gleich dem Anteil aller ehemaligen Collegestudenten in den USA ist, die mehr als 1 Million Dollar im Jahr verdienen. Bekanntermaßen wird dieser Anteil sehr gering sein (vielleicht liegt er bei 0,001 beziehungsweise 0,1%) und es ist anzunehmen, dass die Einkommensverteilung nicht symmetrisch, sondern sehr schief aussehen wird, mit wenigen sehr hohen und vielen niedrigen Werten.

1. Wie groß muss die Stichprobe sein, damit Sie den zentralen Grenzwertsatz anwenden können und zuverlässige Ergebnisse bekommen?

2. Angenommen, Sie leben in einer Traumwelt, in der p = 0,5 ist. Welche Stichprobengröße benötigen Sie nun, um die Voraussetzungen zur Anwendung des zentralen Grenzwertsatzes zu erfüllen?

3. Erläutern Sie, warum die notwendige Stichprobengröße zur Anwendung des zentralen Grenzwertsatzes bei schiefen Daten größer ist als bei einer symmetrischen Verteilung in der Grundgesamtheit.

Lösung

Bevor Sie den zentralen Grenzwertsatz anwenden, sollten Sie stets überprüfen, dass die Bedingung der hinreichenden Stichprobengröße erfüllt ist.

1. Die Stichprobe muss so groß sein, dass $p \cdot n$ mindestens 5 ergibt. Es muss also gelten: $0,001 \cdot n \geq 5$ beziehungsweise $n \geq 5 \div 0,001 = 5.000$. Jetzt sollten Sie noch einmal überprüfen, ob auch die zweite Bedingung $(1 - p) \cdot n \geq 5$ erfüllt ist. Für $n = 5.000$ ist $(1 - p) \cdot n = 0,999 \cdot 5.000 = 4.995$, was eindeutig größer als 5 ist. Sie benötigen also eine Stichprobe mit mindestens 5.000 Beobachtungen, um den zentralen Grenzwertsatz zuverlässig anwenden zu können. Eine derart große Stichprobe ist notwendig, weil hier ein sehr kleiner Anteilswert von nur 0,1% betrachtet wird.

2. Auch in diesem Fall muss n · p mindestens 5 ergeben, allerdings ist nun p = 0,5, sodass n ≥ 5 ÷ 0,5 = 10 sein muss. Da auch (1 − p) = 0,5 ist, ist die zweite Bedingung automatisch mit erfüllt, wenn die Stichprobengröße n mindestens 10 beträgt. Wenn Sie Aussagen über Werte in der Mitte der Verteilung treffen, benötigen Sie keine großen Datensätze.

3. Bei einer symmetrischen Grundgesamtheit gleichen sich Zufallseinflüsse bei der Ziehung der Stichprobe wesentlich leichter aus als bei einer schiefen Grundgesamtheit, in der besonders hohe oder besonders niedrige Werte nur sehr selten vorkommen. Daher sind die Anforderungen an die Stichprobengröße bei einer symmetrischen Verteilung der Grundgesamtheit häufig geringer als bei einer schiefen Verteilung, allerdings hängen die genauen Anforderungen an die Stichprobengröße auch von der jeweiligen Fragestellung ab, wie die beiden vorhergehenden Teile dieser Aufgabe gezeigt haben.

Der zentrale Grenzwertsatz kann nicht nur auf den Mittelwert angewendet werden, sondern ermöglicht auch Rückschlüsse auf Anteilswerte in der Grundgesamtheit. Die Schlussfolgerungen, die Sie über die Form, das Zentrum und die Streuung der Stichprobenverteilung des Mittelwerts ziehen können, gelten daher analog für Anteilswerte in einer Stichprobe. Die Berechnungsformeln sehen natürlich etwas anders aus, es steckt aber das gleiche Konzept dahinter. So gilt für jede Grundgesamtheit, in der ein bestimmter Anteilswert die Größe p hat:

✔ Die Verteilung der entsprechenden Anteilswerte p̂ in allen möglichen Stichproben folgt annähernd der Normalverteilung, sofern die Stichprobe hinreichend groß ist. Die Stichprobe kann als hinreichend groß angesehen werden, wenn sowohl p · n als auch (1 − p) · n größer oder gleich 5 sind.

✔ Je größer die Stichprobe, desto besser ist die Annäherung der Stichprobenverteilung an die Normalverteilung.

✔ Der Mittelwert aller Stichprobenanteilswerte p̂ ist gleich dem Anteilswert p in der Grundgesamtheit.

✔ Der Standardfehler für die Stichprobenanteilswerte beträgt $\sqrt{\dfrac{p\,(1-p)}{n}}$. Der Standardfehler ist somit umso kleiner, je größer die Stichprobe ist.

Aufgabe 3

Woran erkennen Sie, ob Sie für die Beantwortung einer statistischen Fragestellung den zentralen Grenzwertsatz benötigen? Nennen Sie ein oder zwei Hinweise, auf die Sie achten sollten. (Gehen Sie dabei davon aus, dass quantitative Daten untersucht werden.)

Aufgabe 4

Angenommen, Sie haben eine faire, ungefälschte Münze, bei der sowohl für Kopf als auch für Zahl p = 0,5 gilt.

1. Schätzen Sie, wie häufig Sie die Münze werfen müssen, um einen Standardfehler für den Anteilswert von nur 0,01 zu erhalten. (Schätzen Sie die Antwort, ohne eine Berechnung durchzuführen.)

2. Lösen Sie die Aufgabe nun mithilfe der Formel für den Standardfehler.

Mittelwert und Anteilswerte in der Grundgesamtheit bestimmen

Um für numerische Daten den Mittelwert in der Grundgesamtheit zu schätzen oder zu testen, gehen Sie von dem Mittelwert der Stichprobenverteilung $\overline{X}$ aus. Wollen Sie dagegen für kategoriale Daten bestimmte Anteilswerte in der Grundgesamtheit schätzen oder testen, ist der entsprechende Anteilswert $\hat{p}$ aus der Stichprobe Ihr Ausgangspunkt. Da die Stichprobenverteilung sowohl für $\overline{X}$ als auch für $\hat{p}$ bei hinreichend großen Stichproben annähernd normalverteilt ist, können Sie alles, was Sie über die Normalverteilung gelernt haben, hier wieder anwenden. Sie bewegen sich gewissermaßen auf gewohntem Terrain und können mehr oder weniger direkt loslegen. Wenn Sie beispielsweise die Wahrscheinlichkeit dafür suchen, dass $\overline{X}$ in einer Stichprobe unterhalb eines bestimmten Werts liegt, müssen Sie lediglich den entsprechenden Wert in einen Standardwert transformieren und anschließend in der Z-Tabelle (siehe die Schummelseite ganz vorn in diesem Buch) die zugehörige Wahrscheinlichkeit nachschlagen (siehe hierzu im Einzelnen Kapitel 6).

Bleibt also nur noch die Frage offen, wie man den Testwert in einen Standardwert konvertiert. In Kapitel 6, in dem die Verteilung einzelner Werte und nicht die Stichprobenverteilung von Kennzahlen betrachtet wurde, haben wir zum Berechnen der Z-Werte immer den Mittelwert und die Standardabweichung benötigt. Der Z-Wert wurde dann berechnet, indem von dem jeweiligen Testwert der Mittelwert abgezogen und das Ergebnis anschließend durch die Standardabweichung dividiert wurde. Wenn wir nun nicht mehr die Verteilung einzelner Werte, sondern die Stichprobenverteilung von Kennzahlen wie dem Mittelwert oder einem Anteilswert betrachten, erfolgt die Berechnung von Z-Werten im Grunde auf die gleiche Weise, nur dass jetzt statt der Standardabweichung der Standardfehler verwendet wird.

Der Standardfehler für den Mittelwert beträgt $\dfrac{\sigma}{\sqrt{n}}$.

Der Standardfehler für einen Anteilswert p beträgt $\dfrac{\sqrt{p\,(1-p)}}{n}$.

Das folgende Beispiel zeigt, wie man auf diese Weise die Wahrscheinlichkeit dafür bestimmt, dass der Mittelwert in einer Stichprobe einen vorgegebenen Grenzwert nicht überschreitet.

Angenommen, eine bestimmte Variable hat in der Grundgesamtheit einen Mittelwert von 50 und eine Standardabweichung von 10. Nun ziehen Sie eine Zufallsstichprobe mit einem Umfang von 40. Wie groß ist die Wahrscheinlichkeit, dass der Mittelwert der betrachteten Variablen in der Stichprobe kleiner als 55 ist?

Lösung

Um diese Wahrscheinlichkeit zu berechnen, ermitteln Sie zunächst für den Stichprobenmittelwert von 55 den zugehörigen Standardwert. Verwenden Sie hierzu die Z-Formel:

$$z = \frac{\overline{x} - \mu}{\frac{\sigma}{\sqrt{n}}}.$$

Für dieses Beispiel erhalten Sie so:

$$z = \frac{55 - 50}{\frac{10}{\sqrt{40}}} = 3{,}16.$$

In der Z-Tabelle (siehe die Schummelseite ganz vorn in diesem Buch) können Sie dann ablesen, dass die Wahrscheinlichkeit für einen Standardwert unter 3,16 ungefähr 0,9993 beziehungsweise 99,93% beträgt. Diese Wahrscheinlichkeit, mit der ein Standardwert unter 3,16 erreicht wird, entspricht der Wahrscheinlichkeit, dass der Stichprobenmittelwert der betrachteten Variablen kleiner als 55 ist. Mit einer Wahrscheinlichkeit von 99,93% wird der Stichprobenmittelwert also unter 55 liegen.

Aufgabe 5

Angenommen, Sie haben eine normalverteilte Grundgesamtheit der von den Teilnehmern an einem Quiz erreichten Punktzahl mit einem Mittelwert von 40 und einer Standardabweichung von 10.

1. Sie ziehen nun eine Zufallsstichprobe von 40 Ergebnissen. Wie hoch ist die Wahrscheinlichkeit, dass der Mittelwert der Quiz-Punkte in der Stichprobe nicht größer als 45 ist?

2. Wenn Sie eine einzelne Person aus der Grundgesamtheit auswählen, wie groß ist dann die Wahrscheinlichkeit, dass deren Punktzahl nicht höher als 45 ist?

Aufgabe 6

Sie nehmen an, das Jahreseinkommen der Angestellten einer bestimmten Berufsgruppe sei normalverteilt mit einem Mittelwert von 28.500 Euro und einer Standardabweichung von 2.400 Euro.

1. Wie hoch ist die Wahrscheinlichkeit, dass ein zufällig ausgewählter Angestellter mehr als 30.000 Euro im Jahr verdient?

2. Wie hoch ist die Wahrscheinlichkeit, dass 36 zufällig ausgewählte Angestellte im Durchschnitt mehr als 30.000 Euro im Jahr verdienen?

Aufgabe 7

Angenommen, aus Untersuchungen sei bekannt, dass 40% aller Handybesitzer ihr Mobiltelefon auch während des Autofahrens benutzen. Wie hoch ist die Wahrscheinlichkeit, dass in einer Zufallsstichprobe von 1.000 Handybesitzern mehr als 425 enthalten sind, die während des Autofahrens mit dem Handy telefonieren?

Aufgabe 8

Wie hoch ist die Wahrscheinlichkeit, dass bei 100 Würfen mit einer fairen, ungezinkten Münze mehr als 60-mal der Kopf nach oben zeigt?

Wenn die Stichprobe für den zentralen Grenzwertsatz zu klein ist: Die t-Verteilung

Wenn eine Stichprobe sehr klein ist (und sehr klein bedeutet hier, dass sie weniger als ungefähr 30 Beobachtungen umfasst), basieren Ihre Rückschlüsse auf die Grundgesamtheit auf einer sehr schwachen Datenbasis. Noch gravierender ist aber die Tatsache, dass bei derart kleinen Stichproben der zentrale Grenzwertsatz keine Gültigkeit mehr hat und Sie daher nicht davon ausgehen können, dass die Stichprobenverteilung annähernd der Normalverteilung entspricht. Was können Sie also tun, wenn Ihnen eine derart kleine Stichprobe vorliegt, dass Sie nicht mehr mit der Normalverteilungsannahme arbeiten können? Ganz einfach – Sie greifen auf die *t-Verteilung* zurück.

Die t-Verteilung ist vereinfacht gesagt eine etwas flacher aussehende Variante der Standardnormalverteilung. In der Tatsache, dass die t-Verteilung flacher verläuft als die Normalverteilung, kommt eine breitere Streuung der Werte zum Ausdruck. Diese breitere Streuung spiegelt die höhere Unsicherheit wider, die aus der Arbeit mit kleinen Stichproben resultiert. Da die Unsicherheit umso größer ist, je kleiner die Stichprobe ausfällt, hängt die genaue Form der t-Verteilung von der Stichprobengröße ab; je kleiner die Stichprobe, desto flacher ist der Verlauf der entsprechenden t-Verteilung. Umgekehrt gilt: Je größer die Stichprobe, desto weniger weicht die t-Verteilung von der Normalverteilung ab; ab einer Stichprobengröße von ungefähr 30 sind die t-Verteilung und die Standardnormalverteilung weitgehend identisch (daher können Sie ab einer Stichprobengröße von 30 auch den zentralen Grenzwertsatz anwenden und davon ausgehen, die Stichprobenverteilung folge der Normalverteilung).

Die genaue Form der t-Verteilung wird durch die sogenannte *Anzahl der Freiheitsgrade* festgelegt, die wiederum indirekt die Stichprobengröße widerspiegelt. Bei einer Stichprobengröße n verwenden Sie eine t-Verteilung mit n − 1 Freiheitsgraden. Haben Sie beispielsweise eine Stichprobe mit n = 10 Beobachtungen vorliegen, verwenden Sie eine t-Verteilung mit 10 − 1 = 9 Freiheitsgraden, häufig auch als T_9 bezeichnet. Um mit der t-Verteilung zu arbeiten, rechnen Sie zunächst die Grenzwerte, die Sie betrachten wollen, wie bei der

Verwendung der Normalverteilung in Standardwerte um, schlagen anschließend aber die zugehörige Wahrscheinlichkeit in der t-Tabelle statt in der Z-Tabelle nach.

Da die genaue Form der t-Verteilung von der Stichprobengröße abhängt, müssten Sie eigentlich je nach Stichprobengröße in unterschiedlichen t-Verteilungstabellen nachschauen. Da es aber schwierig ist, immer mit einem Stapel von t-Verteilungstabellen durch die Gegend zu laufen, haben Statistiker eine zusammengefasste t-Tabelle entwickelt, die Sie auch ganz vorn in diesem Buch auf der Schummelseite finden. Dort bezieht sich jede Zeile auf eine andere t-Verteilung; die erste Zeile beschreibt die t-Verteilung mit einem Freiheitsgrad, die zweite Zeile die t-Verteilung mit zwei Freiheitsgraden (T_2), die dritte Zeile T_3 etc. In den verschiedenen Spalten nebeneinander werden die Standardwerte für unterschiedliche ausgewählte Perzentile aufgeführt. So entspricht beispielsweise bei einer t-Verteilung mit neun Freiheitsgraden der Standardwert 1,833 dem 95%-Perzentil, während der Standardwert 3,250 mit dem 99%-Perzentil korrespondiert; siehe auch die Skizze in Abbildung 7.1.

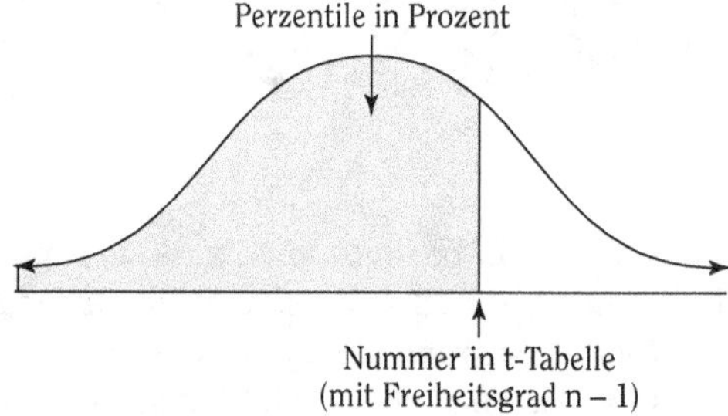

Abbildung 7.1: Bedeutung der Angaben in der t-Tabelle

Je weiter Sie sich in der t-Tabelle nach unten bewegen (je mehr Freiheitsgrade die betrachtete t-Verteilung also hat), desto stärker nähert sich die t-Verteilung der Standardnormalverteilung an. Daher finden Sie auch in der untersten Zeile der Tabelle die Z-Werte (die Standardwerte für die Normalverteilung), die Sie bei einer hohen Anzahl von Freiheitsgraden statt der t-Verteilung heranziehen können.

Sie werden noch wesentlich mehr mit der t-Tabelle arbeiten, wenn Sie Konfidenzintervalle bestimmen (siehe Kapitel 9) oder Hypothesen testen möchten (siehe Kapitel 11). In diesem Kapitel geht es mehr darum, den Umgang mit der t-Verteilung und der t-Tabelle zu üben.

Das folgende Beispiel zeigt, wie eine Aufgabe mithilfe der t-Verteilung gelöst werden kann.

Angenommen, Ihnen liegt aus einem Quiz die durchschnittliche Punktzahl für zehn Teilnehmer vor. Sie haben den zugehörigen Standardwert ermittelt und in der t-Tabelle nachgesehen, dass dieser Standardwert dem 99%-Perzentil entspricht.

1. Wie hoch ist der Standardwert?

2. Vergleichen Sie diesen Standardwert mit dem entsprechenden Standardwert einer Z-Verteilung, der dort mit dem 99%-Perzentil korrespondiert.

Lösung

Die t-Verteilung ist »konservativer« als die Normalverteilung; daher ist der Standardwert, der zu einem bestimmten Perzentil gehört, bei der t-Verteilung stets größer als der entsprechende Wert der Normalverteilung.

1. Da Sie eine Stichprobengröße von n = 10 vorliegen haben, benötigen Sie die t-Verteilung mit 10 − 1 = 9 Freiheitsgraden, häufig auch als T_9-Verteilung bezeichnet. In der t-Tabelle auf der Schummelseite können Sie für die T9-Verteilung ablesen, dass dem 99%-Perzentil der Standardwert 2,821 entspricht. (Diesen Wert finden Sie in Zeile 9 und dort in der vorletzten Spalte, in der die Werte für das 99%-Perzentil aufgeführt sind.)

2. In der Z-Verteilung (die auch auf der Schummelseite aufgeführt ist) entspricht dem 99%-Perzentil ein Standardwert von ungefähr 2,4, der damit deutlich kleiner ist als der Standardwert von 2,821 aus der T9-Verteilung. Darin spiegelt sich die Tatsache wider, dass die t-Verteilung flacher verläuft (die Werte also breiter gestreut sind) als die Normalverteilung; in der t-Verteilung wird das 99%-Perzentil daher erst bei größeren Werten (die weiter vom Mittelwert entfernt liegen) erreicht als bei der Normalverteilung.

Aufgabe 9

Angenommen, US-Amerikaner, die Urlaub in Europa machen, bleiben im Durchschnitt 17 Tage hier, wobei die Standardabweichung 4,5 Tage beträgt. Wenn Sie nun eine Stichprobe von 16 amerikanischen Touristen befragen, wie hoch ist dann die Wahrscheinlichkeit, dass diese 16 Touristen im Durchschnitt mindestens 18,5 Tage in Europa verbringen?

Aufgabe 10

Angenommen, die Ergebnisse einer Klausur liegen im Durchschnitt bei 80 Punkten und weisen eine Standardabweichung von 5 auf. Sie wählen zufällig 25 Studenten aus diesem Kurs aus. Wie hoch ist die Wahrscheinlichkeit, dass das durchschnittliche Testergebnis in dieser Stichprobe über 82 Punkten liegt?

Aufgabe 11

Angenommen, Sie wollen die Leistungsfähigkeit von teuren Computerchips anhand einiger zufällig ausgewählter Exemplare untersuchen; Sie können dabei aber aus Kostengründen nur drei Chips untersuchen. Sollten Sie Ihre Untersuchung bei einer derart kleinen Stichprobe überhaupt fortsetzen?

Aufgabe 12

Angenommen, Sie haben zehn zufällig ausgewählte Schokoriegel einer bestimmten Marke untersucht und deren Gewicht überprüft. Der Durchschnitt sollte gemäß den Angaben auf der Verpackung 10 Gramm betragen, in Ihrer Stichprobe liegt das Durchschnittsgewicht aber nur bei 9 Gramm mit einer Standardabweichung von 2 Gramm.

1. Berechnen Sie den Standardwert für den Mittelwert aus der Stichprobe.

2. Welchem Perzentil entspricht der Standardwert (beziehungsweise welchem in der t-Tabelle aufgeführten Perzentil entspricht der Standardwert am ehesten)?

3. Angenommen, das durchschnittliche Gewicht aller Schokoriegel in der Grundgesamtheit beträgt tatsächlich 10 Gramm. Halten Sie das Stichprobenergebnis dann für ungewöhnlich? Argumentieren Sie hier anhand von Wahrscheinlichkeiten.

Lösungen für die Aufgaben zu den Themen Stichprobenverteilung und Grenzwertsatz

Lösung 1

Die Basis ist eine Grundgesamtheit mit schiefer Verteilung, dennoch können Sie für die Stichprobenverteilung die Form der Normalverteilung unterstellen. Dies ist eines der ganz wesentlichen Ergebnisse des zentralen Grenzwertsatzes.

1. Die Bedingung lautet $n \geq 30$; diese Voraussetzung muss erfüllt sein, damit Sie eine normale Stichprobenverteilung unterstellen können, obwohl die Daten in der Grundgesamtheit eine schiefe Verteilung aufweisen. Mit einer Stichprobengröße von $n = 100$ ist diese Bedingung hier erfüllt.

2. Die Stichprobenverteilung ist gemäß dem zentralen Grenzwertsatz annähernd normalverteilt. Das Zentrum der Stichprobenverteilung ist gleich dem Mittelwert in der Grundgesamtheit und liegt damit bei 50.

3. Der Standardfehler beträgt $\dfrac{\sigma}{\sqrt{n}} = \dfrac{15}{\sqrt{100}} = 1{,}5$.

Wenn Ihnen die Standardabweichung der Grundgesamtheit σ bekannt ist, verwenden Sie diese zum Berechnen des Stichprobenfehlers. Nur wenn σ nicht bekannt ist, greifen Sie stattdessen auf die Standardabweichung der Stichprobe, s, zurück.

Lösung 2

Bei dieser Aufgabe werden Anteilswerte betrachtet. Auch hier gilt der zentrale Grenzwertsatz, sofern die notwendigen Voraussetzungen erfüllt sind.

1. Hier Sie prüfen, ob die Stichprobe hinreichend groß ist, um eine normale Stichprobenverteilung unterstellen zu können. Da hier Anteilswerte betrachtet werden, lauten die notwendigen Bedingungen für die Stichprobengröße $p \cdot n \geq 5$ und

$(1 - p) \cdot n \geq 5$. In diesem Fall beträgt $p = 0{,}45$ und $n = 100$; daher ist $p \cdot n = 45$ und $(1 - p) \cdot n = 55$. Beide Bedingungen sind also erfüllt.

2. Der Standardfehler beträgt $\sqrt{\dfrac{p\,(1-p)}{n}} = \sqrt{\dfrac{0{,}45 \cdot 0{,}55}{100}} = 0{,}050$.

3. Für unterschiedliche Stichprobengrößen ergeben sich folgende Standardfehler:

für $n = 100$: $0{,}050$ (siehe vorhergehende Teilaufgabe);

für $n = 1.000$: $\sqrt{\dfrac{0{,}45 \cdot 0{,}55}{1.000}} = 0{,}016$;

für $n = 10.000$: $\sqrt{\dfrac{0{,}45 \cdot 0{,}55}{10.000}} = 0{,}005$.

Je größer die Stichprobe ist, desto kleiner ist der Standardfehler und desto präziser sind die Rückschlüsse, die sich aus einer Stichprobenbetrachtung auf die Grundgesamtheit ziehen lassen.

Lösung 3

Typischerweise wird der zentrale Grenzwertsatz benötigt, um Rückschlüsse auf die Lage des Mittelwerts in der Grundgesamtheit zu ziehen. Insbesondere wenn danach gefragt wird, mit welcher Wahrscheinlichkeit der Mittelwert über oder unter einem bestimmten Grenzwert liegt, ist dies eine typische Aufgabe für den zentralen Grenzwertsatz. Eine andere typische Fragestellung lautet etwa, in welchem Bereich der Mittelwert in der Grundgesamtheit mit einer Wahrscheinlichkeit von 95% (oder zum Beispiel 90%) liegt; auch diese Frage lässt sich mithilfe des zentralen Grenzwertsatzes beantworten.

Es lässt sich leider keine klare Regel der Art »Verwenden Sie den zentralen Grenzwertsatz immer dann, wenn ...« formulieren. Versuchen Sie daher, aus jeder Aufgabe die genaue Fragestellung herauszulesen. Bei Fragestellungen, die sich darum drehen, wo der Mittelwert in der Grundgesamtheit mit einer bestimmten Wahrscheinlichkeit liegt, werden Sie typischerweise auf den zentralen Grenzwertsatz zurückgreifen müssen.

Lösung 4

Ich vermute, Sie haben für den ersten Teil der Aufgabe einen zu hohen Wert geschätzt.

1. Jeder Wert, den Sie geschätzt haben, ist okay. Hey, es ist nur eine Schätzung.

2. Die tatsächliche Antwort lautet 2.500. Um diese Lösung zu finden, können Sie mittels »Versuch und Irrtum« nacheinander verschiedene Werte in die Formel für den Standardfehler einsetzen und so ausprobieren, mit welchem Wert Sie einen Standardfehler von höchstens 0,01 erhalten. Oder, wenn Sie nicht so viel Zeit haben, nehmen Sie die Formel für den Standardfehler, setzen Sie alle Werte ein, die Ihnen

bekannt sind, und lösen Sie die Formel anschließend nach der Stichprobengröße n auf:

$$\sqrt{\frac{p(1-p)}{n}} = 0{,}01 \rightarrow \sqrt{\frac{0{,}5(1-0{,}5)}{n}} = 0{,}01 \rightarrow \sqrt{\frac{0{,}25}{n}} = 0{,}01 \rightarrow \frac{0{,}25}{n} = 0{,}01^2 \rightarrow$$

$$n \cdot 0{,}0001 = 0{,}25 \rightarrow n = \frac{0{,}25}{0{,}0001} = 2.500.$$

Lösung 5

Diese Art von Aufgabenstellung erfordert ein wenig mehr Rechenaufwand als viele der üblichen Standardaufgaben in der Statistik. Es lohnt sich aber, die Aufgabe durchzuarbeiten, da sie eine gute Schule für das Handwerkszeug der Statistik ist. Und wenn Ihnen eine solche Aufgabe in einer Prüfung begegnet, vergessen Sie nicht, die einzelnen Schritte sauber zu dokumentieren.

In dieser sowie in allen folgenden Lösungen dieses Kapitels ist jeder Rechenschritt einzeln dokumentiert, und zwar unter Verwendung der üblichen Notation der Wahrscheinlichkeitsrechnung. Die ausführliche Darstellung soll zum einen den Lösungsweg leicht nachvollziehbar und verständlich aufzeigen, sie soll Ihnen aber auch zeigen, wie der Lösungsweg für vergleichbare Aufgaben in Prüfungen und Klausuren im Idealfall dargestellt werden sollte. Dabei ist das Lösungsschema für alle folgenden Aufgaben stets das gleiche: Zunächst wird die Aufgabenstellung in den Begriffen der Wahrscheinlichkeitsrechnung wiedergegeben. Anschließend wird für die jeweilige Testgröße mithilfe der richtigen Z-Formel der Standardwert berechnet und abschließend wird in der Z-Tabelle (beziehungsweise bei späteren Aufgaben in der t-Tabelle) die zugehörige Wahrscheinlichkeit nachgeschlagen. Je nach Fragestellung ist diese Wahrscheinlichkeit bereits die gesuchte Lösung oder es muss noch eine Berechnung durchgeführt werden, beispielsweise um die Differenz zwischen zwei Wahrscheinlichkeiten zu bestimmen.

1. Wenn der Mittelwert in der Stichprobe nicht größer als 45 sein soll, bedeutet dies also, dass er kleiner oder gleich 45 ist, was gleichbedeutend mit <45 ist. Gesucht wird also die Wahrscheinlichkeit

$$P(\overline{X} < 45) = P\left(Z < \frac{45 - 40}{\frac{10}{\sqrt{40}}} \right) = P(Z < 3{,}16) = 0{,}9993 \text{ beziehungsweise } 99{,}93\%.$$

In dieser Gleichung ist: $P(\overline{X} < 45)$ nichts anderes als die formelmäßige Darstellung der »Wahrscheinlichkeit dafür, dass $\overline{X}$ kleiner als 45 ist« in der Notation der Wahrscheinlichkeitsrechnung. Der zweite Ausdruck in der Gleichung, das P mit dem großen Klammerpaar, ist die Übersetzung der gesuchten Wahrscheinlichkeit in Standardwerte; der Bruch rechts neben dem Zeichen < ist die Z-Formel zum Berechnen des Standardwerts für $\overline{X} = 45$. In dem nächsten Ausdruck $P(Z < 3{,}16)$

ist der Standardwert dann bereits ausgerechnet und die Lösung des Ausdrucks, nämlich den Wert 0,9993, kann man in der Z-Tabelle als Wahrscheinlichkeit für den Standardwert 3,16 ablesen.

2. Bei dieser Frage wird eine einzelne Person und damit ein einzelner Wert betrachtet, nicht ein Mittelwert. Daher wird zur Beantwortung der Aufgabe auch nicht die Stichprobenverteilung herangezogen, sondern die einfache Z-Formel (siehe Kapitel 6). Gesucht wird die Wahrscheinlichkeit $P(X < 45)$. Berechnen Sie also den Z-Wert für 45, indem Sie davon den Mittelwert 40 abziehen und das Ergebnis durch die Standardabweichung 10 dividieren; Sie erhalten als Ergebnis $z = 0,5$. Wenn Sie für diesen Wert die Wahrscheinlichkeit in der Z-Tabelle nachschlagen, finden Sie dort den Wert 0,6915 beziehungsweise 69,15%.

Möglicherweise sind Sie anders an diese Aufgabe herangegangen. Eventuell haben Sie sich gesagt, dass hier durchaus eine Stichprobenverteilung (und nicht ein Einzelwert) betrachtet wird, nur dass die Stichprobe eben eine Größe von $n = 1$ hat. Diese Überlegung ist auch nicht falsch. Sie können die Aufgabe durchaus als einen Fall für die Stichprobenverteilung lösen; gesucht ist dann die Wahrscheinlichkeit dafür, dass der Mittelwert $\overline{X}$ in einer Stichprobe mit der Größe $n = 1$ einen Wert unter 45 annimmt. Sie können diese Aufgabe dann genau so lösen, wie in der vorhergehenden Teilaufgabe beschrieben, nur dass die Stichprobengröße von 40 durch eine Stichprobengröße von 1 ersetzt wird. Dabei werden Sie sehen, dass die Z-Formel für eine Stichprobenverteilung exakt der Z-Formel für einen Einzelwert entspricht, wenn eine Stichprobengröße von $n = 1$ eingesetzt wird.

Lösung 6

Auch bei dieser Aufgabe wird nur im zweiten Teil eine Stichprobenverteilung betrachtet, während im ersten Teil der Aufgabe nach einer Einzelbeobachtung gefragt wird.

1. Gesucht wird die Wahrscheinlichkeit

$$P(X > 30.000) = P\left(Z > \frac{30.000 - 28.500}{2.400}\right)$$
$$= P(Z > 0,63) = 1 - P(Z < 0,63) = 1 - 0,7258$$
$$= 0,2742.$$

Dies bedeutet in Worten ausgedrückt: Gesucht wird die Wahrscheinlichkeit dafür, dass das Einkommen X eines zufällig ausgewählten Angestellten größer als 30.000 ist. Berechnet man gemäß der Z-Formel den Standardwert für 30.000, erhält man den Wert 0,63. Die Wahrscheinlichkeit für $X > 30.000$ ist daher gleich der Wahrscheinlichkeit, dass ein Standardwert von $Z > 0,63$ erreicht wird. Diese Wahrscheinlichkeit ist identisch mit 1 minus der Wahrscheinlichkeit, dass der Standardwert unter 0,63 liegt. Die Wahrscheinlichkeit für $Z < 0,63$ können Sie in der Z-Tabelle ablesen; sie beträgt 0,7258. Damit beträgt die Wahrscheinlichkeit für $Z > 0,63$ beziehungsweise $X > 30.000$ gerade mal 0,2742 beziehungsweise 27,42%.

2. Für diesen Teil der Aufgabe müssen Sie die Stichprobenverteilung betrachten. Gesucht wird die Wahrscheinlichkeit

$$P(\overline{X} > 30.000) = P\left(Z > \frac{30.000 - 28.500}{\frac{2.400}{\sqrt{36}}}\right) = P\left(Z > \frac{1.500}{400}\right) = P(Z > 3,75)$$

$$= 1 - P(z < 3,75).$$

Der Z-Wert 3,75 ist schon gar nicht mehr in der Z-Tabelle auf der Schummelseite aufgeführt. In einem solchen Fall verwenden Sie einfach den nächstgelegenen Wert, der noch in der Tabelle enthalten ist (hier ist das der Wert 3,4), und folgern, dass die Wahrscheinlichkeit dafür, unter dem Wert 3,75 zu liegen, größer sein muss als die Wahrscheinlichkeit dafür, dass der Wert unter 3,4 liegt. Die Wahrscheinlichkeit für $Z < 3,4$ beträgt 99,97%; dementsprechend ist die Wahrscheinlichkeit für $Z > 3,4$ die Differenz zu 100% und beträgt damit 100% − 99,97% = 0,03%. Die Wahrscheinlichkeit dafür, dass 36 zufällig ausgewählte Angestellte im Durchschnitt mehr als 30.000 Euro verdienen, ist damit geringer als 0,03%.

Lösung 7

Die gesuchten 425 Verkehrsrowdys entsprechen bei einer Stichprobe von 1.000 genau 42,5%. Die Frage ist also, mit welcher Wahrscheinlichkeit in der Stichprobe ein $\hat{p} \geq 0,425$ auftritt, obwohl der entsprechende Anteil in der Grundgesamtheit »nur« $p = 0,4$ beträgt. Diese Frage lässt sich wie folgt beantworten:

$$P(\hat{p} > 0,425) = P\left(Z > \frac{0,425 - 0,4}{\sqrt{\frac{0,4 \cdot (1-0,4)}{1.000}}}\right)$$

$$= P\left(Z > \frac{0,025}{0,015}\right) = P(Z > 1,67) = 1 - P(Z < 1,67)$$

$$= 1 - 0,9554 = 0,0446 \text{ beziehungsweise } 4,46\%.$$

(Rundet man im Zwischenschritt nicht, kommt man auf 1,61 statt 1,67.)

Wenn die Stichprobengröße gegeben ist und gefragt wird, mit welcher Wahrscheinlichkeit eine bestimmte absolute Anzahl von Beobachtungen auftritt, übersetzen Sie diese Frage in einen Anteilswert, indem Sie die absolute Anzahl durch die Stichprobengröße teilen.

Lösung 8

Bei einer ungezinkten Münze beträgt der Anteil Kopf an allen Münzwürfen in der Grundgesamtheit p = 0,5. Gefragt ist nun nach der Wahrscheinlichkeit dafür, dass der Anteil Kopf in der Stichprobe $\hat{p} \geq 0,6$ ist:

$$P(\hat{p} > 0,6) = P\left(Z > \frac{0,6 - 0,5}{\sqrt{\frac{0,5 \cdot (1-0,5)}{100}}}\right) = P(Z > 2) = 1 - P(Z < 2) = 1 - 0,9773$$

$$= 0,0227 \text{ beziehungsweise } 2,27\%.$$

Lösung 9

Diese Aufgabe lässt sich wie folgt lösen:

$$P\left(T_{15} > \frac{18,5 - 17}{\frac{4,5}{\sqrt{16}}}\right) = P(T_{15} > 1,33) = 1 - P(T_{15} < 1,33)$$

$$= 1 - 0,90 = 0,10 \text{ beziehungsweise } 10\%.$$

Sie berechnen also zunächst für den Grenzwert von 18,5 den zugehörigen Standardwert (1,33) und schlagen anschließend in der t-Tabelle für eine t-Verteilung mit n − 1 = 15 Freiheitsgraden nach, welcher Perzentilwert zu diesem Standardwert gehört. (Wenn der Standardwert wie in diesem Fall in der t-Tabelle nicht aufgeführt wird, nehmen Sie den nächstgelegenen Wert, der in der Tabelle enthalten ist; dies ist hier der Wert 1,341.) Lesen Sie an der Spalte die zugehörige Wahrscheinlichkeit (das zugehörige Perzentil) ab (in diesem Fall 90%). Da hier nach der Wahrscheinlichkeit gefragt ist, dass der Grenzwert von 18,5 überschritten wird, müssen Sie noch die Differenz zu 100% berechnen. Die Wahrscheinlichkeit dafür, dass 16 zufällig ausgewählte Europa-Urlauber mehr als 18,5 Tage Europa bereisen, beträgt also 100% − 90% = 10%.

Lösung 10

Gesucht wird die folgende Wahrscheinlichkeit:

$$P\left(T_{24} > \frac{82 - 80}{\frac{5}{\sqrt{25}}}\right) = P\left(T_{24} > \frac{2}{1}\right) = P(T_{24} > 2) = 1 - P(T_{24} < 2) = 1 - 0,975$$

$$= 0,025 \text{ beziehungsweise } 2,5\%.$$

Die Gleichung beschreibt folgenden Ablauf: Zunächst wird der gesuchte Grenzwert von 82 in den zugehörigen Standardwert 2 überführt. Anschließend können Sie in der t-Tabelle für eine t-Verteilung mit 24 Freiheitsgraden nachschlagen, welches Perzentil dem Standardwert von 2 entspricht; dies ist ungefähr das 97,5%-Perzentil. Da hier aber nicht nach der Wahrscheinlichkeit für eine durchschnittliche Punktzahl unter 82, sondern nach einem Durchschnittsergebnis über 82 gefragt ist, beträgt die gesuchte Wahrscheinlichkeit 100% − 97,5% = 2,5%.

Lösung 11

Nein, es scheint nicht sinnvoll, das Experiment tatsächlich durchzuführen. Bei einer derart kleinen Stichprobe sind die Standardwerte für die t-Verteilung derart hoch, dass Sie in dem Experiment schon sehr außergewöhnliche Beobachtungen machen müssen, um daraus halbwegs plausible Rückschlüsse auf die Grundgesamtheit ziehen zu können. Wenn Sie bei Ihrer Untersuchung dagegen kleinere bis mittlere Abweichungen von der Norm feststellen, sind diese derart wenig aussagekräftig, dass Sie daraus keine Rückschlüsse auf die Grundgesamtheit ziehen können, denn die Auffälligkeiten in der Stichprobe können sehr leicht auf die zufällige Zusammensetzung der Stichprobe zurückzuführen sein.

Lösung 12

Bei dieser Aufgabe vergleichen Sie die Werte, die Sie eigentlich erwartet hätten, mit den Werten, die Sie in der Stichprobe tatsächlich vorgefunden haben (was im Ergebnis ein Hypothesentest ist; siehe hierzu ausführlicher Kapitel 11). Die wichtigen Angaben in der Aufgabenstellung sind, dass Sie in der Stichprobe einen Mittelwert von $\bar{x} = 9$ und eine Standardabweichung von s = 2 haben, während der Mittelwert in der Grundgesamtheit $\mu = 10$ betragen sollte; die Stichprobengröße ist n = 10.

1. Der Standardwert für den beobachteten Mittelwert von 9 beträgt:

$$\frac{\bar{x} - \mu}{\frac{s}{\sqrt{n}}} = \frac{9 - 10}{\frac{2}{\sqrt{10}}} = \frac{-1}{0,632} = -1,58.$$

Beachten Sie: Der Standardwert ist negativ, da der in der Stichprobe beobachtete Mittelwert kleiner ist als der Mittelwert in der Grundgesamtheit. In der t-Tabelle (siehe die Schummelseite ganz vorn in diesem Buch) sind jedoch keine negativen Standardwerte aufgeführt. Ermitteln Sie daher zunächst das Perzentil für den positiven Wert (hier also für den Wert 1,58) und berechnen Sie anschließend 100% minus das so ermittelte Perzentil; das Ergebnis ist das gesuchte Perzentil für den negativen Standardwert. In diesem Beispiel können Sie in der t-Tabelle für den Standardwert von 1,58 für eine T_9-Verteilung (denn die Stichprobe umfasst zehn Beobachtungen, sodass die t-Verteilung mit neun Freiheitsgraden herangezogen werden muss) ablesen, dass dieser Wert irgendwo zwischen dem 90%- und dem 95%-Perzentil liegt. Daher entspricht der Standardwert von −1,58 einem Perzentil zwischen dem 10%- und dem 5%-Perzentil.

Um das Perzentil für einen negativen Standardwert zu bestimmen, ermitteln Sie zunächst das Perzentil für die positive Form des Standardwerts und berechnen anschließend die Differenz dieses Perzentils zu 100% (rechnen Sie also 100% minus den Prozentwert des Perzentils). Das Ergebnis ist das Perzentil für den negativen Standardwert. Diese Vorgehensweise ist möglich, weil die t-Verteilung vollkommen symmetrisch ist.

2. Der Standardwert von $-1{,}58$ wird in der t-Tabelle nicht aufgeführt, aber auch die positive Form des Werts, $1{,}58$, ist nicht in der Zeile für einen T_9 zu finden. Aufgeführt werden nur die Werte $1{,}383$ (entspricht dem 90%-Perzentil) und $1{,}833$ (entspricht dem 95%-Perzentil). Da der Wert $1{,}58$ etwas näher an dem Wert $1{,}383$ liegt, ist dies die beste Annäherung, die anhand der vorliegenden t-Tabelle möglich ist. Der Standardwert von $1{,}58$ entspricht also ungefähr dem 90%-Perzentil, sodass der Standardwert von $-1{,}58$ ungefähr dem $100\% - 90\% = 10\%$-Perzentil entspricht.

3. Die Stichprobenergebnisse sind nicht absolut außergewöhnlich, denn gemäß den Ergebnissen aus den beiden vorhergehenden Teilen dieser Aufgabe können sie immerhin in 5% bis 10% aller Fälle auftreten. Das bedeutet, dass in jeder zwanzigsten bis jeder zehnten Stichprobe, die lediglich zehn Beobachtungen umfasst, das durchschnittliche Gewicht der Schokoriegel nicht mehr als 9 Gramm beträgt, auch wenn die Schokoriegel in der Grundgesamtheit im Durchschnitt 10 Gramm schwer sind.

Schätzungen und Konfidenzintervalle

IN DIESEM TEIL …

Dieser Teil führt durch die Grundlagen von Konfidenzintervallen und zeigt, wie Konfidenzintervalle berechnet und interpretiert werden.

Schritt-für-Schritt-Anleitungen helfen Ihnen dabei, Konfidenzintervalle für einen oder zwei Mittelwerte sowie für einen oder zwei Anteilswerte zu berechnen.

Kapitel 8
Die Fehlergrenze und ihre Bedeutung

Die Fehlergrenze hat eine hohe Bedeutung bei der Berechnung von Konfidenzintervallen. Glücklicherweise ist die Fehlergrenze relativ einfach zu berechnen, denn Sie werden sie bei vielen Aufgabenstellungen immer wieder benötigen. In diesem Kapitel soll verdeutlicht werden, was genau die Fehlergrenze misst und von welchen Faktoren ihre Größe abhängt. Damit werden die Grundlagen der Fehlergrenze behandelt; in Kapitel 9 werden diese Grundlagen dann angewendet, um Konfidenzintervalle zu berechnen.

Was ist die Fehlergrenze?

Einer der Hauptvorbehalte gegenüber Stichprobenergebnissen ist wohl der, dass die Ergebnisse in verschiedenen Stichproben sehr unterschiedlich ausfallen können. Diese Unsicherheit haben wir in Kapitel 7 durch den Standardfehler quantifiziert. Daher sollten Stichprobenergebnisse wie zum Beispiel der Mittelwert einer Variablen immer nur in Verbindung mit der zugehörigen Fehlergrenze ausgewiesen werden, sodass unmittelbar der Grad der Zuverlässigkeit erkennbar ist. Denn die Fehlergrenze zeigt an, in welchem Ausmaß die Stichprobenergebnisse zwischen verschiedenen Stichproben variieren. Eine hohe Fehlergrenze besagt, dass die Ergebnisse unterschiedlicher Stichproben stark voneinander abweichen können – die Resultate einer einzelnen Stichprobe sind dann also nicht besonders aussagekräftig. Ist die Fehlergrenze dagegen klein, gibt es nur geringe Schwankungen zwischen den Ergebnissen unterschiedlicher Stichproben, sodass bereits ein einzelnes Stichprobenergebnis recht zuverlässig ist.

In der einführenden Statistik ist die Fehlergrenze vor allem bei der Betrachtung von Mittelwerten und Anteilswerten von Bedeutung. Wenn Sie mit quantitativen Daten arbeiten und anhand einer Stichprobe den Mittelwert in der Grundgesamtheit bestimmen wollen, weisen Sie den Stichprobenmittelwert plus/minus der Fehlergrenze als den Bereich aus, in dem der Mittelwert in der Grundgesamtheit wahrscheinlich liegen wird. Vollkommen analog verfahren Sie, wenn Sie mit kategorialen Daten arbeiten und sich dafür interessieren, welcher Anteil der Personen (oder anderer Untersuchungsobjekte) in der Grundgesamtheit ein bestimmtes Merkmal aufweist. In diesem Fall nehmen Sie den entsprechenden Anteilswert aus der Stichprobe plus/minus die Fehlergrenze, um die wahrscheinliche Größe des Anteils in der Grundgesamtheit abzustecken.

Die Formel zum Berechnen der Fehlergrenze kann je nach konkreter Situation und Fragestellung unterschiedlich aussehen, sie basiert aber stets auf den drei folgenden zentralen Komponenten:

✔ **Der Wert Z*:** Ein Wert aus der Standardnormalverteilung (der Z-Verteilung; siehe hierzu Kapitel 6). Der Wert Z* gibt an, wie häufig Sie die Standardabweichungen (oder den Standardfehler) zu einer Kennzahl addieren beziehungsweise davon subtrahieren müssen, um ein gewünschtes Konfidenzniveau γ zu erreichen, das heißt, damit Sie mit einer Sicherheit von γ darauf vertrauen können, dass der gesuchte wahre Wert sich in diesem Bereich befindet. (Dabei ist die Z-Verteilung vor allem für große Stichproben geeignet, bei kleinen Stichproben verwenden Sie die t-Verteilung; siehe hierzu Kapitel 7.)

In Kapitel 9 wird die Bestimmung des Werts Z* ausführlich behandelt. Für die Aufgaben in diesem Kapitel sollten Sie folgende Werte parat haben:

Für ein Konfidenzniveau von 80% verwenden Sie Z* = 1,28;

für ein Konfidenzniveau von 90% verwenden Sie Z* = 1,64;

für ein Konfidenzniveau von 95% verwenden Sie Z* = 1,96;

für ein Konfidenzniveau von 99% verwenden Sie Z* = 2,58.

Beachten Sie, dass Z* damit umso größer wird, je höher Ihre Ansprüche an das Konfidenzniveau sind. Beachten Sie auch Folgendes: Sie finden in Lehrbüchern unterschiedliche Angaben zu dem Z*-Wert für ein 90%-Konfidenzniveau. Der exakte Wert liegt zwischen 1,64 und 1,65. Fragen Sie für Prüfungen und Klausuren im Zweifelsfall Ihren Lehrer, mit welchem Wert Sie arbeiten sollen.

✔ **Die Standardabweichung in der Grundgesamtheit:** Um die Genauigkeit von Stichprobenergebnissen bestimmen zu können, ist es entscheidend, wie stark die Werte der betrachteten Variablen in der Grundgesamtheit streuen. Wenn Ihnen die Standardabweichung der Variablen in der Grundgesamtheit, σ, nicht vorliegt, verwenden Sie stattdessen die Standardabweichung dieser Variablen in der Stichprobe, s.

✔ **Die Stichprobengröße:** Die Anzahl der Beobachtungen, n, die in der vorliegenden Stichprobe enthalten sind.

Die allgemeine Formel zum Berechnen der Fehlergrenze lautet: Schätzwert $\pm Z^*$ mal die Standardabweichung dividiert durch die Quadratwurzel von n (wobei n die Stichprobengröße bezeichnet). Wenn Sie ein Konfidenzintervall für eine Kennzahl berechnen möchten, gehen Sie generell so vor, dass Sie die entsprechende Kennzahl (den Mittelwert oder den Anteilswert) aus der Stichprobe heranziehen und die Fehlergrenze addieren beziehungsweise subtrahieren, um die obere und untere Grenze des Konfidenzintervalls zu bestimmen. (Die Vorgehensweise zum Berechnen von Konfidenzintervallen wird in Kapitel 9 detailliert behandelt.)

Das folgende Beispiel soll noch einmal die Bedeutung der Fehlergrenze verdeutlichen.

In der Broschüre eines Zahnarztes lesen Sie, eine Umfrage habe gezeigt, dass nur 45% aller Erwachsenen ihre Zähne täglich mit Zahnseide reinigen. Erklären Sie, warum dieses Ergebnis ohne Angabe der Fehlergrenze wenig Aussagekraft besitzt.

Lösung

Ohne die Angabe der Fehlergrenze bleibt vollkommen unklar, wie zuverlässig das Ergebnis ist, das ja nur auf einer Stichprobe basiert. Da die Fehlergrenze nicht bekannt ist, gibt es keinen Hinweis darauf, ob andere Stichproben mit hoher Wahrscheinlichkeit ein sehr ähnliches Ergebnis liefern würden oder ob die Ergebnisse anderer Stichproben stark abweichen können. Ohne Kenntnis der Fehlergrenze ist es damit auch nicht möglich, aus dem einen Stichprobenergebnis zuverlässige Rückschlüsse auf die Grundgesamtheit zu ziehen.

Aufgabe 1

Angenommen, Ihnen liegt eine große Stichprobe vor und Sie möchten aus den Stichprobenergebnissen Rückschlüsse auf die Grundgesamtheit ziehen. Dabei sollen Ihre Aussagen über die Grundgesamtheit mit einer Wahrscheinlichkeit von 99% richtig sein, das heißt, das Konfidenzniveau soll 99% betragen. Mit welchem Z^*-Wert müssen Sie arbeiten?

Aufgabe 2

Angenommen, als Ergebnis einer Wahlumfrage kurz vor einer Bundestagswahl wird mitgeteilt, die Unterschiede zwischen zwei Parteien seien zu gering, um eine Vorhersage zu wagen, da die Unterschiede innerhalb der Fehlergrenzen lägen. Erläutern Sie, was die Wahlforscher damit meinen.

Aufgabe 3

Erläutern Sie den Zusammenhang zwischen der Standardabweichung in der Grundgesamtheit und der Fehlergrenze.

Aufgabe 4

Welche Fehlergrenze müssen Sie ansetzen, um auf Basis von Stichprobenergebnissen eine zu 100% richtige Aussage über die Grundgesamtheit treffen zu können?

Die Fehlergrenze für Mittelwerte und Anteilswerte berechnen

Die Formel zum näherungsweisen Berechnen der Fehlergrenze lautet

$$\text{für den Stichprobenmittelwert: } \pm Z^* \cdot \frac{s}{\sqrt{n}};$$

$$\text{für einen Anteilswert aus der Stichprobe: } \pm Z^* \cdot \sqrt{\frac{\hat{p}(1-\hat{p})}{n}}.$$

Beachten Sie, dass beide Formeln die drei oben genannten Komponenten enthalten. In beiden Fällen gilt: Mit zunehmender Stichprobengröße n wird die Fehlergrenze kleiner. Das ist einleuchtend, denn je mehr Beobachtungen die Stichprobe umfasst, desto zuverlässiger sind die Ergebnisse, die man aus der Stichprobe ablesen kann. Gleichzeitig gilt aber: Je stärker die Daten streuen, desto unsicherer sind die Ergebnisse, sodass die Fehlergrenze größer wird. Wenn Sie Aussagen über einen Mittelwert treffen wollen, wird die Streuung anhand der Standardabweichung s gemessen, für Aussagen über Anteilswerte dient der Ausdruck $\hat{p} \cdot (1 - \hat{p})$ als »Maß für die Unausgewogenheit« der Daten; je stärker der betrachtete Anteilswert $\hat{p}$ in der Mitte (bei 50%) liegt, desto kleiner ist der Ausdruck $\hat{p} \cdot (1 - \hat{p})$ und damit auch die Fehlergrenze.

Das folgende Beispiel verdeutlicht, in welchen Fällen die Fehlergrenze für den Mittelwert beziehungsweise die Fehlergrenze für Anteilswerte herangezogen wird.

Angenommen, Sie möchten schätzen, welcher Anteil der Studenten an einer Universität ein Handy besitzt. Welche Formel für die Fehlergrenze verwenden Sie?

Lösung

Sie sollten die Formel für Anteilswerte verwenden, denn Sie haben es mit kategorialen Daten zu tun (Besitzt ein Student ein Handy? Ja/Nein) und suchen den Anteil, mit dem ein bestimmter Wert (hier der Wert Ja) in der Grundgesamtheit vorkommt.

Aufgabe 5

Eine Umfrage unter 1.000 Zahnarztpatienten hat ergeben, dass 450 der Befragten ihre Zähne regelmäßig mit Zahnseide reinigen. Wie hoch ist die Fehlergrenze für dieses Ergebnis, wenn Sie eine Zuverlässigkeit von 90% erreichen wollen?

Aufgabe 6

Eine Umfrage unter 1.000 privaten Zahnarztpatienten hat ergeben, dass die durchschnittlichen Kosten einer üblichen halbjährlichen Kontrolluntersuchung 150 Euro betragen, bei einer Standardabweichung von 80. Wie hoch ist die Fehlergrenze für dieses Ergebnis, wenn eine 95-prozentige Zuverlässigkeit gefordert ist?

Aufgabe 7

In einer Stichprobe von 200 Babysittern sind 70% weiblich und 30% männlich.

1. Wie hoch ist die Fehlergrenze für den Anteil an weiblichen Babysittern (legen Sie ein 95%-Konfidenzniveau zugrunde)?

2. Wie hoch ist die Fehlergrenze für den Anteil an männlichen Babysittern (legen Sie ein 95%-Konfidenzniveau zugrunde)?

Aufgabe 8

Sie untersuchen 100 Fische aus einem Aquarium A und stellen fest, dass diese im Durchschnitt 55 cm lang sind mit einer Standardabweichung von 10 cm. Eine gleichartige Untersuchung von 100 Fischen aus einem Aquarium B liefert die gleiche durchschnittliche Länge für die Fische, jedoch hier mit einer Standardabweichung von 20 cm. Wie verhalten sich die Fehlergrenzen für die beiden Stichproben zueinander (unter der Annahme gleicher Konfidenzniveaus)?

Aufgabe 9

Angenommen, Sie führen eine Studie zweimal durch und beobachten in der zweiten Studie viermal so viele Personen wie im ersten Durchlauf. Wie wirkt sich die erhöhte Stichprobengröße auf die Fehlergrenze aus? Nehmen Sie dabei an, dass alle übrigen Faktoren in beiden Studien identisch sind.

Aufgabe 10

Angenommen, Susanne und Frank wollen beide für dieselben Daten ein Konfidenzintervall berechnen, Susanne möchte dabei aber ein 80%-Konfidenzniveau erreichen, während Frank 90% Sicherheit haben will. Wie wirken sich die unterschiedlichen Ansprüche an die Konfidenz auf die Fehlergrenzen aus?

Aufgabe 11

Angenommen, Sie bestimmen die Fehlergrenze für einen Anteilswert. In welcher Maßeinheit wird die Fehlergrenze angegeben?

Aufgabe 12

Angenommen, Sie bestimmen die Fehlergrenze für einen Stichprobenmittelwert. In welcher Maßeinheit wird die Fehlergrenze angegeben?

Faktoren, die die Fehlergrenze beeinflussen

Da in die Berechnung der Fehlergrenze drei Komponenten einfließen, hängt die Größe der Fehlergrenze genau von diesen drei Einflussfaktoren ab. Da die Größe der Fehlergrenze entscheidenden Einfluss auf die Qualität und Aussagekraft einer Analyse haben kann, prüfen viele Statistiker vor der Durchführung einer Studie, mit welcher Fehlergrenze sie zu rechnen haben – und passen gegebenenfalls das Studiendesign wie zum Beispiel die Stichprobengröße so an, dass sie eine akzeptable Fehlergrenze erwarten können. Aus diesem Grund ist es wichtig zu verstehen, welchen Einflussfaktoren die Fehlergrenze unterliegt und wie sich diese Faktoren auf die Größe der Fehlergrenze auswirken.

Das folgende Beispiel verdeutlicht den Zusammenhang zwischen der Stichprobengröße und der Fehlergrenze.

Angenommen, Sie erhöhen die Größe einer Stichprobe, während alle übrigen Parameter unverändert bleiben. Wie wirkt sich dies auf die Fehlergrenze aus?

Lösung

Die Fehlergrenze nimmt mit zunehmender Stichprobengröße ab. Die Stichprobengröße steht bei der Berechnung der Fehlergrenze im Nenner des Bruches, sodass ein größeres n den Nenner vergrößert und damit das Gesamtergebnis verkleinert. Dies ist auch intuitiv plausibel, denn eine größere Stichprobe bedeutet, dass umfangreichere Informationen vorliegen und damit Zufallseinflüsse eine geringere Bedeutung haben. Die Datenbasis, von der aus Rückschlüsse auf die Grundgesamtheit gezogen werden, ist bei einer größeren Stichprobe damit besser, sodass das Risiko, fehlerhafte Rückschlüsse zu ziehen, abnimmt. Beachten Sie aber, dass bei einer Vergrößerung der Stichprobe um einen bestimmten Faktor die Fehlergrenze nur um die Quadratwurzel dieses Faktors abnimmt. Um beispielsweise eine Halbierung der Fehlergrenze zu erreichen, muss die Größe der Stichprobe vervierfacht (und nicht etwa verdoppelt) werden.

Aufgabe 13

Wie ändert sich die Fehlergrenze, wenn Sie das Konfidenzniveau erhöhen, während alle übrigen Faktoren unverändert bleiben?

Aufgabe 14

Angenommen, Sie untersuchen die Fische aus zwei Aquarien in einer Zoohandlung. Aus beiden Aquarien betrachten Sie eine Stichprobe von jeweils 100 Fischen, deren durchschnittliche Länge Sie bestimmen. Dabei stellen Sie fest, dass die Länge der Fische in Aquarium B doppelt so stark streut wie die der Fische in Aquarium A. Sie wollen nun für beide Aquarien ein 95%-Konfidenzintervall für die Durchschnittslänge der Fische in der Grundgesamtheit ermitteln. Bei welchem Aquarium werden Sie eine größere Fehlergrenze erhalten?

Aufgabe 15

Angenommen, Sie bereiten eine Studie vor und haben noch sämtliche Gestaltungsmöglichkeiten. Welche Maßnahmen können Sie ergreifen, um die Fehlergrenze gering zu halten und dennoch ein hohes Konfidenzniveau zu erreichen?

Aufgabe 16

Angenommen, Sie führen eine Pilotstudie durch und stellen fest, dass die untersuchten Größen in der Grundgesamtheit eine große Streuung aufweisen. Können Sie beim Design der Folgestudie Maßnahmen ergreifen, um trotz der hohen Streuung in der Grundgesamtheit eine geringe Fehlergrenze zu erreichen?

Die Fehlergrenze richtig interpretieren

Die Fehlergrenze ist ein Maß für die Genauigkeit Ihrer Stichprobenergebnisse. Eine hohe Genauigkeit bedeutet dabei, dass die Ergebnisse geringen Zufallsfehlern unterliegen – sie bedeutet nicht, dass die Ergebnisse auch unverzerrt sind und tatsächlich eins zu eins die Verhältnisse der Grundgesamtheit wiedergeben. Verzerrungen sind wesentlich schwieriger aufzudecken oder gar zu quantifizieren. Unabhängig von der Genauigkeit der Ergebnisse (die sich zum Beispiel durch die Stichprobengröße beeinflussen lässt) ist es daher unerlässlich, beim Studiendesign darauf zu achten, dass Verzerrungen, die beispielsweise durch eine unsaubere (nicht zufällige) Stichprobe entstehen können, vermieden werden.

An einer umfangreichen Onlinebefragung haben 50.000 Befragte teilgenommen. Durch die große Stichprobe konnte eine Fehlergrenze von nur ±1% erreicht werden. Glauben Sie, dass die Ergebnisse tatsächlich derart zuverlässig sind? Begründen Sie Ihre Antwort.

Lösung

Dieser Studie sollten Sie nicht allzu sehr vertrauen. Da es sich um eine Onlinestudie handelt, wurden die Teilnehmer vermutlich nicht zufällig ausgewählt, sondern es haben nur solche Personen an der Befragung teilgenommen, die sich selbst dazu entschieden haben (das sind Personen mit bestimmten Persönlichkeitsmerkmalen und gegebenenfalls zu viel Zeit). Zudem ist entscheidend, auf welchen Internetseiten die Teilnehmer für die Befragung rekrutiert wurden. Wenn dazu nur eine oder wenige Internetseiten genutzt wurden, konnten auch nur solche Personen, die diese Internetseiten besuchen, zu dem Fragebogen gelangen. Auch dies kann die Struktur der Teilnehmer verzerren. Es besteht also eine hohe Gefahr, dass die Daten verzerrt sind, und damit ist die niedrige Fehlergrenze wertlos.

Aufgabe 17

Sie finden heraus, dass Ihre Körperwaage, mit der Sie täglich Ihr Gewicht kontrollieren, falsch misst und 2 Pfund zu viel anzeigt (das behaupten Sie zumindest). Die Fehlergrenze dieser Waage lag bisher immer bei ±100 Gramm. Wie hoch ist die Fehlergrenze nun, da Sie wissen, dass die Messergebnisse um 2 Pfund zu hoch sind?

Aufgabe 18

Sie sind es leid, Ihren Hund immer an der Leine führen zu müssen, und starten eine Umfrage unter den Einwohnern Ihrer Stadt, um die Meinung zur neuen »Leinenzwangverordnung« zu ermitteln. Von 10.000 Personen, die Sie angeschrieben haben, füllen 1.000 den Fragebogen aus und 80 davon befürworten die Verordnung. Die Fehlergrenze liegt nach Ihren Berechnungen bei 1,2%. Erläutern Sie, warum diese Fehlergrenze irreführend sein kann.

Aufgabe 19

Ist die Fehlergrenze ein geeignetes Maß für die Fehler, die bei der Erhebung und Erfassung der Daten entstehen?

Aufgabe 20

Um ausgehend von einem Stichprobenmittelwert den Wertebereich zu bestimmen, in dem der Mittelwert in der Grundgesamtheit liegt, addieren beziehungsweise subtrahieren Sie die Fehlergrenze. Können Sie davon ausgehen, dass der Mittelwert in der Grundgesamtheit mit Sicherheit in dem so ermittelten Intervall liegt?

Aufgabe 21

Ein TV-Sender untersucht 25 Tankstellen in einer Stadt und berechnet anhand der Ergebnisse den durchschnittlichen Benzinpreis in dem entsprechenden Bundesland. Was ist verkehrt an diesem Vorgehen, selbst wenn die Fehlergrenze sehr gering ist?

Aufgabe 22

Sie versuchen, bei der Ziehung einer Stichprobe Zufallsschwankungen weitgehend auszuschalten. Ist dies ein geeignetes Vorgehen, um eine geringe Fehlergrenze zu erreichen?

Lösungen für die Aufgaben zum Thema Fehlergrenze

Lösung 1

Der Z^*-Wert für das 99%-Konfidenzintervall ist 2,58, denn in der Z-Verteilung deckt die Fläche zwischen den Standardwerten $-2{,}58$ und $+2{,}58$ genau 99% aller Werte ab.

Lösung 2

Die Wahlforscher meinen Folgendes: Wenn Sie zu dem in der Stichprobe gemessenen Stimmenanteil einer Partei die Fehlergrenze addieren und subtrahieren, um das Konfidenzintervall für den Stimmenanteil dieser Partei in der Grundgesamtheit zu ermitteln, liegt der

Stichprobenanteil der anderen Partei innerhalb dieses Konfidenzintervalls. Die beiden Anteile der großen Parteien sind daher nicht im statistischen Sinne signifikant voneinander verschieden. In konkreten Werten könnte dies zum Beispiel wie folgt aussehen: Für Partei A würden in der Stichprobe 35% der Wähler stimmen, für Partei B 34%. Die Fehlergrenze für ein 95%-Konfidenzintervall beträgt nun möglicherweise bei beiden Parteien 2 Prozentpunkte, sodass Partei A ein Ergebnis zwischen 33% und 37% einfahren wird, während das Ergebnis für Partei B irgendwo zwischen 32% und 36% liegt. Die Konfidenzbereiche für beide Ergebnisse überschneiden sich, sodass sich nicht zuverlässig vorhersagen lässt, welche Partei in der Grundgesamtheit tatsächlich vorn liegt.

Lösung 3

Wenn die Werte in der Grundgesamtheit stark streuen, ist es schwieriger, die richtigen Kennzahlen, wie zum Beispiel den Mittelwert, aus der Grundgesamtheit anhand einer Stichprobe vorherzusagen. Daher ist die Fehlergrenze umso höher, je größer die Standardabweichung der Werte in der Grundgesamtheit ist. Um dennoch mithilfe einer Stichprobe zuverlässige Erkenntnisse über die Grundgesamtheit zu gewinnen, können Sie die hohe Streuung durch eine entsprechend große Stichprobe kompensieren; je größer die Stichprobe, desto kleiner ist die Fehlergrenze, da sich die unterschiedlichen Zufallseinflüsse, die bei einer Stichprobenziehung auftreten können, in einer großen Stichprobe gegenseitig aufheben.

Lösung 4

Es ist nicht möglich, anhand von Stichprobenergebnissen eine zu 100% richtige (und nicht triviale) Aussage über die Grundgesamtheit zu treffen. Sie müssten dazu eine unendliche Fehlergrenze zulassen und würden damit ein wertloses Ergebnis der Art »Der Anteil aller Handybesitzer in der Bevölkerung liegt zwischen 0% und 100%« erhalten. Diese Erkenntnis hätten Sie aber auch gerade noch ohne Stichprobe zusammenbekommen.

Lösung 5

Bei dieser Fragestellung geht es um den prozentualen Anteil der Personen mit einer bestimmten Eigenschaft (hier der Eigenschaft, dass sie regelmäßig Zahnseide verwenden). Daher muss die Fehlergrenze für Anteilswerte betrachtet werden. Da nach dem 90%-Konfidenzniveau gefragt ist, beträgt $Z^* = 1,64$. Der Anteilswert in der Stichprobe ergibt sich als $\hat{p} = 450 \div 1.000 = 0,45$. Die Fehlergrenze hat damit näherungsweise die Werte

$$\pm Z^* \cdot \sqrt{\frac{\hat{p}(1-\hat{p})}{n}} = \pm 1,64 \cdot \sqrt{\frac{0,45(1-0,45)}{1.000}} = \pm 1,64 \cdot 0,0157$$

$$= \pm 0,026 \text{ beziehungsweise } \pm 2,6\%.$$

 Achten Sie darauf, dass Sie in die Formel zum Berechnen der Fehlergrenze den Anteilswert in Dezimalschreibweise einsetzen. Beträgt der Anteilswert in der Stichprobe, $\hat{p}$, zum Beispiel 70%, tragen Sie diesen Wert in die Formel in der Form 0,7 ein (nicht als Wert 70, was ungleich 70%). Andernfalls liefert die Formel falsche Ergebnisse.

Lösung 6

In dieser Aufgabe ist nach dem Mittelwert einer quantitativen Variablen gefragt (den Durchschnittskosten der Kontrolluntersuchung). Zum Berechnen der Fehlergrenze wird daher die Formel für den Mittelwert benötigt. Da ein Konfidenzniveau von 95% verlangt wird, muss für Z* der Wert 1,96 eingesetzt werden. Die näherungsweise Fehlergrenze beträgt damit

$$\pm Z^* \cdot \frac{s}{\sqrt{n}} = \pm 1,96 \cdot \frac{80}{\sqrt{1.000}} = \pm 1,96 \cdot 2,53 = \pm 4,96.$$

 Um zu große Rundungsfehler zu vermeiden, sollten Sie in den Zwischenschritten zum Berechnen der Fehlergrenze alle Teilergebnisse mit einer Genauigkeit von mindestens zwei Dezimalstellen berechnen und in der Formel weiterverwenden.

Lösung 7

Da hier nach dem Anteil einer bestimmten Teilgruppe an der Gesamtheit der Babysitter gefragt ist, wird die Fehlergrenze nach der Näherungsformel für Anteilswerte berechnet.

1. Der Anteil der weiblichen Babysitter beträgt in der Stichprobe 70%, $\hat{p}$ ist also gleich 0,7. Z* ist 1,96, da ein 95%-Konfidenzniveau gefordert ist. Die Fehlergrenze beträgt somit

$$\pm Z^* \cdot \sqrt{\frac{\hat{p}(1-\hat{p})}{n}} = \pm 1,96 \cdot \sqrt{\frac{0,7(1-0,7)}{200}} = \pm 1,96 \cdot 0,0324$$
$$= \pm 0,0635 \text{ beziehungsweise } \pm 6,35\%.$$

2. Diese Aufgabe lösen Sie auf die gleiche Weise wie die vorhergehende Teilaufgabe; als einzigen Unterschied setzen Sie nun den Anteilswert für die männlichen Babysitter $\hat{p} = 0,3$ ein und erhalten damit die Fehlergrenze

$$\pm Z^* \cdot \sqrt{\frac{\hat{p}(1-\hat{p})}{n}} = \pm 1,96 \cdot \sqrt{\frac{0,3(1-0,3)}{200}} = \pm 1,96 \cdot 0,0324$$
$$= \pm 0,0635 \text{ beziehungsweise } \pm 6,35\%.$$

Sie werden bemerkt haben, dass die Ergebnisse in beiden Fällen identisch sind. Sie haben in die Formel zwar zwei unterschiedliche Anteilswerte eingesetzt (einmal 0,7 und einmal 0,3), dieser Unterschied gleicht sich aber aus, da in die Berechnung der Fehlergrenze sowohl der Anteilswert selbst als auch der Komplementäranteil (die Differenz zu 100%) gleichermaßen einfließen.

Lösung 8

Die Stichprobe aus Aquarium B weist eine höhere Fehlergrenze auf, da die Standardabweichung größer ist und diese in der Formel zum Berechnen der Fehlergrenze im Zähler des Bruches steht.

Lösung 9

Die größere Stichprobe reduziert die Fehlergrenze. Da die Stichprobe in der zweiten Studie viermal so groß ist, reduziert sich die Fehlergrenze um den Faktor 2 (nicht um den Faktor 4!). In die Berechnung der Fehlergrenze geht die Stichprobengröße mit ihrer Quadratwurzel ein. Wenn in der ersten Studie eine Stichprobe der Größe n verwendet wurde, hat die Stichprobe in der zweiten Studie die Größe 4n. In der Formel zum Berechnen der Fehlergrenze ändert sich der Ausdruck im Nenner des Bruches daher von $\sqrt{n}$ in $\sqrt{4n} = 2 \cdot \sqrt{n}$.

Um die Fehlergrenze zu halbieren, muss die Stichprobengröße vervierfacht werden.

Lösung 10

Susanne benötigt für ihr 80%-Konfidenzniveau einen Z*-Wert von 1,28, Frank muss dagegen mit einem Z* von 1,64 arbeiten. Dementsprechend ist die Fehlergrenze bei Frank größer als bei Susanne. Das ist auch intuitiv plausibel: Susanne sucht den Wertebereich, in dem eine bestimmte Kennzahl mit einer Wahrscheinlichkeit von 80% liegt; Frank möchte dagegen eine zuverlässigere Aussage und den Bereich bestimmen, in dem sich dieselbe Kennzahl mit 90-prozentiger Wahrscheinlichkeit befindet. Da Frank keine besseren Daten zur Verfügung hat als Susanne, muss er eine schwächere Aussage formulieren (also einen größeren Wertebereich angeben), wenn er eine größere Sicherheit haben will, dass diese Aussage nicht falsch ist.

Ein höheres Konfidenzniveau erfordert einen höheren Z*-Wert und vergrößert damit die Fehlergrenze. Höhere Sicherheit (und damit eine geringere Fehlerwahrscheinlichkeit) lässt sich bei gegebener Datenlage nur um den Preis einer schwächeren Aussage (im Sinne größerer Fehlergrenzen) erreichen.

Lösung 11

Die Fehlergrenze für einen Stichprobenanteil wird in der gleichen Einheit angegeben wie der Stichprobenanteil selbst – es ist also ein Dezimalwert zwischen 0 und 1. Sie können diesen Wert, wenn Ihnen das mehr zusagt, auch als Prozentwert angeben (also beispielsweise 10% statt 0,1). Achten Sie aber darauf, dass Sie in der Formel zum Berechnen der Fehlergrenze ausschließlich mit Dezimalwerten arbeiten.

Lösung 12

Die Fehlergrenze für einen Stichprobenmittelwert wird in der gleichen Einheit angegeben wie die Ausgangsdaten. Handelt es sich bei den Ausgangsdaten beispielsweise um die Körpergröße von Menschen in Zentimetern, wird auch die Fehlergrenze in Zentimetern angegeben.

Wenn Sie ganz korrekt arbeiten wollen, können Sie die einzelnen Werte in der Formel zum Berechnen der Fehlergrenze jeweils mit ihren Einheiten eintragen. Dadurch können Sie leichter sicherstellen, dass alle Angaben zueinanderpassen – und im Falle einer Prüfung können Sie möglicherweise Eindruck bei Ihrem Lehrer schinden.

Lösung 13

Wenn Sie das Konfidenzniveau erhöhen und alle übrigen Faktoren unverändert lassen, wird die Fehlergrenze größer, denn mit steigendem Konfidenzniveau muss ein größerer Wert für Z^* eingesetzt werden.

Lösung 14

In Aquarium B weist die Länge der Fische eine größere Streuung auf. Die Standardabweichung ist also für Aquarium B größer als für Aquarium A. Da die Standardabweichung im Zähler des Bruches in die Berechnung der Fehlergrenze einfließt, führt eine höhere Standardabweichung auch zu einer größeren Fehlergrenze. Sie werden also für Aquarium B eine größere Fehlergrenze erhalten. Dies ist auch intuitiv plausibel: Eine höhere Streuung der Werte erhöht die Unsicherheit und vergrößert die Gefahr von Zufallseinflüssen bei der Stichprobenziehung. Daher lassen sich aus Daten mit großer Streuung nur weniger präzise Rückschlüsse auf die Grundgesamtheit ziehen als aus einer Datenbasis mit geringer Varianz.

Die Standardabweichung in der Grundgesamtheit wird mit σ bezeichnet. Eigentlich müssen Sie diesen Wert für die Berechnung der Fehlergrenze heranziehen, allerdings ist σ häufig nicht bekannt. In diesen Fällen verwenden Sie stattdessen die Standardabweichung der Stichprobe, s. Dies ist jedoch nur dann zulässig, wenn die Stichprobe hinreichend groß ist (also mindestens 30 Beobachtungen umfasst). Ist die Stichprobengröße kleiner als 30 und Sie haben nur die Standardabweichung s der Stichprobe zur Verfügung, können Sie, anstatt den Z^*-Wert zu verwenden, mit einem ähnlichen Wert aus der t-Verteilung arbeiten. Allerdings werden wir dieses Vorgehen in diesem Buch nicht vertiefen.

Lösung 15

Wenn Sie ein hohes Konfidenzniveau haben möchten, müssen Sie einen entsprechend hohen Wert für Z^* ansetzen und erhöhen damit automatisch die Fehlergrenze. Dem können Sie bei der Gestaltung einer Studie entgegenwirken, indem Sie eine große Stichprobe vorsehen. Je größer die Stichprobe, desto kleiner ist die Fehlergrenze (bei gegebenem Konfidenzniveau). Wenn Sie präzise zuverlässige Aussagen treffen wollen (eine geringe Fehlergrenze bei hohem Konfidenzniveau benötigen), sollten Sie eine große Stichprobe verwenden.

Eine große Stichprobe verringert die Fehlergrenze und ermöglicht daher auch bei hohem Konfidenzniveau (also bei hoher Zuverlässigkeit) präzise Aussagen.

Lösung 16

Auch hier gilt: Verwenden Sie eine möglichst große Stichprobe, um dem Einfluss der großen Streuung auf die Fehlergrenze entgegenzuwirken. Die hohe Streuung der Daten vergrößert die Fehlergrenze, eine große Stichprobe reduziert die Fehlergrenze aber wieder. Beachten Sie hierbei jedoch, dass die Stichprobengröße nur mit ihrer Quadratwurzel in die Berechnung der Fehlergrenze einfließt, während die Streuung in vollem Umfang eingeht. Um eine Verdopplung der Streuung zu kompensieren, muss die Stichprobengröße vervierfacht werden.

Lösung 17

Die Fehlergrenze ändert sich durch die zu hohen Messergebnisse nicht. Die Fehlergrenze ist unabhängig von dem Niveau der Werte, die gemessen werden – und durch die um 2 Pfund nach oben verzerrten Messungen steigt lediglich das Niveau, nicht die Streuung der Werte.

Die Fehlergrenze misst lediglich die Präzision (Konsistenz) der Ergebnisse. Sie sagt etwas darüber aus, wie präzise eine Stichprobe die Daten der Grundgesamtheit widerspiegelt, sie trifft jedoch keine Aussage darüber, ob die Daten überhaupt richtig erhoben wurden oder möglicherweise verzerrt sind.

Lösung 18

Die Ergebnisse sind sehr wahrscheinlich verzerrt, da nur eine geringe Anzahl der zur Befragung eingeladenen Personen auch tatsächlich geantwortet hat. Die Antwortrate (also der Anteil der Personen, die an der Befragung teilgenommen haben, an allen zur Teilnahme eingeladenen Personen) beträgt nur $1.000 \div 10.000 = 0{,}1$ beziehungsweise 10%. Das bedeutet, dass 90% der Personen, die Sie angeschrieben haben, überhaupt nicht reagierten. (Leider ist dies eine übliche Quote bei praktisch allen Umfragen, damit müsste all diesen misstraut werden! Abgesehen davon sind Stichproben immer nur ein kleiner Anteil der Grundgesamtheit.) Wenn Sie nun ausschließlich die Stichprobe (also die tatsächlich vorliegenden Antworten) betrachten, stellen Sie fest, dass $80 \div 1.000 = 0{,}08$ beziehungsweise 8% der Personen die Leinenzwangverordnung befürworten, sodass umgekehrt 92% die Verordnung ablehnen. Nun kann man aber davon ausgehen, dass insbesondere solche Leute, die ein hohes (emotionales) Interesse an dem Thema einer Umfrage haben, auch zur Teilnahme an der Befragung bereit sind. (Das ist ein wesentlich besseres Argument, warum das Ergebnis der Umfrage mit Vorsicht zu genießen ist!) Es werden daher möglicherweise insbesondere Hundebesitzer (die in besonderem Maße von der Verordnung betroffen sind) den Fragebogen ausgefüllt und zurückgeschickt haben, während Personen, die selbst keinen Hund haben, auch ein geringes Interesse an dem Thema aufweisen und sich daher nicht die Mühe gemacht haben, auf die Fragen zu antworten. Wenn aber überproportional viele Hundebesitzer in der Stichprobe enthalten sind, sind die Antworten nicht mehr repräsentativ für die Grundgesamtheit (alle Einwohner Ihrer Stadt). (Deshalb hätte bei der Befragung erhoben werden müssen, ob die Person Hundebesitzer ist. Dann hätte man den Anteil der Hundebesitzer in der Stichprobe mit dem Anteil der in der Stadt lebenden Hundebesitzer vergleichen können. Kurz und gut: Das Problem ist nicht die Größe der Stichprobe, sondern die Repräsentativität!) Es ist anzunehmen, dass Hundebesitzer der Leinenzwangverordnung besonders ablehnend gegenüberstehen. Dies könnte erklären, warum mit 92% ein sehr hoher Anteil der Befragten die Verordnung ablehnt, allerdings lässt dieses Ergebnis dann leider keinen Rückschluss auf die Meinungen in der Grundgesamtheit zu – ganz unabhängig davon, wie groß oder gering die Fehlergrenze ist.

Lösung 19

Nein, denn die Fehlergrenze misst lediglich den Stichprobenfehler, der durch Zufallseinflüsse bei der Ziehung der Stichprobe entsteht. Sie ist dagegen kein Maß für Fehler, die durch eine schlecht gestaltete Studie wie eine systematisch verzerrte Stichprobenziehung entstehen.

Lösung 20

Nein, Sie können niemals mit 100-prozentiger Sicherheit von einer Stichprobe auf die Grundgesamtheit schließen. Dies wäre nur möglich, wenn die Stichprobe sämtliche Werte der Grundgesamtheit umfasst oder Ihre Aussage über die Grundgesamtheit trivial ist (beispielsweise, dass ein bestimmter Anteilswert zwischen 0% und 100% liegt).

Lösung 21

Die Größe der Fehlergrenze ist in diesem Fall irrelevant, da das Studiendesign bereits im Ansatz verkehrt ist. Der TV-Sender hat ausschließlich Tankstellen in einer Stadt untersucht, die Stichprobe ist also nicht repräsentativ für das Bundesland. Die Daten sind damit systematisch verzerrt (es ist zum Beispiel gut möglich, dass Benzinpreise in der Stadt systematisch höher sind als auf dem Land) und lassen keinen Rückschluss auf die Grundgesamtheit zu.

Lösung 22

Wenn Ihr Verfahren bei der Ziehung der Stichprobe tatsächlich ausschließlich dazu führt, dass zufällige Ausreißer in den Daten vermieden werden, sodass die Streuung der Daten in der Stichprobe nicht unnötig hoch ausfällt, kann das Vorgehen tatsächlich geeignet sein, die Fehlergrenze gering zu halten. Wichtig ist dabei aber, dass durch die Art der Stichprobenziehung nicht neue, gravierendere Fehler auftreten. Der größte Fehler wäre, wenn die Stichprobe verzerrt wird und damit die Gesamtheit nicht mehr angemessen repräsentiert. Wenn eine solche Verzerrung der Daten auftritt, ist eine geringe Fehlergrenze wertlos, denn die Daten sind nicht mehr geeignet, Rückschlüsse auf die Grundgesamtheit zu ziehen.

Kapitel 9

Konfidenzintervalle berechnen

*K*onfidenzintervalle werden verwendet, um ausgehend von einer Stichprobe Rückschlüsse auf bestimmte Parameter der Grundgesamtheit zu ziehen. Beispielsweise wird mithilfe von Konfidenzintervallen geschätzt, in welchem Bereich der Mittelwert in der Grundgesamtheit liegt oder wie groß der Anteil einer bestimmten Teilgruppe in der Grundgesamtheit ist. Als Ergebnis erhält man typischerweise eine Aussage der Art: »Mit einer Sicherheit von 95% liegt der Mittelwert in der Grundgesamtheit zwischen 3,4 und 3,7.« Dabei verwendet man Konfidenzintervalle vor allem in Situationen, in denen man noch keine Theorie darüber besitzt, wie groß der gesuchte Parameter sein müsste. Wenn Sie schon eine Vorstellung über die Größe eines bestimmten Parameters haben und diese These überprüfen wollen, führen Sie einen *Hypothesentest* durch (siehe hierzu Kapitel 11).

Die wichtigsten Eigenschaften von Konfidenzintervallen

Jedes Konfidenzintervall besteht aus zwei Komponenten: einer Stichprobenkennzahl plus/-minus einer Fehlergrenze. Die Fehlergrenze zeigt dabei an, in welchem Ausmaß damit gerechnet werden muss, dass der betrachtete Parameter in der Stichprobe von dem entsprechenden Parameter in der Grundgesamtheit abweichen kann (siehe hierzu auch Kapitel 8). Um ein Konfidenzintervall zu ermitteln, müssen Sie also die Stichprobenkennzahl (wie zum

Beispiel den Mittelwert in der Stichprobe) bestimmen und die Fehlergrenze berechnen. Die genaue Formel zum Berechnen der Fehlergrenze hängt dabei von dem jeweils betrachteten Parameter ab, folgt aber immer dem gleichen Ansatz: Die Fehlergrenze erhält man durch Multiplikation eines Z^*-Werts mit dem Standardfehler. Der Z^*-Wert ist dabei ein Wert der Standardnormalverteilung, der anzeigt, wie viele Standardfehler man als Schwankungsbreite zulassen muss, um das gewünschte Konfidenzniveau zu erreichen. Um zum Beispiel ein 95%-Konfidenzintervall zu ermitteln, muss man ungefähr zweimal den Standardfehler (genau 1,96-mal) zu der betrachteten Stichprobenkennzahl addieren und subtrahieren. Will man eine zuverlässigere Aussage treffen (beispielsweise mit einem 99%-Konfidenzintervall den Bereich ermitteln, in dem der betrachtete Parameter in der Grundgesamtheit mit einer Sicherheit von 99% liegt), muss man einen entsprechend größeren Schwankungsbereich zulassen, indem man mehr Standardfehler addiert und subtrahiert.

Ein Konfidenzintervall, das nach rechts und links von der Stichprobenkennzahl beschränkt ist, lässt sich damit in vier Schritten berechnen:

1. **Bestimmen Sie die Stichprobenkennzahl wie zum Beispiel den Stichprobenmittelwert.**

2. **Berechnen Sie die Fehlergrenze.**

3. **Ermitteln Sie das Konfidenzintervall als Stichprobenkennzahl $\pm$ Fehlergrenze.**

4. **Interpretieren Sie Ihr Ergebnis, indem Sie angeben, mit welcher Sicherheit der gesuchte Parameter in dem berechneten Intervall liegt.**

Bei der Interpretation eines Konfidenzintervalls sollten Sie genau auf Ihre Wortwahl achten. Es ist nicht korrekt zu sagen: »Mit einer Wahrscheinlichkeit von 95% liegt der Mittelwert in dem berechneten 95%-Konfidenzintervall«. Mit gesundem Menschenverstand sagt man dies ja auch nicht! Der Parameter ist fest, nicht zufällig, wohl aber das Intervall selbst. Da das Intervall so konstruiert ist, dass es zum Beispiel in 95% der Fälle den wahren Parameter überdeckt/trifft, kann man also bei einmaliger Berechnung aus dem gegebenen Datensatz heraus mit einer Sicherheit von 95% darauf vertrauen, dass der wahre Parameter darin liegt. Vollblutstatistiker würden dagegen sagen: »In 95% aller Fälle, in denen ein 95%-Konfidenzintervall berechnet wird, liegt der wahre Parameterwert der Grundgesamtheit tatsächlich in dem ermittelten Intervall.« Man kann also mit einer Sicherheit von 95% darauf vertrauen, dass der wahre Parameterwert in dem aus der Stichprobe berechneten Konfidenzintervall liegt. In den übrigen 5% der Fälle liegt das geschätzte Konfidenzintervall neben dem wahren Parameter, sodass die Stichprobendaten zu einer fehlerhaften Schlussfolgerung verleitet haben. Diese falschen Schlussfolgerungen sind auf den sogenannten *Stichprobenfehler* zurückzuführen und kommen dadurch zustande, dass die Stichprobe durch Zufallseinflüsse bei der Stichprobenziehung in ihrer Zusammensetzung besonders stark von der Grundgesamtheit abweicht.

Der Stichprobenfehler wird üblicherweise mit α (Alpha) bezeichnet. In welchem Ausmaß Sie einen Stichprobenfehler zulassen wollen, legen Sie mit der Wahl des Konfidenzniveaus $(1 - \alpha)$ fest. Wenn Sie also ein 95%-Konfidenzniveau berechnen, beträgt $\alpha = 5\%$ und gibt die Fehlerwahrscheinlichkeit an. Wenn man also ein Konfidenzintervall berechnet und anschließend davon ausgeht, dass der betrachtete Parameter der Grundgesamtheit innerhalb dieses Intervalls liegt, begeht man mit einer Wahrscheinlichkeit von α einen Irrtum. Daher wird α häufig auch als *Irrtumswahrscheinlichkeit* bezeichnet.

Zu jeder Irrtumswahrscheinlichkeit beziehungsweise zu jedem Konfidenzniveau gehört ein bestimmter Z*-Wert, den Sie entsprechend bei der Berechnung der Fehlergrenze anwenden müssen. In Tabelle 9.1 sind häufig verwendete, nach rechts und links beschränkte Konfidenzintervalle und die zugehörigen Z*-Werte aufgeführt. Wenn Sie lediglich eine kleine Stichprobe (n < 30) zum Bestimmen eines Konfidenzintervalls zur Verfügung haben, kann es angebracht sein, anstatt eines Z*-Werts einen t*-Wert zu bestimmen. Die t*-Werte erhält man aus der Tabelle für die t-Verteilung auf ähnliche Weise wie die Z*-Werte, allerdings unter Beachtung des jeweiligen Freiheitsgrades.

Konfidenzniveau $(1 - \alpha)$	Irrtumswahrscheinlichkeit (α)	Z*-Wert
80%	20%	1,28
90%	10%	1,64
95%	5%	1,96
98%	2%	2,33
99%	1%	2,58
99,5%	0,5%	2,81

Tabelle 9.1: Häufige Konfidenzintervalle und die zugehörigen Z*-Werte

Wenn Sie ein Konfidenzintervall interpretieren, sollten Sie sich nicht darauf beschränken, das Konfidenzniveau beziehungsweise die Irrtumswahrscheinlichkeit mit dem berechneten Intervall wiederzugeben, sondern Sie sollten auch darlegen, was diese Werte vor dem Hintergrund der jeweiligen Fragestellung inhaltlich bedeuten.

Das folgende Beispiel zeigt den Umgang mit den verschiedenen Komponenten eines Konfidenzintervalls.

Angenommen, Ihnen liegt eine Stichprobe mit einem Umfang von n = 100 und einem Mittelwert von 9 vor. Sie möchten nun den Mittelwert in der Grundgesamtheit schätzen und wissen bereits, dass die Fehlergrenze bei einem 95%-Konfidenzintervall ±3 beträgt.

1. Wo liegt das Konfidenzintervall für den Mittelwert?

2. Wie hoch ist das Konfidenzniveau?

3. Wie groß ist der Stichprobenfehler?

Lösung

Mit den Angaben, die in der Aufgabenstellung gegeben wurden, können Sie das Konfidenzintervall bestimmen, selbst wenn Sie die genaue Formel zum Berechnen des Konfidenzintervalls noch nicht kennen.

1. Das Konfidenzintervall erstreckt sich über den Bereich von 9 ± 3, denn 9 ist der Stichprobenmittelwert und 3 die Fehlergrenze. Das Konfidenzintervall deckt also den Wertebereich von 6 bis 12 ab; dies wird manchmal auch in der Form (6; 12) angegeben. Dieses Ergebnis besagt in laienhafter Formulierung, dass man mit einer Sicherheit von 95% darauf vertrauen kann, dass der Mittelwert der Grundgesamtheit im Bereich zwischen 6 und 12 liegt. Professionelle Statistiker würden sagen: »Wenn Sie davon ausgehen, dass der Mittelwert der Grundgesamtheit im Bereich zwischen 6 und 12 liegt, begehen Sie mit einer Wahrscheinlichkeit von 5% einen Irrtum.«

2. Das Konfidenzniveau wurde bereits in der Aufgabenstellung mit 95% vorgegeben.

3. Der Stichprobenfehler beträgt 100% − 95% = 5% beziehungsweise 0,05.

Aufgabe 1

Angenommen, ein 95%-Konfidenzintervall für die durchschnittliche Anzahl von Minuten, die Handybesitzer im Monat telefonieren, beträgt 110 plus/minus 35.

1. Wie hoch ist die Fehlergrenze?

2. Wo liegen die obere und die untere Grenze des Konfidenzintervalls?

Aufgabe 2

Angenommen, Sie berechnen auf Basis desselben Datensatzes zwei Konfidenzintervalle, eines für ein 95%-Konfidenzniveau und eines für ein 99,5%-Konfidenzniveau.

1. Welches der beiden Intervalle ist breiter?

2. Ist ein breites Konfidenzintervall besser als ein schmaleres?

Aufgabe 3

Ist es richtig, dass ein 95%-Konfidenzintervall bedeutet, dass Sie zu 95% sicher sind, dass die Stichprobenkennzahl in diesem Intervall liegt?

Aufgabe 4

Ist es richtig, dass ein 95%-Konfidenzintervall bedeutet, dass der betrachtete Parameter der Grundgesamtheit mit einer Wahrscheinlichkeit von 95% innerhalb des Intervalls liegt?

Ein Konfidenzintervall für den Mittelwert der Grundgesamtheit berechnen

Sie können ein Konfidenzintervall für den Mittelwert der Grundgesamtheit sinnvoll berechnen, wenn die beiden folgenden Voraussetzungen erfüllt sind:

✔ Sie betrachten eine quantitative Variable wie zum Beispiel Länge, Höhe, Gewicht, IQ, eine Testpunktzahl, Einkommen, Vermögen oder Ähnliches.

✔ Sie möchten anhand der Ergebnisse einer Stichprobe schätzen, wo der Mittelwert dieser Variablen in der Grundgesamtheit liegt.

Wenn Ihre Stichprobe hinreichend groß ist (also mehr als 30 Beobachtungen umfasst), lautet die Formel zum Berechnen eines $(1 - \alpha)$-Konfidenzintervalls für den Mittelwert der Grundgesamtheit $\bar{x} \pm Z^* \cdot \frac{\sigma}{\sqrt{n}}$.

Um das Konfidenzintervall zu berechnen, benötigen Sie also vier Informationen: den Stichprobenmittelwert $\bar{x}$, die Standardabweichung, die Stichprobengröße n und das Konfidenzniveau (zum Beispiel 95% oder 99%). Wenn die Standardabweichung aus der Grundgesamtheit, σ, bekannt ist, verwenden Sie diesen Wert, andernfalls nehmen Sie für σ die Standardabweichung der Stichprobe, s.

Bei kleinen Stichproben (mit weniger als 30 Beobachtungen) verwenden Sie zum Berechnen der Fehlergrenze statt des Z^*-Werts den Wert T^* (also das Pendant zu Z^* aus der t-Verteilung; siehe auch die Schummelseite vorn in diesem Buch).

Wenn Sie die benötigten Informationen vorliegen haben, gehen Sie folgendermaßen vor, um das Konfidenzintervall für den Mittelwert in der Grundgesamtheit zu berechnen:

1. **Berechnen Sie die Fehlergrenze und notieren Sie sich das Ergebnis.**

   Die Fehlergrenze ist der Teil nach dem $\pm$-Zeichen, also $Z^* \cdot \frac{\sigma}{\sqrt{n}}$.

2. **Berechnen Sie die untere Grenze des Konfidenzintervalls, indem Sie von dem Stichprobenmittelwert die Fehlergrenze abziehen.**

3. **Berechnen Sie die obere Grenze des Konfidenzintervalls, indem Sie zu dem Stichprobenmittelwert die Fehlergrenze hinzuaddieren.**

4. **Nicht zu vergessen: Interpretieren Sie das Ergebnis.**

 Viele Prüfer werden insbesondere auf den letzten Schritt sehr viel Wert legen. Zudem wird es einigen Prüfern wichtig sein, dass Sie die Schritte 2 und 3 tatsächlich ausführen, die obere und untere Grenze des Intervalls also berechnen und explizit angeben, anstatt das Intervall nur in der Form $a \pm b$ auszuweisen.

Das folgende Beispiel zeigt noch einmal das Vorgehen zum Berechnen eines Konfidenzintervalls für den Mittelwert der Grundgesamtheit.

Angenommen, 100 zufällig ausgewählte Autos auf einem sehr großen öffentlichen Parkplatz weisen einen durchschnittlichen Kilometerstand von 30.250 Kilometern mit einer Standardabweichung von 500 Kilometern auf. Bestimmen Sie ein 95%-Konfidenzintervall für den durchschnittlichen Kilometerstand aller Autos auf diesem Parkplatz.

Lösung

Gesucht ist ein 95%-Konfidenzintervall für den Mittelwert in der Grundgesamtheit. Die Formel zum Berechnen des Konfidenzintervalls lautet $\bar{x} \pm Z^* \cdot \dfrac{\sigma}{\sqrt{n}}$. Der Stichprobenmittelwert beträgt $\bar{x} = 30.250$ und die Stichprobengröße ist $n = 100$; die Standardabweichung ist $s = 500$ und Z^* beträgt für ein 95%-Konfidenzniveau 1,96 (siehe Tabelle 9.1). Damit ergibt sich ein Konfidenzintervall von:

$$\bar{x} \pm Z^* \cdot \frac{\sigma}{\sqrt{n}} = 30.250 \pm 1,96 \cdot \frac{500}{\sqrt{100}} = 30.250 \pm 98 = (30.152;\ 30.348)\ \text{Kilometer.}$$

Sie können also mit einer Sicherheit von 95% davon ausgehen, dass der durchschnittliche Kilometerstand aller Autos auf dem Parkplatz zwischen 30.152 und 30.348 Kilometer liegt.

Aufgabe 5

Sie möchten die durchschnittliche Anzahl der Enden für die Geweihe der männlichen Hirsche eines nahe gelegenen Wildparks schätzen. In einer Stichprobe von 30 Geweihen wurden durchschnittlich fünf Enden mit einer Standardabweichung von 3 beobachtet.

1. Bestimmen Sie ein 95%-Konfidenzintervall für die durchschnittliche Anzahl der Enden der Geweihe sämtlicher männlichen Hirsche in dem Wildpark.

2. Bestimmen Sie ein 98%-Konfidenzintervall für die durchschnittliche Anzahl der Enden der Geweihe sämtlicher männlichen Hirsche in dem Wildpark.

Aufgabe 6

Eine Stichprobe von 100 Patienten, die einen neuen Diätplan testen, hat ergeben, dass das 95%-Konfidenzintervall für den Gewichtsverlust, der mit diesem Diätplan im ersten Diätmonat erzielt wird, 11,4 kg $\pm$ 0,51 Kilogramm beträgt.

1. Erläutern Sie, was dieses Konfidenzintervall besagt.

2. Wie hoch ist die Fehlergrenze für dieses Konfidenzintervall?

Aufgabe 7

Ein 95%-Konfidenzintervall für die durchschnittliche Reichweite der Autos eines bestimmten Modells beträgt 13,2 Kilometer je Liter, plus/minus 0,6 Kilometer. Diese Erkenntnis basiert auf einer Stichprobe von 40 zufällig ausgewählten Autos dieses Typs.

1. In welcher Einheit wird die Fehlergrenze gemessen?

2. Angenommen, Sie möchten die Fehlergrenze reduzieren, aber nicht von dem 95%-Konfidenzniveau abweichen. Was können Sie tun?

Aufgabe 8

Angenommen, Ihnen liegt für einen bestimmten Parameter ein 80%-Konfidenzintervall vor. Nun möchten Sie gerne das Konfidenzniveau auf 95% erhöhen, ohne dabei aber die Breite des Konfidenzintervalls zu verändern. Ist das möglich?

Ein Konfidenzintervall für einen Anteilswert in der Grundgesamtheit berechnen

Ein Konfidenzintervall für einen Anteilswert in der Grundgesamtheit können Sie berechnen, wenn die drei folgenden Voraussetzungen erfüllt sind:

✔ Sie betrachten eine kategoriale Variable wie zum Beispiel Geschlecht, Familienstand, politisches Wahlverhalten, Meinungen (wie »stimme zu« bis »stimme nicht zu«) etc.

✔ Sie möchten ausgehend von einer Zufallsstichprobe schätzen, welcher Anteil in der Grundgesamtheit in eine oder mehrere bestimmte Kategorien fällt.

✔ Ihnen liegt eine hinreichend große Zufallsstichprobe vor.

Die Näherungsformel für ein $(1 - \alpha)$-Konfidenzintervall für einen Anteilswert in der Grundgesamtheit lautet $\hat{p} \pm Z^* \cdot \sqrt{\dfrac{\hat{p}(1-\hat{p})}{n}}$.

Um ein solches Konfidenzintervall berechnen zu können, benötigen Sie also drei Informationen:

✔ den Anteilswert in der Stichprobe $\hat{p}$

✔ die Stichprobengröße n

✔ das Konfidenzniveau (zum Beispiel 95%, 99% etc.)

Der Anteilswert in der Stichprobe ist der Anteil der Beobachtungen, der in der Stichprobe auf die relevanten Kategorien entfällt. Wollen Sie beispielsweise schätzen, wie hoch der Anteil der Männer in einer bestimmten Grundgesamtheit ist, ist $\hat{p}$ der Anteil der Männer in der Stichprobe. Als Voraussetzung für die Berechnung eines Konfidenzintervalls für einen Anteilswert wurde oben unter anderem aufgeführt, dass die Stichprobe »hinreichend groß« sein müsse. Dabei gilt eine Stichprobe immer dann als hinreichend groß, wenn sowohl $n \cdot \hat{p}$ als auch $n \cdot (1 - \hat{p})$ mindestens 5 beträgt. In der Praxis ist diese Voraussetzung meistens erfüllt. Schwierigkeiten kann es nur dann geben, wenn eine extrem kleine Stichprobe vorliegt oder ein sehr kleiner oder sehr großer Anteilswert betrachtet wird ($\hat{p}$ also beispielsweise nur 0,1% oder 99,9% beträgt).

Das folgende Beispiel skizziert noch einmal die Vorgehensweise zum Berechnen eines Konfidenzintervalls für einen Anteilswert.

In einer Zufallsstichprobe von 1.000 Studenten gaben 28% an, die UEFA-Cup-Spiele im Fernsehen zu sehen. Berechnen Sie das 95%-Konfidenzintervall für den Anteil aller Studenten, die sich die UEFA-Cup-Spiele im Fernsehen anschauen.

Lösung

Der Stichprobenanteil beträgt $\hat{p} = 0,28$, die Stichprobengröße ist n = 1.000 und Z* beträgt für ein 95%-Konfidenznivau 1,96 (siehe Tabelle 9.1). Damit ergibt sich näherungsweise folgendes Konfidenzintervall:

$$0,28 \pm 1,96 \cdot \sqrt{\frac{0,28 \cdot (1 - 0,28)}{1.000}} = 0,28 \pm 1,96 \cdot \sqrt{0,0002}$$

$$= 0,28 \pm 0,028 = (0,252; \, 0,308).$$

Mit einer Sicherheit von 95% können Sie davon ausgehen, dass der Anteil aller Studenten, die sich die UEFA-Cup-Spiele im Fernsehen ansehen, zwischen 25,2% und 30,8% liegt.

Aufgabe 9

Aus einer Zufallsstichprobe von 1.117 Studenten gaben 729 Studenten an, mindestens einmal im Semester zu ihrer Familie zu fahren. Ermitteln Sie das 98%-Konfidenzintervall für den Anteil aller Studenten, die mindestens einmal pro Semester ihre Familie besuchen.

Aufgabe 10

In einer Befragung von 2.500 Personen haben sich 50% der Befragten für ein Rauchverbot in Bars und Restaurants ausgesprochen. Wie hoch ist die Fehlergrenze für ein Konfidenzintervall, wenn Sie ein 95%-Konfidenzniveau zugrunde legen?

Aufgabe 11

1. Angenommen, 73% aller Befragten aus einer Stichprobe von 1.000 Studenten gaben an, ein gebrauchtes Auto zu fahren (die übrigen 27% fahren entweder ein neues oder gar kein Auto). Ermitteln Sie das 80%-Konfidenzintervall für den Anteil aller Studenten, die ein Gebrauchtfahrzeug fahren.

2. Wie groß müsste die Stichprobe sein, um die Fehlergrenze zu halbieren?

Aufgabe 12

Eine Interessengruppe hat auf ihrer Website eine Onlineumfrage durchgeführt und weist nun das Ergebnis unter Angabe der Fehlergrenze aus. Der Onlinefragebogen wurde von 50.000 Teilnehmern ausgefüllt und die Fehlergrenze ist mit 0,04% sehr gering. Ist die Angabe der Fehlergrenze hier glaubwürdig und seriös? (Wobei wir annehmen wollen, dass die Fehlergrenze mathematisch korrekt berechnet wurde.)

Ein Konfidenzintervall für die Differenz zwischen zwei Mittelwerten berechnen

Ein Konfidenzintervall für die Differenz zwischen zwei Mittelwerten in der Grundgesamtheit können Sie berechnen, wenn die drei folgenden Voraussetzungen erfüllt sind:

✔ Sie betrachten eine quantitative Variable wie zum Beispiel Länge, Höhe, Gewicht, IQ, Testpunktzahl, Einkommen, Vermögen oder Ähnliches.

✔ Sie möchten die Mittelwerte zweier unabhängiger Gruppen oder Grundgesamtheiten miteinander vergleichen.

✔ Für beide Gruppen oder Grundgesamtheiten liegt Ihnen eine hinreichend große Stichprobe vor (jeweils mindestens 30 Beobachtungen).

Die Formel zum näherungsweisen Berechnen eines $(1 - \alpha)$-Konfidenzintervalls für die Differenz zwischen zwei Mittelwerten lautet (Für diese Formel müssen die Varianzen der Grundgesamtheit als gleich angenommen werden!):

$$(\overline{x} - \overline{y}) \pm Z^* \cdot \sqrt{\frac{s_x^2}{n_x} + \frac{s_y^2}{n_y}}.$$

Da Sie die Mittelwerte zweier unabhängiger Teilgruppen oder Grundgesamtheiten miteinander vergleichen möchten, benötigen Sie entsprechend zwei unabhängige Stichproben – aus jeder Grundgesamtheit oder Teilgruppe eine. Neben dem Z^*-Wert müssen Sie zum Berechnen des Konfidenzintervalls auch den Mittelwert, die Standardabweichung und die Stichprobengröße kennen, und zwar sowohl für die erste Stichprobe $(\overline{x}, s_x, n_x)$ als auch für die zweite Stichprobe $(\overline{y}, s_y, n_y)$.

Das folgende Beispiel verdeutlicht, wie Sie mit diesen Angaben ein Konfidenzintervall für die Differenz zwischen den Mittelwerten zweier Grundgesamtheiten berechnen.

Angenommen, 100 zufällig ausgewählte Autos von Parkplatz 1 haben einen durchschnittlichen Kilometerstand von 35.328 Kilometern bei einer Standardabweichung von 750 Kilometern. Auf Parkplatz 2 weisen 100 zufällig ausgewählte Autos einen Kilometerstand von 30.250 Kilometern mit einer Standardabweichung von 500 Kilometern auf. Bestimmen Sie das 95%-Konfidenzintervall für den Unterschied zwischen den durchschnittlichen Kilometerständen aller Autos von Parkplatz 1 und aller Autos von Parkplatz 2.

Lösung

In diesem Beispiel bilden die Autos von Parkplatz 1 die erste Grundgesamtheit und die Autos von Parkplatz 2 die zweite Grundgesamtheit. Damit liegen folgende Daten vor: $\bar{x} = 35.328$, $s_1 = 750$, $n_1 = 100$, $\bar{y} = 30.250$, $s_2 = 500$, $n_2 = 100$. Der Z^*-Wert beträgt für ein 95%-Konfidenzniveau gemäß Tabelle 9.1 gerade 1,96. Damit ergibt sich für die Differenz zwischen den Mittelwerten in der Grundgesamtheit ein Konfidenzintervall von:

$$(\bar{x} - \bar{y}) \pm Z^* \cdot \sqrt{\frac{s_1^2}{n_1} + \frac{s_2^2}{n_2}}$$

$$= (35.328 - 30.250) \pm 1,96 \cdot \sqrt{\frac{750^2}{100} + \frac{500^2}{100}}$$

$$= 5.078 \pm 1,96 \cdot 90,14 = 5.078 \pm 176,67 \text{ Kilometer.}$$

Mit einer Sicherheit von 95% können Sie davon ausgehen, dass die durchschnittlichen Kilometerstände aller Autos von Parkplatz 1 zwischen 4.901,33 und 5.254,67 Kilometer über den durchschnittlichen Kilometerständen aller Autos von Parkplatz 2 liegen.

Aufgabe 13

In einer klinischen Studie werden zwei Diätprogramme getestet. Mit einem neuen Programm haben 100 Teilnehmer der Studie im ersten Monat durchschnittlich 11,4 Kilogramm abgenommen, wobei die Standardabweichung 5,1 Kilogramm beträgt. Der durchschnittliche Gewichtsverlust von 100 Teilnehmern, die nach einem alten Diätprogramm vorgegangen sind, betrug im ersten Monat 12,8 Kilogramm bei einer Standardabweichung von 4,8 Kilogramm.

1. Ermitteln Sie das 90%-Konfidenzintervall für den Unterschied der Gewichtsreduktion, die mit den beiden Programmen im ersten Monat erzielt wird.

2. Wie hoch ist die Fehlergrenze für das Konfidenzintervall?

Aufgabe 14

In den USA wurden mit dem alten und dem neuen Modell eines Wagens Reichweitentests durchgeführt. Mit 40 Autos des alten Modells konnten die Testfahrer im Durchschnitt 32,1 Kilometer pro Liter (km/l) fahren; die Standardabweichung betrug dabei 3,8 Kilometer. Mit 40 Autos des neuen Modells erreichten die Testfahrer einen Durchschnittswert von 35,2 Kilometern pro Liter; die Standardabweichung betrug hier 5,4 Kilometer.

1. Bestimmen Sie das 99%-Konfidenzintervall für den Unterschied in der durchschnittlichen Reichweite (neues Modell minus altes Modell).

2. Bestimmen Sie das 99%-Konfidenzintervall für den Unterschied der Reichweite als »km/l des alten Modells« minus »km/l des neuen Modells«. Was besagt die negative Mittelwertdifferenz?

Aufgabe 15

Sie möchten die Anzahl der Enden von den Geweihen aller Hirsche zweier Wildparks miteinander vergleichen. Dazu haben Sie aus dem ersten Park eine Stichprobe von 30 Hirschen untersucht und dabei im Durchschnitt fünf Enden bei einer Standardabweichung von 3 gezählt. Aus dem zweiten Wildpark haben Sie eine Stichprobe von 35 Hirschen untersucht, deren Geweihe im Durchschnitt sechs Enden mit einer Standardabweichung von 3,2 aufweisen.

1. Bestimmen Sie das 95%-Konfidenzintervall für den Unterschied in der durchschnittlichen Anzahl der Enden an den Hirschgeweihen der beiden Wildparks (Park 2 minus Park 1).

2. Unterscheiden sich die Grundgesamtheiten aus den beiden Parks in Bezug auf die Anzahl der Enden an den Hirschgeweihen?

Aufgabe 16

Angenommen, eine Gruppe von 100 Personen nimmt einen Monat lang an einem speziellen Diätprogramm teil und wechselt anschließend für einen Monat zu einem anderen Diätprogramm. Sie möchten nun die Erfolge der beiden Diätprogramme miteinander vergleichen, indem Sie den durchschnittlichen Gewichtsverlust des ersten Monats dem des zweiten Monats gegenüberstellen. Erklären Sie, warum diese Daten nicht geeignet sind, um ein 95%-Konfidenzintervall für die Differenz zwischen den durchschnittlichen Diäterfolgen der beiden Programme zu ermitteln.

Ein Konfidenzintervall für die Differenz zwischen zwei Anteilswerten berechnen

Ein Konfidenzintervall für die Differenz zwischen zwei Anteilswerten in der Grundgesamtheit können Sie berechnen, wenn die drei folgenden Voraussetzungen erfüllt sind:

✔ Sie betrachten eine kategoriale Variable wie zum Beispiel Geschlecht, Familienstand, politisches Wahlverhalten, Meinungen (wie »stimme zu« bis »stimme nicht zu«) etc.

✔ Sie möchten zwei Grundgesamtheiten miteinander vergleichen und schätzen, wie groß der Unterschied zwischen einem bestimmten Anteilswert in der einen Grundgesamtheit und dem entsprechenden Anteilswert in der anderen Grundgesamtheit ist.

✔ Für beide Grundgesamtheiten liegt Ihnen eine hinreichend große Stichprobe vor.

Da Sie zwei unabhängige Grundgesamtheiten miteinander vergleichen möchten, benötigen Sie auch zwei unabhängige Zufallsstichproben – eine aus jeder Grundgesamtheit. Die

Formel zum näherungsweisen Berechnen eines $(1 - \alpha)$ *100%-Konfidenzintervalls für die Differenz zwischen zwei Anteilswerten aus zwei Grundgesamtheiten lautet:

$$(\hat{p}_1 - \hat{p}_2) \pm Z^* \cdot \sqrt{\frac{\hat{p}_1(1 - \hat{p}_1)}{n_1} + \frac{\hat{p}_2(1 - \hat{p}_2)}{n_2}}.$$

Neben dem üblichen Z^*-Wert benötigen Sie aus jeder Stichprobe zwei Informationen, um das Konfidenzintervall berechnen zu können: die Größe des Anteilswerts in der Stichprobe, $\hat{p}$, und die Stichprobengröße n. Dabei werden diese beiden Werte aus der ersten Stichprobe mit $\hat{p}_1$ und n_1 bezeichnet und die entsprechenden Werte aus der zweiten Stichprobe mit $\hat{p}_2$ und n_2.

Die beiden Stichproben sind für das Berechnen eines Konfidenzintervalls hinreichend groß, wenn sowohl $n_1 \cdot \hat{p}_1$ als auch $n_1 \cdot (1 - \hat{p}_1)$ mindestens 5 beträgt und ebenso $n_2 \cdot \hat{p}_2$ sowie auch $n_2 \cdot (1 - \hat{p}_2)$ mindestens 5 beträgt. Diese Voraussetzung ist fast immer erfüllt und führt nur dann zu Schwierigkeiten, wenn eine extrem kleine Stichprobe vorliegt oder ein sehr kleiner oder ein sehr großer Anteilswert betrachtet wird ($\hat{p}$ in mindestens einer der beiden Stichproben also beispielsweise nur 0,1% oder 99,9% beträgt).

Wenn alle Voraussetzungen erfüllt sind und Ihnen die notwendigen Informationen vorliegen, gehen Sie folgendermaßen vor, um ein Konfidenzintervall für die Differenz zwischen zwei Anteilswerten zu berechnen:

1. **Berechnen Sie die Differenz zwischen dem Anteilswert in der ersten Gruppe und dem Anteilswert in der zweiten Gruppe.**

2. **Ausgehend von der in den Stichproben beobachteten Differenz berechnen Sie das Konfidenzintervall durch Addition und Subtraktion der Fehlergrenze.**

3. **Interpretieren Sie das Ergebnis.**

Das folgende Beispiel zeigt das Vorgehen zum Berechnen eines Konfidenzintervalls für die Differenz zwischen zwei Anteilswerten.

In einer Zufallsstichprobe von 500 männlichen Studenten sehen 35% die UEFA-Cup-Spiele im Fernsehen. Dagegen schauen in einer Zufallsstichprobe von 500 Studentinnen nur 21% die UEFA-Cup-Spiele. Berechnen Sie das 95%-Konfidenzintervall für die Differenz zwischen den Anteilen der regelmäßigen UEFA-Cup-Spiele-Zuschauer unter den männlichen und den weiblichen Studenten.

Lösung

Unter den männlichen Studenten beträgt der Stichprobenanteil 0,35 bei einer Stichprobengröße von n = 500. Der Stichprobenanteil für die weiblichen Studenten beträgt dagegen 0,21 bei einer Stichprobengröße von ebenfalls n = 500. Der Z^*-Wert für ein 95%-Konfidenzintervall ist 1,96 (siehe Tabelle 9.1). Damit ergibt sich ein Konfidenzintervall von:

$$(\hat{p}_1 - \hat{p}_2) \pm Z^* \cdot \sqrt{\frac{\hat{p}_1(1 - \hat{p}_1)}{n_1} + \frac{\hat{p}_2(1 - \hat{p}_2)}{n_2}} = (0{,}35 - 0{,}21) \pm 1{,}96 \cdot$$

$$\sqrt{\frac{0{,}35(1 - 0{,}35)}{500} + \frac{0{,}21(1 - 0{,}21)}{500}}$$

$$= 0{,}14 \pm 1{,}96 \cdot \sqrt{0{,}000455 + 0{,}00033}$$

$$= 0{,}14 \pm 1{,}96 \cdot 0{,}28$$

$$= 0{,}14 \pm 0{,}055 = (0{,}085;\ 0{,}195).$$

Mit einer Sicherheit von 95% können Sie davon ausgehen, dass der Anteil der UEFA-Cup-Spiele-Zuschauer unter den männlichen Studenten um 0,085 bis 0,195 über dem entsprechenden Anteil der weiblichen Studenten liegt. Mit anderen Worten: Es schauen mehr männliche als weibliche Studenten die UEFA-Cup-Spiele, und zwar liegt der Anteil der Zuschauer unter den Männern um 8,5 bis 19,5 Prozentpunkte (Prozent**punkte**, nicht Prozent!) über dem Anteil der Frauen.

Aufgabe 17

Eine Zufallsstichprobe von 1.117 inländischen Studenten einer Universität zeigt, dass 915 der Befragten mindestens einmal im Semester nach Hause fahren. Aus einer vergleichbaren Stichprobe von 1.200 ausländischen Studenten fahren dagegen nur 212 mindestens einmal im Semester nach Hause. Ermitteln Sie das 98%-Konfidenzintervall für den Unterschied zwischen den Anteilen unter den inländischen und den ausländischen Studenten, die mindestens einmal im Semester nach Hause fahren.

Aufgabe 18

Eine Umfrage unter 1.000 Rauchern hat ergeben, dass 16% der Befragten ein Rauchverbot in Bars und Restaurants befürworten. Bei einer vergleichbaren Umfrage unter 500 Nichtrauchern haben sich 84% für ein solches Rauchverbot ausgesprochen.

1. Wie hoch ist die Fehlergrenze des 95%-Konfidenzintervalls für den Unterschied zwischen den Anteilen der Rauchverbotbefürworter unter den Rauchern und den Nichtrauchern?

2. In diesem Beispiel addieren sich die Anteile der Befürworter aus den beiden Stichproben zu 1. Ist dies immer der Fall?

Aufgabe 19

Angenommen, in einer Stichprobe von 1.000 männlichen Studenten geben 72% an, einen Gebrauchtwagen zu fahren (die übrigen Studenten fahren entweder einen Neuwagen oder besitzen gar kein Auto). In einer Stichprobe von 1.000 weiblichen Studenten beträgt der Anteil der Gebrauchtwagenfahrer dagegen 71%.

1. Ermitteln Sie das 80%-Konfidenzintervall für die Differenz zwischen den Anteilen der Gebrauchtwagenfahrer in den beiden Grundgesamtheiten.

2. Die untere Grenze des Intervalls hat ein negatives Vorzeichen, während die obere Grenze ein positives Vorzeichen hat. Wie interpretieren Sie dieses Ergebnis?

Aufgabe 20

Angenommen, an einer US-Universität befinden sich in einem Kurs mit 100 Studenten 10% politisch unabhängige Studenten und 90%, die sich einer Partei zugehörig fühlen. Bob möchte nun die unabhängigen Studenten und die mit Parteizugehörigkeit im Hinblick auf ihre Zustimmung zum Ukrainekrieg miteinander vergleichen. Hierzu zieht Bob aus jeder der beiden Gruppen eine Zufallsstichprobe von 50%, um die Studenten aus der Stichprobe nach ihrer Meinung zu befragen. Kann er anschließend die Formel zum Berechnen des Konfidenzintervalls verwenden, um die Differenz zwischen den Anteilen der Ukraine-Unterstützer in den beiden Grundgesamtheiten zu schätzen? Begründen Sie Ihre Antwort.

Lösungen für die Aufgaben zum Thema Konfidenzintervall

Lösung 1

Die Fehlergrenze ist der Wert, den Sie zur Stichprobenkennzahl addieren und subtrahieren, um die obere und die untere Grenze des Konfidenzintervalls zu bestimmen.

1. Die Fehlergrenze beträgt hier ± 35 Minuten.

2. Die untere Grenze des Konfidenzintervalls liegt bei $110 - 35 = 75$ Minuten, die obere Grenze bei $110 + 35 = 145$ Minuten.

Lösung 2

Wenn Sie mehr Sicherheit im Sinne eines höheren Konfidenzniveaus wollen, müssen Sie ein breites Konfidenzintervall in Kauf nehmen.

1. Das 99,5%-Konfidenzintervall ist breiter. Der Z^*-Wert zum Berechnen des 95%-Konfidenzintervalls beträgt 1,96, während Sie für ein 99,5%-Konfidenzniveau einen Z^*-Wert von 2,81 ansetzen müssen. Der höhere Z^*-Wert führt zu einer größeren Fehlergrenze und damit zu einem breiteren Konfidenzintervall.

2. Ein breiteres Konfidenzintervall bedeutet, dass Sie für den Parameter in der Grundgesamtheit nur eine Schätzung mit geringerer Genauigkeit (nämlich einen größeren Wertebereich) abgeben können. Ein breites Konfidenzintervall ist also nichts Positives, sondern der Preis, den man zahlen muss, um ein höheres Konfidenzniveau zu erreichen.

Lösung 3

Nein. Sie sind zu 100% sicher, dass die Stichprobenkennzahl innerhalb des Konfidenzintervalls liegt; sie liegt sogar genau in der Mitte des Konfidenzintervalls. Das Konfidenzintervall ist die Schätzung für die Lage des Parameters in der Grundgesamtheit, der Parameter in der Stichprobe ist schon bekannt.

Lösung 4

Nein, diese Formulierung ist nicht ganz korrekt. Um vollkommen korrekt zu sein, muss man sagen, dass in 95% aller Fälle, in denen man auf Basis einer vergleichbaren Stichprobe ein Konfidenzintervall berechnet, dieses Intervall tatsächlich den entsprechenden Parameter in der Grundgesamtheit einschließen wird. Das auf Basis einer einzelnen Stichprobe ermittelte Konfidenzintervall kann den Parameter in der Grundgesamtheit beinhalten oder nicht beinhalten. Ob dies der Fall ist, steht auch schon fest – Sie wissen es nur nicht genau. Wenn Sie davon ausgehen, dass das Konfidenzintervall den Parameter in der Grundgesamtheit einschließt, begehen Sie mit einer Wahrscheinlichkeit von 5% einen Irrtum.

Mit einer Sicherheit von mindestens 95% können Sie darauf vertrauen, dass Sie in einer Statistik-Klausur auf eine Frage dieser Art treffen werden. Sie sollten daher darauf vorbereitet sein und sich eine geeignete Formulierung zurechtlegen.

Lösung 5

Ein Hirschgeweih kann zwischen zwei und bis zu 50 und mehr Enden aufweisen.

1. Ein 95%-Konfidenzintervall für die durchschnittliche Anzahl der Enden der Geweihe männlicher Hirsche in dem Park berechnet sich als:

$$\bar{x} \pm Z^* \cdot \frac{s}{\sqrt{n}} = 5 \pm 1{,}96 \cdot \frac{3}{\sqrt{30}} = 5 \pm 1{,}07.$$

Sie können also mit einer Sicherheit von 95% davon ausgehen, dass die Geweihe der männlichen Hirsche in dem Park im Durchschnitt zwischen 3,93 und 6,07 Enden aufweisen.

2. Für ein 98%-Konfidenzintervall setzen Sie einen Z^*-Wert von 2,33 an (siehe Tabelle 9.1) und erhalten damit ein Konfidenzintervall von:

$$\bar{x} \pm Z^* \cdot \frac{s}{\sqrt{n}} = 5 \pm 2{,}33 \cdot \frac{3}{\sqrt{30}} = 5 \pm 1{,}28.$$

Mit einer Sicherheit von 98% können Sie davon ausgehen, dass die Geweihe der männlichen Hirsche in dem Park im Durchschnitt zwischen 3,72 und 6,28 Enden aufweisen.

Lösung 6

Versuchen Sie, für das Konfidenzintervall eine inhaltliche Interpretation zu finden:

1. Gemäß der Stichprobe beträgt der Gewichtsverlust der Patienten, die dem neuen Diätplan folgen, im ersten Monat zwischen 10,89 kg (11,4 − 0,51) und 11,91 kg (11,4 + 0,51). Diese Aussage ist zu 95% zuverlässig. (Dies bedeutet genau genommen: In 95% aller Fälle, in denen auf Basis einer vergleichbaren Stichprobe eine solche Aussage über die Grundgesamtheit getroffen wird, ist diese Aussage korrekt.)

2. Die Fehlergrenze beträgt ±0,51 kg.

Lösung 7

Die Fehlergrenze wird stets in der gleichen Einheit gemessen wie die Basisdaten und die Größe der Fehlergrenze hängt immer ganz wesentlich von der Stichprobengröße ab.

1. Kilometer je Liter

2. Erhöhen Sie die Stichprobengröße.

Lösung 8

Ja, das ist möglich, indem Sie gleichzeitig die Stichprobengröße erhöhen. Der Übergang von einem 80%- zu einem 95%-Konfidenzintervall führt zu einem größeren Z^*-Wert und damit zunächst einmal zu einem breiteren Konfidenzintervall. Eine Erhöhung der Stichprobengröße reduziert aber die Fehlergrenze und kann damit den Effekt des höheren Konfidenzniveaus auf das Konfidenzintervall kompensieren.

Die Fehlergrenze ist umso größer, je höher das Konfidenzniveau ist, und umso kleiner, je größer die Stichprobe ist.

Lösung 9

Um das gesuchte Konfidenzintervall zu berechnen, benötigen Sie folgende Daten aus der Aufgabenstellung: $n = 1.117$, $\hat{p} = 729 \div 1.117 = 0{,}65$ und Z^* beträgt für ein 98%-Konfidenzintervall 2,33 (siehe Tabelle 9.1). Damit ergibt sich folgendes Konfidenzintervall:

$$\hat{p} \pm Z^* \cdot \sqrt{\frac{\hat{p}(1 - \hat{p})}{n}} = 0{,}65 \pm 2{,}33 \cdot \sqrt{\frac{0{,}65 \cdot (1 - 0{,}65)}{1.117}}$$

$$= 0{,}65 \pm 2{,}33 \cdot \sqrt{0{,}0002}$$

$$= 0{,}65 \pm 0{,}03, \text{ also } (0{,}62; 0{,}68).$$

Mit einer Sicherheit von 98% können Sie davon ausgehen, dass der Anteil aller Studenten, die mindestens einmal im Semester ihre Familie besuchen, zwischen 0,62 und 0,68 liegt.

Achten Sie darauf, für $\hat{p}$ den richtigen Wert einzusetzen. Hier kann man leicht einen Fehler machen, wenn $\hat{p}$ in der Aufgabenstellung nicht explizit angegeben ist. In diesem Fall musste der Anteilswert zunächst berechnet werden als $729 \div 1.117 = 0,65$ beziehungsweise 65%. Es wäre falsch gewesen, den absoluten Anteil von 729 in die Formel einzusetzen. Ebenso wäre es falsch gewesen, die Prozentzahl 65 in der Formel für das Konfidenzintervall zu verwenden. Es ist wichtig, dass der Anteilswert als Dezimalzahl, hier also in der Form 0,65, in die Formel eingetragen wird.

Lösung 10

Alle notwendigen Größen sind in der Aufgabenstellung angegeben: $n = 2.500$, $\hat{p} = 0,5$ und Z^* beträgt für ein 95%-Konfidenzniveau 1,96 (siehe Tabelle 9.1). Damit beträgt die Fehlergrenze:

$$\pm Z^* \cdot \sqrt{\frac{\hat{p}(1-\hat{p})}{n}} = \pm 1,96 \cdot \sqrt{\frac{0,5 \cdot (1-0,5)}{2.500}} = \pm 1,96 \cdot 0,01 = \pm 0,020.$$

Lösung 11

Die Größe der Fehlergrenze hängt unter anderem von dem Konfidenzniveau und der Stichprobengröße ab.

1. In dieser Aufgabe ist $n = 1.000$, $\hat{p} = 0,73$ und $Z^* = 1,28$ (siehe Tabelle 9.1). Damit ergibt sich ein 80%-Konfidenzintervall von:

$$\hat{p} \pm Z^* \cdot \sqrt{\frac{\hat{p}(1-\hat{p})}{n}} = 0,73 \pm 1,28 \cdot \sqrt{\frac{0,73 \cdot (1-0,73)}{1.000}}$$

$$= 0,73 \pm 1,28 \cdot 0,014 = 0,73 \pm 0,018, \text{ also } (0,71; 0,75).$$

Das Konfidenzintervall erstreckt sich also von 71% bis 75%. Mit einer Sicherheit von 80% können Sie davon ausgehen, dass der Anteil aller Studenten, die mit einem Gebrauchtwagen durch die Gegend fahren, zwischen 71% und 75% liegt.

2. Um die Fehlergrenze zu halbieren, müssen Sie die Stichprobengröße vervierfachen. Dies können Sie unmittelbar an der Formel zum Berechnen der Fehlergrenze ablesen: In dieser Formel steht die Wurzel der Stichprobengröße im Nenner des Bruches. Eine Vervierfachung der Stichprobengröße führt also zu einer Verdoppelung des Nenners (denn $\sqrt{4} = 2$) und damit zu einer Halbierung der Fehlergrenze.

Lösung 12

Nein, die Höhe der Fehlergrenze ist hier vollkommen irrelevant, da die Angaben ohnehin auf einer vermutlich vollkommen verzerrten Stichprobe basieren und damit unbrauchbar sind.

Wenn Ihnen nicht klar ist, warum Onlineumfragen keine brauchbare Datenbasis liefern, lesen Sie die ausführliche Begründung in Kapitel 8 bei der Lösung zu dem Beispiel »Die Fehlergrenze richtig interpretieren«.

Hier bewahrheitet sich das Sprichwort »garbage in, garbage out«: Wenn schon die Datenbasis verzerrt ist, nützen die besten Statistik-Formeln nichts, es lassen sich beim besten Willen keine sinnvollen Erkenntnisse gewinnen. Dies gilt nicht nur für die Berechnung von Konfidenzintervallen, sondern ebenso für nahezu jede andere Statistik wie zum Beispiel auch für Hypothesentests.

Lösung 13

Wenn Sie hier die beiden Vergleichsgruppen sauber auseinanderhalten und die benötigten Daten für die Berechnung des Konfidenzintervalls richtig aus der Aufgabenstellung herauslesen, ist die Beantwortung der Aufgabe ein Kinderspiel.

1. Wenn die Gruppe mit dem alten Diätplan als Gruppe 1 und die mit dem neuen Diätplan als Gruppe 2 bezeichnet wird, liegen folgende Daten vor: $\bar{x} = 12{,}8$, $s_1 = 4{,}8$, $n_1 = 100$, $\bar{y} = 11{,}4$, $s_2 = 5{,}1$, $n_2 = 100$ und $Z^* = 1{,}64$. Damit beträgt das 90%-Konfidenzintervall für die Differenz zwischen den Diäterfolgen im ersten Monat (angegeben als Gewichtsverlust nach altem Plan minus Gewichtsverlust nach neuem Plan):

$$(\bar{x} - \bar{y}) \pm Z^* \cdot \sqrt{\frac{s_1^2}{n_1} + \frac{s_2^2}{n_2}} = (12{,}8 - 11{,}4) \pm 1{,}64 \cdot \sqrt{\frac{4{,}8^2}{100} + \frac{5{,}1^2}{100}}$$

$$= 1{,}4 \pm 1{,}64 \cdot 0{,}700$$

$$= 1{,}4 \pm 1{,}1 \text{ Kilogramm.}$$

Mit einer Sicherheit von 90% können Sie davon ausgehen, dass der Unterschied zwischen den mit beiden Diätprogrammen erzielten Gewichtsreduktionen zwischen 0,3 und 2,5 Kilogramm liegt (wobei das alte Diätprogramm zu stärkeren Gewichtsverlusten führt).

Je nachdem, welche der beiden Vergleichsgruppen die erste und welche die zweite Gruppe bildet, ergeben sich scheinbar entgegengesetzte Ergebnisse, da sich das Vorzeichen für das Konfidenzintervall ändert. Berücksichtigen Sie daher bei der Interpretation der Ergebnisse, welche Vergleichsgruppe als erste Gruppe herangezogen wurde. Je nach Reihenfolge der Gruppen lautet das Ergebnis dann entweder »Gruppe 1 führt zu einem um 0,3 bis 2,5 Kilogramm höheren Gewichtsverlust« oder »Gruppe zwei führt zu einem um 0,3 bis 2,5 Kilogramm geringeren Gewichtsverlust«.

2. Die Fehlergrenze wurde bereits bei der Berechnung des Konfidenzintervalls ermittelt; es ist in der Formel für das Konfidenzintervall der Teil $\pm Z^* \cdot \sqrt{\frac{s_1^2}{n_1} + \frac{s_2^2}{n_2}}$ und beträgt damit in diesem Beispiel 1,1 Kilogramm.

Lösung 14

Wenn Sie die Reihenfolge der Gruppen verändern, ändern sich die Vorzeichen der unteren und oberen Grenzen des Konfidenzintervalls.

1. Alle benötigten Daten zum Berechnen des Konfidenzintervalls sind aus der Aufgabenstellung bekannt: $\overline{x} = 35{,}2$, $s_1 = 5{,}4$, $n_1 = 40$, $\overline{y} = 32{,}1$, $s_2 = 3{,}8$, $n_2 = 40$ und $Z^* = 2{,}58$. Damit ergibt sich ein 99%-Konfidenzintervall für den Unterschied in der durchschnittlichen Reichweite des neuen Modells im Vergleich zum alten Modell von:

$$(\overline{x} - \overline{y}) \pm Z^* \cdot \sqrt{\frac{s_1^2}{n_1} + \frac{s_2^2}{n_2}} = (35{,}2 - 32{,}1) \pm 2{,}58 \cdot \sqrt{\frac{5{,}4^2}{40} + \frac{3{,}8^2}{40}}$$

$$= 3{,}1 \pm 2{,}58 \cdot 1{,}044 = 3{,}10 \pm 2{,}69 \ \text{km/l}.$$

Mit einer Sicherheit von 99% können Sie davon ausgehen, dass die Wagen des neuen Modells mit einem Liter im Durchschnitt zwischen 0,41 und 5,79 Kilometer weiter fahren können als die Autos des alten Modells.

2. Bei dieser Aufgabenstellung werden die Autos des alten Modells mit der geringeren Reichweite zur Gruppe 1, sodass der Mittelwert der Gruppe 1 unter dem Mittelwert der Gruppe 2 liegt. Dementsprechend ändert sich bei der Berechnung des Konfidenzintervalls das Vorzeichen der Mittelwertdifferenz, während alle übrigen Werte unverändert bleiben. Sie erhalten damit ein Konfidenzintervall mit den Grenzen $-3{,}10 \pm 2{,}69$, also $(-5{,}79; -0{,}41)$. Dieses Ergebnis ist ebenso richtig wie das Ergebnis der ersten Teilaufgabe, es stellt nur die gleiche Antwort aus einer anderen Perspektive dar. Das negative Vorzeichen zeigt hier an, dass die alten Modelle eine geringere Reichweite haben als die neuen Modelle. (Ebenso zeigt das positive Vorzeichen in der ersten Teilaufgabe an, dass die neuen Modelle eine größere Reichweite haben als die alten Modelle.)

Das Vorzeichen der Mittelwertdifferenz zeigt an, welche der beiden Gruppen den höheren Mittelwert aufweist. Dies sollten Sie bei der Interpretation der Ergebnisse mit einfließen lassen und explizit sagen, welche Grundgesamtheit einen um das mit dem Konfidenzintervall bestimmten Ausmaß höheren Mittelwert hat.

Lösung 15

Nur weil sich die Mittelwerte in zwei Stichproben voneinander unterscheiden, können Sie nicht ohne Weiteres davon ausgehen, dass auch die Mittelwerte in der Grundgesamtheit verschieden sind. Dies hängt vielmehr davon ab, ab welchem Konfidenzniveau Sie einen solchen Mittelwertunterschied als hinreichend wahrscheinlich erachten.

Stichprobenergebnisse variieren immer von Stichprobe zu Stichprobe, daher ist ein Unterschied zwischen zwei Stichproben zunächst nichts Besonderes. Die entscheidende Frage ist vielmehr, ob die Unterschiede hinreichend groß sind, dass man selbst unter Berücksichtigung der üblichen Schwankungen, die bei der Stichprobenziehung auftreten können, davon ausgehen kann, dass die Unterschiede auf entsprechende Unterschiede in der Grundgesamtheit zurückzuführen sind. Ist dies der Fall, bezeichnet man die Unterschiede als *statistisch signifikant*.

1. Indem der zweite Park als Gruppe 1 betrachtet wird, ergibt sich eine positive Mittelwertdifferenz in der Stichprobe. Die vorliegenden Informationen sind dann $\bar{x} = 6$, $s_1 = 3{,}2$, $n_1 = 35$, $\bar{y} = 5$, $s_2 = 3{,}0$, $n_2 = 30$ und $Z^* = 1{,}96$. Das 95%-Konfidenzintervall ergibt sich damit aus:

$$(\bar{x} - \bar{y}) \pm Z^* \cdot \sqrt{\frac{s_1^2}{n_1} + \frac{s_2^2}{n_2}} = (6 - 5) \pm 1{,}96 \cdot \sqrt{\frac{3{,}2^2}{35} + \frac{3{,}0^2}{30}}$$

$$= 1 \pm 1{,}96 \cdot 0{,}77 = 1 \pm 1{,}51 \text{ zu } (-0{,}51;\, 2{,}51).$$

Mit einer Sicherheit von 95% können Sie also davon ausgehen, dass die durchschnittliche Anzahl der Geweihenden bei den Hirschen in Park 2 um $-0{,}51$ bis $+2{,}51$ höher ist als bei den Hirschen in Park 1. Damit lässt sich bei einem Konfidenzniveau von 95% nicht schließen, dass die Hirsche in Park 2 mehr Enden aufweisen als die Hirsche in Park 1, denn die Differenz in der Anzahl der Enden kann (bei einem 95%-Konfidenzniveau) auch negativ sein.

2. Nein, dies lässt sich zumindest aus den vorliegenden Stichproben nicht folgern. Die untere Grenze des Konfidenzintervalls für die Differenz zwischen der Anzahl der Geweihenden in den beiden Parks ist negativ und die obere ist positiv. Damit liegt auch der Wert 0 innerhalb des 95%-Konfidenzintervalls. Die in den beiden Stichproben beobachteten Unterschiede sind damit nicht hinreichend groß, um (unter Berücksichtigung der Unterschiede, die sich durch zufällige Einflüsse bei der Stichprobenziehung ergeben können) mit einer Sicherheit von 95% auf entsprechende Unterschiede zwischen den beiden Grundgesamtheiten schließen zu können.

Lösung 16

Für die Berechnung eines Konfidenzintervalls benötigen Sie zwei unabhängige Stichproben. Die beiden in der Aufgabenstellung beschriebenen Stichproben sind aber nicht voneinander unabhängig, denn es handelt sich in beiden Fällen um dieselben Personen. Es gibt auch Formeln für die Berechnung eines Konfidenzintervalls für zwei abhängige Stichproben. Doch das ist nicht Gegenstand dieses Kapitels. Unabhängig davon ist es in diesem Fall aber aufgrund des Studiendesigns schon nicht sinnvoll, die Fragestellung so auszuwerten. Der so untersuchte Unterschied kann hier auch von der Reihenfolge (erster/zweiter Monat) stammen und es ist nicht klar, dass er auf das unterschiedliche Diätprogramm zurückzuführen ist.

Lösung 17

Aus der Aufgabenstellung sind die folgenden Werte bekannt: $\hat{p}_1 = \dfrac{915}{1.117} = 0,82$, $n_1 = 1.117$, $\hat{p}_2 = \dfrac{212}{1.200} = 0,18$, $n_2 = 1.200$ und $Z^* = 2,33$. Damit ergibt sich ein 98%-Konfidenzintervall von:

$$(\hat{p}_1 - \hat{p}_2) \pm Z^* \cdot \sqrt{\frac{\hat{p}_1(1 - \hat{p}_1)}{n_1} + \frac{\hat{p}_2(1 - \hat{p}_2)}{n_2}}$$

$$= (0,82 - 0,18) \pm 2,33 \cdot \sqrt{\frac{0,82(1 - 0,82)}{1.117} + \frac{0,18(1 - 0,18)}{1.200}}$$

$$= 0,64 \pm 2,33 \cdot \sqrt{0,00013 + 0,000123} = 0,64 \pm 0,04, \text{ also } (0,60; 0,68).$$

Mit einer Sicherheit von 98% können Sie davon ausgehen, dass der Anteil der Heimfahrer unter den inländischen Studenten zwischen 0,60 und 0,68 höher ist als unter den ausländischen Studenten. Der Anteil der Heimfahrer liegt also unter den inländischen Studenten um 60 bis 68 Prozentpunkte über dem Heimfahreranteil unter den ausländischen Studenten.

Lösung 18

Dies ist eine einfache Standardfrage nach dem Konfidenzintervall für eine Differenz zwischen zwei Anteilswerten.

1. Es bietet sich an, die Gruppe der Nichtraucher als Gruppe 1 zu betrachten (da in dieser Gruppe der höhere Anteilswert beobachtet wurde). Damit ergeben sich folgende Werte für die Berechnung des Konfidenzintervalls: $\hat{p}_1 = 0,84$, $n_1 = 500$, $\hat{p}_2 = 0,16$, $n_2 = 1.000$ und $Z^* = 1,96$. Das 95%-Konfidenzintervall für die Differenz zwischen den Anteilswerten beträgt somit:

$$(\hat{p}_1 - \hat{p}_2) \pm Z^* \cdot \sqrt{\frac{\hat{p}_1(1 - \hat{p}_1)}{n_1} + \frac{\hat{p}_2(1 - \hat{p}_2)}{n_2}}$$

$$= (0,84 - 0,16) \pm 1,96 \cdot \sqrt{\frac{0,84(1 - 0,84)}{500} + \frac{0,16(1 - 0,16)}{1.000}}$$

$$= 0,68 \pm 1,96 \cdot \sqrt{0,00027 + 0,00013} = 0,68 \pm 1,96 \cdot 0,02$$

$$= 0,68 \pm 0,04, \text{ also } (0,64; 0,72).$$

Mit einer Sicherheit von 95% können Sie davon ausgehen, dass der Anteil der Nichtraucher, die ein Rauchverbot befürworten, um 0,64 bis 0,72 über dem entsprechenden Anteil der Raucher liegt. In Prozentwerten ausgedrückt besagt dies, dass der Anteil der Befürworter eines Rauchverbots unter den Nichtrauchern zwischen 64 und 72 Prozentpunkte über dem entsprechenden Anteil der Raucher liegt.

2. Nein, selbstverständlich nicht. Da zwei voneinander unabhängige Stichproben betrachtet werden, gibt es überhaupt keinen Zusammenhang zwischen dem Anteilswert in der einen und dem in der anderen Stichprobe.

Lösung 19

Nicht jedes Konfidenzintervall liefert die gewünschten aussagekräftigen Ergebnisse.

1. Betrachtet man die männlichen Studenten als Gruppe 1, so gilt: $\hat{p}_1 = 0{,}72$, $n_1 = 1.000$, $\hat{p}_2 = 0{,}71$, $n_2 = 1.000$ und $Z^* = 1{,}28$. Damit ergibt sich das 80%-Konfidenzintervall:

$$(\hat{p}_1 - \hat{p}_2) \pm Z^* \cdot \sqrt{\frac{\hat{p}_1(1 - \hat{p}_1)}{n_1} + \frac{\hat{p}_2(1 - \hat{p}_2)}{n_2}}$$

$$= (0{,}72 - 0{,}71) \pm 1{,}28 \cdot \sqrt{\frac{0{,}72(1 - 0{,}72)}{1.000} + \frac{0{,}71(1 - 0{,}71)}{1.000}}$$

$$= 0{,}01 \pm 1{,}28 \cdot \sqrt{0{,}00020 + 0{,}00021} = 0{,}01 \pm 0{,}03, \text{ also } (-0{,}02;\ 0{,}04).$$

Mit einer Sicherheit von 80% können Sie davon ausgehen, dass der Anteil der Gebrauchtwagenfahrer unter den männlichen Studenten um −0,02 bis +0,04 über dem Anteil der Gebrauchtwagenfahrer unter den weiblichen Studenten liegt. Dieses Ergebnis bedeutet, dass Sie anhand der vorliegenden Stichprobendaten keinen zuverlässigen Rückschluss darauf ziehen können, ob sich unter einer der beiden Studentengruppen mehr oder weniger Gebrauchtwagenfahrer befinden als in der jeweils anderen Gruppe.

2. Wenn der Wert 0 innerhalb des Konfidenzintervalls liegt, bedeutet dies, dass sich bei dem verwendeten Konfidenzniveau keine Aussage darüber treffen lässt, ob sich die Anteilswerte voneinander unterscheiden. Die in den beiden Stichproben beobachteten Unterschiede sind zu gering, um daraus einen zuverlässigen Rückschluss auf die Grundgesamtheiten zu ziehen.

Lösung 20

Die Berechnung eines Konfidenzintervalls nach der bekannten Formel ist hier nicht geeignet. Der gesamte Kurs umfasst nur 100 Studenten und nur 10 davon sind politisch unabhängig. Wenn Bob aus dieser Gruppe eine 50%-Stichprobe zieht, erhält er eine Stichprobe mit einem Umfang von $n = 5$. Bei einer derart kleinen Stichprobe ist es ausgeschlossen, dass sowohl $n \cdot \hat{p}$ als auch $n \cdot (1 - \hat{p})$ mindestens 5 beträgt. Damit ist eine der Voraussetzungen für die Anwendung der Formel zum Berechnen des Konfidenzintervalls nicht erfüllt. Bob sollte sich also eine größere Stichprobe suchen, um zuverlässige Erkenntnisse über die Grundgesamtheit zu gewinnen.

Kapitel 10

Konfidenzintervalle entschlüsseln

Ein Konfidenzintervall zu berechnen ist mit ein wenig Übung offen gesagt ein Kinderspiel. Wesentlich schwieriger kann es dagegen sein, die inhaltliche Bedeutung des Konfidenzintervalls zu entschlüsseln und damit die Ergebnisse formal und inhaltlich richtig zu interpretieren. Dieses Kapitel soll Ihnen dabei helfen, auch bei der Interpretation von Konfidenzintervallen die notwendige Übung zu bekommen, die Sie brauchen, um eine brillante Interpretation im Halbschlaf aus dem Ärmel zu schütteln.

Konfidenzintervalle richtig interpretieren (sodass auch Ihr Lehrer zufrieden ist)

Konfidenzintervalle haben eine derart zentrale Bedeutung in der Statistik, dass Sie nahezu mit Sicherheit davon ausgehen können, dass in einer Klausur oder Prüfung zur einführenden Statistik auch der richtige Umgang mit Konfidenzintervallen abgefragt wird – und zwar meistens nicht mit einer, sondern mit zahlreichen Aufgaben, um die Thematik auch möglichst aus allen denkbaren Perspektiven beleuchten zu können. Die Übungsaufgaben in diesem Kapitel sind so zusammengestellt, dass sie möglichst viele der für die Interpretation von Konfidenzintervallen relevanten Aspekte abdecken, sodass Sie, wenn Sie dieses Kapitel durchgearbeitet haben, auf alle Eventualitäten vorbereitet sein sollten.

Wie lautet nun die richtige Interpretation für ein Konfidenzintervall? Angenommen, Sie haben ein 95%-Konfidenzintervall für den Mittelwert in der Grundgesamtheit berechnet. Für eine korrekte Interpretation sagen Sie dann: »Wir sind uns zu 95% sicher, dass der Mittelwert in der Grundgesamtheit innerhalb dieses Intervalls liegt.« Dies bedeutet nicht, dass es eine 95-prozentige Wahrscheinlichkeit dafür gibt, dass der Mittelwert innerhalb des Intervalls liegt. Sowohl die

Lage des Mittelwerts in der Grundgesamtheit als auch die Lage des Konfidenzintervalls sind, nachdem das Konfidenzintervall einmal berechnet wurde, fix und können sich nicht mehr verändern. Daher argumentieren Sie an dieser Stelle nicht auf Basis von Wahrscheinlichkeiten darüber, ob der Mittelwert in das Konfidenzintervall fällt oder nicht. Ob der Mittelwert in der Grundgesamtheit innerhalb des Intervalls liegt oder nicht, ist bereits entschieden und nicht mit einer Eintrittswahrscheinlichkeit belegt; die Unsicherheit, die dennoch existiert, besteht ausschließlich darin, dass Sie nicht wissen, ob der Mittelwert im Konfidenzintervall liegt. Daher beziehen Sie die nur 95-prozentige Sicherheit auf Ihren eigenen Kenntnisstand (»Wir sind uns zu 95% sicher ...«) und nicht auf die tatsächlichen Verhältnisse (also nicht »Mit einer Wahrscheinlichkeit von 95% liegt der Mittelwert ...«). Dieser Unterschied mag etwas abseitig oder spitzfindig wirken, ist aber in der Statistik (und vor allem nach Meinung vieler Statistiker, die Ihr Lehrer sehr wahrscheinlich teilt) tatsächlich von zentraler Bedeutung; wenn Sie diesen Unterschied verstanden und verinnerlicht haben, können Sie bei der Interpretation von Konfidenzintervallen kaum noch etwas falsch machen.

Das folgende Beispiel verdeutlicht noch einmal, wie man bei der Interpretation eines Konfidenzintervalls richtig formuliert.

Angenommen, eine Untersuchung in den USA hat gezeigt, dass sich 69% der wahlberechtigten Frauen in den USA tatsächlich für die Präsidentschaftswahl registriert haben. Die Fehlergrenze für dieses Ergebnis liegt für ein 95%-Konfidenzniveau bei ±0,03 (beziehungsweise ± 3 Prozentpunkten). Interpretieren Sie das Ergebnis der Studie.

Lösung

Auf Basis der vorliegenden Stichprobe sind Sie zu 95% sicher, dass der Anteil aller wahlberechtigten Frauen in den USA, die sich tatsächlich für die Präsidentschaftswahl registriert haben, zwischen 66% und 72% liegt.

Die 95-prozentige Sicherheit erklärt sich wie folgt: Wenn Sie die gleiche Untersuchung häufig wiederholen und jedes Mal ein 95%-Konfidenzintervall berechnen würden, würden genau 95% der Konfidenzintervalle tatsächlich den wahren Anteilswert in der Grundgesamtheit einschließen. Leider wissen Sie nicht, ob das Konfidenzintervall aus der einen Studie, die Ihnen vorliegt, zu diesen 95% gehört. Daher sind Sie nur »zu 95% sicher«, dass der Anteil der für die Wahl registrierten Frauen zwischen 66% und 72% liegt.

Aufgabe 1

Wenn Ihnen die Studienergebnisse der vorhergehenden Beispielaufgabe vorliegen, können Sie dann mit 95-prozentiger Sicherheit sagen, dass das von Ihnen berechnete Konfidenzintervall den wahren Anteil der für die Wahl registrierten Frauen in der Grundgesamtheit einschließt?

Aufgabe 2

Wenn Ihnen die Studienergebnisse der vorhergehenden Beispielaufgabe vorliegen, können Sie dann daraus schließen, dass sich 69% aller wahlberechtigten Frauen in den USA für die Präsidentschaftswahl registriert haben?

Aufgabe 3

Wenn Ihnen die Studienergebnisse der Beispielaufgabe vorliegen, können Sie dann sagen, dass sich 69% aller wahlberechtigten Frauen aus der Umfrage für die Präsidentschaftswahl registriert haben?

Aufgabe 4

Wenn Ihnen die Studienergebnisse der Beispielaufgabe vorliegen, können Sie dann sagen, dass sich mit hoher Wahrscheinlichkeit 69% aller wahlberechtigten Frauen in den USA für die Präsidentschaftswahl registriert haben?

Aufgabe 5

Wenn Ihnen die Studienergebnisse der Beispielaufgabe vorliegen, können Sie dann sagen, dass der Anteil aller wahlberechtigten Frauen in den USA, die sich für die Präsidentschaftswahl registriert haben, zwischen 66% und 72% liegt?

Aufgabe 6

Wenn Ihnen die Studienergebnisse der Beispielaufgabe vorliegen, können Sie dann mit 95-prozentiger Sicherheit sagen, dass der Wertebereich von 69% plus/minus 3% den wahren Anteil der wahlberechtigten Frauen aus der Stichprobe, die sich für die Präsidentschaftswahl registriert haben, einschließt?

Aufgabe 7

Wenn Ihnen die Studienergebnisse der Beispielaufgabe vorliegen, können Sie dann sagen, dass der wahre Anteil der wahlberechtigten Frauen, die sich für die Präsidentschaftswahl registriert haben, mit einer Wahrscheinlichkeit von 95% in den Wertebereich zwischen 66% und 72% fällt?

Aufgabe 8

Wenn Ihnen die Studienergebnisse der Beispielaufgabe vorliegen, können Sie dann Folgendes sagen: Wenn Sie die gleiche Studie mit einer gleichartigen Stichprobe sehr oft wiederholen und jedes Mal ein Konfidenzintervall berechnen, werden Sie nur in 5% der Fälle ein falsches Konfidenzintervall erhalten, das den wahren Anteilswert in der Grundgesamtheit nicht einschließt, während 95% der Konfidenzintervalle, die Sie auf diese Weise ermitteln, tatsächlich den Anteil in der Grundgesamtheit abdecken?

Aufgabe 9

Ist ein breites Konfidenzintervall etwas Erstrebenswertes?

Aufgabe 10

Sind die Konfidenzintervalle für ein hohes Konfidenzniveau immer sehr breit?

Aufgabe 11

Reduziert ein breites Konfidenzintervall das Risiko, dass die Ergebnisse verzerrt sind?

Aufgabe 12

Frank möchte die Fehlergrenze reduzieren, indem er die Stichprobe vergrößert. Er glaubt, dass er durch eine Verdopplung der Stichprobengröße die Fehlergrenze halbieren kann. Liegt er mit seiner Annahme richtig?

Das Ergebnis eines Konfidenzintervalls auswerten: Was die Formeln nicht verraten

Wenn Sie mit Daten arbeiten, die aus einer wohlgestalteten Umfrage oder einem sauber durchgeführten Experiment stammen und auf einer großen Zufallsstichprobe basieren, können Sie sich hinsichtlich der Datenqualität einigermaßen sicher fühlen. Wenn Sie dann auch bei hohem Konfidenzniveau eine geringe Fehlergrenze und damit ein schmales Konfidenzintervall erhalten, werden Sie davon ausgehen, dass das Konfidenzintervall eine recht präzise und zuverlässige Schätzung für die Lage des betreffenden Parameters in der Grundgesamtheit bietet. Leider ist die Welt jedoch nicht immer so schön. Warum nicht? Weil nicht alle Daten, die man als Statistiker zur Verfügung gestellt bekommt, aus sauber durchgeführten Umfragen oder Experimenten stammen und schon gar nicht immer auf einer großen, unverzerrten Zufallsstichprobe basieren.

Für die Fehlergrenze gilt bekanntermaßen: Weniger ist mehr. Allein auf die Größe der Fehlergrenze zu schauen kann aber irreführend sein, denn die Größe der Fehlergrenze sagt nichts über die Qualität der zugrunde liegenden Stichprobe aus. Ob die Daten in der Stichprobe verzerrt sind oder tatsächlich eine saubere Zufallsstichprobe aus der Grundgesamtheit bilden, lässt sich weder an der Fehlergrenze noch an dem Konfidenzintervall ablesen. Daher empfiehlt es sich immer, separat die Qualität der Daten zu untersuchen und nachzuforschen, ob die Stichprobendaten tatsächlich als unverzerrte Zufallsstichprobe aus der Grundgesamtheit angesehen werden können.

Das folgende Beispiel zeigt einen Fall, in dem die Höhe der Fehlergrenze irrelevant ist, weil die zugrunde liegende Stichprobe verzerrt ist und damit keine zuverlässigen Aussagen ermöglicht.

Angenommen, an einer Umfrage auf einer populären Website haben 50.000 User teilgenommen. Um auf Basis dieser Befragung Rückschlüsse auf die Gesamtbevölkerung zu ziehen, wurde ein Konfidenzintervall berechnet, wobei die Fehlergrenze erfreulich geringe 0,0045 beziehungsweise 0,45% beträgt. Ist diese Fehlergrenze aussagekräftig? Begründen Sie Ihre Antwort.

Lösung

Die Fehlergrenze wird sicherlich mathematisch korrekt berechnet sein, dennoch ist sie vollkommen wertlos. Jeder Rückschluss, der auf Basis der Befragung auf die Gesamtbevölkerung gezogen wird, basiert auf einer verzerrten Stichprobe und ist damit in jedem Fall falsch. Die Stichprobe ist verzerrt, weil sie keine reine Zufallsstichprobe aus der Grundgesamtheit darstellt. Bei einer Zufallsstichprobe hätte jedes Element der Grundgesamtheit (also jede Person aus der Gesamtbevölkerung) die gleiche Chance haben müssen, in die Stichprobe aufgenommen zu werden. Dies ist hier offenkundig nicht der Fall. Die Befragung richtet sich ausschließlich an Internetnutzer und zudem nur an solche, die die betreffende Website nutzen. Außerdem wurden die Teilnehmer an der Befragung wahrscheinlich nicht »zufällig gezogen«, sondern durch entsprechende Werbebotschaften zur Teilnahme eingeladen, und die Besucher der Website haben selbst entschieden, ob sie an der Befragung teilnehmen möchten. Auch hierbei findet ein verzerrender Selektionsprozess statt, da sich Personen, die von sich aus auf derartige Einladungen reagieren, von solchen Personen, die eine solche Einladung ignorieren, vermutlich in vielerlei Hinsicht unterscheiden.

Aufgabe 13

Ist die Fehlergrenze ein geeignetes Maß für eine mögliche Verzerrung der Daten?

Aufgabe 14

Angenommen, es werden statistische Ergebnisse ohne Fehlergrenze ausgewiesen. Können Sie dann davon ausgehen, dass die Fehlergrenze so klein ist, dass es sich nicht gelohnt hat, sie mit anzugeben, und dementsprechend den Ergebnissen vertrauen?

Lösungen für die Aufgaben zum Thema Entschlüsseln von Konfidenzintervallen

Lösung 1

Ja, genau dies ist die richtige Aussage. Sie sind sich zu 95% sicher, dass der Anteilswert in der Grundgesamtheit innerhalb des von Ihnen berechneten Konfidenzintervalls liegt.

Hier ist die genaue Formulierung entscheidend. Viele Prüfer würden es als falsch bewerten, wenn Sie sagen, es gibt eine 95-prozentige Wahrscheinlichkeit dafür, dass der Anteil in der Grundgesamtheit in das Konfidenzintervall fällt. Denn tatsächlich besteht keine Chance mehr, dass Mittelwert und Konfidenzintervall zusammenfallen – das ist bereits geschehen oder auch nicht geschehen –, Sie kennen nur leider das Ergebnis nicht. Deshalb sind Sie sich nur zu 95% sicher, dass Ihr Konfidenzintervall den wahren Mittelwert einschließt.

Lösung 2

Nein, eine derartige Aussage können Sie nicht treffen. Das Einzige, was Sie mit Sicherheit wissen, ist, dass sich 69% der wahlberechtigten Frauen *in der Stichprobe* für die Präsidentschaftswahl registriert haben. Diesen Wert können Sie jedoch nicht einfach auf die Grundgesamtheit übertragen. Um einen Rückschluss auf die Grundgesamtheit zu ziehen, müssen Sie ein Konfidenzintervall berechnen, und selbst dann bleibt noch entsprechend dem gewählten Konfidenzniveau eine gewisse Unsicherheit bestehen.

Sie sollten für die Lage eines Parameters in der Grundgesamtheit niemals einen einzigen Wert als Schätzung abgeben. Sie können die Lage des Parameters nur mithilfe eines Wertebereichs (eben des Konfidenzintervalls) eingrenzen, und auch damit können Sie nur zu einem gewissen Grad (der dem Konfidenzniveau entspricht) sicher sein, dass der Parameter tatsächlich innerhalb dieses Bereichs liegt.

Lösung 3

Ja, diese Aussage können Sie (sofern die befragten Frauen die Wahrheit gesagt haben) mit absoluter Sicherheit treffen. Die Aussage bezieht sich ausschließlich auf die Stichprobe und für die Stichprobe verfügen Sie über vollständige und sichere Daten. Allerdings ist diese Aussage nicht besonders wertvoll, denn sie bezieht sich ja nur auf einen sehr kleinen Teil aller wahlberechtigten Frauen in den USA und gilt damit – wie Sie ja wissen – nicht automatisch für die Grundgesamtheit.

Lösung 4

Nein, der Anteil in der Grundgesamtheit kann zwar 69% betragen, er kann aber auch einen anderen Wert haben. Sie können hoffen, dass der Anteil in der Grundgesamtheit möglichst nahe an dem Wert von 69% aus der Stichprobe liegt, Sie sollten aber nicht davon ausgehen, dass er exakt mit diesem Wert übereinstimmt.

Lösung 5

Es ist gut, wenn Sie für die Größe des Anteils in der Grundgesamtheit nicht einen einzelnen Wert, sondern einen Wertebereich nennen, und zwar wie in der Aufgabe formuliert den Bereich, den Sie als Konfidenzintervall ermittelt haben. Dennoch können Sie sich nicht sicher sein, dass der Anteilswert in der Grundgesamtheit tatsächlich innerhalb dieses Konfidenzintervalls liegt. Sie können dies nur mit einer gewissen Unsicherheit sagen, die Sie bei der Formulierung Ihrer Aussage auch zum Ausdruck bringen sollten. Behaupten Sie also nicht, dass der Anteil zwischen 66% und 72% liegt, sondern sagen Sie besser, dass Sie sich zu 95% sicher sind, dass sich zwischen 66% und 72% der wahlberechtigten Frauen für die Präsidentschaftswahl registriert haben.

Lösung 6

Sie können sich sogar zu 100% sicher sein, dass der tatsächliche Anteil innerhalb des Konfidenzintervalls liegt. Warum? Ganz einfach, die Aussage bezieht sich auf die Stichprobe, nicht auf die Grundgesamtheit. Für die Stichprobe wissen Sie, dass sich genau 69% der befragten Frauen für die Wahl registriert haben. Dieses Ergebnis gilt mit Sicherheit – auch wenn es wenig aussagekräftig ist, da es sich lediglich auf die wenigen Frauen aus der Stichprobe und nicht auf die Grundgesamtheit aller wahlberechtigten Frauen in den USA bezieht.

Lösung 7

Nein, diese Aussage wäre falsch, da sie eine Wahrscheinlichkeit dafür formuliert, dass der Parameter in der Grundgesamtheit einen bestimmten Wert annimmt (beziehungsweise in einen bestimmten Wertebereich fällt). Der Wert des Parameters in der Grundgesamtheit steht jedoch bereits fest – es ist nicht mehr offen, welchen Wert der Parameter annimmt, und damit lässt sich auch keine Wahrscheinlichkeit dafür angeben, ob der Parameter in einen bestimmten Wertebereich fällt –, entweder er liegt bereits innerhalb dieses Wertebereichs oder er wird dort auch nie landen. Die Wahrscheinlichkeit sollte sich auf die Zuverlässigkeit des Konfidenzintervalls beziehen. Eine richtige Aussage könnte zum Beispiel lauten: Mit einer Sicherheit von 95% (nicht mit einer Wahrscheinlichkeit von 95%) schließt das Konfidenzintervall den tatsächlichen Anteil in der Grundgesamtheit ein.

Lösung 8

Ja, diese Aussage ist vollkommen richtig.

Lösung 9

Nein. Das Ziel ist es immer, ein möglichst enges Konfidenzintervall bei einem hohen Konfidenzniveau zu erreichen. Das hohe Konfidenzniveau reduziert die Wahrscheinlichkeit, dass Sie sich mit Ihren Aussagen irren, während das enge Konfidenzintervall gleichzeitig die Lage des betreffenden Parameters in der Grundgesamtheit möglichst präzise angibt. Die Kombination aus engem Konfidenzintervall bei gleichzeitig hohem Konfidenzniveau lässt sich umso leichter erreichen, je größer die Stichprobe ist.

Lösung 10

Nicht zwangsläufig. Wenn die zugrunde liegende Stichprobe sehr groß ist, lässt sich auch bei hohem Konfidenzniveau ein enges Konfidenzintervall erreichen. Allerdings ist es richtig, dass bei gegebener Stichprobengröße das Konfidenzintervall umso breiter ist, je höher das Konfidenzniveau gewählt wird, denn ein hohes Konfidenzniveau schlägt sich in einem hohen Z*-Wert (beziehungsweise einem hohen T*-Wert) nieder und führt damit zu einer hohen Fehlergrenze und dementsprechend auch zu einem breiten Konfidenzintervall.

Lösung 11

Nein. Das Konfidenzintervall sagt nichts über das Ausmaß einer Verzerrung der Ergebnisse aus und hat auch keinen Einfluss auf eine mögliche Verzerrung.

Lösung 12

Frank liegt leider falsch. Dies lässt sich unmittelbar an der Formel zum Berechnen der Fehlergrenze ablesen. Für einen Mittelwert berechnet sich die Fehlergrenze nach der Formel $\pm Z^* \cdot \frac{s}{\sqrt{n}}$, für einen Anteilswert lautet die Formel $\pm Z^* \cdot \sqrt{\frac{\hat{p}(1-\hat{p})}{n}}$. In beiden Fällen steht die Stichprobengröße unter der Wurzel im Nenner. Um die Fehlergrenze zu halbieren, muss die Stichprobengröße daher vervierfacht werden (denn $\sqrt{4} = 2$).

Lösung 13

Nein. Eine Verzerrung der Daten führt dazu, dass die Stichprobe systematisch (und nicht nur durch Zufallseinflüsse) in ihrer Zusammensetzung von der Grundgesamtheit abweicht. Dies kann dazu führen, dass auch die Stichprobenparameter systematisch gegenüber den Parametern der Grundgesamtheit »verschoben« sind. Eine Verzerrung schlägt sich damit im Stichprobenparameter nieder und ist kaum zu erkennen. Insbesondere wird die Verzerrung nicht durch die Fehlergrenze oder die Breite des Konfidenzintervalls gemessen.

Die Fehlergrenze ist kein Maß für eine mögliche Verzerrung der Daten. Verzerrte Daten führen zu fehlerhaften Ergebnissen, und zwar vollkommen unabhängig davon, wie groß oder klein die Fehlergrenze ist. Auf Basis einer verzerrten Stichprobe können daher kaum brauchbare Ergebnisse gewonnen werden. Selbst wenn bei hohem Konfidenzniveau eine sehr kleine Fehlergrenze erreicht wird, kann das Konfidenzintervall systematisch gegenüber dem Parameter in der Grundgesamtheit verschoben sein.

Lösung 14

Nein, davon sollten Sie lieber nicht ausgehen. Besser wäre es, wenn Sie die Fehlergrenze selbst berechnen können. Bei kategorialen Daten benötigen Sie dazu nur die Stichprobengröße und die Stichprobenkennzahl (typischerweise den Anteilswert aus der Stichprobe), bei quantitativen Daten müssen Sie zusätzlich die Standardabweichung aus der Stichprobe kennen.

Wenn die Angabe der Fehlergrenze fehlt, gehen Sie nicht einfach davon aus, dass die Fehlergrenze schon hinreichend klein sein wird. Möglicherweise gibt es Gründe dafür, dass die Fehlergrenze nicht mit angegeben wurde – und der Grund besteht meistens nicht darin, dass der Forscher aus lauter Bescheidenheit die hohe Zuverlässigkeit seiner Ergebnisse verbergen wollte.

Teil IV
Hypothesen testen

Hypothesentests und Konfidenzintervalle stehen im Zentrum von einführenden Statistik-Kursen und werden von vielen Studenten als schwierig empfunden. Zu Unrecht. Einen Hypothesentest durchzuführen ist kinderleicht, ebenso wie ein Konfidenzintervall zu berechnen. Für beides benötigen Sie nicht wesentlich mehr als die Grundrechenarten der Mathematik – und eine einfache und verständliche Anleitung zum richtigen Umgang mit Hypothesentests. Eine solche Anleitung finden Sie in den beiden Kapiteln dieses Teils.

Sie lernen dabei, Hypothesentests für einen oder zwei Mittelwerte sowie für einen oder zwei Anteilswerte zu formulieren, durchzuführen und die Ergebnisse korrekt zu interpretieren.

Außerdem lernen Sie zu unterscheiden, wann Sie einen Hypothesentest durchführen und wann die Berechnung eines Konfidenzintervalls gefordert ist. Wenn Sie sich mit den Erläuterungen und Übungen in diesem Teil vertraut gemacht haben, werden Sie sich bereits sehr sicher auf dem Parkett der Statistik bewegen.

Kapitel 11

Hypothesentests

Ein Hypothesentest ist ein statistisches Verfahren, das dazu dient, eine Aussage über die Grundgesamtheit zu überprüfen. Die zu überprüfende Aussage bezieht sich typischerweise auf einen Parameter in der Grundgesamtheit und könnte zum Beispiel lauten: »Der Mittelwert in der Grundgesamtheit beträgt 5,5.« Die Aufgabe des Hypothesentests ist es dann, diese Aussage anhand der Daten aus einer zur Verfügung stehenden Stichprobe zu überprüfen. Der Hypothesentest untersucht dabei, ob die Aussage, die über den Parameter in der Grundgesamtheit getroffen wurde, vor dem Hintergrund der aus der Stichprobe bekannten Daten plausibel erscheint. Dabei gibt es einen wesentlichen Unterschied zu den Anwendungsfällen für ein Konfidenzintervall: Ein Konfidenzintervall verwenden Sie, wenn Sie noch keine Vorstellung davon haben, welchen Wert der betrachtete Parameter in der Grundgesamtheit hat. Wenn Sie dagegen schon eine Hypothese haben, wie groß der Parameter in der Grundgesamtheit sein müsste, verwenden Sie einen Hypothesentest, um Ihre Vermutung zu überprüfen.

In diesem Kapitel werden die grundlegenden Elemente eines Hypothesentests behandelt. Die folgenden Übungen betrachten die einzelnen Schritte zum Durchführen eines solchen Tests, von der Formulierung der Hypothese bis zur Interpretation des Ergebnisses. Dabei kommen die vier am häufigsten eingesetzten Hypothesentests zur Anwendung: Tests für den Mittelwert der Grundgesamtheit, Tests für einen Anteilswert in der Grundgesamtheit, Tests zum Vergleichen von zwei Mittelwerten und Tests zum Vergleichen von zwei Anteilswerten. Hierbei wird auch der Umgang mit der t-Verteilung geübt, die Sie benötigen, wenn die Stichprobe zu klein ist, um eine Normalverteilung (Z-Verteilung) unterstellen zu können (siehe auch Kapitel 7 zum Zusammenhang zwischen Normal- und t-Verteilung).

Schritt für Schritt durch einen Hypothesentest

Jede Hypothese beinhaltet in Wirklichkeit zwei Hypothesen. Die erste Hypothese heißt Nullhypothese und wird mit H_0 bezeichnet. Die Nullhypothese behauptet, dass der Parameter in der Grundgesamtheit einen bestimmten Wert hat. Wenn Sie zum Beispiel davon ausgehen, dass alle Studenten einer Hochschule im Aufnahmetest im Durchschnitt 75 Punkte erreichen, lautet Ihre Nullhypothese H_0: $\mu = 75$. Wenn Sie dagegen annehmen, dass 65% aller Studenten ein Handy besitzen, haben Sie H_0: $p = 0,65$ als Nullhypothese. Wenn sich Ihre Nullhypothese auf den Mittelwert in der Grundgesamtheit bezieht, wird der Wert, den Sie für den Mittelwert in der Nullhypothese annehmen, häufig auch mit μ_0 bezeichnet (zum Beispiel $\mu_0 = 75$); bezieht sich die Nullhypothese dagegen auf einen Anteilswert, wird der in der Nullhypothese unterstellte Wert mit p_0 bezeichnet (zum Beispiel $p_0 = 0,65$).

Zu jeder Nullhypothese gehört immer auch eine *Gegen-* beziehungsweise *Alternativhypothese*, die typischerweise mit H_1 bezeichnet wird. Wenn der Hypothesentest zu dem Ergebnis führt, dass H_0 falsch ist, nehmen Sie an, dass die Gegenhypothese zutrifft. Für die Gegenhypothese gibt es drei unterschiedliche Varianten:

- H_1: $\mu \neq \mu_0$. Der Parameter in der Grundgesamtheit ist ungleich dem in der Nullhypothese angenommenen Wert. Man spricht dann von einem zweiseitigen Hypothesentest.

- H_1: $\mu < \mu_0$. Der Parameter in der Grundgesamtheit ist kleiner als der in der Nullhypothese angenommene Wert. Man spricht dann von einem linksseitigen Hypothesentest.

- H_1: $\mu > \mu_0$. Der Parameter in der Grundgesamtheit ist größer als der in der Nullhypothese angenommene Wert. Man spricht dann von einem rechtsseitigen Hypothesentest.

Welche Art der Alternativhypothese Sie verwenden, hängt davon ab, welche Schlussfolgerung Sie ziehen möchten, wenn der Test ergibt, dass die Nullhypothese zurückgewiesen werden kann. Wenn jemand behauptet, die durchschnittliche Punktzahl in einer Aufnahmeprüfung betrage mindestens 75 Punkte, verwenden Sie H_1: $\mu > \mu_0$. Glaubt dagegen jemand, weniger als 65% aller Studenten besäßen ein Handy, verwenden Sie H_1: $p < 0,65$.

Für die Null- und die Alternativhypothese finden sich in verschiedenen Lehrbüchern unterschiedliche Abkürzungen. Die Nullhypothese wird nicht nur wie in diesem Buch als H_0, sondern zum Teil auch als Ho bezeichnet. Für die Alternativhypothese wird in diesem Buch die Abkürzung H_1 verwendet, in anderen Lehrbüchern finden Sie auch die Abkürzungen H_a beziehungsweise Ha.

Nachdem Sie die Hypothesen formuliert haben, besteht der nächste Schritt darin, die Daten zu sammeln und die Stichprobenkennzahl (zum Beispiel den Stichprobenmittelwert $\bar{x}$ oder den Stichprobenanteil $\hat{p}$) zu ermitteln. Anschließend berechnen Sie für diese Kennzahl die Prüfgröße, mit der Sie den Hypothesentest durchführen. Diese Prüfgröße ist das zentrale

Element jedes Hypothesentests. Die Prüfgröße (häufig auch als Teststatistik bezeichnet) ist ein Standardwert, der mithilfe der Z-Tabelle (oder der t-Tabelle bei kleinen Stichproben) ausgewertet werden kann. Um die Prüfgröße für eine Stichprobenkennzahl zu berechnen, gehen Sie folgendermaßen vor:

1. **Ziehen Sie von der Stichprobenkennzahl den in der Nullhypothese unterstellten Wert ab.**

2. **Teilen Sie das Ergebnis durch den Standardfehler für die Kennzahl (siehe hierzu auch Kapitel** 7).

Der Standardfehler für den Stichprobenmittelwert beträgt $\frac{s}{\sqrt{n}}$ (besser als s wäre σ, die Standardabweichung in der Grundgesamtheit, σ ist aber in aller Regel nicht bekannt), der hypothetische Standardfehler für einen Anteilswert aus der Stichprobe berechnet sich als $\sqrt{\frac{p_0(1-p_0)}{n}}$.

Wenn Sie die Prüfgröße berechnet haben, ist die meiste Arbeit schon erledigt. Jetzt müssen Sie nur noch in der Z-Tabelle (beziehungsweise der t-Tabelle bei kleinen Stichproben, beide Tabellen finden Sie auf der Schummelseite ganz vorn in diesem Buch) nachschauen, wie die Prüfgröße zu bewerten ist (also letztlich, welche Irrtumswahrscheinlichkeit mit dem Zurückweisen der Nullhypothese verbunden ist). Um die Prüfgröße mithilfe der Z- oder t-Tabelle zu bewerten, gibt es zwei mögliche Vorgehensweisen: Entweder Sie vergleichen Ihre Prüfgröße einfach mit kritischen Werten, die Sie zu Beginn des Tests definiert haben, oder Sie lesen in der Z- oder in der t-Tabelle den exakten p-Wert ab.

Wenn Sie mit zuvor definierten kritischen Werten arbeiten möchten, gehen Sie folgendermaßen vor: Zunächst legen Sie die Irrtumswahrscheinlichkeit (das Signifikanzniveau) α (Alpha) fest, die Sie für Ihren Test zu akzeptieren bereit sind. Welche Irrtumswahrscheinlichkeit akzeptabel ist, hängt ganz wesentlich von der jeweiligen Fragestellung und den Testbedingungen ab. Als Faustregel wird häufig ein Signifikanzniveau von 0,05 als Richtwert genannt – ebenso wie bei der Berechnung von Konfidenzintervallen häufig ein Konfidenzniveau von 95% gefordert wird. (Denn: Wenn α die Irrtumswahrscheinlichkeit ist, dann ist (1 − α) das Konfidenzniveau.)

In Prüfungen wird das Signifikanzniveau, das für eine konkrete Aufgabe zugrunde gelegt werden soll, häufig vom Prüfer vorgegeben. Wenn aus der Aufgabe nicht hervorgeht, welches Signifikanzniveau Sie anwenden sollen, empfiehlt sich ein α von 0,05, allerdings sollten Sie dann in einem Satz explizit dazuschreiben, dass Sie diese Irrtumswahrscheinlichkeit gewählt haben.

Nachdem Sie das Signifikanzniveau festgelegt haben, bestimmen Sie anhand der Z-Tabelle den beziehungsweise die beiden Grenzwerte, den beziehungsweise die Ihre Prüfgröße nicht über- oder unterschreiten darf. Diese Grenzwerte werden als *kritische Werte* bezeichnet. Liegt die Prüfgröße dann tatsächlich jenseits der kritischen Werte, lehnen Sie die Nullhypothese ab.

In Tabelle 11.1 sind einige kritische Werte für ein- und zweiseitige Tests aufgeführt. Die Werte basieren auf der Z-Verteilung (nicht auf der t-Verteilung) und wurden einzeln berechnet; daher sind die Angaben in dieser Tabelle etwas präziser als die Werte, die Sie in der Z-Verteilung auf der Schummelseite vorn in diesem Buch finden. Die Tabelle zeigt nur die kritischen Werte für einige ausgewählte Signifikanzniveaus; daneben können natürlich auch für jedes beliebige andere Signifikanzniveau kritische Werte bestimmt werden, die in der Tabelle aufgeführten Werte sollten aber für die meisten Fragestellungen ausreichen.

Signifikanzniveau α (Irrtumswahrscheinlichkeit)	Art der Alternativhypothese	Kritische Werte
0,01	>	+2,33
0,01	<	−2,33
0,01	≠	−2,58 und +2,58
0,05	>	+1,64
0,05	<	−1,64
0,05	≠	−1,96 und +1,96
0,10	>	+1,28
0,10	<	−1,28
0,10	≠	−1,64 und +1,64

Tabelle 11.1: Kritische Werte für Hypothesentests auf Basis der Z-Verteilung

Wenn Sie nun einen Hypothesentest durchführen und dabei eine Prüfgröße berechnen, die jenseits des beziehungsweise der jeweiligen kritischen Werte liegt, »lehnen Sie H_0 bei einem Signifikanzniveau von α ab«. Man sagt auch, die Prüfgröße fällt in den *Ablehnungsbereich*. Liegt die Prüfgröße dagegen nicht jenseits des beziehungsweise der jeweiligen kritischen Werte, dann »können Sie H_0 nicht zurückweisen«. Man sagt in diesem Fall auch, die Prüfgröße fällt in den *Akzeptanzbereich*.

Die Alternative zur Verwendung kritischer Werte ist die Ermittlung exakter p-Werte anhand der Z- beziehungsweise t-Tabelle. Die Vorgehensweise hierzu ist in Kapitel 12 erläutert. Typischerweise ziehen Statistiker die Verwendung der exakten p-Werte vor, da sich damit präzisere Aussagen über die Irrtumswahrscheinlichkeit für das Akzeptieren oder Ablehnen der Nullhypothese treffen lassen.

Das folgende Beispiel zeigt noch einmal, welche Informationen Sie für die Durchführung eines Hypothesentests zusammentragen müssen.

Angenommen, Sie testen H_0: $\mu = 7$ gegen H_1: $\mu < 7$.

1. Welchen Wert hat μ_0?

2. Welche Art von Test wird hier durchgeführt: ein rechtsseitiger Test, ein linksseitiger Test oder ein zweiseitiger Test?

3. Welchen kritischen Wert setzen Sie an, wenn Sie ein Signifikanzniveau von $\alpha = 0{,}01$ zugrunde legen? (Gehen Sie dabei von einer großen Stichprobe aus.)

Lösung

Mit diesem Test wird eine Aussage über den Mittelwert in der Grundgesamtheit überprüft.

1. Der Wert von μ_0 beträgt 7.

2. Es handelt sich um einen linksseitigen Test, denn die Alternativhypothese $\mu < 7$ unterstellt, dass der Mittelwert in der Grundgesamtheit »links« von dem Wert 7 liegt (also kleiner als 7 ist).

3. Der kritische Wert lässt sich einfach in Tabelle 11.1 ablesen; er beträgt $-2{,}33$.

Aufgabe 1

Erläutern Sie bitte, warum die folgenden Hypothesen nicht korrekt formuliert sind: $H_0: \overline{x} = 7$ gegen $H_1: \overline{x} \neq 7$.

Aufgabe 2

Angenommen, ein Pizzaservice gibt an, seine durchschnittliche Lieferzeit betrage 30 Minuten, Sie glauben aber, dass er wesentlich länger braucht, um die Pizza bis vor Ihre Haustür zu bringen. Wie lauten die Null- und die Alternativhypothese, um dies zu testen?

Aufgabe 3

Angenommen, die Republikaner in den USA behaupten, 55% der Bevölkerung würden, wenn heute Präsidentschaftswahlen wären, für die Republikaner stimmen. Sie glauben jedoch, der Anteil sei deutlich geringer. Wie lauten Ihre Nullhypothese und Ihre Alternativhypothese?

Aufgabe 4

In Tabelle 11.1 werden für ein 5%-Signifikanzniveau die kritischen Werte von 1,64, $-1{,}64$ und $+/-1{,}96$ für einen rechtsseitigen, linksseitigen und zweiseitigen Hypothesentest ausgewiesen. Erläutern Sie, wie diese kritischen Werte zustande kommen.

Hypothesen über den Mittelwert in der Grundgesamtheit testen

Ein Hypothesentest über den Mittelwert in der Grundgesamtheit wird durchgeführt, wenn eine quantitative Variable wie Alter, Einkommen oder Zeitdauer untersucht werden soll und sich die zu überprüfende Hypothese auf den Mittelwert dieser Variablen in der Grundgesamtheit bezieht (zum Beispiel auf alle bundesdeutschen Haushalte oder alle Studenten an der Universität Hamburg). Dr. Ruth Westheimer, eine bekannte amerikanische Psychotherapeutin (4. 6.1928 − 12. 7 2024), hat beispielsweise behauptet, dass berufstätige Mütter im Durchschnitt elf Minuten pro Tag mit ihren Kindern sprechen. (Für Väter liegt die Durchschnittszeit bei acht Minuten.) Da sich diese Aussage auf eine quantitative Variable (eine Zeitdauer) und eine einzige Grundgesamtheit (alle berufstätigen Mütter in den USA) bezieht, können Sie die Aussage mit einem Hypothesentest für einen Mittelwert überprüfen.

Die Nullhypothese für einen solchen Test sagt, dass der Mittelwert in der Grundgesamtheit, μ, einen bestimmten Wert μ_0 hat. Die Nullhypothese lautet also $H_0: \mu = \mu_0$. Für die Aussage, berufstätige Mütter sprechen elf Minuten am Tag mit ihren Kindern, lautet die Nullhypothese zum Beispiel $H_0: \mu = 11$. Die Alternativhypothese lautet entweder $\mu > \mu_0$, $\mu < \mu_0$ oder $\mu \neq \mu_0$. Wenn Sie beispielsweise vermuten, dass auch berufstätige Mütter tatsächlich mehr als elf Minuten mit ihren Kindern sprechen, lautet Ihre Alternativhypothese $H_1: \mu > 11$.

Die Formel zum Berechnen der Prüfgröße für einen Mittelwert in der Grundgesamtheit lautet $Z = \dfrac{\overline{x} - \mu_0}{\frac{s}{\sqrt{n}}}$.

Um die Prüfgröße zu berechnen, gehen Sie daher folgendermaßen vor:

1. **Berechnen Sie den Stichprobenmittelwert $\overline{x}$ sowie die Standardabweichung in der Stichprobe, s, und notieren Sie sich die Stichprobengröße n.**

2. **Berechnen Sie den Stichprobenfehler $\dfrac{s}{\sqrt{n}}$. (Falls die Standardabweichung in der Grundgesamtheit bekannt ist, verwenden Sie hier σ statt s.)**

3. **Berechnen Sie die Differenz $\overline{x}$ minus μ_0.**

4. **Dividieren Sie das Ergebnis aus Schritt 3 durch den Standardfehler, den Sie in Schritt 2 berechnet haben.**

Wenn Ihre Stichprobe mindestens 30 Beobachtungen umfasst, vergleichen Sie die so berechnete Prüfgröße mit dem kritischen Wert aus der Standardnormalverteilung (in der Z-Tabelle vorn in diesem Buch beziehungsweise als Auszug in Tabelle 11.1). Sollte die Stichprobengröße unter 30 liegen, vergleichen Sie die Prüfgröße mit der t-Verteilung mit $(n - 1)$ Freiheitsgraden (ebenfalls auf der Schummelseite vorn in diesem Buch abgedruckt). Liegt die Prüfgröße dabei jenseits der kritischen Werte, lehnen Sie H_0 ab, andernfalls können Sie H_0 nicht zurückweisen.

Das folgende Beispiel verdeutlicht die Vorgehensweise zum Durchführen eines Hypothesentests für den Mittelwert in der Stichprobe.

Angenommen, in der öffentlichen Diskussion wird beklagt, dass die Abiturienten in ihren Aufnahmeprüfungen für die Uni im Durchschnitt nur 78 von 100 möglichen Punkten erreichen. Sie glauben aber, der tatsächliche Durchschnittswert liegt höher als in der öffentlichen Diskussion behauptet. Für eine Stichprobe von 100 Studenten berechnen Sie eine durchschnittliche Punktzahl von 80.

1. Formulieren Sie die Nullhypothese und die Alternativhypothese für einen Test.

2. Ermitteln Sie den kritischen Wert für ein Signifikanzniveau von $\alpha = 0,02$.

Lösung

Die richtige Formulierung der Hypothesen ist entscheidend für den Hypothesentest.

1. Die Hypothesen lauten H_0: $\mu = 78$ gegen H_1: $\mu > 78$. Die Alternativhypothese bringt zum Ausdruck, dass Sie vermuten, der Durchschnittswert in der Grundgesamtheit sei größer als der in der Nullhypothese unterstellte Wert von 78. Daher führen Sie einen rechtsseitigen Test durch. Beachten Sie auch, dass der Wert 75 der Stichprobenmittelwert ist und daher nichts in den Hypothesen H_0 und H_1 zu suchen hat.

2. Der kritische Wert ist $Z = 2,1$. Diesen Wert können Sie folgendermaßen ermitteln: Das Signifikanzniveau ist mit $\alpha = 0,02$ vorgegeben und Sie führen einen rechtsseitigen Test durch. Daher ist der kritische Wert das 98%-Perzentil in der Z-Verteilung, denn die Wahrscheinlichkeit dafür, dass ein Wert zufällig über dem (also rechts von dem) 98%-Perzentil liegt, beträgt genau 2% (während mit einer Wahrscheinlichkeit von 98% ein zufälliger Standardwert unter dem 98%-Perzentil liegt). In der Z-Tabelle können Sie das 98%-Perzentil ablesen; es ist der Standardwert $Z = 2,1$, der damit den kritischen Wert für diesen Test bildet.

Aufgabe 5

Führen Sie den Hypothesentest H_0: $\mu = 7$ gegen H_1: $\mu > 7$ durch mit $\bar{x} = 7,5$, $s = 2$ und $n = 30$. Dabei sei $\alpha = 0,01$.

Aufgabe 6

Führen Sie den Hypothesentest H_0: $\mu = 75$ gegen H_1: $\mu \neq 75$ durch mit $\bar{x} = 73$, $s = 15$ und $n = 100$. Dabei sei $\alpha = 0,05$.

Aufgabe 7

Führen Sie den Hypothesentest H_0: $\mu = 100$ gegen H_1: $\mu > 100$ durch mit $\bar{x} = 105$, $s = 30$ und $n = 10$. Dabei sei $\alpha = 0,05$.

Aufgabe 8

Angenommen, Sie haben für einen linksseitigen Test einen kritischen Wert von $-1{,}96$ angesetzt. Welche Werte müsste die Prüfgröße annehmen, damit Sie H_0 zurückweisen?

Hypothesentests für einen Anteilswert in der Grundgesamtheit durchführen

Ein Hypothesentest für einen Anteilswert in der Grundgesamtheit wird durchgeführt, wenn eine kategoriale Variable wie Geschlecht, Parteienzugehörigkeit oder Familienstand untersucht werden soll und sich die zu überprüfende Hypothese auf den Anteilswert einer bestimmten Gruppe (zum Beispiel den Anteil der Frauen) in der Grundgesamtheit bezieht. Der Test überprüft dann, welcher Anteil der Personen (oder allgemein Beobachtungen) in der Grundgesamtheit eine bestimmte Eigenschaft besitzt (zum Beispiel »Wie viel Prozent aller Schüler besitzen ein eigenes Handy?«). Die Nullhypothese ist H_0: $p = p_0$, wobei p_0 ein bestimmter, vorgegebener Wert ist. Soll zum Beispiel die Behauptung »80% aller Schüler besitzen ein eigenes Handy« überprüft werden, hat p_0 den Wert 0,8. Die Alternativhypothese lautet je nach Fragestellung entweder $p > p_0$, $p < p_0$ oder $p \neq p_0$.

Die Formel zum Berechnen der Prüfgröße für einen Anteilswert in der Grundgesamtheit lautet $Z = \dfrac{\hat{p} - p_0}{\sqrt{\dfrac{p_0(1 - p_0)}{n}}}$, wobei $\hat{p}$ der aus der Stichprobe vom Umfang n ermittelte Anteilswert ist.

Um die Prüfgröße zu berechnen, gehen Sie daher folgendermaßen vor:

1. **Berechnen Sie den Anteilswert in der Stichprobe, $\hat{p}$. Sie ermitteln diesen Anteilswert, indem Sie die Anzahl der Beobachtungen (Personen), die die gesuchte Eigenschaft aufweisen, durch die Stichprobengröße n teilen.**

2. **Berechnen Sie den hypothetischen Standardfehler $\sqrt{\dfrac{p_0(1 - p_0)}{n}}$.**

3. **Berechnen Sie die Differenz aus dem Anteilswert in der Stichprobe und dem in der Nullhypothese unterstellten Anteilswert: $\hat{p} - p_0$.**

4. **Dividieren Sie das Ergebnis aus Schritt 3 durch das Ergebnis aus Schritt 2.**

Die so berechnete Prüfgröße vergleichen Sie anschließend mit dem beziehungsweise den kritischen Werten. Liegt die Prüfgröße jenseits der kritischen Werte, weisen Sie die Nullhypothesen zurück.

Das folgende Beispiel verdeutlicht noch einmal die Vorgehensweise zum Durchführen eines Hypothesentests für einen Anteilswert.

Angenommen, ein Politiker behauptet, 30% aller Schulkinder würden morgens ohne Frühstück in die Schule gehen. Sie glauben aber, der Anteil sei noch höher als 30%.

1. Formulieren Sie die Nullhypothese und die Alternativhypothese zum Überprüfen der Aussage des Politikers.

2. Bestimmen Sie den beziehungsweise die kritischen Werte für ein Signifikanzniveau von $\alpha = 0{,}05$. Gehen Sie dabei davon aus, dass Ihnen eine große Stichprobe vorliegt.

Lösung

Sie sollen eine Aussage überprüfen, die sich auf den Anteil einer bestimmten Gruppe von Personen in der Grundgesamtheit bezieht. Sie benötigen also einen Hypothesentest für einen Anteilswert.

1. Nach der Aussage des Politikers beträgt der Anteil der Schüler ohne Frühstück $p = 0{,}3$; diese Aussage wird als Nullhypothese formuliert. Ihre Vermutung ist, dass $p > 0{,}3$ ist, sodass Sie eine rechtsseitige Alternativhypothese ($>$) benötigen. Die Hypothesen sind also $H_0: p = 0{,}3$ gegen $H_1: p > 0{,}3$.

2. Der kritische Wert beträgt $Z = 1{,}64$. Diesen kritischen Wert können Sie wie folgt ermitteln: Da ein Signifikanzniveau von $\alpha = 0{,}05$ gefordert ist und Sie einen rechtsseitigen Test durchführen (die Alternativhypothese also $p > p_0$ lautet), ist der kritische Wert das 95%-Perzentil aus der Z-Verteilung, denn das 95%-Perzentil zeichnet sich gerade dadurch aus, dass 5% aller Zufallswerte über (und 95% unter) diesem Wert liegen. Wenn Sie nun in der t-Tabelle (siehe die Schummelseite ganz vorn in diesem Buch) das 95%-Perzentil nachschlagen, finden Sie den zugehörigen Standardwert von ungefähr 1,645. In Tabelle 11.1 ist dieser Wert mit 1,64 angegeben. Eigentlich beträgt er 1,64485..., in Tabelle 11.1 wird aber auf nur zwei Nachkommastellen gerundet. Sie verwenden dabei die Z-Verteilung, weil in der Aufgabe angegeben wurde, dass Ihnen eine große Stichprobe zur Verfügung steht.

Aufgabe 9

Führen Sie den Hypothesentest $H_0: p = 0{,}5$ gegen $H_1: p > 0{,}5$ durch mit $\hat{p} = 0{,}6$ und $n = 100$. Dabei sei $\alpha = 0{,}05$.

Aufgabe 10

Führen Sie einen Hypothesentest für $H_0: p = 0{,}5$ gegen $H_1: p < 0{,}5$ durch mit $\hat{p} = 0{,}4$ und $n = 100$. Dabei sei $\alpha = 0{,}05$.

Aufgabe 11

Führen Sie einen Hypothesentest für $H_0: p = 0{,}5$ gegen $H_1: p \neq 0{,}5$ durch. Sie kennen die Werte $k = 40$ und $n = 100$, wobei k die Anzahl der Beobachtungen in der Stichprobe ist, die in die gesuchte Gruppe fallen. Verwenden Sie dabei ein Signifikanzniveau von $\alpha = 0{,}01$.

Aufgabe 12

Angenommen, Sie haben einen Würfel und möchten überprüfen, ob dieser Würfel tatsächlich fair und unverfälscht ist. Hierzu untersuchen Sie die Häufigkeit, mit der beim Würfeln eine Eins fällt. Formulieren Sie die Null- und die Alternativhypothese für einen Test.

Hypothesentests für die Differenz zwischen zwei Mittelwerten in der Grundgesamtheit

Ein Hypothesentest für die Differenz zwischen zwei Mittelwerten in der Grundgesamtheit wird durchgeführt, wenn eine quantitative Variable wie Einkommen, Alter oder Geschwindigkeit betrachtet wird und untersucht werden soll, ob sich die Mittelwerte dieser Variablen in zwei Teilgruppen der Grundgesamtheit (beziehungsweise in zwei Grundgesamtheiten wie zum Beispiel Männer und Frauen oder Autos von BMW und Autos von Mercedes) in einem bestimmten Ausmaß voneinander unterscheiden. Um den Test durchführen zu können, müssen zwei voneinander unabhängige Zufallsstichproben vorliegen – eine aus jeder Grundgesamtheit (beziehungsweise aus jeder Teilgruppe der Grundgesamtheit). Die Nullhypothese für den Test besagt typischerweise, dass der Erwartungswert in beiden Grundgesamtheiten identisch ist (die Differenz zwischen den Erwartungswerten also 0 beträgt). Diese Nullhypothese wird formuliert in der Form $H_0: \mu_x - \mu_y = 0$, wobei μ_x den Erwartungswert der ersten und μ_y den Erwartungswert der zweiten Grundgesamtheit bezeichnet.

Die Formel zum Berechnen der Prüfgröße für einen Vergleich der Erwartungswerte aus zwei Grundgesamtheiten lautet $Z = \dfrac{(\bar{x}-\bar{y})-0}{\sqrt{\dfrac{s_x^2}{n_x}+\dfrac{s_y^2}{n_y}}}$, wobei n_x der Stichprobenumfang der Stichprobe aus der ersten Grundgesamtheit und n_y der Stichprobenumfang der Stichprobe aus der zweiten Grundgesamtheit ist.

Um die Prüfgröße zu berechnen, gehen Sie folgendermaßen vor:

1. **Berechnen Sie die Stichprobenmittelwerte $\bar{x}$ und $\bar{y}$ sowie die Standardabweichungen der Stichproben, s_x und s_y.**

2. **Berechnen Sie die Differenz zwischen den beiden Stichprobenmittelwerten, $\bar{x}-\bar{y}$.**

3. **Berechnen Sie den Standardfehler $\sqrt{\dfrac{s_x^2}{n_x}+\dfrac{s_y^2}{n_y}}$.**

4. **Dividieren Sie das Ergebnis aus Schritt 2 durch das Ergebnis aus Schritt 3.**

Die so berechnete Prüfgröße vergleichen Sie mit dem kritischen Wert. Liegt die Prüfgröße jenseits des kritischen Werts, weisen Sie die Nullhypothese zurück.

Die beschriebene Vorgehensweise unterstellt, dass die Nullhypothese immer davon ausgeht, dass die Erwartungswerte in der Grundgesamtheit identisch sind, und die Alternativhypothese einfach unterstellt, dies sei nicht der Fall. Natürlich können Sie auch andere Tests durchführen und beispielsweise in der Nullhypothese annehmen, die Differenz zwischen den Erwartungswerten betrage 3. Dieser Wert 3 ersetzt dann bei der Berechnung der Prüfgröße im Zähler des Bruches den Wert 0. Die Alternativhypothese können Sie wie immer zweiseitig (»ungleich«), rechtsseitig (»größer«) oder linksseitig (»kleiner«) formulieren. Beispiele hierzu finden Sie auch in den folgenden Übungsaufgaben.

Das folgende Beispiel verdeutlicht die Vorgehensweise zum Durchführen eines Hypothesentests für die Differenz zwischen zwei Erwartungswerten.

Ein Lehrer teilt einen Statistik-Kurs in zwei Gruppen auf, die er nach unterschiedlichen Lehrmethoden unterrichtet (einmal mit Computer und Animationen, einmal mit Bleistift und Papier), wobei sich jeder Schüler aussuchen darf, nach welcher Methode er unterrichtet werden möchte. Beide Kurse erhalten in der Abschlussklausur die gleichen Aufgaben, und der Lehrer möchte nun durch den Vergleich der durchschnittlich erzielten Punktzahl in den beiden Kursen herausfinden, ob der Computerunterricht zu besseren Leistungen führt.

1. Führt der Lehrer einen rechtsseitigen, einen linksseitigen oder einen zweiseitigen Test durch?

2. Offenbar verzichtet der Lehrer darauf, andere Faktoren, die das Testergebnis beeinflussen könnten, zu berücksichtigen. Welche Einflussfaktoren könnten hier relevant sein?

3. Wie könnte der Lehrer seinen Testansatz verbessern, um zuverlässigere Ergebnisse zu erhalten?

Lösung

Der Lehrer führt einen Test für die Differenz zwischen zwei Erwartungswerten in den Grundgesamtheiten durch, denn er vergleicht die durchschnittlichen Ergebnisse zweier Teilgruppen.

1. Der Lehrer möchte untersuchen, ob die Computergruppe bessere Ergebnisse erzielt als die zweite Gruppe, die nur mit Papier und Bleistift arbeitet. Er möchte also zeigen, dass Gruppe 1 (die Computergruppe) besser ist als Gruppe 2 (die mit Papier und Bleistift unterrichtete Gruppe), seine Alternativhypothese lautet also $H_1: \mu_x - \mu_y; > 0$; wobei μ_x der Erwartungswert der Punktzahl aus Gruppe 1 und μ_y der Erwartungswert der Punktzahl aus Gruppe 2 ist. Dies ist ein rechtsseitiger Test.

2. Wichtige Einflussfaktoren, die hier nicht berücksichtigt werden, könnten die Fähigkeiten der Schüler in den beiden Gruppen, ihre Kenntnisse im Umgang mit Computern, die Motivation der Schüler oder auch die Art, wie die Abschlussklausur durchgeführt wird, sein.

3. Da der Lehrer die Schüler wählen lässt, in welcher Gruppe sie unterrichtet
werden wollen, findet hier möglicherweise eine »Selbstselektion« statt, die das
Testergebnis erheblich beeinflussen kann. Denkbar wäre zum Beispiel, dass
Schüler, die besonders gut in Statistik sind, auch eine hohe Affinität zu Computern
haben und sich deshalb verstärkt für den Computerkurs melden. Dann würde
der Computerkurs im Ergebnis bessere Resultate liefern, die möglicherweise aber
nicht auf eine bessere Unterrichtsmethode, sondern ausschließlich auf bessere
Schüler zurückzuführen wären. Um diesen Effekt zu vermeiden, sollte der Lehrer
die Schüler nach einem Zufallsverfahren auf die beiden Gruppen verteilen und sie
nicht nach ihren Wünschen fragen.

Aufgabe 13

Führen Sie einen Hypothesentest für $H_0: \mu_x - \mu_y = 0$ gegen $H_1: \mu_x - \mu_y < 0$ durch und verwenden Sie dabei die Werte $\bar{x} = 7$, $\bar{y} = 8$, $s_x = 2$, $s_y = 2$, $n_x = 30$ und $n_y = 30$. Das Signifikanzniveau soll $\alpha = 0{,}01$ betragen.

Aufgabe 14

Führen Sie einen Hypothesentest für $H_0: \mu_x - \mu_y = 0$ gegen $H_1: \mu_x - \mu_y > 0$ durch und verwenden Sie dabei die Werte $\bar{x} = 75$, $\bar{y} = 70$, $s_x = 15$, $s_y = 10$, $n_x = 50$ und $n_y = 60$. Das Signifikanzniveau soll $\alpha = 0{,}05$ betragen.

Aufgabe 15

Führen Sie einen Hypothesentest für $H_0: \mu_x = \mu_y$ gegen $H_1: \mu_x \neq \mu_y$ durch und verwenden Sie dabei die Werte $\bar{x} = 75$, $\bar{y} = 70$, $s_x = 15$, $s_y = 10$, $n_x = 50$ und $n_y = 60$. Das Signifikanzniveau soll $\alpha = 0{,}05$ betragen.

Aufgabe 16

Angenommen, Sie führen einen Hypothesentest zum Vergleich zweier Erfahrungswerte durch (Erfahrungswert der Gruppe 1 minus Mittelwert der Gruppe 2) und Sie weisen die Nullhypothese $H_0: \mu_1 = \mu_2$ gegen $H_1: \mu_1 \neq \mu_2$ zurück. Sie schließen daraus, dass die Erfahrungswerte in der Grundgesamtheit nicht gleich groß sind. Können Sie auch noch weitere Schlüsse ziehen? Erläutern Sie, wie Sie an dem Vorzeichen der Prüfgröße erkennen können, welcher der beiden Mittelwerte in der Grundgesamtheit größer ist.

Test auf eine Mittelwertdifferenz bei gepaarten Stichproben

Einen Test auf die Differenz zwischen zwei Erfahrungswerten bei gepaarten Stichproben
führen Sie durch, wenn Sie eine quantitative Variable wie Alter oder Einkommen betrachten und dabei zwei Stichproben miteinander vergleichen, deren Beobachtungen paarweise
miteinander verbunden sind. Dies ist zum Beispiel der Fall, wenn Sie Ehepaare betrachten

und eine Stichprobe die Ehemänner und die zweite Stichprobe die zugehörigen Ehefrauen umfasst oder auch wenn Sie dieselben Personen zu zwei unterschiedlichen Zeitpunkten befragen. Ein typischer Anwendungsfall für einen solchen Test liegt beispielsweise vor, wenn die Wirkung einer bestimmten Maßnahme untersucht werden soll, wie die Behandlung mit einem Medikament oder die Anwendung eines Diätplans. Sie erheben dann die interessierende Größe, wie zum Beispiel das Gewicht der Personen, einmal zu Beginn der Diät und ein zweites Mal nach der Diät und erhalten so zwei gepaarte Stichproben.

Um den Hypothesentest für zwei gepaarte Stichproben durchzuführen, berechnen Sie zunächst aus den beiden gepaarten Stichproben eine neue »Stichprobe der paarweisen Differenzen«. Hierzu ermitteln Sie für jedes Beobachtungspaar aus den beiden Stichproben die Differenz zwischen den beiden beobachteten Werten. Wenn Sie wie in dem Beispiel oben Personen vor und nach einer Diät untersucht haben, enthält die erste Stichprobe das Gewicht zu Beginn und die zweite das Gewicht nach Abschluss der Diät. Angenommen, eine Person wog vorher 95 Kilogramm und nach der Diät 83 Kilogramm; dann beträgt die Wertedifferenz für diese Person $95 - 83 = +12$. Hat eine andere Person aus der Testgruppe während der Diät von 72 Kilogramm auf 74 Kilogramm zugenommen, ergibt sich für diese Person eine Differenz von -2. Auf diese Weise lässt sich die Wertedifferenz für jedes Beobachtungspaar aus den beiden Stichproben berechnen.

Der neue Datensatz, der die gepaarten Differenzen umfasst, bildet die Basis für den Hypothesentest. Für diesen Datensatz können Sie den Hypothesentest wie einen einfachen Hypothesentest auf den Erfahrungswert in der Grundgesamtheit durchführen. Indem Sie testen, dass der Erfahrungswert der gepaarten Differenzen gleich 0 ist, testen Sie zugleich, dass die Erfahrungswerte der beiden ursprünglichen, miteinander gepaarten Stichproben identisch sind. Die Nullhypothese für einen solchen Test wird in der Form $H_0\colon \mu_d = 0$ geschrieben, wobei μ_d der Erfahrungswert der gepaarten Differenzen ist.

Das hier beschriebene Vorgehen bei gepaarten Stichproben unterscheidet sich grundlegend von dem Vorgehen bei einem Hypothesentest zum Vergleichen zweier Mittelwerte aus unabhängigen Stichproben (siehe oben). Wenn Sie unabhängige Stichproben vergleichen, betrachten Sie einfach die Mittelwerte der beiden Stichproben und vergleichen diese direkt miteinander. Bei einem Vergleich von gepaarten Stichproben vergleichen Sie die einzelnen Beobachtungspaare aus den Stichproben miteinander. Die beiden Vorgehensweisen sollten nicht miteinander verwechselt werden.

Die Formel zum Berechnen der Prüfgröße für gepaarte Differenzen lautet $Z = \dfrac{\overline{d} - \mu_d}{\frac{s_d}{\sqrt{n}}}$, wobei μ_d den in der Nullhypothese unterstellten Erwartungswert der Differenzen in der Grundgesamtheit bezeichnet. Um die Prüfgröße zu berechnen, gehen Sie daher folgendermaßen vor:

1. **Berechnen Sie für jedes Beobachtungspaar die Differenz der beiden beobachteten Werte, indem Sie jeweils von dem Wert aus der ersten Stichprobe den Wert aus der zweiten Stichprobe abziehen. Die so berechneten Differenzen bilden die Basis für den folgenden Hypothesentest.**

2. **Berechnen Sie für alle Differenzen den Mittelwert $\overline{d}$ und die Standardabweichung s_d. Die Anzahl der Differenzen (die gleich der Anzahl der Beobachtungen in jeder der beiden ursprünglichen Stichproben sein muss) wird wie üblich mit n bezeichnet.**

3. **Berechnen Sie den Standardfehler $\dfrac{s_d}{\sqrt{n}}$.**

4. **Für die Nullhypothese H_0: $\mu_d = 0$ berechnen Sie $(\overline{d} - 0)$ geteilt durch den Standardfehler aus Schritt 3.**

Wenn die Anzahl der Beobachtungspaare mindestens 30 beträgt, vergleichen Sie die Prüfgröße mit dem beziehungsweise den kritischen Werten aus der Z-Verteilung (siehe die Tabelle auf der Schummelseite vorn in diesem Buch oder Tabelle 11.1). Wenn Sie weniger als 30 Beobachtungspaare haben, ermitteln Sie die kritischen Werte anhand der t-Verteilung mit $n - 1$ Freiheitsgraden (auch die Tabelle der t-Verteilung finden Sie auf der Schummelseite vorn in diesem Buch). Liegt die Prüfgröße jenseits des beziehungsweise der kritischen Werte, weisen Sie die Nullhypothese zurück, andernfalls können Sie H_0 nicht zurückweisen.

In dem folgenden Beispiel wird ein Hypothesentest für gepaarte Stichproben durchgeführt.

Angenommen, Sie möchten untersuchen, ob eine bestimmte Diätmethode gute Ergebnisse liefert. Hierzu messen Sie das Gewicht der Teilnehmer an dem Diätprogramm vor und nach der Diät.

1. Wenn Sie gerne zeigen möchten, dass die Diät gute Resultate liefert, welche Alternativhypothese H_1 formulieren Sie dann?

2. Erläutern Sie, warum Sie dadurch, dass Sie dieselben Personen vor und nach der Diät untersuchen, zuverlässigere Ergebnisse erhalten, als wenn Sie zwei unterschiedliche Personengruppen (Teilnehmer an dem Diätprogramm und Personen, die nicht an dem Programm teilnehmen) betrachten würden.

Lösung

Bei der Formulierung der Hypothesen ist es entscheidend, wie die gepaarten Differenzen berechnet wurden (Stichprobe A minus Stichprobe B oder umgekehrt Stichprobe B minus Stichprobe A), denn dies bestimmt das erwartete Vorzeichen der Differenzen. In diesem Fall gibt es eine natürliche (zeitliche) Reihenfolge der Messungen und die Differenzen sollten als »Gewicht vor der Diät« minus »Gewicht nach der Diät« berechnet werden.

1. Wenn das Diätprogramm eine Wirkung zeigt, muss der Gewichtsverlust positiv sein. Daher lauten die Hypothesen H_0: $\mu_d = 0$ gegen H_1: $\mu_d > 0$.

2. Wenn Sie unterschiedliche Personen untersuchen, erhöhen Sie die Zahl zusätzlicher Variablen, die das Ergebnis beeinflussen können, denn die Personen aus den beiden Gruppen können sich in vielerlei Hinsicht unterscheiden. Indem Sie dieselben Personen zu zwei unterschiedlichen Zeitpunkten betrachten, haben Sie eine ganze Reihe von möglichen verzerrenden Einflüssen ausgeschaltet.

Wenn Sie die Differenzen umgekehrt als »Gewicht nach der Diät« minus »Gewicht vor der Diät« berechnen, müssen Sie auch die Formulierung der Hypothesen anpassen. In diesem Fall würden Sie erwarten, dass das Gewicht nach der Diät geringer ist als vor der Diät; Ihre Alternativhypothese würde also negative Differenzen unterstellen und müsste $H_1: \mu_d < 0$ lauten.

Aufgabe 17

Führen Sie einen Hypothesentest für $H_0: \mu_d = 0$ gegen $H_1: \mu_d > 0$ durch und verwenden Sie dabei die Werte $\bar{d} = 2$, $s_d = 5$ und $n = 10$. Das Signifikanzniveau soll $\alpha = 0{,}05$ betragen.

Aufgabe 18

Führen Sie einen Hypothesentest für $H_0: \mu_d = 0$ gegen $H_1: \mu_d > 0$ durch und verwenden Sie dabei die Werte $\bar{d} = 2$, $s_d = 5$ und $n = 30$. Das Signifikanzniveau soll $\alpha = 0{,}05$ betragen.

Hypothesentests für die Differenz zwischen zwei Anteilswerten in der Grundgesamtheit

Ein Hypothesentest für die Differenz zwischen zwei Anteilswerten in der Grundgesamtheit wird durchgeführt, wenn eine kategoriale Variable wie Geschlecht, Nationalität oder Raucher/Nichtraucher betrachtet wird und untersucht werden soll, ob die Anteile der Beobachtungen mit einem bestimmten Merkmal in zwei Teilgruppen der Grundgesamtheit (beziehungsweise in zwei unterschiedlichen Grundgesamtheiten) in einem bestimmten Ausmaß voneinander abweichen. Auf diese Weise könnten Sie zum Beispiel untersuchen, ob der Anteil der Männer unter den BWL-Studenten (Grundgesamtheit 1) größer oder kleiner ist als unter den Soziologie-Studenten (Grundgesamtheit 2). Die Nullhypothese besagt dabei typischerweise, dass die Anteilswerte in beiden Grundgesamtheiten gleich groß seien. Gemäß dieser Nullhypothese müsste die Differenz zwischen den Anteilswerten gleich 0 sein, sodass die Nullhypothese häufig in der Form $H_0: p_1 - p_2 = 0$ aufgeschrieben wird, wobei p_1 den Anteilswert in der ersten Stichprobe vom Umfang n_1 und p_2 den Anteilswert in der zweiten Stichprobe vom Umfang n_2 bezeichnet.

Die Formel zum Berechnen der Prüfgröße für den Vergleich von zwei Anteilswerten lautet (für die Nullhypothese $H_0: \hat{p}_1 - \hat{p}_2 = 0$):

$$\frac{(\hat{p}_1 - \hat{p}_2) - 0}{\sqrt{\hat{p}(1 - \hat{p})\left(\dfrac{1}{n_1} + \dfrac{1}{n_2}\right)}}.$$

Dabei ist p_1 der Anteilswert in der Stichprobe aus Grundgesamtheit 1, p_2 der Anteilswert in der Stichprobe aus Grundgesamtheit 2 und p der Anteilswert in beiden Stichproben zusammengenommen.

Um die Prüfgröße zu berechnen, gehen Sie daher folgendermaßen vor:

1. **Berechnen Sie die Anteilswerte $\hat{p}_1$ und $\hat{p}_2$ für die beiden Stichproben und ermitteln Sie die beiden Stichprobengrößen n_1 und n_2 (die nicht identisch sein müssen).**

2. **Berechnen Sie den gesamten Stichprobenanteil für beide Stichproben gemeinsam. Dieser gesamte Stichprobenanteil $\hat{p}$ ist gleich der Anzahl aller Beobachtungen mit dem gesuchten Merkmal in den beiden Stichproben dividiert durch die Gesamtzahl aller Beobachtungen in beiden Stichproben, $(n_1 + n_2)$.**

3. **Bestimmen Sie die Differenz zwischen den beiden Anteilswerten in der Form $\hat{p}_1 - \hat{p}_2$.**

4. **Berechnen Sie den Standardfehler $\sqrt{\hat{p}(1-\hat{p})\left(\dfrac{1}{n_1}+\dfrac{1}{n_2}\right)}$.**

5. **Dividieren Sie das Ergebnis aus Schritt 3 durch den Standardfehler aus Schritt 4.**

Nachdem Sie die Prüfgröße berechnet haben, vergleichen Sie den Wert mit dem beziehungsweise den kritischen Werten. Liegt die Prüfgröße jenseits des beziehungsweise der kritischen Werte, weisen Sie die Nullhypothese zurück. Andernfalls können Sie H_0 nicht zurückweisen.

Das folgende Beispiel zeigt, wie ein Hypothesentest für den Vergleich von zwei Anteilswerten formuliert wird.

Angenommen, Sie möchten testen, ob der Anteil der Partei-1-Wähler unter den Männern größer ist als unter den Frauen.

1. Formulieren Sie die Null- und die Alternativhypothese.

2. Erläutern Sie, warum es für den Test unerheblich ist, wie groß der tatsächliche Anteil der Partei-1-Wähler unter den Männern und den Frauen ist.

Lösung

Die beiden Grundgesamtheiten, die Sie betrachten, sind die (wahlberechtigten) Männer und Frauen in Deutschland und Sie vergleichen den Anteil der Partei-1-Wähler in den beiden Gruppen. Damit ist p_1 der Anteil der Partei-1-Wähler unter den Männern und p_2 der Anteil der Partei-1-Wähler unter den Frauen.

1. Die Nullhypothese ist, dass der Anteil der Partei-1-Wähler unter den Männern und den Frauen gleich groß ist; die Alternativhypothese besagt, dass Männer zu einem größeren Anteil Partei 1 wählen als Frauen (denn Sie möchten testen, ob genau dies der Fall ist). Ihre Hypothesen lauten also $H_0: p_1 = p_2$ gegen $H_1: p_1 > p_2$.

2. Ihre Frage ist, ob es einen Unterschied zwischen den Anteilswerten in den beiden Gruppen gibt. Um diese Frage zu untersuchen, prüfen Sie, ob die Differenz zwischen den Anteilswerten gleich null ist. Das Ergebnis, für das Sie sich interessieren, ist damit unabhängig von dem Niveau der Anteilswerte. Wenn Ihr Ergebnis zum Beispiel besagt, dass der Anteil der Partei-1-Wähler unter den Männern tatsächlich höher ist als unter den Frauen, ist Ihre Frage beantwortet. Sie müssen dazu nicht wissen, ob der Anteil vielleicht unter den Männern 35% und unter den Frauen 30% oder unter den Männern 45% und unter den Frauen 40% beträgt. Möglicherweise finden Sie dieses absolute Niveau der Anteilswerte auch interessant; das hat dann aber nichts mehr mit dem hier betrachteten Test zu tun.

Die Nullhypothese wurde hier mit H_0: $p_1 = p_2$ angegeben. Sie hätte aber ebenso gut in der Form H_0: $p_1 - p_2 = 0$ geschrieben werden können. Beide Nullhypothesen besagen das Gleiche. Die zweite Schreibweise ist dabei eigentlich die »angenehmere«, denn sie zeigt explizit den Wert (nämlich 0), der für die Differenz zwischen den Anteilswerten unterstellt wird und der in die Formel zum Berechnen der Prüfgröße eingesetzt werden muss.

Aufgabe 19

Führen Sie den Hypothesentest für H_0: $p_1 - p_2 = 0$ gegen H_1: $p_1 - p_2 > 0$ durch und verwenden Sie dabei die Werte $\hat{p}_1 = 0{,}6$, $\hat{p}_2 = 0{,}5$, $\hat{p} = 0{,}55$, $n_1 = 100$ und $n_2 = 100$. Das Signifikanzniveau soll $\alpha = 0{,}05$ betragen.

Aufgabe 20

Führen Sie einen Hypothesentest mit H_0: $p_1 - p_2 = 0$ gegen H_1: $p_1 - p_2 \neq 0$ durch. Die relevanten Stichprobenwerte sind Ihnen bekannt mit $x_1 = 1.000$, $x_2 = 1.100$, $n_1 = 2.500$ und $n_2 = 2.500$. Führen Sie den Test mit einem Signifikanzniveau von $\alpha = 0{,}05$ durch.

Lösungen für die Aufgaben zum Thema Hypothesentests

Lösung 1

Beide Hypothesen beziehen sich auf $\bar{x}$, also den Stichprobenmittelwert. Das ist natürlich falsch; die Hypothesen müssen Aussagen über den Mittelwert (oder allgemein einen Parameter) in der Grundgesamtheit treffen, nicht über Stichprobenkennzahlen.

Fehler dieser Art sollten Sie unbedingt vermeiden, weil sie den ein oder anderen Prüfer ein wenig verärgert stimmen könnten. Stichprobenkennzahlen wie $\bar{x}$ oder $\hat{p}$ haben weder in der Nullhypothese noch in der Alternativhypothese etwas zu suchen. Die Hypothesen beziehen sich immer auf Parameter aus der Grundgesamtheit wie den Mittelwert der Grundgesamtheit μ oder einen Anteilswert in der Grundgesamtheit, p.

Lösung 2

Der Hypothesentest bezieht sich auf die durchschnittliche Lieferzeit, also auf den Mittelwert einer quantitativen Variablen. Der Lieferservice behauptet, der Mittelwert in der Grundgesamtheit betrage 30 (diese Behauptung wird zur Nullhypothese), Sie haben aber die Alternativhypothese, der Mittelwert sei >30. Sie testen also H_0: $\mu = 30$ gegen H_1: $\mu > 30$.

Wenn Sie für eine Klausur oder Prüfung üben, sollten Sie auch einmal Aufgaben verschiedenen Typs durcheinander bearbeiten, und zwar so, dass Sie nicht schon anhand des Kontextes (wie hier bereits aufgrund des Kapitels) wissen, um welchen Aufgabentyp es sich handelt. Denn auch in der Prüfung kann es gut sein, dass in den Aufgaben nicht explizit gefordert wird, einen Hypothesentest durchzuführen, sondern diese Anforderung aus der Aufgabenstellung herausgelesen werden muss.

Lösung 3

Bei diesem Test geht es um den Anteil der Republikaner in der Grundgesamtheit, also um den Anteilswert einer kategorialen Variablen. Die Behauptung, die zur Nullhypothese wird, lautet, der Anteil der Republikaner in der Grundgesamtheit betrage p = 55%, und Ihre Alternativhypothese ist, dass p < 55% ist. Sie testen also H_0: $p = 0{,}55$ gegen H_1: $p < 0{,}55$.

Verwenden Sie in Hypothesentests für Anteilswerte immer die Dezimalform, also zum Beispiel 0,55 statt 55%. Die Formeln zum Berechnen der Prüfgröße liefern kein korrektes Ergebnis, wenn Sie dort statt 0,55 den Wert 55 einsetzen.

Lösung 4

Bei einem rechtsseitigen Test weist die Alternativhypothese ein »Größer-Zeichen« (>) auf; H_1 unterstellt also, dass der Parameter in der Grundgesamtheit über dem in der Nullhypothese unterstellten Wert liegt. Das Signifikanzniveau von 0,05 besagt, dass Sie die Nullhypothese nur dann zurückweisen wollen, wenn die Irrtumswahrscheinlichkeit dabei maximal 5% beträgt. Dazu muss die Prüfgröße so groß sein, dass sie nur mit einer Wahrscheinlichkeit von unter 5% allein durch Zufallseinflüsse bei der Stichprobenziehung auftreten kann, obwohl die Nullhypothese wahr ist. In der Z-Tabelle können Sie ablesen, dass dies ab einem Standardwert von +1,64 der Fall ist, denn mit einer Wahrscheinlichkeit von 95% ist der Standardwert kleiner als 1,64. (Der Wert 1,64 wird in der Z-Tabelle auf der Schummelseite nicht aufgeführt, Sie können dort also nur erkennen, dass das 95%-Perzentil zwischen +1,6 und +1,7 liegt.) Daher ist +1,64 der kritische Wert für einen rechtsseitigen Hypothesentest bei einem Signifikanzniveau von $\alpha = 0{,}05$.

Umgekehrt weist die Alternativhypothese bei einem linksseitigen Test ein »Kleiner-Zeichen« (<) auf und unterstellt damit, dass der Parameter in der Grundgesamtheit unter dem in der Nullhypothese unterstellten Wert liegt. Bei $\alpha = 0{,}05$ wird die Nullhypothese somit nur dann zurückgewiesen, wenn die Prüfgröße so klein ist (so weit unter 0 liegt), dass ein derart geringer Wert nur mit einer Wahrscheinlichkeit von 5% durch Zufallseinflüsse bei der Stichprobenziehung auftreten kann, wenn die Nullhypothese tatsächlich wahr ist.

Dies ist bei einer Prüfgröße unter −1,64 der Fall, denn bei −1,64 liegt das 5%-Perzentil der Z-Verteilung.

Wenn Sie dagegen einen zweiseitigen Test durchführen, enthält die Alternativhypothese ein »Ungleich-Zeichen« ($\neq$). Die Nullhypothese wird daher sowohl bei einer besonders großen als auch bei einer besonders kleinen Prüfgröße zurückgewiesen, sodass Sie zwei kritische Werte benötigen. Bei einem Signifikanzniveau von 0,05 wird eine Irrtumswahrscheinlichkeit von maximal 5% akzeptiert. Die kritischen Werte für das Zurückweisen der Nullhypothese müssen daher so gewählt werden, dass die Gesamtwahrscheinlichkeit dafür, dass die Prüfgröße allein durch Zufallseinflüsse den oberen kritischen Wert überschreitet oder den unteren kritischen Wert unterschreitet, nur 5% beträgt. Das heißt mit anderen Worten: Den oberen kritischen Wert bildet das 97,5%-Perzentil, den unteren kritischen Wert das 2,5%-Perzentil. Dies sind gemäß der Z-Tabelle die Standardwerte +1,96 und −1,96.

Lösung 5

Es handelt sich um einen rechtsseitigen Test für den Mittelwert in der Grundgesamtheit mit $\mu_0 = 7$, $\bar{x} = 7{,}5$, $s = 2$ und $n = 30$. Die Prüfgröße beträgt damit:

$$z = \frac{\bar{x} - \mu_0}{\frac{s}{\sqrt{n}}} = \frac{7{,}5 - 7}{\frac{2}{\sqrt{30}}} = \frac{0{,}5}{0{,}365} = +1{,}37.$$

Der kritische Wert für einen rechtsseitigen Test mit $\alpha = 0{,}01$ beträgt +2,33 (siehe Tabelle 11.1). *Ergebnis:* Sie können die Nullhypothese nicht zurückweisen, denn die Prüfgröße ist kleiner als der kritische Wert (und Sie haben einen rechtsseitigen Test durchgeführt, die Alternativhypothese hat also unterstellt, der Mittelwert sei größer als der in der Nullhypothese angenommene Wert). *Interpretation:* Auf Basis der Ihnen vorliegenden Daten können Sie die Hypothese, der Mittelwert in der Grundgesamtheit betrage 7, nicht widerlegen. Obwohl der Mittelwert in der Stichprobe 7,5 beträgt, sind die Daten nicht aussagekräftig genug, um die Nullhypothese zurückzuweisen, denn ein Mittelwert von 7,5 kann sich in einer solchen Stichprobe, wie sie Ihnen vorliegt, durch Zufallseinflüsse bei der Stichprobenziehung mit einer Wahrscheinlichkeit von über 1% selbst dann ergeben, wenn der wahre Mittelwert in der Grundgesamtheit tatsächlich 7 beträgt. Würden Sie die Nullhypothese zurückweisen, würden Sie daher mit einer Wahrscheinlichkeit von über 1% einen Fehler begehen, und dies ist Ihnen zu riskant (denn in der Aufgabenstellung ist ein Signifikanzniveau von $\alpha = 0{,}01$ gefordert).

Wenn Sie einen Hypothesentest durchgeführt haben, sollten Sie noch einmal explizit das Ergebnis formulieren, also ausdrücklich sagen, ob Sie die Nullhypothese zurückweisen können oder nicht, und das Ergebnis inhaltlich mit Bezug auf die zugrunde liegende Fragestellung bewerten.

Lösung 6

Für diese Aufgabe benötigen Sie einen zweiseitigen Test für den Mittelwert in der Grundgesamtheit mit $\mu_0 = 75$, $\bar{x} = 73$, $s = 15$ und $n = 100$. Die Prüfgröße beträgt:

$$Z = \frac{\bar{x} - \mu_0}{\frac{s}{\sqrt{n}}} = \frac{73 - 75}{\frac{15}{\sqrt{100}}} = \frac{-2}{1,5} = -1,33.$$

Die kritischen Werte für einen zweiseitigen Test mit $\alpha = 0,05$ sind $-1,96$ und $+1,96$ (siehe Tabelle 11.1). *Ergebnis:* Sie können die Nullhypothese nicht zurückweisen, da die Prüfgröße zwischen den beiden kritischen Werten liegt, also weder den oberen kritischen Wert überschreitet noch den unteren kritischen Wert unterschreitet. *Interpretation:* Auf Basis der Ihnen zur Verfügung stehenden Daten lässt sich die Hypothese, der Mittelwert in der Grundgesamtheit betrage 75, nicht widerlegen.

Bei der Lösung von Hypothesentests in einer Prüfung oder Klausur sollten Sie explizit aufschreiben, welche Art von Test Sie durchführen. Das hilft dem Prüfer, die Vorgehensweise nachzuvollziehen und zu erkennen, dass Sie alles (wohlüberlegt und nicht durch Zufall) richtig gemacht haben.

Lösung 7

Für diese Fragestellung führen Sie einen rechtsseitigen Test für den Mittelwert in der Grundgesamtheit mit $\mu_0 = 100$, $\bar{x} = 105$, $s = 30$ und $n = 10$ durch. Beachten Sie dabei, dass die Stichprobe mit $n = 10$ zu klein ist, um die Z-Verteilung verwenden zu können. Sie müssen daher auf die t-Verteilung zurückgreifen. Wenn Sie einen Test auf Basis der t-Verteilung durchführen, sollten Sie im Allgemeinen die exakten p-Werte ermitteln (siehe hierzu Kapitel 12). Dennoch zeigt die Lösung hier, wie Sie die Aufgabe über die Bestimmung der kritischen Werte lösen.

Bei einer Stichprobengröße von 10 verwenden Sie die t-Verteilung mit $(n - 1) = 9$ Freiheitsgraden, die häufig mit T_9 bezeichnet wird. Die Prüfgröße beträgt hierbei

$$T_9 = \frac{\bar{x} - \mu_0}{\frac{s}{\sqrt{n}}} = \frac{105 - 100}{\frac{30}{\sqrt{10}}} = \frac{5}{9,487} = 0,53.$$

Der kritische Wert für einen solchen rechtsseitigen Test mit $\alpha = 0,05$ beträgt in der T_9-Verteilung 1,833. Dieser Wert lässt sich wie folgt ermitteln: Da es sich um einen rechtsseitigen Test mit einem Signifikanzniveau von 5% handelt, ist der kritische Wert das 95%-Perzentil, denn dieser Wert besitzt genau die gesuchte Eigenschaft, dass exakt 5% aller Zufallswerte größer (und 95% kleiner) sind. In der Tabelle der t-Verteilung (auf der Schummelseite ganz vorn in diesem Buch) können Sie ablesen, dass das 95%-Perzentil einer T_9-Verteilung (in der Zeile für neun Freiheitsgrade) der Wert 1,833 ist. *Ergebnis:* Sie können die Nullhypothese nicht zurückweisen, denn die Prüfgröße liegt nicht jenseits des kritischen Werts (in diesem Fall eines rechtsseitigen Tests also nicht über dem kritischen Wert). *Interpretation:* Auf Basis der Ihnen zur Verfügung stehenden Daten lässt sich die These, der Mittelwert in der Grundgesamtheit betrage 100, nicht widerlegen.

Lösung 8

Sie können die Nullhypothese zurückweisen, wenn Ihre Prüfgröße einen beliebigen Wert jenseits des kritischen Werts annimmt. In diesem Fall beträgt der kritische Wert $-1{,}96$, »jenseits« bedeutet also, »kleiner als«. Ist Ihre Prüfgröße kleiner als $-1{,}96$, zum Beispiel -2, weisen Sie die Nullhypothese somit zurück.

Lösung 9

Für diese Aufgabe benötigen Sie einen rechtsseitigen Test für einen Anteilswert in der Grundgesamtheit. Aus der Aufgabenstellung kennen Sie $p_0 = 0{,}5$, $\hat{p} = 0{,}6$, $n = 100$ und $\alpha = 0{,}05$. Die Prüfgröße für diesen Test beträgt damit:

$$z = \frac{\hat{p} - p_0}{\sqrt{\dfrac{p_0(1 - p_0)}{n}}} = \frac{0{,}6 - 0{,}5}{\sqrt{\dfrac{0{,}5(1 - 0{,}5)}{100}}} = \frac{0{,}1}{0{,}05} = 2.$$

Der kritische Wert für einen rechtsseitigen Test mit einem Signifikanzniveau von $\alpha = 0{,}05$ beträgt $+1{,}64$ (siehe Tabelle 11.1). *Ergebnis:* Sie können H_0 zurückweisen, denn die Prüfgröße liegt jenseits des kritischen Werts (in diesem Fall eines rechtsseitigen Tests also über dem kritischen Wert). *Interpretation:* Anhand der Ihnen vorliegenden Daten können Sie mit einer Irrtumswahrscheinlichkeit von 5% davon ausgehen, dass der tatsächliche Anteil der betrachteten Gruppe in der Grundgesamtheit mehr als 0,5 beträgt.

Lösung 10

Diese Aufgabe ist in gewisser Weise das Spiegelbild zu Aufgabe 9. Wenn Sie Aufgabe 9 bereits gelöst haben, müssten Sie das Ergebnis dieser Aufgabe ohne Berechnungen vorhersagen können.

Die beiden Hypothesen beschreiben einen linksseitigen Test für einen Anteilswert in der Grundgesamtheit mit $p_0 = 0{,}5$, $\hat{p} = 0{,}4$, $n = 100$ und $\alpha = 0{,}05$. Die Prüfgröße für diesen Test beträgt:

$$z = \frac{\hat{p} - p_0}{\sqrt{\dfrac{p_0(1 - p_0)}{n}}} = \frac{0{,}4 - 0{,}5}{\sqrt{\dfrac{0{,}5(1 - 0{,}5)}{100}}} = \frac{-0{,}1}{0{,}05} = -2 \ .$$

Der kritische Wert für einen linksseitigen Test mit einem Signifikanzniveau von $\alpha = 0{,}05$ beträgt $-1{,}64$ (siehe Tabelle 11.1). *Ergebnis:* Sie können H_0 zurückweisen, denn die Prüfgröße liegt jenseits des kritischen Werts (in diesem Fall eines linksseitigen Tests also unter dem kritischen Wert). *Interpretation:* Anhand der Ihnen vorliegenden Daten können Sie mit einer Irrtumswahrscheinlichkeit von 5% davon ausgehen, dass der tatsächliche Anteil der betrachteten Gruppe in der Grundgesamtheit weniger als 0,5 beträgt.

Lösung 11

Für diese Aufgabe benötigen Sie einen zweiseitigen Test für einen Anteilswert in der Grundgesamtheit. Sie kennen $p_0 = 0{,}5$, $n = 100$ und $\alpha = 0{,}01$. Der Anteilswert in der Stichprobe,

$\hat{p}$, ist in der Aufgabenstellung nicht explizit genannt, bekannt ist aber die absolute Anzahl der Beobachtungen aus der interessierenden Gruppe, $k = 40$, und die Stichprobengröße, $n = 100$. Der Anteilswert dieser Gruppe in der Stichprobe beträgt also $\hat{p} = \frac{k}{n} = 40 \div 100 = 0{,}4$. Damit ergibt sich für diesen Test eine Prüfgröße von

$$z = \frac{\hat{p} - p_0}{\sqrt{\dfrac{p_0(1 - p_0)}{n}}} = \frac{0{,}4 - 0{,}5}{\sqrt{\dfrac{0{,}5(1 - 0{,}5)}{100}}} = \frac{-0{,}1}{0{,}05} = -2.$$

Die kritischen Werte für einen zweiseitigen Test mit einem Signifikanzniveau von $\alpha = 0{,}01$ sind $-2{,}58$ und $+2{,}58$ (siehe Tabelle 11.1). *Ergebnis:* Sie können H_0 nicht zurückweisen, denn die Prüfgröße liegt zwischen den kritischen Werten, ist also weder größer als der obere noch kleiner als der untere kritische Wert.

Lösung 12

Wenn der Würfel unverfälscht ist, wird jede Seite des Würfels bei einem Sechstel aller Würfe oben erscheinen. In diesem Fall müsste der Anteil p, mit dem die Zahl 1 erscheint, also $\frac{1}{6}$ betragen. Ist der Würfel dagegen gezinkt, kann die 1 sowohl häufiger als auch seltener als bei einem Sechstel aller Würfe erscheinen. Die Hypothesen für den Test lauten also H_0: p = $\frac{1}{6}$ gegen H_1: p $\neq$ $\frac{1}{6}$.

Lösung 13

Die Hypothesen beschreiben einen linksseitigen Test für die Mittelwerte zweier Grundgesamtheiten mit $\bar{x} = 7$, $\bar{y} = 8$, $s_x = 2$, $s_y = 2$, $n_1 = 30$, $n_2 = 30$ und $\alpha = 0{,}01$. Daraus errechnet sich folgende Prüfgröße:

$$Z = \frac{(\bar{x} - \bar{y}) - 0}{\sqrt{\dfrac{s_x^2}{n_1} + \dfrac{s_y^2}{n_2}}} = \frac{(7 - 8) - 0}{\sqrt{\dfrac{2^2}{30} + \dfrac{2^2}{30}}} = \frac{-1}{0{,}516} = -1{,}94.$$

Der kritische Wert für einen linksseitigen Test mit $\alpha = 0{,}01$ beträgt $-2{,}33$ (siehe Tabelle 11.1). *Ergebnis:* Sie können die Nullhypothese nicht zurückweisen, da die Prüfgröße mit $-1{,}94$ nicht jenseits des kritischen Werts von $-2{,}33$ liegt (denn »jenseits« bedeutet bei einem linksseitigen Test »unterhalb«). *Interpretation:* Die vorliegenden Daten lassen es bei einer maximal zulässigen Irrtumswahrscheinlichkeit von 1% nicht zu, für die Grundgesamtheit anzunehmen, dass μ_x kleiner ist als μ_y.

Würden Sie ein Signifikanzniveau von $\alpha = 0{,}05$ zulassen, wäre der kritische Wert $-1{,}64$ und wäre damit größer als die Prüfgröße $-1{,}94$. Die Nullhypothese ließe sich damit zurückweisen. Dieser Einfluss des Signifikanzniveaus auf das Ergebnis des Hypothesentests wird noch expliziter, wenn Sie nicht mit kritischen Werten, sondern mit den exakten p-Werten arbeiten; siehe hierzu Kapitel 12.

Lösung 14

Hierzu führen Sie einen rechtsseitigen Test für die Differenz zwischen zwei Erwartungswerten durch. Alle Werte zum Durchführen des Tests sind mit $\overline{x} = 75$, $\overline{y} = 70$, $s_x = 15$, $s_y = 10$, $n_x = 50$, $n_y = 60$ und $\alpha = 0,05$ bekannt. Die Prüfgröße beträgt hier:

$$Z = \frac{(\overline{x} - \overline{y}) - 0}{\sqrt{\dfrac{s_x^2}{n_1} + \dfrac{s_y^2}{n_2}}} = \frac{(75 - 70) - 0}{\sqrt{\dfrac{15^2}{50} + \dfrac{10^2}{60}}} = \frac{5}{2,48} = 2,02.$$

Der kritische Wert für einen rechtsseitigen Test mit $\alpha = 0,05$ beträgt $+1,64$ (siehe Tabelle 11.1). *Ergebnis:* Sie können die Nullhypothese zurückweisen, denn die Prüfgröße liegt mit 2,02 jenseits des kritischen Werts von 1,64 (denn »jenseits« bedeutet bei einem rechtsseitigen Test »oberhalb«). *Interpretation:* Anhand der Ihnen vorliegenden Daten können Sie mit einer maximalen Irrtumswahrscheinlichkeit von 5% schließen, dass der erste Mittelwert in der Grundgesamtheit größer ist als der zweite Mittelwert. Sie können auch sagen, es besteht ein signifikanter Unterschied zwischen den beiden Mittelwerten.

Lösung 15

Die Hypothesen H_0 und H_1 sind in dieser Aufgabe etwas anders dargestellt als üblich, das betrifft aber nur die Schreibweise, denn die Hypothese H_0: $\mu_x = \mu_y$ ist nichts anderes als H_0: $\mu_x - \mu_y = 0$ (ziehen Sie einfach auf beiden Seiten der ersten Gleichung μ_y ab, und Sie erhalten die zweite Gleichung). Ebenso ist H_1: $\mu_x \neq \mu_y$ das Gleiche wie H_1: $\mu_x - \mu_y \neq 0$.

Damit entspricht dieser Hypothesentest dem Test aus Aufgabe 14, nur dass hier nicht ein rechtsseitiger, sondern ein zweiseitiger Test durchgeführt wird. Die Prüfgröße ist damit bereits aus Aufgabe 14 bekannt; sie beträgt 2,02. Die kritischen Werte müssen dagegen neu ermittelt werden; sie betragen für einen zweiseitigen Test mit einem 5%-Signifikanzniveau $-1,96$ und $+1,96$ (siehe Tabelle 11.1). *Ergebnis:* Auch hier können Sie die Nullhypothese zurückweisen, denn die Prüfgröße liegt jenseits der kritischen Werte (hier über dem oberen kritischen Wert). *Interpretation:* Die Ihnen vorliegenden Daten zeigen bei einer maximalen Irrtumswahrscheinlichkeit von 5%, dass ein signifikanter Unterschied zwischen den beiden Erwartungswerten besteht. (Und da die beobachtete Erwartungswertdifferenz positiv ist, können Sie auch folgern, dass der erste Erwartungswert größer ist als der zweite Erwartungswert.)

Bei einem zweiseitigen Test müssen Sie den α-Wert »halbieren«, um einmal den oberen und einmal den unteren kritischen Wert zu ermitteln. Daher ist es bei gleichem Signifikanzniveau mit einem zweiseitigen Test schwieriger, die Nullhypothese zurückzuweisen als bei einem einseitigen Test.

Lösung 16

Wenn Sie H_0 zurückgewiesen haben und daraus schließen, dass die Erwartungswerte in der Grundgesamtheit nicht identisch sind, können Sie an der Prüfgröße – oder genauer ausgedrückt an dem Zähler aus der Formel zum Berechnen der Prüfgröße – ablesen, welcher der beiden Mittelwerte der größere ist. Der Zähler lautet $\bar{x} - \bar{y}$ und gibt damit die Mittelwertdifferenz in den beiden Stichproben an. Wenn der Zähler positiv ist, bedeutet dies also, dass $\bar{x} > \bar{y}$ ist, und damit ist, wenn Sie bereits einen signifikanten Mittelwertunterschied festgestellt haben, wahrscheinlich auch $\mu_x > \mu_y$. Sie können also davon ausgehen, dass der erste Erwartungswert auch in der Grundgesamtheit größer ist als der zweite Erwartungswert. Ist dagegen $\bar{x} < \bar{y}$, verhält es sich entsprechend umgekehrt. Noch sinnvoller ist es, ein Konfidenzintervall für die Erwartungswertdifferenz zu berechnen, das es einem erlaubt, die Erwartungswertdifferenz der Grundgesamtheit explizit einzuschränken.

Wenn der Zähler aus der Formel zum Berechnen der Prüfgröße positiv (negativ) ist, ist auch der Wert der gesamten Prüfgröße positiv (negativ). Sie müssen also nicht zwingend auf den Wert des Zählers aus der Formel schauen, sondern können auch die Prüfgröße selbst betrachten, um zu ermitteln, welcher der beiden Erwartungswerte in der Grundgesamtheit der größere ist.

Lösung 17

Gefordert ist hier ein rechtsseitiger Test für gepaarte Differenzen mit $\bar{d} = 2$, $s_d = 5$, $n = 10$ und $\alpha = 0{,}05$. Nachdem diese Werte alle bekannt sind, führen Sie den Test genau so wie einen Test für einen einzelnen Erwartungswert in der Grundgesamtheit durch. Die Prüfgröße beträgt demnach:

$$\frac{\bar{d} - 0}{\dfrac{s_d}{\sqrt{n}}} = \frac{2 - 0}{\dfrac{5}{\sqrt{10}}} = \frac{2}{1{,}58} = 1{,}27.$$

Da die Stichprobe kleiner als 30 ist, benötigen Sie die kritischen Werte aus der t-Verteilung. Die Stichprobe umfasst $n = 10$ Beobachtungspaare, sodass hier die t-Verteilung mit $n - 1 = 9$ Freiheitsgraden relevant ist. Der kritische Wert für ein Signifikanzniveau von $\alpha = 0{,}05$ beträgt nach der t-Verteilung $+1{,}833$ (zum Ermitteln dieses Werts siehe auch die Lösung zu Aufgabe 7 in diesem Kapitel). *Ergebnis:* Sie können die Nullhypothese nicht zurückweisen, denn die Prüfgröße liegt nicht jenseits des kritischen Werts. *Interpretation:* Die Ihnen vorliegenden Daten erlauben es nicht, bei einer maximalen Irrtumswahrscheinlichkeit von 5% anzunehmen, dass die durchschnittlichen Differenzen zwischen den Beobachtungspaaren größer als 0 sind.

Lösung 18

Die Aufgabenstellung ist nahezu identisch mit Aufgabe 17; der einzige Unterschied besteht darin, dass nun mit $n = 30$ eine größere Stichprobe unterstellt ist. Sie führen also wieder einen rechtsseitigen Test für gepaarte Differenzen durch, und zwar nun mit $\bar{d} = 2$, $s_d = 5$, $n = 30$ und $\alpha = 0{,}05$. Damit ergibt sich hier folgende Prüfgröße:

$$\frac{\bar{d} - 0}{\dfrac{s_d}{\sqrt{n}}} = \frac{2 - 0}{\dfrac{5}{\sqrt{30}}} = \frac{2}{0{,}913} = 2{,}19.$$

Durch die größere Stichprobe hat nun auch die Prüfgröße einen höheren Wert als in Aufgabe 17. Außerdem können Sie bei der Stichprobengröße von 30 den kritischen Wert anhand der Z-Verteilung ermitteln. Dort lesen Sie für ein Signifikanzniveau von $\alpha = 0{,}05$ den Standardwert 1,64 ab. *Ergebnis:* Sie können die Nullhypothese nun zurückweisen, denn die Prüfgröße liegt jenseits des kritischen Werts. *Interpretation:* Aus den Ihnen vorliegenden Daten können Sie mit einer maximalen Irrtumswahrscheinlichkeit von 5% schließen, dass die durchschnittlichen Differenzen zwischen den Beobachtungspaaren größer als 0 sind. Sie haben also eine signifikante positive Differenz zwischen den Beobachtungspaaren festgestellt.

Eine größere Stichprobe verringert die Unsicherheiten, die aus der Stichprobenbetrachtung resultieren (also die möglichen Zufallseinflüsse bei der Stichprobenziehung), und führt daher leichter zu signifikanten Ergebnissen. Dies gilt umso mehr, wenn Sie durch eine größere Stichprobe statt der t-Verteilung die Z-Verteilung nutzen können, denn die t-Verteilung ist »konservativer«. Sie sollten daher stets versuchen, mit großen Stichproben (im besten Fall auch mit deutlich mehr als 30 Beobachtungen) zu arbeiten, um signifikante Ergebnisse zu erhalten.

Lösung 19

In dieser Aufgabe ist ein rechtsseitiger Test zum Vergleich von zwei Anteilswerten in der Grundgesamtheit gefordert. Alle notwendigen Informationen sind mit $\hat{p}_1 = 0{,}6$, $\hat{p}_2 = 0{,}5$, $\hat{p} = 0{,}55$, $n_1 = 100$, $n_2 = 100$ und $\alpha = 0{,}05$ gegeben. Damit ergibt sich folgende Prüfgröße:

$$\frac{(\hat{p}_1 - \hat{p}_2) - 0}{\sqrt{\hat{p}(1-\hat{p})\left(\dfrac{1}{n_1} + \dfrac{1}{n_2}\right)}} = \frac{(0{,}6 - 0{,}5) - 0}{\sqrt{0{,}55(1-0{,}55)\left(\dfrac{1}{100} + \dfrac{1}{100}\right)}} = \frac{0{,}1}{0{,}07} = +1{,}43.$$

Der kritische Wert für einen rechtsseitigen Test mit $\alpha = 0{,}05$ beträgt +1,64 (siehe Tabelle 11.1). *Ergebnis:* Sie können die Nullhypothese nicht zurückweisen, da die Prüfgröße nicht jenseits des kritischen Werts liegt. *Interpretation:* Die Ihnen vorliegenden Daten geben keinen signifikanten Hinweis darauf, dass die beiden Anteilswerte in der Grundgesamtheit verschieden sind.

Lösung 20

Die Hypothesen beschreiben einen zweiseitigen Test für zwei Anteilswerte aus der Grundgesamtheit. Um den Test durchführen zu können, müssen Sie zunächst die Anteilswerte für die beiden Stichproben berechnen:

$$\hat{p}_1 = \frac{x_1}{n_1} = \frac{1.000}{2.500} = 0{,}40; \quad \hat{p}_2 = \frac{x_2}{n_2} = \frac{1.100}{2.500} = 0{,}44;$$

$$\hat{p} = \frac{x_1 + x_2}{n_1 + n_2} = \frac{1.000 + 1.100}{2.500 + 2.500} = \frac{2.100}{5.000} = 0{,}42.$$

Damit können Sie die Prüfgröße wie folgt berechnen:

$$\frac{(\hat{p}_1 - \hat{p}_2) - 0}{\sqrt{\hat{p}(1 - \hat{p})\left(\dfrac{1}{n_1} + \dfrac{1}{n_2}\right)}} = \frac{(0{,}40 - 0{,}44) - 0}{\sqrt{0{,}42(1 - 0{,}42)\left(\dfrac{1}{2.500} + \dfrac{1}{2.500}\right)}} = \frac{-0{,}04}{0{,}0140} = -2{,}86.$$

Die kritischen Werte für einen zweiseitigen Test mit $\alpha = 0{,}05$ betragen $\pm 1{,}96$ (siehe Tabelle 11.1). *Ergebnis:* Sie können die Nullhypothese zurückweisen, da die Prüfgröße jenseits der kritischen Werte (in diesem Fall unterhalb des unteren kritischen Werts) liegt. *Interpretation:* Aus den Ihnen vorliegenden Daten können Sie mit einer Irrtumswahrscheinlichkeit von maximal 5% schließen, dass die beiden Anteilswerte in der Grundgesamtheit nicht gleich groß sind. Da Sie eine negative Prüfgröße ermittelt haben, können Sie zudem davon ausgehen, dass der Anteilswert in der ersten Gruppe wahrscheinlich kleiner ist als der Anteilswert in der zweiten Gruppe.

Der Unterschied zwischen den beiden Anteilswerten in den Stichproben ist mit 0,04 (also 4 Prozentpunkten) absolut gesehen recht gering, dennoch ist er signifikant und ermöglicht das Zurückweisen der Nullhypothese. Dies ist zum Teil der großen Stichprobe, die insgesamt 5.000 Beobachtungen umfasst, zu verdanken. Je größer die Stichprobe ist, desto eher lassen sich auch geringe Unterschiede aufspüren und auf entsprechende Unterschiede in der Grundgesamtheit zurückführen.

Kapitel 12

Der p-Wert und die Fehler erster und zweiter Art

Im vorhergehenden Kapitel werden zahlreiche Varianten von Hypothesentests durchgeführt und die Übungen konfrontieren Sie mit allen Elementen eines Hypothesentests: Nullhypothese und Alternativhypothese, Prüfgröße, kritische Werte, Zurückweisen oder Nichtzurückweisen der Nullhypothese und so weiter. Im besten Fall fühlen Sie sich nach all den Übungen sehr sicher im Umgang mit Hypothesentests – und müssen nun in diesem Kapitel lesen, dass bisher die p-Werte sträflich vernachlässigt wurden, obwohl diese doch eigentlich für einen professionellen Umgang mit Hypothesentests unverzichtbar sind. Aber seien Sie unbesorgt. Alle bisherigen Übungen waren keinesfalls überflüssig oder »halb gar«, sondern haben den Boden für die Krönung der Hypothesentests bereitet, die in diesem Kapitel erfolgt. In diesem Kapitel üben Sie, mithilfe von p-Werten noch bessere und präzisere Schlussfolgerungen aus einem Hypothesentest zu ziehen. Ganz nebenbei wird die richtige Interpretation von p-Werten geübt – eine Übung, von der Sie in Hausaufgaben, Klausuren und dem echten Leben immer wieder profitieren werden. (Habe ich schon erwähnt, dass auch Klausuren zum echten Leben gehören?)

Bevor wir loslegen, noch einmal eine kurze Zusammenfassung: Jeder Hypothesentest umfasst zwei Hypothesen: die Nullhypothese, H_0, und die Alternativhypothese, H_1. Sie gehen davon aus, dass die Nullhypothese wahr ist, bis Sie hinreichend starke Hinweise gefunden haben, die gegen die Nullhypothese sprechen. (Es ist also ähnlich wie in einem Gerichtsverfahren: Im Zweifel für den Angeklagten, der als unschuldig gilt, bis das Gegenteil bewiesen ist; allerdings geben wir uns in der Statistik zwangsläufig auch mit »starken Indizien« zufrieden, solange die Irrtumswahrscheinlichkeit ein vorgegebenes Höchstmaß nicht überschreitet.) Wenn Sie dagegen über Daten verfügen, die signifikant gegen die Nullhypothese sprechen, weisen Sie die Nullhypothese zurück. Dabei stellt sich aber zwangsläufig die Frage: Wie stark müssen Ihre Daten die Nullhypothese infrage stellen, um als »signifikant«

zu gelten? Wären wir in einem Gerichtsverfahren, bei dem es um Gerechtigkeit geht, ließe sich diese Frage unmöglich beantworten. Glücklicherweise haben wir Statistiker es dabei viel einfacher: Wir schauen einfach auf die Wahrscheinlichkeit, mit der wir uns irren werden, wenn wir die Nullhypothese zurückweisen. Und genau da kommt der p-Wert ins Spiel.

Endlich verstehen, was ein p-Wert genau misst

p-Werte helfen Ihnen dabei, eine Entscheidung über einen Hypothesentest zu treffen. Anstatt einfach nur zu sagen: »Ich weise die Nullhypothese zugunsten der Alternativhypothese zurück«, sind Sie mithilfe der p-Werte in der Lage, genau zu quantifizieren, mit welcher Signifikanz Sie gegen die Nullhypothese argumentieren. Je stärker Ihre Daten gegen die Nullhypothese sprechen, desto geringer ist der p-Wert. Denn der p-Wert sagt Ihnen genau, mit welcher Wahrscheinlichkeit Sie einen Irrtum begehen, wenn Sie die Nullhypothese zurückweisen. Sie müssen dann nur noch entscheiden, bis zu welcher Irrtumswahrscheinlichkeit Sie bereit sind, das Risiko zu tragen. Häufig gilt dabei eine Irrtumswahrscheinlichkeit von 5% als die magische Schwelle. Darüber hinaus können Sie p-Werte nicht nur verwenden, um für sich selbst zu entscheiden, ob Sie die Nullhypothese zurückweisen, sondern auch, um die Zuverlässigkeit Ihrer Ergebnisse gegenüber Dritten zu dokumentieren.

Um den p-Wert für einen Hypothesentest zu ermitteln, lesen Sie einfach in der Standardnormalverteilung (der Z-Verteilung) die Wahrscheinlichkeit dafür ab, dass ein Zufallswert »jenseits« der Prüfgröße liegt (ob »jenseits« dabei »über« oder »unter« bedeutet, hängt davon ab, welche Art von Test Sie durchgeführt haben). Diese Wahrscheinlichkeit gibt genau genommen an, wie wahrscheinlich es ist, dass Sie eine Prüfgröße mit dem vorliegenden oder einem sogar noch stärker abweichenden Wert erhalten, wenn tatsächlich die Nullhypothese wahr ist. Je geringer diese Wahrscheinlichkeit ist, desto stärker sprechen Ihre Daten gegen die Nullhypothese.

Das folgende Beispiel zeigt, wie ein p-Wert interpretiert werden kann.

Angenommen, Sie hören von einem Forscher, er habe ein statistisch signifikantes Ergebnis erhalten, und neben dem Ergebnis sehen Sie in Klammern die Angabe (p = 0,001). Erläutern Sie, was »statistisch signifikant« in diesem Fall genau bedeutet.

Lösung

Die Angabe (p = 0,001) bedeutet natürlich, dass der p-Wert 0,001 beträgt. Das ist nach den Maßstäben der meisten Wissenschaftler ein sehr kleiner Wert. Je kleiner ein p-Wert ist, desto stärker sprechen die Daten gegen die Nullhypothese. Auch der Forscher in diesem Beispiel hat den p-Wert offenbar als hinreichend gering erachtet, um die Nullhypothese zurückzuweisen, denn er bezeichnet hier sein Ergebnis als »statistisch signifikant«, und dies bedeutet nichts anderes, als dass er sich hinreichend sicher fühlt, um die Nullhypothese abzulehnen. Der p-Wert zeigt ihm an, dass er dabei nur mit einer Wahrscheinlichkeit von 0,001 beziehungsweise 0,1% einen Irrtum begeht.

Aufgabe 1

Bob und Martha wollen beide die gleiche Hypothese überprüfen und erheben dazu jeder eine eigene Stichprobe. Bob berechnet für seine Stichprobe einen p-Wert von 0,05, Martha erhält einen p-Wert von 0,01.

1. Warum erhalten Bob und Martha nicht den gleichen p-Wert, obwohl sie die gleiche Hypothese untersuchen?

2. Wer hat die besseren Argumente, um die Nullhypothese zurückzuweisen?

Aufgabe 2

Bedeutet ein kleiner p-Wert, dass die Nullhypothese falsch ist? Begründen Sie Ihre Antwort.

Einen p-Wert ermitteln

Um den genauen p-Wert für eine Prüfgröße zu ermitteln, gehen Sie folgendermaßen vor:

1. **Die Prüfgröße ist nichts anderes als ein Standardwert. Suchen Sie daher als Erstes den Ihrer Prüfgröße entsprechenden Standardwert in der Z-Verteilung (oder der t-Verteilung, wenn Sie mit einer sehr kleinen Stichprobe arbeiten).**

   Sowohl die Z- als auch die t-Verteilung finden Sie auf der Schummelseite ganz vorn in diesem Buch.

2. **Ermitteln Sie die Wahrscheinlichkeit dafür, dass Sie zufällig einen Standardwert jenseits der von Ihnen berechneten Prüfgröße erhalten.**

   Wenn die Prüfgröße einen positiven Wert hat, suchen Sie die Wahrscheinlichkeit dafür, dass ein zufälliger Standardwert gleich oder größer diesem Wert ist. Hat die Prüfgröße dagegen einen negativen Wert, benötigen Sie die Wahrscheinlichkeit dafür, dass ein zufälliger Standardwert gleich oder kleiner diesem Wert ist.

   Diese Regel zum Ermitteln des p-Werts ist etwas unpräzise und gilt wahrscheinlich nur in 99,9% aller Fälle. In Wirklichkeit kommt es nämlich nicht auf das Vorzeichen der Prüfgröße, sondern auf die Art des Hypothesentests an: Wenn Sie einen rechtsseitigen Test durchführen (die Alternativhypothese also behauptet, der gesuchte Parameter aus der Grundgesamtheit sei größer als in der Nullhypothese unterstellt), dann suchen Sie in der Z-Verteilung die Wahrscheinlichkeit dafür, dass ein zufälliger Standardwert gleich oder größer Ihrer Prüfgröße ist. Führen Sie dagegen einen linksseitigen Test durch, ermitteln Sie die Wahrscheinlichkeit, dass ein zufälliger Standardwert gleich oder kleiner Ihrer Prüfgröße ist. Nur im Fall eines zweiseitigen Tests gehen Sie genau wie oben beschrieben vor: Im Fall einer positiven Prüfgröße ermitteln Sie die Wahrscheinlichkeit für einen Standardwert gleich oder größer diesem Wert, im Fall einer negativen Prüfgröße die Wahrscheinlichkeit für einen Standardwert gleich oder kleiner dem Wert der Prüfgröße.

3. **Wenn Sie einen einseitigen Test durchgeführt haben, ist die im vorhergehenden Schritt ermittelte Wahrscheinlichkeit der gesuchte p-Wert. Nur im Falle eines zweiseitigen Tests (wenn also die Alternativhypothese behauptet hat, der betrachtete Parameter in der Grundgesamtheit sei ungleich dem in der Nullhypothese unterstellten Wert) müssen Sie die im vorhergehenden Schritt ermittelte Wahrscheinlichkeit verdoppeln, um den p-Wert zu erhalten.**

Das folgende Beispiel verdeutlicht die Vorgehensweise zum Ermitteln eines p-Werts für eine gegebene Prüfgröße.

Angenommen, Sie möchten einen Hypothesentest mit H_0: $\mu = 0$ gegen H_1: $\mu > 0$ durchführen und haben dazu anhand einer großen Stichprobe die Prüfgröße $Z = 1,96$ ermittelt. Wie groß ist der p-Wert?

Lösung

Die Alternativhypothese besagt hier, der Mittelwert in der Grundgesamtheit sei »größer als« der in der Nullhypothese unterstellte Wert. Sie führen also einen rechtsseitigen Test durch und müssen daher in der Z-Verteilung die Wahrscheinlichkeit dafür bestimmen, dass ein zufälliger Standardwert gleich oder größer Ihrer Prüfgröße ist. Dazu suchen Sie in der Z-Tabelle (siehe die Schummelseite vorn in diesem Buch) zunächst den Standardwert, der dem Wert der Prüfgröße (+1,96) am nächsten kommt. Dies ist in der Tabelle in diesem Buch der Wert +2,0, der das 97,73%-Perzentil bildet. Das bedeutet, dass 97,73% aller zufälligen Standardwerte kleiner sind als Ihre Prüfgröße; damit sind umgekehrt nur $1 - 0,9773 = 0,0227$ beziehungsweise 2,27% aller zufälligen Standardwerte genauso groß oder größer als die Prüfgröße von +1,96. Der p-Wert beträgt also 0,0227. (Wenn Sie mit p-Werten arbeiten, sollten Sie diese immer in Dezimalschreibweise und nicht als Prozentzahl angeben.) Mithilfe der letzten Zeile in der t-Tabelle auf der Schummelseite sehen Sie sogar, dass 1,96 exakt dem 97,5%-Perzentil der Normalverteilung entspricht. Der exakte p-Wert entspricht in diesem Fall also 0,025.

Aufgabe 3

Angenommen, Sie möchten einen Hypothesentest mit H_0: $\mu = 0$ gegen H_1: $\mu < 0$ durchführen und haben dazu anhand einer großen Stichprobe die Prüfgröße $Z = -2,5$ ermittelt. Wie groß ist der p-Wert?

Aufgabe 4

Angenommen, Sie möchten einen Hypothesentest mit H_0: $p = \frac{1}{2}$ gegen H_1: $p \neq \frac{1}{2}$ durchführen und haben dazu anhand einer großen Stichprobe die Prüfgröße $Z = 0,5$ ermittelt. Wie groß ist der p-Wert?

Aufgabe 5

Angenommen, Sie möchten einen Hypothesentest mit H_0: $p = \frac{1}{2}$ gegen H_1: $p \neq \frac{1}{2}$ durchführen und haben dazu anhand einer großen Stichprobe die Prüfgröße $Z = -1,2$ ermittelt. Wie groß ist der p-Wert?

Aufgabe 6

Angenommen, Sie möchten einen Hypothesentest mit H_0: $\mu = 0$ gegen H_1: $\mu > 0$ durchführen und haben dazu anhand einer Stichprobe mit zehn Beobachtungen die Prüfgröße $T = 1{,}96$ ermittelt. Wie groß ist der p-Wert?

Aufgabe 7

Angenommen, Sie möchten einen Hypothesentest mit H_0: $\mu = 0$ gegen H_1: $\mu < 0$ durchführen und haben dazu anhand einer Stichprobe mit zehn Beobachtungen die Prüfgröße $T = -2{,}5$ ermittelt. Wie groß ist der p-Wert?

Aufgabe 8

Angenommen, Sie möchten einen Hypothesentest mit H_0: $\mu = 0$ gegen H_1: $\mu > 0$ durchführen und haben dazu anhand einer Stichprobe einen p-Wert von 0,0446 ermittelt. Welchen Wert hat die Prüfgröße?

p-Werte richtig interpretieren

Die Schlussfolgerungen, die Sie aus einem p-Wert ziehen können, hängen von der Größe des p-Werts ab:

✔ Bei kleinen p-Werten (typischerweise bei Werten unter 0,05) lehnen Sie die Nullhypothese ab. Ihre Daten stützen die Nullhypothese nicht, sondern zeigen, dass sie mit hoher Wahrscheinlichkeit unzutreffend ist.

✔ Bei großen p-Werten (typischerweise bei Werten über 0,05) können Sie die Nullhypothese nicht zurückweisen. Ihre Daten sprechen zwar auch in diesem Fall nicht zwingend für die Nullhypothese, die Argumente gegen die Nullhypothese sind aber nicht stark genug (nicht hinreichend abgesichert), um die Nullhypothese abzulehnen.

✔ Liegt der p-Wert gerade auf der Grenze zwischen Ablehnung und Nichtablehnung der Nullhypothese (hat er also zum Beispiel einen Wert von 0,05), haben Sie eine unsichere Entscheidungssituation. Sie können die Nullhypothese ablehnen, müssen dann aber mit einer relativen hohen Irrtumswahrscheinlichkeit (zum Beispiel von 5%) leben; oder Sie lehnen die Nullhypothese nicht ab und vermeiden damit die Gefahr eines fehlerhaften Zurückweisens der Nullhypothese, verzichten aber auch darauf, Ihre Alternativhypothese anzunehmen.

Bei der Angabe des Ergebnisses eines Hypothesentests legen einige Professoren mehr und andere weniger Wert auf die exakte Formulierung. Sie sollten sich insbesondere in Prüfungen immer an die für Statistiker korrekten Formulierungen halten und sagen, dass Sie entweder »die Nullhypothese zurückweisen« oder »die Nullhypothese nicht zurückweisen«. Sagen Sie dagegen nicht, dass Sie »die

Nullhypothese akzeptieren«, oder gar, dass Sie »die Nullhypothese bewiesen haben«, denn auch wenn Sie eine Nullhypothese nicht zurückweisen können, haben Sie möglicherweise weiter Zweifel an ihrer Richtigkeit. Sie können diese Zweifel nur noch nicht mit hinreichend großer Sicherheit untermauern.

Viele Statistiker setzen eine Irrtumswahrscheinlichkeit von 5% als den Schwellenwert an, bis zu dem H_0 zurückgewiesen und H_1 angenommen wird. Dieser Grenzwert ist aber nicht in Stein gemeißelt. So wird häufig auch eine restriktivere Grenze von zum Beispiel 1% Irrtumswahrscheinlichkeit gefordert. Welcher Grenzwert der richtige ist, lässt sich dabei nicht allgemein entscheiden. Dies hängt vielmehr von der jeweiligen Fragestellung (Wie schlimm sind die Folgen, wenn man eine Nullhypothese fälschlicherweise zurückweist?) und der persönlichen Risikobereitschaft ab. Da es somit keinen allgemeinen Grenzwert für das Zurückweisen der Nullhypothese gibt, sollte bei den Ergebnissen eines Hypothesentests stets der p-Wert mit ausgewiesen werden, sodass sich jeder Leser der Ergebnisse sein eigenes Bild von der Zuverlässigkeit der Resultate machen kann.

Wenn zum Beispiel im Rahmen einer Prüfung ein bestimmtes Signifikanzniveau α vorgegeben ist, ist Ihnen die Entscheidung über den Schwellenwert für das Zurückweisen der Nullhypothese damit abgenommen. Bei einem vorgegebenen α können Sie den p-Wert daher wie folgt interpretieren:

✔ Ist der p-Wert größer oder gleich α, können Sie die Nullhypothese nicht zurückweisen.

✔ Ist der p-Wert kleiner als α, weisen Sie die Nullhypothese zurück.

✔ Liegt der p-Wert an der Grenze (also sehr nahe an α), lassen Sie dies in Ihre Bewertung mit einfließen.

Häufig können Sie bei der Bewertung eines Hypothesentests punkten, wenn Sie sauber formulieren und erkennen lassen, dass Sie das Ergebnis von seiner Aussagekraft her richtig einordnen. Die angemessene Formulierung hängt dabei nicht nur davon ab, ob der p-Wert größer oder kleiner als der zugrunde gelegte Schwellenwert ist, sondern auch, wie weit der p-Wert von dem Schwellenwert abweicht. Für den häufig verwendeten Schwellenwert von $\alpha = 0{,}05$ sind je nach tatsächlichem p-Wert die folgenden Formulierungen üblich:

✔ Ist der p-Wert kleiner als 0,01, werden die Ergebnisse als »statistisch hochsignifikant« bezeichnet.

✔ Liegt der p-Wert zwischen 0,01 und 0,05, sind die Ergebnisse »statistisch signifikant«.

✔ Bei einem p-Wert knapp unterhalb von 0,05 können die Ergebnisse als »gerade noch statistisch signifikant« bezeichnet werden.

✔ Ist der p-Wert größer als 0,05, sind die Ergebnisse »nicht signifikant«. (Achten Sie auch hier auf die Formulierung: Sagen Sie besser, die Ergebnisse sind »nicht signifikant«, statt zu sagen, die Ergebnisse seien »insignifikant«. Das Wort »insignifikant« meint »bedeutungslos« und das ist etwas vollkommen anderes als »nicht signifikant«.)

Das folgende Beispiel zeigt noch einmal, wie Sie aus einem p-Wert angemessene Schlussfolgerungen ziehen:

Angenommen, Sie führen eine statistische Analyse durch und ermitteln einen p-Wert von 0,026 für die Hypothesen H_0: p = 0,25 gegen H_1: p < 0,25. Diese Ergebnisse teilen Sie Ihren Kollegen mit.

1. Was werden Ihre Kollegen korrekterweise schließen, wenn $\alpha = 0{,}05$ gefordert ist?

2. Was werden Ihre Kollegen korrekterweise schließen, wenn $\alpha = 0{,}01$ gefordert ist?

Lösung

Ihre Kollegen werden den p-Wert mit dem zuvor festgelegten Signifikanzniveau vergleichen.

1. Da der p-Wert mit 0,026 kleiner als 0,05 ist, werden Ihre Kollegen H_0 zurückweisen. Die Ergebnisse werden sie als statistisch signifikant (aber nicht als hochsignifikant) bezeichnen.

2. Da der p-Wert mit 0,026 größer als 0,01 ist, werden Ihre Kollegen H_0 nicht zurückweisen. Die Ergebnisse sind nicht signifikant.

Aufgabe 9

Angenommen, Sie möchten einen Hypothesentest mit H_0: $\mu = 0$ gegen H_1: $\mu < 0$ durchführen und haben dazu einen p-Wert von 0,06 ermittelt. Was schließen Sie daraus? Legen Sie ein Signifikanzniveau von $\alpha = 0{,}05$ zugrunde.

Aufgabe 10

Angenommen, Sie möchten einen Hypothesentest mit H_0: $\mu = 0$ gegen H_1: $\mu < 0$ durchführen und haben dazu einen p-Wert von 0,60 ermittelt. Was schließen Sie daraus? Legen Sie ein Signifikanzniveau von $\alpha = 0{,}05$ zugrunde.

Aufgabe 11

Angenommen, Sie möchten einen Hypothesentest mit H_0: $\mu = 0$ gegen H_1: $\mu < 0$ durchführen und haben dazu einen p-Wert von 0,05 ermittelt. Was schließen Sie daraus? Legen Sie ein Signifikanzniveau von $\alpha = 0{,}05$ zugrunde.

Aufgabe 12

Angenommen, Sie möchten einen Hypothesentest mit H_0: p = $\frac{1}{2}$ gegen H_1: p $\neq$ $\frac{1}{2}$ durchführen und haben dazu einen p-Wert von 0,95 ermittelt. Was schließen Sie daraus? Legen Sie ein Signifikanzniveau von $\alpha = 0{,}05$ zugrunde.

Was sind Fehler erster Art?

Angenommen, ein Paketzustelldienst behauptet, alle Pakete im Durchschnitt innerhalb von zwei Tagen zuzustellen. Ein Verbraucherschutzverein testet den Dienst und kommt zu dem Schluss, dass die Werbeaussage falsch ist und die durchschnittliche Zustelldauer tatsächlich mehr als zwei Tage beträgt. Das kann den Paketzusteller in ernsthafte Schwierigkeiten bringen. Falls die Daten der Verbraucherschützer hinreichend belastbar sind, können sie die Öffentlichkeit über die falsche Werbeaussage informieren. Aber was geschieht, wenn sich die Verbraucherschützer irren? Kann es sein, dass die Daten der Verbraucherschützer ein falsches Bild vermitteln?

Ja, natürlich ist es möglich, dass die Verbraucherschützer eine falsche Schlussfolgerung gezogen haben. Die Aussagen der Verbraucherschützer basieren auf einer Stichprobe, nicht auf der Grundgesamtheit aller Pakete. Vielleicht haben die Verbraucherschützer die Stichprobe zwar korrekt als echte Zufallsstichprobe gezogen, rein zufällig sind dabei aber besonders viele Paketzustellungen mit langer Lieferzeit in die Stichprobe geraten. Es ist also durchaus möglich, dass die Nullhypothese (derzufolge die durchschnittliche Lieferzeit zwei Tage beträgt) zutrifft, die Stichprobe der Verbraucherschützer aber einen anderen Schluss nahelegt.

Wenn man die Nullhypothese zurückweist, obwohl sie in Wirklichkeit wahr ist, wird dies als *Fehler erster Art* (oder auch *Typ-I-Fehler*) bezeichnet. Im Fall des Paketzustelldienstes liegt ein Fehler erster Art vor, wenn die Verbraucherschutzorganisation die Öffentlichkeit über die falsche Werbeaussage des Paketdienstes informiert, obwohl der Paketdienst recht hat und tatsächlich im Durchschnitt nicht mehr als zwei Tage für die Paketzustellung benötigt. Was wäre die Folge eines solchen Fehlers? In diesem Fall zumindest mal ein ziemlich verärgerter Paketdienst. Das ist sicher.

Diese Art von Fehlern wird deshalb als Fehler *erster* Art bezeichnet, weil sie als die schlimmere Fehlerart gilt. Bei der Bewertung eines Hypothesentests können Sie zwei Arten von Fehlern machen: Sie können die Nullhypothese zurückweisen, obwohl sie wahr ist (Fehler *erster* Art), und Sie können darauf verzichten, die Nullhypothese zurückzuweisen, obwohl sie tatsächlich falsch ist (Fehler *zweiter* Art; siehe weiter hinten in diesem Kapitel). Das Zurückweisen einer wahren Nullhypothese hat dabei zumeist gravierendere Folgen als das Festhalten an einer falschen Nullhypothese. Daher ist man bemüht, die Fehler erster Art möglichst gering zu halten.

Wenn Fehler erster Art als so gravierend angesehen werden, stellt sich natürlich die Frage, wie häufig derartige Fehler auftreten. Nun, das haben Sie selbst in der Hand. Die Wahrscheinlichkeit, mit der ein Fehler erster Art auftritt, ist gleich dem Signifikanzniveau eines Hypothesentests. Wenn Sie zum Beispiel mit einem α von 0,05 arbeiten, riskieren Sie mit einer Wahrscheinlichkeit von bis zu 5% einen Fehler erster Art.

Das folgende Beispiel zeigt noch einmal, wie ein Fehler erster Art auftreten kann.

Angenommen, Sie führen einen Hypothesentest H_0: $\mu = 0$ gegen H_1: $\mu < 0$ durch. Dabei erhalten Sie einen p-Wert von 0,006. Sie lehnen H_0 ab, denn Ihr zuvor festgelegtes Signifikanzniveau beträgt $\alpha = 0,05$. Erläutern Sie, ob Sie hierbei einen Fehler erster Art begehen können und was dieser Fehler bedeutet.

Lösung

Damit ein Fehler erster Art auftritt, muss H_0 richtig sein und dennoch von Ihnen zurückgewiesen werden. Da Sie H_0 tatsächlich zurückgewiesen haben, ist ein solcher Fehler hier möglich. Niemand kann mit Sicherheit sagen, ob H_0 tatsächlich falsch ist. Daher besteht die Möglichkeit, dass H_0 zutrifft und von Ihnen fälschlicherweise zurückgewiesen wurde.

Wenn Sie sich bei der Durchführung von Hypothesentests strikt an ein 5%-Signifikanzniveau halten, riskieren Sie mit einer Wahrscheinlichkeit von 5% einen Fehler erster Art.

Aufgabe 13

Angenommen, Sie führen einen Hypothesentest H_0: $\mu = 0$ gegen H_1: $\mu < 0$ durch. Dabei erhalten Sie einen p-Wert von 0,6, sodass Sie H_0 nicht zurückweisen. Erläutern Sie, warum Sie keinen Fehler erster Art begangen haben können.

Aufgabe 14

Angenommen, ein Kandidat für das Amt eines Ministerpräsidenten behauptet, er würde 60% aller Wählerstimmen bekommen, wenn am kommenden Sonntag Wahlen wären. Sie glauben, der tatsächliche Stimmenanteil wäre geringer, und testen daher die Hypothese des Kandidaten. Hierbei begehen Sie einen Fehler erster Art.

1. Haben Sie als Ergebnis Ihres Hypothesentests H_0 zurückgewiesen?

2. Ist H_0 richtig oder falsch?

3. Beschreiben Sie, welche Folgen es hat, in dieser Fragestellung einen Fehler erster Art zu begehen.

Was sind Fehler zweiter Art?

Angenommen, ein Paketdienst, der mit einer durchschnittlichen Lieferzeit von zwei Tagen wirbt, erfüllt sein Versprechen nicht, sondern benötigt in Wirklichkeit durchschnittlich mehr als zwei Tage für die Zustellung eines Pakets. Wenn nun eine Verbraucherschutzorganisation den Paketdienst unter die Lupe nimmt und die Lieferzeit testet, sollten sie das falsche Werbeversprechen ja schnell aufdecken. Oder etwa nicht? Na ja, das kommt drauf an. Wenn die tatsächliche Lieferzeit im Durchschnitt 2,1 Tage beträgt, werden die Verbraucherschützer schon eine ziemlich große Stichprobe benötigen, um mit hinreichend großer Sicherheit belegen zu können, dass das 2-Tage-Versprechen nicht eingehalten wird.

Liegt die durchschnittliche Lieferzeit dagegen bei drei Tagen, müsste sehr schnell erkennbar sein, dass irgendetwas nicht stimmen kann. Dabei möchten es die Verbraucherschützer natürlich vermeiden, den Paketdienst an den Pranger zu stellen, wenn dieser in Wirklichkeit alles richtig macht (sie möchten also keinen Fehler erster Art begehen), gleichzeitig wollen sie den Paketdienst aber auch nicht ungeschoren davonkommen lassen, wenn dieser sein Werbeversprechen tatsächlich nicht einhält – denn schließlich ist es ihr Geschäft, »böse Firmen« anzuklagen.

Der Fehler, eine Nullhypothese nicht zurückzuweisen, obwohl sie tatsächlich falsch ist, wird als *Fehler zweiter Art* (oder auch als *Typ-II-Fehler*) bezeichnet. Im Fall des Paketdienstes besteht der Fehler zweiter Art darin, dass der Dienstleister tatsächlich mehr als zwei Tage für die Zustellung von Paketen benötigt, die Verbraucherschützer aber diese Bummelei nicht aufdecken und der Paketlieferant seine Kunden weiter mit falschen Werbeversprechen täuscht.

Fehler zweiter Art sind schwieriger zu bewerten als Fehler erster Art, denn die Folgen solcher Fehler hängen auch von der Art und den genauen Aussagen der Alternativhypothese ab. Hypothesentests sind generell darauf ausgerichtet, den Fehler erster Art zu steuern und nach Möglichkeit zu begrenzen. Deshalb legen Sie mit dem Signifikanzniveau die maximale Irrtumswahrscheinlichkeit und damit die maximale Eintrittswahrscheinlichkeit für einen Fehler erster Art fest, während der Fehler zweiter Art nicht explizit in dieser Form gesteuert wird. Dies sollte aber nicht darüber hinwegtäuschen, dass auch ein Fehler zweiter Art gravierende Konsequenzen haben kann. Ein Fehler zweiter Art bedeutet, dass Sie Ihre Alternativhypothese, die von der »derzeit gültigen und anerkannten« Nullhypothese abweicht, nicht belegen konnten, obwohl Sie mit Ihrer Alternativhypothese recht haben. Je nachdem, um welche inhaltliche Fragestellung es sich dabei handelt, kann dieser Fehler den Lauf der Welt verändern – und wenn es ein Fehler ist, meistens nicht zum Guten.

Sie werden es schon gemerkt haben: Die Fehler erster und zweiter Art sind nicht unabhängig voneinander. Wenn Sie versuchen, das Risiko für einen Fehler erster Art möglichst gering zu halten, riskieren Sie mit umso größerer Wahrscheinlichkeit einen Fehler zweiter Art und umgekehrt. Machen Sie sich dieses Dilemma einmal am Beispiel eines Gerichtsverfahrens deutlich: Wenn Sie unbedingt vermeiden wollen, unschuldige Menschen zu verurteilen, riskieren Sie damit, bei unsicherer Beweislage echte Straftäter laufen zu lassen. Wenn Sie umgekehrt möglichst viele Straftäter tatsächlich ihrer Bestrafung zuführen möchten, gehen Sie das Risiko ein, bei unsicherer Beweislage auch mal einen Unschuldigen zu bestrafen. Unsere Demokratie hat sich klar dafür entschieden, den Fehler erster Art (die Bestrafung eines Unschuldigen) minimieren zu wollen, auch wenn dafür immer mal wieder ein Fehler zweiter Art (die Straffreiheit eines echten Täters) in Kauf genommen werden muss. Dass es aber eine permanente Herausforderung ist, diese Linie konsequent durchzuhalten, zeigt sich immer wieder bei besonders abscheulichen Straftaten, die »die Volksseele zum Überkochen bringen« und in der öffentlichen Darstellung den Eindruck entstehen lassen, viele Menschen würden gerne einen Fehler zweiter Art (die Verurteilung eines Unschuldigen) in Kauf nehmen, um bloß keinen Fehler erster Art (den Täter laufen zu lassen) zu riskieren (zumindest, solange sie nicht selbst das Objekt des Fehlers zweiter Art sind).

Das folgende Beispiel verdeutlicht noch einmal den Unterschied zwischen dem Fehler erster und dem Fehler zweiter Art.

Eine Jury hat über Schuld oder Unschuld eines Angeklagten zu entscheiden. Die Jury ist sich uneinig und führt eine lange und heftige Diskussion, weil sie natürlich keine Fehlentscheidung treffen möchte. Was wäre bei der Entscheidung der Jury der Fehler erster Art und wie sieht der Fehler zweiter Art aus?

Lösung

Der Fehler erster Art besteht darin, die Nullhypothese zurückzuweisen, obwohl sie tatsächlich wahr ist. Die Nullhypothese ist hier die Unschuldsvermutung. Die Jury würde also einen Fehler erster Art begehen, wenn sie einen Unschuldigen ins Gefängnis schickt. Ein Fehler zweiter Art liegt vor, wenn die Nullhypothese nicht zurückgewiesen wird, obwohl sie doch falsch ist. Für die Jury besteht der Fehler zweiter Art also darin, den Angeklagten freizusprechen, obwohl es sich tatsächlich um den Täter handelt.

Aufgabe 15

Angenommen, Sie untersuchen, ob Müslipackungen tatsächlich die auf der Packung angegebene Füllmenge enthalten (H_0: $\mu = 250$ Gramm gegen H_1: $\mu < 250$ Gramm). Erläutern Sie, was bei diesem Test ein Fehler erster Art und ein Fehler zweiter Art bedeuten würden.

Aufgabe 16

Besonders ärgerlich wäre es ja, wenn man sowohl einen Fehler erster Art als auch einen Fehler zweiter Art begeht. Kann man beide Arten von Fehler gleichzeitig machen?

Aufgabe 17

Angenommen, Sie werfen mit einem Freund eine Münze, um zu entscheiden, wer die nächste Runde bezahlt. Ihr Freund behauptet, die Münze sei fair, Sie haben da aber so Ihre Zweifel. Also wollen Sie die Münze testen. Ihr p-Wert ist 0,045 (bei einem zuvor festgelegten Signifikanzniveau von $\alpha = 0{,}05$). Sie lehnen H_0: $p = \frac{1}{2}$ ab. Angenommen, Ihr Freund hatte aber recht und die Münze ist tatsächlich unverfälscht.

1. Welche Art von Fehler haben Sie begangen?

2. Welche Folgen hat Ihr Fehler?

Aufgabe 18

Sie möchten herausfinden, ob eine Maschine korrekt arbeitet, und untersuchen eine Stichprobe der Werkstücke, die von der Maschine angefertigt werden. H_0 sagt, die Maschine sei in Ordnung, und Sie fordern für den Test ein Signifikanzniveau von $\alpha = 0{,}05$. Anhand Ihrer Stichprobe errechnen Sie einen p-Wert von 0,3, also entscheiden Sie, dass die Maschine einwandfrei arbeitet.

1. Angenommen, tatsächlich arbeitet die Maschine alles andere als korrekt. Welche Art von Fehler haben Sie begangen?

2. Welche Folgen hat Ihr Fehler?

Lösungen für die Aufgaben zum Thema Fehler erster und zweiter Art

Lösung 1

Wenn Sie mit Stichprobendaten arbeiten, sollten Sie nie vergessen, dass die Ergebnisse von einer Stichprobe zur anderen variieren und damit auch die p-Werte, die Sie auf Basis der Stichproben ermitteln.

1. Bob und Martha verwenden unterschiedliche Stichproben. Daher erhalten sie auch unterschiedliche Prüfgrößen und lesen damit in der Z-Verteilung unterschiedliche Perzentile ab, die zu unterschiedlichen p-Werten führen.

2. Da Martha den kleineren p-Wert hat, verfügt sie über die besseren Argumente gegen die Nullhypothese. Martha kann die Nullhypothese mit einer geringeren Irrtumswahrscheinlichkeit zurückweisen als Bob.

 Betrachten Sie den p-Wert immer als Maßstab für die Stärke der Hinweise gegen die Nullhypothese. Je kleiner der p-Wert, desto schlechter sieht es für die Nullhypothese aus.

Lösung 2

Nein. Ein kleiner p-Wert bedeutet lediglich, dass Sie starke Argumente dafür haben, die Nullhypothese zurückzuweisen. Sie können sich aber niemals sicher sein, ob die Nullhypothese tatsächlich falsch ist. Es besteht immer die Möglichkeit, dass die Nullhypothese wahr ist und nur die Ihnen vorliegenden Stichprobendaten durch zufällige Einflüsse bei der Stichprobenziehung die Nullhypothese als sehr unwahrscheinlich erscheinen lassen.

Lösung 3

Suchen Sie den Standardwert −2,5 in der Z-Tabelle (siehe die Schummelseite vorn in diesem Buch). Dort können Sie ablesen, dass der Wert dem 0,62%-Perzentil entspricht. Das bedeutet, dass 0,62% aller Zufallsstandardwerte kleiner oder gleich diesem Wert sind. Damit haben Sie auch schon den p-Wert gefunden, der 0,0062 beträgt; denn bei dem Hypothesentest handelt es sich um einen linksseitigen Test, sodass der p-Wert die Wahrscheinlichkeit ist, mit der ein zufälliger Standardwert kleiner oder gleich der Prüfgröße ist.

 p-Werte sind Wahrscheinlichkeiten und müssen daher stets zwischen 0 und 1 liegen. Wenn Sie einen p-Wert berechnen, der größer als 1 oder kleiner als 0 ist, wissen Sie, dass irgendetwas falsch ist.

Lösung 4

In der Z-Tabelle können Sie für den Standardwert 0,5 das zugehörige Perzentil mit 69,15% beziehungsweise 0,6915 ablesen. Die Wahrscheinlichkeit dafür, dass ein Wert über der Prüfgröße von 0,5 liegt (beachten Sie, dass hier ein zweiseitiger Test durchgeführt wird und die Prüfgröße positiv ist; also wird die Wahrscheinlichkeit dafür benötigt, dass ein Zufallswert *größer* ist als die Prüfgröße), beträgt somit 1 − 0,6915 = 0,3085. Da ein zweiseitiger Test durchgeführt wird, muss dieser Wert noch verdoppelt werden, um den p-Wert zu erhalten. Folglich beträgt der p-Wert 2 · 0,3085 = 0,617.

Lösung 5

In der Z-Tabelle finden Sie für den Standardwert −1,2 das korrespondierende Perzentil mit 0,1151 angegeben. Dies ist die Wahrscheinlichkeit dafür, dass ein zufälliger Standardwert kleiner oder gleich −1,2 ist; genau diese Wahrscheinlichkeit ist auch gesucht, denn es wurde ein zweiseitiger Test durchgeführt und die Prüfgröße ist negativ. Um den p-Wert zu ermitteln, muss diese Wahrscheinlichkeit aber noch verdoppelt werden (nicht vergessen: Bei einem zweiseitigen Test ist der p-Wert das Doppelte der in der Z-Tabelle ermittelten Wahrscheinlichkeit). Der p-Wert beträgt also 2 · 0,1151 = 0,2302.

Lösung 6

Die Prüfgröße ist T = 1,96 und die Stichprobe umfasst n = 10 Beobachtungen. Um den p-Wert zu ermitteln, müssen Sie also die t-Verteilung mit n − 1 = 9 Freiheitsgraden heranziehen. Wenn Sie dazu die t-Verteilung auf der Schummelseite vorn in diesem Buch verwenden, schauen Sie in der Zeile 9 nach. Dort ist der Wert 1,96 nicht mit aufgeführt, Sie können aber erkennen, dass er zwischen das 95%- und das 97,5%-Perzentil fällt. Da gemäß der Aufgabenbeschreibung ein rechtsseitiger Test durchgeführt wurde, ist die Wahrscheinlichkeit dafür gesucht, dass ein Standardwert gleich oder größer der Prüfgröße ist. Der p-Wert liegt also zwischen 1 − 0,95 und 1 − 0,975. Genauer lässt sich der p-Wert anhand der t-Tabelle in diesem Buch leider nicht bestimmen. Alles, was Sie sagen können, ist somit, dass der p-Wert zwischen 0,025 und 0,05 liegt.

Viele Softwareprogramme ermitteln Ihnen für jeden beliebigen Standardwert den exakten p-Wert. Wenn Sie aber − wie es in Klausuren häufig der Fall ist − auf gedruckte Verteilungstabellen angewiesen sind, wird es häufiger vorkommen, dass Sie einen Prüfwert nicht in der Verteilungstabelle finden und auf die nächstgelegenen Werte zurückgreifen müssen.

Lösung 7

Die Prüfgröße ist T = −2,5 und die Stichprobengröße umfasst n = 10 Beobachtungen. Um den p-Wert zu ermitteln, benötigen Sie also die t-Verteilung mit 10 − 1 = 9 Freiheitsgraden. Wenn Sie nun auf der Schummelseite vorn in diesem Buch in der Zeile für die t-Verteilung mit neun Freiheitsgraden nachschauen, werden Sie feststellen, dass dort − wie in vielen t-Verteilungstabellen − keine negativen Werte aufgeführt sind. Um das Perzentil für den Wert −2,5 zu ermitteln, müssen Sie daher die Tatsache ausnutzen, dass die t-Verteilung einen vollkommen symmetrischen Verlauf hat. Sie können daher zunächst das Perzentil für den Wert +2,5 ermitteln und daraus auf das Perzentil für −2,5 schließen. Für den Wert +2,5 ist der t-Tabelle zu entnehmen, dass dieser zwischen dem 97,5%- und dem 99%-Perzentil liegt. Damit ist also klar: Der Wert −2,5 liegt zwischen dem 100% − 99% = 1%-Perzentil und dem 100% − 97,5% = 2,5%-Perzentil. Da in der Aufgabenstellung ein linksseitiger Test beschrieben ist, handelt es sich bei dem p-Wert um die Wahrscheinlichkeit, dass ein zufälliger Standardwert gleich oder kleiner der Prüfgröße ist. Der gesuchte p-Wert liegt damit zwischen 0,01 und 0,025.

Lösung 8

Der p-Wert ist 0,0446 und es wurde ein rechtsseitiger Test durchgeführt. Der p-Wert gibt also die Wahrscheinlichkeit dafür an, dass ein Zufallswert gleich oder größer der Prüfgröße ist. Diese Wahrscheinlichkeit beträgt 4,46%. Damit gilt zugleich, dass 100% − 4,46% = 95,54% aller Zufallswerte kleiner als die Prüfgröße sind. Die Prüfgröße ist also das 95,54%-Perzentil der Z-Verteilung. Nun können Sie einfach in der Z-Tabelle nachschauen, welcher Standardwert dem 95,54%-Perzentil entspricht. Dies ist der Wert +1,7. Dabei haben wir bei der Aussage automatisch unterstellt, dass der Stichprobenumfang > 30 war.

Lösung 9

Da der p-Wert mit 0,06 größer ist als $\alpha = 0,05$, können Sie die Nullhypothese nicht zurückweisen. Die Ergebnisse sind nicht signifikant, auch wenn die Irrtumswahrscheinlichkeit nur knapp über dem akzeptablen Niveau von 5% liegt.

Lösung 10

Der p-Wert ist mit 0,6 deutlich größer als $\alpha = 0,05$. Sie können die Nullhypothese nicht zurückweisen. Die Ergebnisse sind statistisch nicht signifikant.

Lösung 11

Dieses Ergebnis ist vergleichbar mit einem Münzwurf, bei dem die Münze auf dem Rand liegen bleibt. Es lässt sich nicht klar entscheiden, wie das Ergebnis zu interpretieren ist. Sie können die Nullhypothese ablehnen und darauf hinweisen, dass die Irrtumswahrscheinlichkeit mit 5% gerade noch dem akzeptablen Maß entspricht; ebenso können Sie aber auch schließen, dass sich die Nullhypothese nicht zurückweisen lässt, auch wenn die Irrtumswahrscheinlichkeit nur knapp das akzeptable Maß übersteigt. In jedem Fall sollten Sie bei einem solchen Ergebnis den p-Wert mit ausweisen, damit sich der Leser sein eigenes Urteil bilden kann. Falsch oder zumindest »unredlich« wäre es, sich einfach für eine Seite zu entscheiden (also beispielsweise zu sagen: »Die Nullhypothese kann zurückgewiesen werden«), ohne dabei die Ambivalenz des Ergebnisses deutlich zu machen.

Lösung 12

Ein hoher p-Wert wie zum Beispiel ein Wert von 0,95 führt immer dazu, dass die Nullhypothese nicht zurückgewiesen wird. Lassen Sie sich dabei auch nicht von »bekannten Werten« täuschen. Der Wert 0,95 sieht aus wie ein typisches Perzentil oder Konfidenzintervall und könnte leicht mit einem Signifikanzniveau von 0,05 verwechselt werden. Hier beträgt aber der p-Wert 0,95, sodass das Zurückweisen der Nullhypothese mit einer Irrtumswahrscheinlichkeit von 95% verbunden wäre. Das ist natürlich viel zu viel und Sie werden die Nullhypothese nicht zurückweisen.

Lösung 13

Ein Fehler erster Art ist hier ausgeschlossen, denn der Fehler erster Art besteht darin, die Nullhypothese zurückzuweisen, obwohl sie tatsächlich wahr ist. Da Sie die Nullhypothese aber gar nicht zurückgewiesen haben, können Sie auch keinen Fehler erster Art begangen haben.

Lösung 14

Jedes Mal, wenn Sie eine Entscheidung treffen, besteht die Möglichkeit, dass die Entscheidung falsch ist, und jede falsche Entscheidung wird wahrscheinlich Konsequenzen haben.

1. Wenn Sie einen Fehler erster Art begehen, weisen Sie die Nullhypothese fälschlicherweise zurück. Also haben Sie H_0 zurückgewiesen.

2. H_0 ist richtig, sonst hätten Sie keinen Fehler erster Art begangen.

3. Der Fehler erster Art bedeutet hier, dass Sie annehmen, der Kandidat würde keine 60% der Stimmen erhalten, obwohl er tatsächlich einen so großen Stimmenanteil auf sich vereinen könnte. Welche Konsequenzen dies genau für Sie hat, hängt natürlich von dem Kontext ab, in dem Sie Ihre Untersuchung durchgeführt haben. Wenn Sie zum Beispiel der Wahlkampfleiter des Kandidaten sind, sollten Sie am nächsten Wochenende möglicherweise mal etwas ausführlicher in die Stellenanzeigen Ihrer Zeitung schauen.

Lösung 15

Bei einem Fehler erster Art weisen Sie H_0 (also die Hypothese, dass der Packungsinhalt tatsächlich dem angegebenen Gewicht entspricht) zurück und akzeptieren H_1 (hier also die Hypothese, dass die Packungen zu wenig Inhalt aufweisen), obwohl der Hersteller alles richtig macht und die Packungen vollkommen korrekt befüllt. Ein solcher Fehler könnte Ihnen einigen Ärger mit dem Hersteller des Müslis einbringen und in der Öffentlichkeit eine Menge Glaubwürdigkeit kosten. Einen Fehler zweiter Art begehen Sie, wenn die Packungen tatsächlich zu wenig Inhalt aufweisen, Sie es aber versäumen, diesen Fehler aufzudecken, weil Sie sich nicht trauen, die Nullhypothese zurückzuweisen. Damit lassen Sie es zu, dass der Hersteller des Müslis seine Kunden weiter betrügt.

Lösung 16

Nein, Sie können bei jeder einzelnen Entscheidung nur einen der beiden Fehler begehen. Es ist nicht möglich, beide Fehler gleichzeitig zu machen. Der Fehler erster Art kann nur auftreten, wenn die Nullhypothese (fälschlicherweise) zurückgewiesen wird, der Fehler zweiter Art besteht darin, die Nullhypothese fälschlicherweise nicht zurückzuweisen. Die beiden Fehler schließen sich also gegenseitig aus.

Lösung 17

Um eine Frage dieser Art zu beantworten, kann es in schwierigen Fällen hilfreich sein, die Hypothesen des Tests explizit aufzuschreiben – sei es als Formel oder als Text. In diesem Fall lautet H_0: »Die Münze ist fair« gegen H_1: »Die Münze ist nicht fair« (der Status quo beziehungsweise die »Unschuldsvermutung« sollte immer die Nullhypothese bilden).

1. Sie weisen die Behauptung, die Münze sei fair, zurück, obwohl die Münze tatsächlich vollkommen unverfälscht ist. Sie lehnen also eine wahre Nullhypothese ab und begehen damit einen Fehler erster Art.

2. Im schlimmsten Fall verlieren Sie einen Freund, im besten Fall haben Sie sich einfach nur lächerlich gemacht. Beim nächsten Mal sollten Sie besser gleich die nächste Runde übernehmen.

Lösung 18

Formulieren Sie zunächst noch einmal explizit die beiden Hypothesen. In diesem Fall haben Sie H_0: »Die Maschine ist in Ordnung« gegen H_1: »Die Maschine ist nicht in Ordnung«.

1. Ihr p-Wert lässt es nicht zu, die Nullhypothese einer fehlerfreien Maschine zurückzuweisen, obwohl die Maschine tatsächlich nicht einwandfrei arbeitet. Sie begehen also den Fehler, eine falsche Nullhypothese nicht zurückzuweisen. Dies ist ein Fehler zweiter Art. Obwohl Sie einem echten Problem auf der Spur waren, ist es Ihnen nicht gelungen, das Problem aufzudecken.

2. Der Fehler zweiter Art hat in diesem Fall zur Folge, dass die Maschine weiterhin fehlerhafte Teile produziert. Wie weitreichend dieser Fehler ist, hängt natürlich davon ab, welche Art von Teilen die Maschine herstellt und worin genau der nicht entdeckte Fehler der Maschine besteht.

Hinter die Kulissen von Umfragen und Experimenten schauen

Kapitel 13

Meinungsumfragen durchführen und auswerten

Meinungsumfragen sind Teil der täglichen Medienberichterstattung geworden. Zu jedem aktuellen Thema weiß irgendeine Zeitung oder Fernsehsendung sehr schnell eine Meinungsumfrage zu zitieren, und vermutlich sind Sie selbst auch schon häufiger aufgefordert worden, an einer Befragung teilzunehmen. Eine Meinungsumfrage kann ein sehr mächtiges Instrument sein, und wie immer mit mächtigen Instrumenten können diese sowohl zum Guten als auch zum Schlechten verwendet werden. Daher ist es wichtig, dass man schnell einschätzen kann, ob es sich lohnt, an einer bestimmten Befragung teilzunehmen, und es ist noch wichtiger, ein Gefühl dafür zu entwickeln, ob man den Ergebnissen einer bestimmten Meinungsumfrage Glauben schenken sollte.

Der Prozess zum Durchführen einer Meinungsumfrage lässt sich in zehn Schritte untergliedern:

1. **Legen Sie die Zielsetzung der Umfrage fest.**

2. **Definieren Sie die Grundgesamtheit (die Gruppe von Personen, über die Sie eine Aussage treffen möchten).**

3. **Wählen Sie die Erhebungsmethode (per Brief, Telefon, persönliches Interview etc.).**

4. **Formulieren Sie die Fragen, die Sie den Teilnehmern an der Umfrage stellen möchten. Führen Sie eine Testumfrage durch, um eventuelle Unklarheiten oder Widersprüche aufzudecken.**

5. **Legen Sie das Timing für den weiteren Verlauf der Befragung fest.**

6. **Ziehen Sie aus der Grundgesamtheit eine Stichprobe von Teilnehmern für die Befragung.**

7. **Führen Sie die Befragung durch und sammeln Sie die Antworten der Befragten.**

8. **Fassen Sie gegebenenfalls bei Personen nach, die nicht geantwortet haben.**

9. **Bereiten Sie die Daten auf und werten Sie sie im Hinblick auf die Zielsetzung der Umfrage aus.**

10. **Interpretieren Sie die Ergebnisse und ziehen Sie Ihre Schlussfolgerungen daraus.**

Im Folgenden werden diese zehn Schritte näher betrachtet. Die Art, wie diese zehn Schritte durchgeführt werden, kann entscheidenden Einfluss auf das Ergebnis einer Umfrage haben. Die folgenden Übungen sollen verdeutlichen, wie man die einzelnen Schritte sauber und korrekt durchführt und wie man eine unsaubere oder gar verzerrte Befragung erkennt.

Planung und Design einer Umfrage

Die Phase Planung und Design einer Umfrage umfasst im Wesentlichen die Schritte 1 bis 5 aus der 10-Punkte-Liste von oben. Dennoch sollten Sie bereits in dieser Phase den gesamten Prozess bis zur abschließenden Interpretation der Ergebnisse mit bedenken. So hat beispielsweise die Art, wie Sie Fragen formulieren und welche Antworten Sie dabei zulassen, erheblichen Einfluss darauf, welche statistischen Verfahren Sie bei der Analyse der Daten anwenden können. Wenn Sie sich also nicht gleich zu Beginn Gedanken über die spätere Datenanalyse machen, könnte es passieren, dass Sie sich nachträglich über Ihr eigenes Befragungsdesign ärgern. Zwischen den verschiedenen Schritten einer Meinungsumfrage bestehen also weitreichende Abhängigkeiten, die in dem folgenden Beispiel noch einmal verdeutlicht werden.

Warum ist es wichtig, vor der Durchführung einer Befragung die Zielsetzung genau zu definieren?

Lösung

Die Zielsetzung einer Meinungsumfrage muss zu Beginn der Phase Planung und Design klar definiert werden. Nur wenn die Zielsetzung klar vorgegeben ist, können Sie präzise Fragen formulieren, alle notwendigen Fragen berücksichtigen und überflüssige Fragen vermeiden. Außerdem hilft eine klare Definition der Zielsetzung den Interviewern bei der Durchführung der Befragung. Auch gegenüber den Befragten kann es oftmals hilfreich sein, die Zielsetzung für die Umfrage anzugeben; dies erhöht nicht nur die Bereitschaft zur Teilnahme an der Umfrage, sondern motiviert auch dazu, richtige Antworten abzugeben, denn die Befragten wissen dann, was sie »kaputtmachen«, wenn sie aus Nachlässigkeit oder Angeberei falsche Antworten geben.

Aufgabe 1

Sie möchten herausfinden, in welchem Ausmaß die Mitarbeiter einer bestimmten Firma an ihrem Arbeitsplatz private E-Mails schreiben und empfangen. Auf welche Grundgesamtheit zielen Sie mit Ihrer Untersuchung ab?

Aufgabe 2

Angenommen, die Grundgesamtheit für eine Untersuchung seien alle obdachlosen Personen in einer bestimmten Stadt und Ihre Zielsetzung ist es herauszufinden, wie der Tagesablauf dieser Menschen aussieht. Erläutern Sie, welche Befragungsmethoden hierfür ungeeignet sind, und schlagen Sie ein geeignetes Vorgehen vor, um die gewünschten Informationen zu erheben.

Aufgabe 3

Erläutern Sie, warum die folgende Frage aus einem Fragebogen unbrauchbar ist und wie die Frage besser formuliert werden könnte: »Sind Sie nicht auch der Meinung, dass Atomkraftwerke ein viel zu hohes Risiko darstellen und endlich abgeschaltet werden sollten?«

Aufgabe 4

Welche Schwierigkeiten erwarten Sie, wenn Sie kurz nach dem Amoklauf eines Schülers an seiner Schule beauftragt werden, eine Meinungsumfrage zur Einstellung der Bevölkerung gegenüber sogenannten Ego-Shooter-Computerspielen durchzuführen?

Die Ziehung einer Zufallsstichprobe

Die Art, wie Sie die Stichprobe für eine Befragung ziehen, kann über Erfolg und Misserfolg einer Befragung entscheiden. Durch die Art der Stichprobenziehung haben Sie zum einen erheblichen Einfluss darauf, ob die Ergebnisse verzerrt oder unverzerrt sind, und steuern zum anderen, wie präzise die Befragungsergebnisse die Verhältnisse in der Grundgesamtheit widerspiegeln. Die folgenden Kriterien sind bei der Ziehung einer Stichprobe entscheidend:

✔ Ziehen Sie eine Stichprobe, die repräsentativ für die Grundgesamtheit ist, also für die Gruppe von Personen, über die Sie Aussagen treffen möchten.

✔ Ziehen Sie die Stichprobe als Zufallsauswahl aus der Grundgesamtheit, um so Verzerrungen durch eine bewusste Zusammenstellung der Stichprobe zu vermeiden.

✔ Ziehen Sie eine hinreichend große Stichprobe, um präzise Rückschlüsse auf die Grundgesamtheit ziehen zu können.

Alle diese Anforderungen zu erfüllen ist sehr einfach. Ziehen Sie einfach eine große Zufallsstichprobe aus der Grundgesamtheit. Eine Zufallsstichprobe ist eine Stichprobe, bei der jede Person aus der Grundgesamtheit die gleiche Chance hat, in die Stichprobe aufgenommen zu werden. Wenn Sie eine echte Zufallsstichprobe ziehen, erhalten Sie eine unverzerrte und repräsentative Stichprobe, die, wenn sie hinreichend groß ist, präzise Rückschlüsse auf die Grundgesamtheit zulässt.

Eine der größten Gefahren bei der Stichprobenziehung besteht darin, eine verzerrte Stichprobe zu erhalten, die nicht repräsentativ für die Grundgesamtheit ist. Dies passiert vor allem dann, wenn nicht jede Person aus der Grundgesamtheit mit der gleichen Wahrscheinlichkeit in die Stichprobe aufgenommen wird, zum Beispiel weil durch die Art der Befragung bestimmte Personen aus der Grundgesamtheit systematisch ausgeschlossen werden (so wie zum Beispiel bei einer Onlinebefragung nur Personen mit Internetzugang befragt werden können). Ist die Stichprobe verzerrt, können auch die Befragungsergebnisse sehr leicht verzerrt sein und lassen dann keine korrekten Rückschlüsse auf die Grundgesamtheit zu.

Das folgende Beispiel zeigt noch einmal mögliche Ursachen und Folgen einer verzerrten Stichprobe.

Ein Professor für Psychologie möchte den Einfluss der Fernsehwerbung von politischen Parteien im Vorfeld der Bundestagswahl auf die politische Einstellung der Wähler untersuchen. Die Teilnehmer für diese Studie rekrutiert er aus seinen Studenten, die sich durch die Teilnahme an der Studie einige Sonderpunkte erarbeiten können.

1. Beschreiben Sie die Grundgesamtheit, über die mithilfe der Studie neue Erkenntnisse gewonnen werden sollen.

2. Ist die Stichprobe, die der Professor für seine Studie auswählt, repräsentativ für die gesuchte Grundgesamtheit? Welche Grundgesamtheit liegt der Stichprobe zugrunde?

3. Welchen Einfluss hat die Stichprobe, die der Professor für seine Studie verwendet, auf die Studienergebnisse?

Lösung

Der Studienleiter macht sich das Leben hier ein wenig zu einfach. Er sollte mehr Energie in die Rekrutierung einer sauberen Stichprobe investieren.

1. Die Grundgesamtheit, auf die der Professor mit seiner Studie abzielt, umfasst alle potenziellen Wähler in Deutschland, also die gesamte für die Bundestagswahl wahlberechtigte Bevölkerung.

2. Die verwendete Stichprobe ist nicht repräsentativ für die gewünschte Grundgesamtheit, sondern nur für einen kleinen Ausschnitt daraus. Die Grundgesamtheit der Stichprobe sind die Studenten an einer bestimmten Universität (die einen Psychologie-Kurs bei einem bestimmten Professor hören).

3. Die Ergebnisse dieser Studie sollten ausschließlich auf die tatsächliche Grundgesamtheit der Stichprobe (also die Psychologie-Studenten der betreffenden Uni) und nicht auf die gesamte Wahlbevölkerung bezogen werden. Würden aus dieser Studie Aussagen über alle wahlberechtigten Personen in Deutschland abgeleitet, wären diese Aussagen mit Sicherheit verzerrt.

Aufgabe 5

Während Sie im Internet auf einer Nachrichtenseite surfen, öffnet sich ein Pop-up-Fenster, das Sie auffordert, an einer Befragung über die Einstellung der Bevölkerung gegenüber Reality-TV-Shows teilzunehmen. Auf welche Grundgesamtheit zielt diese Befragung ab? Aus welcher Grundgesamtheit wird die Stichprobe tatsächlich rekrutiert? Stimmen die gewünschte Grundgesamtheit der Studie und die tatsächliche Grundgesamtheit der Stichprobe überein?

Aufgabe 6

Frank möchte das Einkaufsverhalten von Personen untersuchen, die in den Tagen nach Weihnachten losgehen, um Gutscheine einzulösen. Daher stellt er sich in das Einkaufszentrum seiner Stadt und spricht zufällig ausgewählte Personen an, die er bittet, an einer kurzen Befragung teilzunehmen. Erhält er auf diese Weise eine Zufallsstichprobe?

Aufgabe 7

Susanne möchte eine Telefonumfrage unter den Einwohnern ihrer Stadt durchführen. Hierzu schlägt sie per Zufall eine beliebige Seite des Telefonbuchs auf und wählt die ersten 100 Namen von dieser Seite aus. Hat sie mit diesem Vorgehen eine Zufallsstichprobe erstellt?

Aufgabe 8

Laut Medienberichten haben Studien belegt, dass ein neuartiges Haarfärbemittel vollkommen unschädlich für die Gesundheit sei. Dabei basiert dieses Ergebnis auf einer Stichprobe von nur 14 Personen. Können Sie den Ergebnissen trauen?

Eine Umfrage richtig durchführen

Nachdem Sie Ihre Umfrage entworfen, die Fragen formuliert und die Teilnehmer ausgewählt haben, kommt der entscheidende Schritt: die Durchführung der Befragung. Auch wenn es zunächst simpel erscheinen mag, einigen Leuten ein paar Fragen zu stellen, können hierbei Schwierigkeiten auftreten und Fehler gemacht werden, die Sie unbedingt vermeiden sollten.

Das folgende Beispiel zeigt einige Probleme, die bei der Durchführung der Befragung auftreten können.

Beschreiben Sie zwei mögliche Ursachen dafür, dass die Teilnehmer einer Befragung falsche Antworten geben, und erläutern Sie, wie diese Art von Fehlern minimiert werden kann.

Lösung

Die Teilnehmer können bewusst lügen oder sie können versehentlich falsche Antworten geben, beispielsweise weil sie die Frage nicht richtig verstanden haben. Um ein vorsätzliches Lügen der Teilnehmer zu minimieren, sollten Sie die Umfrage nach Möglichkeit anonym durchführen, sodass es anschließend niemandem (nicht einmal Ihnen selbst) möglich ist, die Antworten einer bestimmten Person zuzuordnen. Wenn eine anonyme Befragung nicht möglich ist, sollten Sie zumindest allen Teilnehmern eine strikt vertrauliche Behandlung der Daten zusichern.

Damit Sie möglichst wenige falsche Antworten aufgrund falsch verstandener Fragen erhalten, sollten Sie die Formulierung Ihrer Fragen vor der eigentlichen Umfrage in Testbefragungen überprüfen. Außerdem sollten Sie bei persönlichen oder telefonischen Befragungen Ihre Interviewer gut schulen und mit einem Skript ausstatten, das eine konsistente Fragestellung und Erfassung der Antworten gewährleistet.

Aufgabe 9

Antwortverzerrungen treten auf, wenn die Befragten verzerrte Antworten abgeben, also mit ihren Antworten systematisch in eine Richtung von der Wahrheit abweichen. Geben Sie ein Beispiel für eine Frage, die zu derart verzerrten Antworten führen kann.

Aufgabe 10

Angenommen, Sie führen zwei Briefumfragen durch. Für die erste Umfrage versenden Sie 10.000 Briefe und erhalten darauf 1.000 Antworten. Für die zweite Umfrage versenden Sie zunächst 1.500 Briefe und anschließend an die Personen, die nicht antworteten, Erinnerungsschreiben, sodass Sie insgesamt auch hier 1.000 Antworten erhalten. Welche dieser beiden Befragungen wird Ihrer Meinung nach die zuverlässigeren Ergebnisse liefern?

Befragungsergebnisse auswerten

Nachdem eine Befragung durchgeführt und die Antworten sauber erfasst wurden, unterscheidet sich die weitere Auswertung der Daten nicht wesentlich von jeder anderen Datenanalyse, wie sie in den vorhergehenden Kapiteln dieses Buches behandelt wurde. Damit können hier auch die bekannten Schwierigkeiten und Fehlinterpretationen auftreten, die Sie aber mit ein wenig Übung weitgehend vermeiden können.

Die folgende Liste führt einige der häufigsten Fehler bei der Auswertung und Interpretation von Befragungsergebnissen auf:

- ✔ Die Ergebnisse werden auf eine größere Grundgesamtheit verallgemeinert, als die Studie eigentlich zulässt.

- ✔ Es werden Unterschiede zwischen zwei Gruppen festgestellt, die statistisch nicht signifikant sind und in der Grundgesamtheit gar nicht vorliegen.

✔ Es wird zwar betont, dass die Ergebnisse »nicht signifikant« sind, sie werden aber dennoch wie signifikante Erkenntnisse verwertet.

✔ Die Ergebnisse der Befragung werden nicht einfach nur wiedergegeben, sondern es wird auch versucht zu erklären, warum die Ergebnisse so ausgefallen sind, zum Beispiel indem ohne eine weitere Untersuchung eine Ursache-Wirkungs-Beziehung unterstellt wird, die sich jedoch aus den Daten nicht herleiten lässt.

Das folgende Beispiel zeigt, wie die Ergebnisse einer Befragung leicht in unzulässiger Weise verwendet werden können.

Angenommen, ein Politiker möchte eine Gesetzesvorlage durchsetzen und nutzt dazu die Ergebnisse einer Umfrage, die unter den Anhängern seiner Partei durchgeführt wurde. Er leitet seine Rede basierend auf den Befragungsergebnissen mit den Worten »Die Deutschen wollen dieses Gesetz« ein. Ist diese Formulierung redlich, wenn sich die Befragten tatsächlich in hohem Maße für das Gesetz ausgesprochen haben?

Lösung

Nein, die Schlussfolgerung des Politikers geht in jedem Fall zu weit, denn er schließt von den Befragungsergebnissen auf die gesamte deutsche Bevölkerung, obwohl ausschließlich Anhänger seiner Partei befragt wurden. Er trifft damit eine Aussage über eine zu große Grundgesamtheit, die von der Befragung nicht abgedeckt ist. Richtig wäre es zu sagen: »Die Anhänger meiner Partei wollen dieses Gesetz«, diese Aussage würde die politischen Gegner aber vermutlich wenig beeindrucken.

Aufgabe 11

Angenommen, die Ergebnisse einer Wahlforschung zeigen, dass eine Koalition A 48% der Stimmen erreichen wird, während Koalition B auf 52% der Stimmen kommt. Kann man auf Basis dieser Ergebnisse davon ausgehen, dass Koalition B sicher das Rennen macht?

Aufgabe 12

In den Abendnachrichten wird über die Ergebnisse der jüngsten Telefonumfrage dieses TV-Senders berichtet. Bei der Umfrage wurden die Zuschauer aufgefordert, anzurufen und die aktuelle Politik der Bundesregierung zu bewerten. Während des Berichts über die Ergebnisse der Befragung wird ein Hinweis eingeblendet, nach dem die Befragung nicht repräsentativ sei. Trägt dieser Hinweis den statistischen Problemen, die mit dieser Umfrage verbunden sind, angemessen Rechnung?

Aufgabe 13

Erläutern Sie, warum eine Umfrage, bei der die Zuschauer einer TV-Show zur Stimmabgabe per Telefonanruf aufgefordert werden, keine wissenschaftlich akzeptablen Ergebnisse liefern kann.

Aufgabe 14

Eine Umfrage unter Studenten über deren tägliche Gewohnheiten findet heraus, dass Studenten, die morgens frühstücken, in ihren Klausuren bessere Noten schreiben. Die Studie schließt daraus, dass sich ein regelmäßiges Frühstück positiv auf die Leistung der Studenten auswirkt. Ist diese Schlussfolgerung zulässig?

Lösungen für die Aufgaben zum Thema Meinungsumfragen

Lösung 1

Die Grundgesamtheit für diese Untersuchung sollte alle Angestellten des Unternehmens umfassen, die die Möglichkeit zum Schreiben und Empfangen privater E-Mails haben. (Zur Grundgesamtheit gehören nicht nur die Mitarbeiter, die auch tatsächlich private E-Mails schreiben.) Die Grundgesamtheit ist stets die Gesamtheit aller Personen, über die Sie eine Aussage treffen möchten. Da hier gefragt ist, in welchem Maße die Mitarbeiter persönliche E-Mails schreiben und empfangen, wollen Sie eine Aussage über alle Mitarbeiter treffen, die über die Möglichkeit zum Schreiben und Empfangen privater E-Mails verfügen.

Es ist sehr wichtig, die Grundgesamtheit klar zu definieren. Nur wenn die Stichprobe der Personen, die Sie tatsächlich befragen, die Grundgesamtheit angemessen repräsentiert, kann die Befragung unverzerrte Ergebnisse liefern.

Lösung 2

Dies ist in der Praxis eine sehr schwierige Aufgabenstellung. Da Sie Obdachlose befragen wollen, hat Ihre Zielgruppe keinen dauerhaften Wohnsitz und damit auch keine feste Adresse oder Telefonnummer, über die Sie die Personen kontaktieren können. Eine schriftliche oder telefonische Befragung fällt also offensichtlich aus. Sie werden in jedem Fall ein persönliches Interview führen und dafür sorgen müssen, dass dies nicht in einer einschüchternden oder verletzenden Atmosphäre stattfindet. Auch sollten Sie sich ausführlich über die adäquate Ansprache der Obdachlosen Gedanken machen, um deren Bereitschaft zur Teilnahme an der Befragung zu wecken.

Lösung 3

Dies ist eine Suggestivfrage. Sie erkennen an der Frage sofort, welche Antwort der Meinungsforscher von den Befragten wünscht. Offensichtlich möchte der Meinungsforscher hier nicht wirklich herausfinden, wie die Menschen denken, sondern ein bestimmtes Ergebnis erzielen. Die Frage wird verzerrte Antworten liefern, die für eine echte Meinungsforschung unbrauchbar sind. Um verzerrte Antworten zu vermeiden, sollten Sie Fragen immer neutral formulieren. In diesem Fall könnte die Frage zum Beispiel lauten: »Wie stehen Sie zu der Forderung, dass Deutschland auf Atomstrom verzichten und die Atomkraftwerke abschalten sollte?« Für diese Frage könnten Sie dann die Antwortkategorien »Ich stimme voll und ganz zu«, »Ich stimme eher zu«, »Ich stimme eher nicht zu« und »Ich stimme überhaupt nicht zu« vorsehen.

Viele Untersuchungen haben bereits belegt, dass auch geringfügige Änderungen in der Formulierung der Fragen zu weitreichenden Änderungen im Antwortverhalten der Befragten führen können. Achten Sie daher bei der Formulierung der Fragen immer darauf, neutrale Fragen zu stellen und nicht die Befragten in eine bestimmte Richtung zu lenken.

Lösung 4

Da der Amoklauf an der Schule gerade erst stattgefunden hat, könnten viele Menschen in dieser aktuellen Situation eine deutlich ablehnendere Haltung gegenüber Computerspielen mit Gewaltsimulationen haben, als es eigentlich ihrer Einstellung entspricht. Verschiedene Untersuchungen zeigen, dass die Menschen mit der Zeit, wenn die Tragödie wieder aus ihrem Bewusstsein verschwindet, zu ihrer ursprünglichen Haltung zurückkehren. Ihre Befragung mag daher ein korrektes Bild der aktuellen Einstellung der Bevölkerung liefern, diese Einstellung ist allerdings im Zeitverlauf nicht konstant, sondern gilt nur in dieser speziellen Situation. Um ein wirkliches Bild von der Haltung der Menschen gegenüber Ego-Shooter-Computerspielen zu erhalten, sollten Sie die Befragung nach einiger Zeit wiederholen, um durch einen Vergleich der beiden Ergebnisse zu messen, in welchem Maße die Einstellungen kurz nach dem Amoklauf an der Schule durch den Eindruck dieser Tragödie geprägt waren.

Der Zeitpunkt, zu dem eine Befragung durchgeführt wird, kann erheblichen Einfluss auf das Ergebnis haben. Dies gilt nicht nur für Befragungen im Umfeld außergewöhnlicher Ereignisse, sondern auch schon die Tatsache, ob eine Befragung morgens oder abends, wochentags oder am Wochenende durchgeführt wird, kann relevant sein. Wenn Sie beispielsweise wochentags eine telefonische Befragung durchführen und dazu zufällig ausgewählte Personen zu Hause anrufen, sollten Sie nicht erwarten, allzu viele berufstätige Personen in Ihrer Stichprobe zu haben. Und schon wieder besteht die Gefahr, dass Sie verzerrte Ergebnisse erhalten.

Lösung 5

Die tatsächliche Grundgesamtheit der Stichprobe stimmt nicht mit der Grundgesamtheit überein, auf die die Studie eigentlich abzielt. Die Stichprobe umfasst ausschließlich Personen, die im Internet surfen und dabei diese spezielle Nachrichtenseite besuchen; das ist nur ein kleiner Ausschnitt der Gesamtbevölkerung, auf die die Studie eigentlich abzielt. Die Befragung wird daher verzerrte Ergebnisse liefern, die nicht repräsentativ für die gewünschte Grundgesamtheit sind.

Lösung 6

Nein. Eine Zufallsstichprobe ist dadurch gekennzeichnet, dass alle Mitglieder der Grundgesamtheit eine gleich große Chance haben, in die Grundgesamtheit aufgenommen zu werden. Das Vorgehen von Frank schließt dagegen alle Personen aus, die nicht in dem einen Einkaufszentrum seiner Stadt einkaufen gehen. Damit bleiben Personen, die kleine Geschäfte außerhalb des Einkaufszentrums bevorzugen, ebenso unberücksichtigt wie Onlinekäufer und Personen aus anderen (eventuell größeren oder kleineren, reicheren oder ärmeren) Städten. Zudem ist es schwierig, durch persönliche Ansprache eine echte Zufallsstichprobe zu generieren; zwar mag Frank sich fest vorgenommen haben, die Personen für eine Befragung per Zufall auszuwählen, tatsächlich werden bei der Ansprache der Personen aber auch Sympathie und Freundlichkeit der Menschen eine Rolle spielen.

Es gibt eine klare Definition für eine Zufallsstichprobe. Wenn Sie entscheiden möchten, ob eine bestimmte Stichprobe eine echte Zufallsstichprobe ist, prüfen Sie einfach, ob jedes Mitglied der Grundgesamtheit die gleiche Chance hatte, in die Stichprobe aufgenommen zu werden.

Lösung 7

Nein, auch hier liegt keine Zufallsstichprobe vor. Das größte Problem ist, dass sich viele Personen nicht in das Telefonbuch eintragen lassen und damit auf diesem Wege nicht für eine Telefonumfrage gewonnen werden können. Außerdem besteht die Gefahr, dass durch die Auswahl von Personen einer einzelnen Seite viele Personen mit identischem Nachnamen ausgewählt werden, die möglicherweise miteinander verwandt sind oder den gleichen ethnischen Hintergrund haben.

Eine Stichprobe kann nicht »fast zufällig« oder »so ähnlich wie zufällig« sein. Entweder es liegt eine Zufallsstichprobe vor, oder es ist keine Zufallsstichprobe.

Lösung 8

Nein, auf die Ergebnisse dieser Studie sollten Sie sich nicht verlassen. Mit nur 14 Testpersonen ist die Stichprobe viel zu klein, um zuverlässige Aussagen über die Grundgesamtheit zu ermöglichen. Bei einer Stichprobengröße von 14 können die Resultate sehr stark von Zufallseinflüssen abhängen und damit von einer Stichprobe zur nächsten deutlich variieren. Dies schlägt sich dann in einem entsprechend hohen Stichprobenfehler nieder.

Lösung 9

Leider gibt es sehr viele Fragen, die zu verzerrten Antworten führen können. Eine Frage könnte zum Beispiel lauten: »Wir wollen wissen, wie weit Sie es in Ihrem Beruf gebracht haben. Wie viel Geld verdienen Sie im Jahr?« Bei dieser Frage sind die Befragten möglicherweise versucht, einen zu hohen Wert zu nennen, um sich selbst möglichst gut darzustellen (insbesondere wenn der Befragte männlich ist und von einer attraktiven Frau interviewt wird). Dabei werden die Befragten durch den Einleitungssatz »Wir wollen wissen, wie weit

Sie es in Ihrem Beruf gebracht haben« auch noch zur Prahlerei angestachelt, indem das Einkommen explizit als Maßstab für beruflichen Erfolg beschrieben wird. Würde der Einleitungssatz dagegen lauten »Für unsere Einkommensteuerstatistik benötigen wir noch einige Informationen«, könnte es gut sein, dass die Befragten ein zu geringes Einkommen angeben, weil sie andernfalls Konflikte mit dem Finanzamt befürchten.

Lösung 10

Auch wenn sich beide Befragungen im Ergebnis auf jeweils 1.000 Antworten stützen können, sollte die zweite Befragung die zuverlässigeren Ergebnisse liefern. Bei dieser Befragung ist es gelungen, von $1.000 \div 1.500 = 67\%$ aller angeschriebenen Personen eine Antwort zu erhalten; bei der ersten Befragung haben dagegen nur $1.000 \div 10.000 = 10\%$ geantwortet. Diese Quoten werden als *Antwortraten* bezeichnet und generell gilt, dass die Zuverlässigkeit einer Befragung mit steigender Antwortrate zunimmt, denn mit höherer Antwortrate sinkt die Gefahr einer verzerrten Stichprobe.

Lösung 11

Nein, nicht unbedingt. Sie sollten davon ausgehen, dass die Ergebnisse der Befragung von den tatsächlichen Wahlergebnissen abweichen. Entscheidend ist daher die Größe des Stichprobenfehlers. Bei einer Schwankungsbreite von 2% könnte Koalition A zwischen 46% und 50% der Stimmen erhalten, während der Stimmenanteil für Koalition B zwischen 50% und 54% liegen könnte. Bei einer noch größeren Schwankungsbreite würde eine noch stärkere Überlappung der Wahlergebnisse für die beiden Koalitionen im Bereich des Wahrscheinlichen liegen. Ohne nähere Informationen über die Stichprobengröße oder den Stichprobenfehler können Sie daher nicht erkennen, ob die in der Stichprobe beobachteten Unterschiede zwischen den Stimmenanteilen der beiden Koalitionen auch statistisch signifikant sind und damit einen entsprechenden Rückschluss auf die Grundgesamtheit zulassen (siehe hierzu auch Kapitel 8).

Lösung 12

Nein, der Hinweis genügt nicht, um das unsaubere Vorgehen des TV-Senders zu korrigieren. Die Ergebnisse der Befragung sind durch die Erhebungsmethode vollständig verzerrt und damit wertlos. Indem der TV-Sender über die Ergebnisse dennoch berichtet, vermittelt er ein verzerrtes Bild, das ein Großteil der Zuschauer trotz des Hinweises nicht richtig einordnen wird. Viele Zuschauer werden, wenn sie den Hinweis überhaupt wahrnehmen, möglicherweise denken, die Ergebnisse seien zwar nicht wissenschaftlich, für das persönliche Weltbild aber vollkommen ausreichend.

 Ein Hinweis auf die mangelnde Repräsentativität einer Umfrage löst die damit verbundenen statistischen Probleme nicht. Ergebnisse, wie sie aus einer TV-Umfrage in diesem Beispiel hervorgehen, können für Unterhaltungszwecke gut geeignet sein, sollten aber auch genau darauf beschränkt bleiben.

Lösung 13

Die Teilnehmer dieser Befragung sind nicht repräsentativ für die Grundgesamtheit. An der Befragung nehmen ausschließlich solche Personen teil, die einen Fernseher besitzen, diese spezielle TV-Show ansehen und zudem von sich aus initiativ werden, um an der Befragung teilzunehmen (und dabei möglicherweise auch noch die Gebühren für eine Sondertelefonnummer tragen). Damit hat nur eine kleine, sehr spezifische Gruppe von Menschen die Chance, überhaupt von der Befragung zu erfahren, und über die tatsächliche Teilnahme an der Befragung entscheiden die Personen selbst. Eine derart *selbst selektierte Stichprobe* ist aber immer verzerrt und damit für keine sinnvolle Grundgesamtheit repräsentativ.

Lösung 14

Ohne weitere Untersuchungen ist diese Schlussfolgerung nicht zulässig. Die vorliegende Befragung hat, auch wenn sie in jeder Hinsicht sauber durchgeführt wurde und repräsentativ ist, lediglich gezeigt, dass Studenten mit Frühstück bessere Noten schreiben als Studenten ohne Frühstück. Ob und wie zwischen den beiden Variablen (Frühstück und Noten) tatsächlich ein direkter Wirkungszusammenhang besteht, bleibt dabei aber vollkommen offen. Um diese Frage zu beantworten, muss zum Beispiel untersucht werden, ob möglicherweise andere Faktoren sowohl die Noten als auch die Ernährungsgewohnheiten der Studenten beeinflussen, ohne dass ein direkter Zusammenhang zwischen Frühstück und Noten besteht. (Zur Untersuchung von Zusammenhängen zwischen zwei Variablen lesen Sie mehr in Kapitel 15 und 16.)

Kapitel 14
Experimente auswerten

xperimente und Tests gehören zu den wichtigsten Werkzeugen zum Gewinnen von Daten auf der Suche nach neuen Erkenntnissen. Ob die so gewonnenen Erkenntnisse aber auch glaubwürdig und zuverlässig sind, hängt ganz wesentlich davon ab, ob das Experiment richtig aufgebaut und sauber durchgeführt wurde. So kann auch das Ergebnis eines Hypothesentests, eines Konfidenzintervalls oder einer Regressionsanalyse niemals belastbarer und verlässlicher sein als die Daten, die für die Berechnung herangezogen wurden. Auf Basis ungenauer oder verzerrter Daten können Sie auch mit den ausgefeiltesten Analysemethoden niemals zu verwertbaren Erkenntnissen gelangen.

In den Übungen dieses Kapitels lernen Sie zu unterscheiden, ob ein Experiment sauber durchgeführt wurde oder nicht. Dabei wird unter anderem verdeutlicht, welche Auswirkungen der Ablauf eines Experiments auf dessen Ergebnisse hat.

Der Unterschied zwischen einem Experiment und einer Beobachtungsstudie

Experimente unterscheiden sich grundlegend von Beobachtungsstudien. Dies gilt sowohl für den Ablauf eines Experiments (den Aufbau und die Durchführung) als auch für die Resultate (und damit die Schlussfolgerungen, die aus den Ergebnissen gezogen werden können). Daher ist es nicht nur für die Durchführung von Experimenten und Beobachtungsstudien, sondern auch für die Datenauswertung von zentraler Bedeutung, zwischen beiden Studienarten unterscheiden zu können.

Eine *Beobachtungsstudie* ist genau das, was ihr Name besagt: eine Studie, bei der ein Forscher die Menschen oder Untersuchungsgegenstände, für die er sich interessiert, lediglich beobachtet und die relevanten Informationen notiert. Dabei greift der Forscher nicht in die Umweltbedingungen oder Lebensabläufe der Menschen ein, unterwirft sie keinen besonderen Behandlungen oder Restriktionen und nimmt generell keine Art von Steuerung oder Kontrolle vor. Ein *Experiment* ist das genaue Gegenteil davon. Hier nimmt der Forscher ganz gezielt Einfluss auf die untersuchten Personen, indem er sie einer bestimmten »Behandlung« unterwirft oder einer speziellen Situation aussetzt. Gleichzeitig kontrolliert er die Lebensumstände und sonstigen Umweltbedingungen, die Einfluss auf die Ergebnisse haben könnten, und hält anschließend die Reaktionen der Personen auf die Behandlung fest, um zum Beispiel das Verhalten von Personen, die verschiedenen Therapiemethoden unterworfen oder unterschiedlichen Situationen ausgesetzt wurden, miteinander zu vergleichen.

Da Experimente in hohem Maße gesteuert und kontrolliert werden können, lassen sich aus den Ergebnissen häufig sehr viel weiter reichende Schlussfolgerungen ziehen als aus den Daten einer Beobachtungsstudie, die von zahlreichen unkontrollierbaren und häufig unbekannten Faktoren beeinflusst sein können. Experimente sind daher besser geeignet, um tatsächlich Ursachen und Wirkungszusammenhänge aufzuspüren und Erkenntnisse der Art »Eine Veränderung der Variablen A um den Betrag x wirkt sich auf die Variable B im Umfang von y aus« zu gewinnen. Derartige Zusammenhänge zwischen zwei Variablen können Sie mit einer Beobachtungsstudie zwar feststellen (eben beobachten), Sie können aber nicht zuverlässig ermitteln, ob der Zusammenhang auch tatsächlich kausal ist.

Das folgende Beispiel verdeutlicht noch einmal den Unterschied zwischen einem Experiment und einer Beobachtungsstudie.

Im Rahmen einer Studie werden zwei Gruppen von Personen ein Jahr lang begleitet. Die erste Gruppe benutzt regelmäßig antibakterielle Seife, die zweite Gruppe hingegen normale Handseife. Die Forscher notieren die Häufigkeit und Schwere der Krankheiten, die diese Personen in dem Jahr erleiden. Handelt es sich bei dieser Studie um eine Beobachtungsstudie oder um ein Experiment?

Lösung

Hierbei liegt eine Beobachtungsstudie vor. Die Forscher haben sich lediglich zwei unterschiedliche Personengruppen gesucht (eine Gruppe, die regelmäßig antibakterielle Seife verwendet, und eine Gruppe, die normale Handseife benutzt) und beobachten deren Verhalten und Entwicklung. Sie haben die Personen aber nicht aufgefordert, eine bestimmte, von ihren üblichen Gewohnheiten abweichende Seife zu nutzen oder sich sonst in besonderer Weise zu verhalten. Die Studie unterwirft die Personen also keinen spezifischen Behandlungen und kontrolliert auch nicht deren Lebensumstände, sondern erfasst lediglich einige Beobachtungen aus dem normalen und selbst gesteuerten Leben dieser Personen.

Aufgabe 1

Angenommen, für die Gruppe mit der antibakteriellen Seife aus dem vorhergehenden Beispiel beobachten die Forscher weniger Krankheiten, die zudem schwächer verlaufen als in der Gruppe, die übliche Handseife benutzt. Können Sie daraus schließen, dass antibakterielle Seife Krankheiten vermeiden oder zumindest abschwächen kann?

Aufgabe 2

Angenommen, ein Lehrer möchte herausfinden, ob ein Computerspiel den Schülern dabei hilft, schneller lesen und schreiben zu lernen. Er teilt seine Klasse in zwei Gruppen, mit denen er die gleichen Wörter zu schreiben übt. Eine Gruppe verwendet dabei jedoch ein Computerspiel zum Üben, während die andere Gruppe lediglich das übliche Schulbuch nutzt. Die Lernerfolge beider Gruppen unterscheiden sich. Hat der Lehrer hier ein Experiment oder eine Beobachtungsstudie durchgeführt?

Aufgabe 3

Angenommen, Sie sollen ein Experiment durchführen, das Sie für ethisch nicht vertretbar halten; beispielsweise könnte das Experiment von einer Personengruppe verlangen, über einen längeren Zeitraum zwei Schachteln Zigaretten am Tag zu rauchen, um zu erforschen, ob diese Personengruppe schneller an Lungenkrebs erkrankt. Was sollten Sie statt des Experiments tun, um den Wirkungszusammenhang untersuchen zu können, ohne ethische Grundsätze zu verletzen?

Aufgabe 4

Angenommen, in einer Gruppe von Personen, die von sich aus regelmäßig Vitamin C zu sich nehmen, treten seltener Erkältungskrankheiten auf als in einer Gruppe von Personen, die kein Vitamin C als Nahrungsergänzung verwenden.

1. Was für eine Art von Studie liegt hier wohl vor?

2. Welche anderen Variablen außer dem Vitamin C könnten den Unterschied in der Häufigkeit von Erkältungen zwischen den beiden Gruppen erklären?

Der richtige Aufbau eines Experiments

Jedes gut durchgeführte Experiment hat drei zentrale Eigenschaften:

✔ Die Personen, die an dem Experiment teilnehmen sollen, werden zufällig ausgewählt, um Verzerrungen durch bestimmte Eigenschaften der Probanden zu vermeiden.

✔ Das Experiment kontrolliert beziehungsweise schaltet so viele Störgrößen wie möglich aus. Eine *Störgröße* ist dabei jede Variable, die einen Einfluss auf das Ergebnis beziehungsweise den untersuchten Zusammenhang haben kann, aber nicht explizit mit in die Untersuchung einbezogen wird.

✔ Das Experiment muss hinreichend häufig wiederholt beziehungsweise mit hinreichend vielen Personen durchgeführt werden, um zuverlässige und präzise Ergebnisse zu gewährleisten.

Wurde ein Experiment sauber durchgeführt, weisen auch die damit gewonnenen Daten drei wichtige Eigenschaften auf:

✔ **Valide:** Die Daten messen genau das, was sie messen sollen, und liefern die Informationen, die zur Beantwortung der zugrunde liegenden Fragestellung notwendig sind.

✔ **Unverzerrt:** Die Daten weichen nicht systematisch in eine Richtung von der Wahrheit ab.

✔ **Zuverlässig:** Die Daten sind mit hoher Wahrscheinlichkeit nicht ein Zufallsergebnis dieses einen Experiments, sondern lassen sich mit vergleichbaren Experimenten reproduzieren, da sie die tatsächlich gültigen Verhältnisse widerspiegeln. Je größer ein Experiment angelegt ist, desto zuverlässiger sind die Daten, die damit gewonnen werden.

Die Qualität der Ergebnisse und Schlussfolgerungen, die aus einem Experiment gewonnen werden können, steht und fällt mit dem richtigen Aufbau und der sauberen Durchführung des Experiments. Ob ein Experiment allen Anforderungen genügt, können Sie leicht anhand der folgenden Liste überprüfen. Für jedes gut durchgeführte Experiment gilt:

✔ Die Stichprobe ist hinreichend groß, um zuverlässige und präzise Ergebnisse zu liefern.

✔ Die Testpersonen wurden so ausgewählt, dass sie die Grundgesamtheit angemessen repräsentieren.

✔ Die Testpersonen wurden zufällig auf die Test- und Kontrollgruppen aufgeteilt.

✔ Der Einfluss von Störgrößen wird so weit wie möglich ausgeschaltet oder kontrolliert.

✔ Die Studie wird nach Möglichkeit als Doppelblindstudie durchgeführt. (»Doppelblind« bedeutet, dass weder der Proband noch der Forscher weiß, welcher Teilnehmer welche Behandlung erfährt.)

✔ Es werden valide, zuverlässige und unverzerrte Daten erhoben.

✔ Die Daten werden korrekt aufbereitet und mit den angemessenen Methoden analysiert.

✔ Die Schlussfolgerungen bleiben auf den Rahmen der Studie beschränkt und werden nicht in unzulässiger Weise verallgemeinert.

Die ersten sechs dieser Kriterien werden unmittelbar durch den Aufbau und die Durchführung des Experiments gesteuert und in den folgenden Übungen dieses Abschnitts näher betrachtet.

In dem folgenden Beispiel werden die Ergebnisse eines Experiments kritisch hinterfragt.

Angenommen, ein Experiment zeigt, dass ein neuer Diätplan bei sieben von zehn Personen, die ihn angewendet haben, erfolgreich funktioniert hat. Die Erfolgsquote liegt damit bei den Personen, die dem Plan gefolgt sind, bei 70%. Ist dieses Ergebnis aussagekräftig?

Lösung

Auf den ersten Blick scheinen die Ergebnisse beeindruckend, da sie aber auf einer Stichprobe von nur zehn Personen basieren, sind sie nicht sehr zuverlässig. Es ist leicht möglich, dass bei einer anderen Stichprobe von zehn weiteren Personen vollkommen andere Resultate erzielt werden. Das bisherige Ergebnis ist daher nicht sehr aussagekräftig, da die zugrunde liegende Stichprobe zu klein ist.

Aufgabe 5

In einer Studie soll ein neu entwickeltes Medikament für Patienten, die während des Schlafens leicht einen Atemstillstand erleiden, an Freiwilligen getestet werden, die dazu über sechs Monate jede Nacht in einem Schlaflabor unter Beobachtung schlafen müssen. Sehen Sie Gründe dafür, die Repräsentativität der Stichprobe anzuzweifeln?

Aufgabe 6

Ein Lehrer für Mathematik möchte zwei alternative Lehrmethoden miteinander vergleichen, eine, die sehr stark auf technische Hilfsmittel wie insbesondere den Computer setzt, und einen traditionellen Ansatz, der mit Bleistift und Papier auskommt. Hierzu möchte er seine Klasse von 50 Schülern in zwei Gruppen unterteilen und fragt nach 25 Freiwilligen, die den Computerunterricht ausprobieren möchten. Sehen Sie in diesem Vorgehen ein Problem?

Aufgabe 7

In einem Experiment werden zwei Programme zur Gewichtsreduktion für stark übergewichtige Personen (Programm 1 und Programm 2) miteinander verglichen. Von den 100 Freiwilligen, die sich für das Experiment gemeldet haben, weisen die Forscher per Zufallsauswahl jedem der beiden Programme 50 Testpersonen zu. Die Personen durchlaufen das jeweilige Diätprogramm und nach sechs Wochen notieren sich die Forscher für jede Testperson das Ausmaß des Gewichtsverlusts; weitere Daten werden nicht erhoben. Die Teilnehmer aus Programm 1 verlieren in dieser Zeit 25% mehr Gewicht als die Teilnehmer aus Programm 2. Daher bewerten die Forscher das Programm 1 als den erfolgreicheren Ansatz. Nennen Sie zwei Störgrößen, die dieses Ergebnis beeinflussen können, und erläutern Sie deren möglichen störenden Einfluss.

Aufgabe 8

Ein Forscher untersucht die Wirkung eines blutdrucksenkenden Medikaments für Hunde, indem er dieses Medikament über längere Zeit einer Testgruppe von Hunden verabreicht, während eine zweite Gruppe von Hunden als Kontrollgruppe das Medikament nicht bekommt. Dabei ist er von dem Verlauf seines Experiments so angetan, dass er sämtliche Daten über die Hunde seiner Testgruppe aufzeichnet und die Kontrollgruppe dabei vollkommen vergisst. Was hat der Forscher falsch gemacht und welche Folgen hat dieser Fehler?

Aufgabe 9

Eine Studie untersucht die Wirkung eines neuen Medikaments gegen Kopfschmerzen. Hierzu wird einer Gruppe von Testpersonen dieses neue Medikament verabreicht, während gleichzeitig eine Kontrollgruppe beobachtet wird, die kein Medikament bekommt. Die Personen, die das Medikament erhalten, berichten bereits nach kurzer Zeit, dass die Kopfschmerzen nachlassen. Können Sie in dem Aufbau dieses Experiments irgendwelche Probleme erkennen?

Aufgabe 10

Eine Personenwaage, die in einem Experiment zur Untersuchung eines Diätpräparats eingesetzt wird, liefert falsche Messergebnisse; alle Messungen werden 5 Kilogramm zu hoch ausgewiesen. Welche Art von Problemen mit den Daten wird dadurch verursacht und welche Auswirkungen hat diese Ungenauigkeit auf die Ergebnisse des Experiments?

Aufgabe 11

Die Personenwaage, die alle Messungen 5 Kilogramm zu hoch ausgewiesen hat, wurde gegen eine neue Waage ausgetauscht. Bei dieser Waage stellen die Forscher fest, dass sie häufig zwei unterschiedliche Ergebnisse anzeigt, wenn sich dieselbe Person zweimal nacheinander auf die Waage stellt. Welche Art von Datenproblem liegt hier vor und welche Auswirkungen hat dies auf die Ergebnisse des Experiments?

Aufgabe 12

Ein Lehrer hat seine Schulklasse im Deutschunterricht in zwei Gruppen unterteilt und eine der Gruppen mithilfe von Computerprogrammen unterrichtet, während er bei der anderen ausschließlich traditionelle Lehrmittel eingesetzt hat. Nun möchte er die Lese- und Schreibkenntnisse der Schüler vergleichen. Hierzu betrachtet er die Noten, die seine Schüler im Sportunterricht erreicht haben. Welche Art von Datenproblem hat der Lehrer hier und welche Auswirkungen hat dies auf die Ergebnisse des Experiments?

Die Suche nach Ursache und Wirkung: Ergebnisse eines Experiments interpretieren

Zu einem guten Experiment gehört eine sorgfältig durchgeführte Datenanalyse, die im besten Fall die dem Experiment zugrunde liegende Frage beantworten kann. Verschiedene Methoden der Datenanalyse und ihre Anwendungsfälle werden in den vorhergehenden und auch in den beiden folgenden Kapiteln behandelt. Auf Basis der Datenanalyse sollte es anschließend möglich sein, Schlussfolgerungen zu ziehen, die über das Experiment hinausgehen (sich also nicht nur auf die Stichprobe aus dem Experiment, sondern auf die Grundgesamtheit beziehen), allerdings sollten die Ergebnisse auf keinen Fall überbewertet werden. So wird häufig der Fehler begangen, die Ergebnisse zu stark zu verallgemeinern und auf eine Grundgesamtheit zu beziehen, die wesentlich größer ist als die, die dem Experiment tatsächlich zugrunde lag. Ein zweiter Fehler, der leider sehr häufig begangen wird, besteht darin, vorschnelle Schlussfolgerungen auf einen Ursache-Wirkungs-Zusammenhang zu ziehen, der sich anhand der verfügbaren Daten gar nicht belegen lässt.

Das folgende Beispiel zeigt, wie die Ergebnisse eines Experiments korrekt interpretiert werden.

Eine Studie zeigt, dass Akademiker mit Doktortitel seltener eine Krankheit erleiden, die zu Gedächtnisverlust führt (wie beispielsweise Alzheimer), als Akademiker ohne Doktortitel. Bedeutet dies, dass Sie als Vorsorge gegen eine Alzheimererkrankung nach Möglichkeit einen Doktortitel anstreben sollten?

Lösung

Nein, nicht notwendigerweise. Auch wenn die Studie zeigt, dass es eine Beziehung zwischen Doktortitel und Alzheimererkrankung gibt, muss dieser Beziehung nicht unbedingt ein direkter kausaler Zusammenhang zugrunde liegen. Es ist davon auszugehen, dass es sich bei der Studie nicht um ein Experiment gehandelt hat (denn es ist unwahrscheinlich, dass einige Testpersonen als Teil des Experiments promoviert haben, während andere Personen aus der Kontrollgruppe an der Promotion gehindert wurden), sondern um eine Beobachtungsstudie, die von zahlreichen Störgrößen beeinflusst sein wird. Das Ergebnis der Studie ist daher korrekt beschrieben, wenn Sie feststellen, dass Personen mit Doktortitel seltener Alzheimer bekommen als Akademiker ohne Doktortitel. Es wäre allerdings nicht zulässig, daraus zu schlussfolgern, dass ein kausaler Zusammenhang besteht und eine Promotion geeignet ist, die Gefahr einer Alzheimererkrankung zu verringern.

Aufgabe 13

Ein Experiment kommt zu dem Schluss, dass der tägliche Verzehr von einem Ei entgegen den bisherigen Vermutungen von Wissenschaftlern keinen Einfluss auf den Cholesterinspiegel hat. Das Experiment stützt sich dabei auf junge, gesunde Männer, die sich generell gesund ernähren und wenig Fett zu sich nehmen. Erläutern Sie, was an der Schlussfolgerung der Studie falsch ist.

Aufgabe 14

Ein Experiment hat gezeigt, dass Ratten den Ausgang aus einem Labyrinth umso schneller finden, je größer das Stück Käse ist, das am Ende des Labyrinths auf sie wartet. Bedeutet dies, dass man Ratten durch richtige Anreize motivieren kann, schneller zu lernen?

Lösungen für die Aufgaben zum Thema Experimente

Lösung 1

Die Begriffe »vermeiden« und »abschwächen« implizieren einen kausalen Zusammenhang, also eine Ursache-Wirkungs-Beziehung zwischen der Seife und den Krankheiten. Ein solcher kausaler Zusammenhang lässt sich anhand einer Beobachtungsstudie nicht feststellen. Die Beobachtung, dass die Personengruppe mit antibakterieller Seife seltener und schwächer erkrankt als die andere Gruppe, kann durch zahlreiche andere Faktoren wie zum Beispiel ihr generelles Gesundheitsbewusstsein und ihre Hygienegewohnheiten beeinflusst sein. Denkbar ist zum Beispiel, dass die Personen nicht deshalb seltener krank werden, weil sie antibakterielle Seife benutzen, sondern dass sie generell stärker auf ihre Gesundheit achten und deshalb zum einen seltener krank werden und zum anderen antibakterielle Seife nutzen (zwischen der Seife und der Gesundheit aber kein Zusammenhang besteht). Ebenso könnte es sein, dass die Personen mit der antibakteriellen Seife ein höheres Einkommen haben als die Personen aus der anderen Gruppe (denn antibakterielle Seife ist teurer als normale Handseife und wird daher stärker von Personen mit höherem Einkommen genutzt); dieses höhere Einkommen ermöglicht den Menschen zugleich eine bessere Ernährung, eine bessere Wohnsituation etc. und die Summe all dieser Faktoren wirkt sich positiv auf die Gesundheit der Menschen aus.

Lösung 2

Der Lehrer hat ein Experiment durchgeführt, denn er weist die durch ihn selbst in zwei Gruppen unterteilten Schüler unter kontrollierten Bedingungen an, bestimmte Handlungen durchzuführen (hier ein Computerspiel beziehungsweise ein Schulbuch zu benutzen), und vergleicht anschließend die Resultate der beiden Gruppen. Ob das Experiment auch sinnvoll aufgebaut und sauber durchgeführt war, ist eine andere Frage, die aus der Aufgabenbeschreibung nicht hervorgeht.

Lösung 3

Ein Experiment kann in bestimmten Fällen ethisch verwerflich sein, insbesondere wenn es einigen Personen ein bestimmtes Verhalten abverlangt, das ihnen oder anderen schadet. In solchen Fällen bleibt Ihnen als Alternative häufig nur eine Beobachtungsstudie, selbst wenn dies nicht die optimale Methode zur Datenerhebung für die zugrunde liegende Fragestellung sein sollte. Sie können dann versuchen, den grundsätzlichen Nachteil von Beobachtungsstudien durch eine besonders saubere und umfangreiche Studie so weit wie möglich zu kompensieren. So sollten Sie nicht nur einige wenige, sondern hinreichend viele Personen in die Beobachtungsstudie einbeziehen. Zudem sollten Sie möglichst viele Faktoren, die den untersuchten Wirkungszusammenhang beeinflussen und stören können, mit erfassen, um anschließend in der Datenanalyse den tatsächlichen Einfluss dieser Faktoren zu analysieren und bei der Modellierung des Wirkungszusammenhangs mit zu berücksichtigen. Bei der Bewertung Ihrer Studienergebnisse sollten Sie auch prüfen, inwieweit es bereits weitere

Studien zu Ihrer Fragestellung gibt; je mehr Beobachtungsstudien in dieselbe Richtung deuten, desto eher ist anzunehmen, dass ein beobachteter Zusammenhang tatsächlich existiert, insbesondere wenn mehrere Studien unter unterschiedlichen Konstellationen und Rahmenbedingungen zu demselben Ergebnis gekommen sind.

Lösung 4

Diese Studie ist ein klassisches Beispiel für Untersuchungen, die gerne für Werbeaussagen herangezogen werden. Solchen Studien sollten Sie stets mit einer gesunden Skepsis begegnen.

1. Es handelt sich hier um eine Beobachtungsstudie, denn die Aussagen beziehen sich auf Personen, die »von sich aus« entscheiden, ob sie Vitamin C einnehmen oder nicht. Es werden also nicht durch den Forscher bestimmte Personen zu einem speziellen und kontrollierten Verhalten veranlasst, sondern es wird ein ohnehin vorhandenes Verhalten von Personen beobachtet.

2. Andere denkbare Variablen, die den Unterschied in der Häufigkeit der Erkrankungen erklären könnten, sind unter anderem das allgemeine Gesundheitsbewusstsein, die sonstigen Essgewohnheiten, die Arbeitssituation und das Freizeitverhalten.

Variablen, die den untersuchten Zusammenhang beeinflussen, in dem eigenen Untersuchungsmodell aber unberücksichtigt bleiben, werden als *Störgrößen* oder *Störvariablen* bezeichnet. In einem Experiment sollte man durch die Art, in der das Experiment aufgebaut und durchgeführt wird, versuchen, den Einfluss von Störvariablen so weit wie möglich auszuschalten. Bei Beobachtungsstudien ist dies nicht so ohne Weiteres möglich. Dies ist ein ganz wesentlicher Grund dafür, dass Beobachtungsstudien häufig weniger aussagekräftig sind als Experimente.

Lösung 5

Mit hoher Wahrscheinlichkeit bildet die Versuchsgruppe nicht das gesamte Spektrum jener Personen ab, die an Atemstillstand während des Schlafens leiden. Der Aufwand einer Teilnahme an dem Versuch ist für die Probanden sehr hoch, denn sie müssen über sechs Monate jede Nacht in einem Schlaflabor verbringen. Damit sind Kinder, ältere Personen, Personen, die viel reisen, und solche, die an ihre Familie zu Hause gebunden sind, weitgehend ausgeschlossen. Dies könnte die Ergebnisse der Studie verzerren.

Lösung 6

Indem der Lehrer nach Freiwilligen fragt und damit die Schüler selbst auswählen lässt, nach welcher Lehrmethode sie unterrichtet werden möchten, verzerrt er die Ergebnisse. Die »Selbstselektion« der Probanden führt dazu, dass die beiden Testgruppen ungleich zusammengesetzt sind: Schüler mit hoher Affinität zu Computern werden sich für die neue Unterrichtsmethode entscheiden; diese Schüler haben möglicherweise auch eine bessere Begabung und ein höheres Interesse an Mathematik und werden allein deshalb, also unabhängig von der Lehrmethode, bessere Ergebnisse erzielen, die der Lehrer dann aber auf seinen neuen Lehransatz zurückführen wird. Um das Experiment sauber durchzuführen, müsste der Lehrer die Schüler zufällig auf die beiden Gruppen verteilen, sodass sich in beiden Gruppen Schüler mit verschiedenen Interessenschwerpunkten und Begabungen finden.

Lösung 7

Die Studie kann einer ganzen Reihe von Störgrößen unterliegen. Mögliche Störvariablen sind zum Beispiel (neben vielen anderen denkbaren Störgrößen): das Ausgangsgewicht der Testpersonen, die Leidensgeschichte und Motivationslage der Teilnehmer, Kosten und Aufwand einer Teilnahme an dem Programm, die Genauigkeit, mit der die Testpersonen die Regeln ihres Diätplans einhalten, und viele weitere medizinische Faktoren. Diese Faktoren sollten daher im Rahmen des Experiments mit erfasst und kontrolliert werden. So ermöglicht das Erfassen der möglichen Störvariablen, dass deren Einfluss bei der Datenauswertung mit untersucht wird. Zudem könnte es zum Beispiel hilfreich sein, zunächst jeweils Paare aus zwei möglichst ähnlichen Personen zu bilden, die dann per Zufall auf die beiden Testgruppen aufgeteilt werden. Ohne eine solche Kontrolle und Erfassung der möglichen Störgrößen wird es kaum möglich sein, Unterschiede in den Gewichtsveränderungen der Teilnehmer aus den beiden Gruppen sauber auf eine unterschiedliche Wirkung der Diätprogramme zurückzuführen.

Lösung 8

Der Fehler scheint offensichtlich, denn der Forscher hat mit der Kontrollgruppe die Hälfte seines Experiments einfach vergessen und es damit versäumt, entscheidende Daten zu erheben. Der eigentliche Fehler ist aber noch grundsätzlicher und liegt im Aufbau des Experiments: Das Experiment ist nicht als Doppelblindstudie angelegt, sondern der Forscher weiß, welche Hunde zu welcher Gruppe gehören. Dadurch kann er die Hunde aus der Test- und der Kontrollgruppe unterschiedlich behandeln und so das Ergebnis des Experiments beeinflussen. Eine solche unterschiedliche Behandlung der beiden Gruppen könnte auch subtiler und weniger leicht erkennbar sein als in diesem Beispiel, in dem der schusselige Forscher eine Gruppe komplett vergisst. Würde er beispielsweise der Testgruppe einfach mehr Aufmerksamkeit schenken und die Hunde liebevoller pflegen, könnte er so das Wohlbefinden und darüber den Blutdruck der Hunde beeinflussen und damit sein Testergebnis verfälschen. Dieser Effekt wäre dann für Dritte kaum noch nachvollziehbar.

Wird ein Experiment *blind* durchgeführt, bedeutet dies, dass die Teilnehmer nicht wissen, welcher Gruppe sie zugeordnet sind (ob sie also beispielsweise ein Medikament mit einem neuen Wirkstoff oder ein Placebo verabreicht bekommen). Wenn zusätzlich auch der Leiter oder die betreuenden Personen des Experiments die Zuordnung der einzelnen Teilnehmer zu den verschiedenen Testgruppen nicht kennen, wird das Experiment als *doppelblind* bezeichnet. Experimente werden blind oder sogar doppelblind durchgeführt, um verzerrende Einflüsse durch unterschiedliche Verhaltensweisen der Teilnehmer oder der betreuenden Personen zu vermeiden.

Lösung 9

Die wahrgenommenen Verbesserungen, die von den Personen aus der Testgruppe berichtet werden, können auf die Wirkung des Medikaments zurückgehen, denkbar ist aber auch, dass es sich lediglich um einen Placeboeffekt handelt. Ein Placeboeffekt liegt vor, wenn Personen aufgrund einer Behandlung die Erwartung oder Hoffnung haben, dass eine Heilung einsetzt, und allein diese veränderte Einstellung der Personen dann auch tatsächlich die Heilung herbeiführt, selbst wenn das Medikament per se wirkungslos ist. Daher sollte ein Experiment nach Möglichkeit blind durchgeführt werden, sodass die Teilnehmer nicht wissen, ob sie zur Testgruppe (die tatsächlich ein Medikament erhält) oder zur Kontrollgruppe (die kein Medikament erhält) zählen. Um dies zu ermöglichen, können den Teilnehmern aus der Kontrollgruppe Tabletten ohne Wirkstoff wie zum Beispiel einfache Zuckertabletten verabreicht werden.

Um zu vermeiden, dass die Ergebnisse eines Experiments durch Placeboeffekte verzerrt werden, sollten die Teilnehmer aus der Test- und der Kontrollgruppe so weit wie möglich gleich behandelt werden. Dazu gehört auch, dass beide Gruppen die gleiche Aufmerksamkeit erfahren und – wenn es sich beispielsweise um einen Medikamententest handelt – auch beide Gruppen ein Mittel einnehmen müssen, wobei nur eines den zu untersuchenden Wirkstoff enthält und das andere lediglich dazu dient, den Kontrollpersonen die Illusion zu vermitteln, sie würden auch einer Behandlung unterworfen werden. Der angemessene Umgang mit der Kontrollgruppe hängt dabei stark vom jeweiligen Kontext ab; so kann es gerade bei medizinischen Studien sein, dass es ethisch nicht vertretbar ist, eine Kontrollgruppe von Personen mit einer schweren Krankheit nur zu Untersuchungszwecken einer wirkungslosen Behandlung zu unterziehen. In solchen Fällen würde man den Personen aus der Kontrollgruppe nicht ein Mittel ohne Wirkstoff verabreichen, sondern man würde hier zum Beispiel den Wirkstoff einer bewährten Behandlungsmethode einsetzen und nur für die Testgruppe den neuen, zu untersuchenden Wirkstoff verwenden.

Lösung 10

Das Messinstrument ist verzerrt und liefert damit verzerrte Daten, sodass auch das Ergebnis des Experiments verzerrt sein wird.

Lösung 11

Das Messinstrument ist unzuverlässig und führt damit zu unpräzisen Messergebnissen. Damit sind auch die Ergebnisse des gesamten Experiments ungenau.

Lösung 12

Die Daten sind schlicht unbrauchbar, denn die Noten aus dem Sportunterricht messen nicht die Fähigkeit zum Lesen und Schreiben. Die Verwendung derart ungeeigneter Daten führt dazu, dass das gesamte Experiment keine validen Ergebnisse liefert.

Lösung 13

Die Studie basiert auf einer Stichprobe, die ausschließlich junge und gesunde Männer mit einer bewussten und gesunden Ernährung umfasst. Die Schlussfolgerung, die aus den Ergebnissen der Studie gezogen wurde, schränkt die Aussage, ein Ei am Tag habe keinen Einfluss auf den Cholesterinspiegel, jedoch nicht auf diesen Personenkreis der gesunden, jungen Männer mit guter Ernährung ein und impliziert damit, das Ergebnis sei allgemeingültig. Eine derart allgemeine Aussage lässt sich aus einem so beschränkten Experiment jedoch nicht ableiten.

Lösung 14

Möglicherweise, denkbar sind aber auch andere Schlussfolgerungen aus dem Experiment. Zum Beispiel könnte es sein, dass Ratten über einen guten Geruchssinn verfügen und größere Köder stärker riechen als kleine Köder, sodass die Ratten den Weg zu einem großen Köder leichter finden. Das Problem mit der Schlussfolgerung, der Köder wirke sich positiv auf die Motivation der Ratten aus, liegt darin, dass eine Beobachtung des Experiments (Ratten finden den Weg zu einem großen Stück Käse schneller als zu einem kleinen Stück) inhaltlich erklärt werden soll, die vorliegenden Daten für eine solche inhaltliche Erklärung jedoch nicht ausreichen. Es wären daher weitere Studien notwendig, um zu klären, warum die Größe des Köders das Verhalten der Ratten beeinflusst.

Teil VI

Zusammenhänge zwischen zwei Variablen aufspüren und beschreiben

Ein Großteil der statistischen Datenanalyse wird nur durchgeführt, um Zusammenhänge zwischen Variablen aufzuspüren und näher zu beschreiben.

In diesem Teil sammeln Sie genau auf diesem Gebiet Erfahrungen und bekommen Übung.

Dazu erstellen Sie Kreuztabellen und zeichnen Streudiagramme, berechnen und interpretieren Korrelationen, berechnen Regressionsgeraden und treffen Vorhersagen auf Basis einer Regressionsschätzung. Wenn Sie sich diese Instrumente der Statistik aneignen, steigen Sie langsam, aber sicher in die Königsklasse der Statistik auf.

Kapitel 15

Kreuztabellen: Zusammenhänge zwischen kategorialen Variablen

In diesem Kapitel wird der Umgang mit Kreuztabellen geübt. Kreuztabellen dienen dazu, die Werte aus zwei kategorialen Variablen gemeinsam in einer Tabelle darzustellen, sodass nicht nur die Verteilung der Werte für jede einzelne Variable erkennbar wird, sondern auch die Verteilung der unterschiedlichen Wertekombinationen aus den beiden Variablen. Kreuztabellen bilden damit eine gute Basis, um Aussagen über einen möglichen Zusammenhang zwischen zwei kategorialen Variablen zu treffen. So könnte mithilfe von Kreuztabellen zum Beispiel untersucht werden, ob Frauen und Männer bei der letzten Bundestagswahl unterschiedlich gewählt haben.

Um die Zusammenhänge zwischen kategorialen Variablen detailliert auszuwerten, werden auf Basis von Kreuztabellen unterschiedliche Wahrscheinlichkeiten berechnet. So wird zum Beispiel einmal die Wahrscheinlichkeit dafür ermittelt, dass ein bestimmtes Ereignis eintritt (zum Beispiel, dass eine Person die Partei FFA (Freiheit für alle) wählt), und zum anderen die Wahrscheinlichkeit, dass dieses Ereignis in Verbindung mit einem anderen Ereignis beobachtet wird (zum Beispiel, dass eine Person FFA wählt und diese Person weiblich ist). Als dritte Größe wird die Wahrscheinlichkeit dafür ermittelt, dass das fragliche Ereignis unter einer bestimmten Bedingung auftritt (zum Beispiel die Wahrscheinlichkeit dafür, dass eine Person FFA wählt, wenn diese Person weiblich ist). Diese drei Arten von Wahrscheinlichkeiten werden als Randwahrscheinlichkeit, gemeinsame Wahrscheinlichkeit und bedingte Wahrscheinlichkeit bezeichnet und spielen in diesem Kapitel eine zentrale Rolle. Um mit diesen unterschiedlichen Wahrscheinlichkeiten und den verschiedenen Teilmengen von Ereignissen und Beobachtungen leichter umgehen zu können, werden in der Statistik spezielle Schreibweisen verwendet. Bezeichnet beispielsweise F die Menge aller FFA-Wähler, dann ist

F^C (die *Komplementärmenge* zu F) die Menge aller Personen, die nicht FFA gewählt haben. Diese und andere Schreibweisen tauchen in diesem Kapitel immer wieder auf – natürlich nicht, ohne dabei noch einmal erläutert zu werden.

Kreuz und quer durch Kreuztabellen

Nachdem eine Umfrage durchgeführt oder auf anderen Wegen Daten erhoben wurden, interessiert man sich häufig nicht nur für die Höhe und Verteilung der Werte aus den einzelnen Variablen, sondern auch für die Frage, ob zwischen den verschiedenen Variablen möglicherweise Beziehungen bestehen. Wenn es sich dabei um kategoriale Variablen wie Geschlecht und Parteienzugehörigkeit handelt, lassen sich solche Beziehungen zwischen den Variablen mithilfe einer *Kreuztabelle* aufdecken. Eine Kreuztabelle stellt die gemeinsame Häufigkeitsverteilung von kategorialen Variablen dar, sodass sich nicht nur die Häufigkeiten der verschiedenen Werte aus den beiden Variablen ablesen lassen, sondern auch die Häufigkeiten aller möglichen Wertekombinationen. Wenn Sie in einer solchen Kreuztabelle zum Beispiel die gemeinsame Verteilung der Variablen Geschlecht (mit den beiden Kategorien männlich und weiblich) und Parteienpräferenz (mit den drei Kategorien CAR (Charmant, Akkurat, Realistisch), SUV (Stetig und Verlässlich) und Andere) darstellen, werden die Häufigkeiten für jede der möglichen Wertekombinationen wie männliche CAR -Wähler, weibliche CAR-Wähler, männliche SUV-Wähler etc. ausgewiesen. Insgesamt gibt es in diesem Fall $2 \cdot 3 = 6$ mögliche Wertekombinationen. Tabelle 15.1 zeigt ein Beispiel für eine solche Kreuztabelle, die für insgesamt 200 Personen das Geschlecht und die politische Parteienpräferenz wiedergibt.

Geschlecht	CAR	SUV	Andere Partei	Gesamt
Männlich	35	45	20	100
Weiblich	45	35	20	100
Gesamt	80	80	40	200

Tabelle 15.1: Geschlecht und politische Parteienpräferenz von 200 Befragungsteilnehmern

Um Kreuztabellen richtig auswerten zu können, muss man zunächst einmal den Aufbau der Tabellen verstehen. Jedes Feld, das die Häufigkeit für eine Wertekombination ausweist, wird als Zelle bezeichnet. Tabelle 15.1 enthält somit sechs Zellen für die sechs verschiedenen Wertekombinationen: männliche CAR-Wähler, männliche SUV-Wähler, männliche Anhänger einer anderen Partei, weibliche CAR-Wähler, weibliche SUV-Wähler und weibliche Anhänger einer anderen Partei. So ist zum Beispiel in der ersten Zelle (links oben) abzulesen, dass sich unter den 200 befragten Personen 35 männliche CAR-Wähler befinden; die Zelle rechts daneben zeigt an, dass 45 männliche SUV-Wähler befragt wurden, außerdem waren 35 der 200 Befragten weibliche SUV-Wähler etc.

Neben diesen Häufigkeiten der verschiedenen Wertekombinationen können Sie an den sogenannten *Randhäufigkeiten* auch die Summen über die einzelnen Zeilen beziehungsweise Spalten und damit die Häufigkeitsverteilung der einzelnen Variablen ablesen. Diese

Randhäufigkeiten sind in der äußersten rechten Spalte beziehungsweise der untersten Zeile ausgewiesen, die in Tabelle 15.1 mit der Bezeichnung » Gesamt« beschriftet sind. So können Sie beispielsweise in der rechten Spalte erkennen, dass insgesamt 100 Männer und 100 Frauen befragt wurden. Aus der untersten Zeile geht hervor, dass von den 200 Befragten 80 Personen CAR, 80 Personen SUV und 40 Personen eine andere Partei gewählt haben. Die Gesamtanzahl aller Befragten ist in der untersten, rechten Zelle auch noch einmal explizit ausgewiesen; sie beträgt 200.

Sollten Sie einmal vor der Aufgabe stehen, eine Kreuztabelle auszuwerten, in der keine Randhäufigkeiten dargestellt sind, sollte Ihr erster Schritt darin bestehen, diese Randhäufigkeiten sowie die Gesamthäufigkeit über alles zu berechnen. Damit lassen sich dann fast alle relevanten Fragestellungen sehr einfach beantworten.

Die folgende Aufgabe zeigt ein Beispiel für die Auswertung der einzelnen Zellen einer Kreuztabelle.

Angenommen, ein Forscher untersucht Gebrauchtwagen und unterteilt eine Stichprobe von 100 Autos zum einen nach dem Alter (bis 5 Jahre versus mehr als 5 Jahre) und zum anderen nach der Anzahl der Beulen in der Stoßstange (bis zu 3 versus mehr als 3). Die Ergebnisse fasst er in der folgenden Tabelle zusammen.

Anzahl der Beulen	Alter: $\leq$ 5 Jahre	Alter: > 5 Jahre
0–3 Beulen	30	15
> 3 Beulen	20	35

1. Erläutern Sie die Bedeutung der einzelnen Zellen und deren Werte aus der Kreuztabelle.

2. Ergänzen Sie die Tabelle um die Randhäufigkeiten und die Gesamthäufigkeit und interpretieren Sie diese Werte.

Lösung

Die Kreuztabelle ist wie folgt zu lesen:

1. 30 Autos aus der Stichprobe sind junge Autos mit wenigen Beulen. 15 Autos sind schon älter, weisen aber ebenfalls nur wenige Beulen auf. Dagegen enthält die Stichprobe 20 Autos, die noch jung sind, aber trotzdem schon mehr als drei Beulen haben, während 35 Autos älter als fünf Jahre sind und außerdem mehr als drei Beulen aufweisen.

2. Die Randhäufigkeiten und die Gesamthäufigkeit sind in der folgenden Tabelle ausgewiesen. Die Gesamtanzahl aller Autos mit wenigen Beulen (bis zu drei Beulen) beträgt $30 + 15 = 45$, während $20 + 35 = 55$ Autos mehr als drei Beulen aufweisen. Wenn man sich das Alter der Autos anschaut, stellt man fest, dass $30 + 20 = 50$

Autos höchstens fünf Jahre alt sind, während $15 + 35 = 50$ Autos schon mehr als fünf Jahre hinter sich haben. Die Gesamtanzahl aller Beobachtungen in dieser Stichprobe beträgt 100.

Anzahl der Beulen	Alter: $\leq$ 5 Jahre	Alter: $>$ 5 Jahre	Gesamt
0–3 Beulen	30	15	45
> 3 Beulen	20	35	55
Gesamt	50	50	100

Aufgabe 1

Ein Forscher aus der Medizin untersucht den Zusammenhang zwischen der dominanten Hand bei Kleinkindern und ihrem Geschlecht. Die Stichprobe umfasst 42 Kinder. Die Ergebnisse sind in der folgenden Tabelle wiedergegeben.

Geschlecht	Linkshänder	Rechtshänder
Junge	4	24
Mädchen	2	12

1. Wie viele der Kinder sind Jungen?

2. Wie viele der Kinder sind Rechtshänder?

3. Wie viele der Kinder sind rechtshändige Jungen?

Aufgabe 2

Interpretieren Sie die Randhäufigkeiten aus Tabelle 15.1 mit den Daten zu Geschlecht und politischer Parteienpräferenz von 200 befragten Personen.

Aufgabe 3

Bestimmen Sie die Randhäufigkeiten für die Tabelle mit den Daten über die Kleinkinder aus Aufgabe 1 und interpretieren Sie die Werte.

Aufgabe 4

Es ist wichtig, den Aufbau einer Kreuztabelle genau zu verstehen und nicht mit den verschiedenen Ebenen aus Überschriften, Zellen und Randhäufigkeiten durcheinanderzukommen.

1. Wenn Sie alle Randhäufigkeiten der Zeilen einer Kreuztabelle addieren, welchen Wert erhalten Sie dann?

2. Wenn Sie alle Randhäufigkeiten der Spalten einer Kreuztabelle addieren, welchen Wert erhalten Sie dann?

Schnittmengen, Vereinigungsmengen und die Additionsregel

Die *gemeinsame Wahrscheinlichkeit* zweier Ereignisse ist die Wahrscheinlichkeit dafür, dass diese beiden Ereignisse gleichzeitig eintreten. Bildlich gesprochen ist dies die Wahrscheinlichkeit dafür, dass eine Beobachtung in genau die Zelle der Kreuztabelle fällt, die der Kombination der beiden Ereignisse entspricht. So ist beispielsweise in Tabelle 15.1 die gemeinsame Wahrscheinlichkeit für die Ereignisse »ein zufällig aus der Stichprobe gewählter Befragter ist ein Mann« und »ein zufällig aus der Stichprobe gewählter Befragter ist ein CAR-Wähler« die Wahrscheinlichkeit dafür, dass ein Befragter in die linke obere Zelle der Kreuztabelle fällt. Um diese Wahrscheinlichkeit zu bestimmen, teilen Sie die Zellenhäufigkeit (also die Anzahl der Beobachtungen in dieser Zelle) durch die Gesamtanzahl aller Beobachtungen. In Tabelle 15.1 wurden unter insgesamt 200 Befragten 35 männliche CAR-Wähler beobachtet. Daher beträgt die gemeinsame Wahrscheinlichkeit für die beiden Ereignisse »ein zufällig aus der Stichprobe gewählter Befragter ist ein Mann« und »ein zufällig aus der Stichprobe gewählter Befragter ist ein CAR-Wähler« hier $35 \div 200 = 0{,}175$ beziehungsweise 17,5%. Anders ausgedrückt: 17,5% aller Befragten weisen die beiden Merkmale »Männlich« und »CAR-Wähler« auf.

Die Schreibweise für die gemeinsame Wahrscheinlichkeit zweier Ereignisse A und B ist $P(A \cap B)$. Dabei steht P für »Probability«, den englischen Begriff für Wahrscheinlichkeit; das Zeichen $\cap$ ist das mathematische Zeichen für »und« beziehungsweise für eine Schnittmenge. Häufig findet man auch die Schreibweise $P(A \text{ und } B)$, die genau das Gleiche aussagt. Auch in diesem Kapitel werden Sie beide Schreibweisen finden – so können Sie sich gleich mit beiden Varianten anfreunden.

 Zum Berechnen der gemeinsamen Stichprobenwahrscheinlichkeit beziehungsweise der gemeinsamen relativen Häufigkeit zweier Ereignisse teilen Sie stets die Anzahl der Beobachtungen, bei denen beide Ereignisse eingetreten sind (also nicht »entweder das eine oder das andere«, sondern »sowohl das eine als auch das andere«), durch die Gesamtanzahl aller Beobachtungen. Bezogen auf eine Kreuztabelle wird damit der Wert einer einzelnen Zelle durch die Gesamtanzahl aller Beobachtungen, die typischerweise unten rechts in der Zeile und Spalte der Randhäufigkeiten ausgewiesen wird, dividiert.

Die *Gesamtwahrscheinlichkeit* zweier Ereignisse A und B ist die Wahrscheinlichkeit dafür, dass entweder Ereignis A oder Ereignis B oder beide Ereignisse eintreten. Diese Wahrscheinlichkeit wird meistens in der Form $P(A \cup B)$ oder als $P(A \text{ oder } B)$ geschrieben (ausgesprochen als »Wahrscheinlichkeit von A oder B«). Dabei ist $\cup$ das mathematische Zeichen für »oder« beziehungsweise für die Vereinigungsmenge. Wenn Sie zum Beispiel einen sechsseitigen Würfel werfen und A das Ereignis bezeichnet, dass eine gerade Zahl fällt, während B für das Ereignis steht, dass eine Zahl unter 3 (also 1 oder 2) gewürfelt wird, dann ist die Wahrscheinlichkeit von A oder B die Wahrscheinlichkeit dafür, dass entweder eine Zahl unter 3 und/oder eine gerade Zahl fällt; um dies zu erfüllen, kann eine der vier Zahlen 1, 2, 4 oder 6 gewürfelt werden. Die Wahrscheinlichkeit dafür beträgt $4 \div 6 = 0{,}67$ beziehungsweise 67%. Beachten Sie, dass die 2 in beiden Ereignissen enthalten ist; wenn die 2 gewürfelt wird, ist also sowohl A als auch B eingetreten.

Das Wort »oder« bedeutet in der Alltagssprache »entweder das eine oder das andere«; in der Mathematik bedeutet »oder« dagegen »das eine oder das andere oder beides«.

Von zentraler Bedeutung in der Wahrscheinlichkeitsrechnung ist die *Additionsregel*. Sie beschreibt, wie die Wahrscheinlichkeit von A oder B (also die Gesamtwahrscheinlichkeit der beiden Ereignisse A und B) berechnet werden kann. Gemäß der Additionsregel gilt: $P(A \cup B) = P(A) + P(B) - P(A \cap B)$.

Die gemeinsame Wahrscheinlichkeit zweier Ereignisse ist also gleich der Summe der beiden Einzelwahrscheinlichkeiten minus der gemeinsamen Wahrscheinlichkeit (also die Wahrscheinlichkeit dafür, dass beide Ereignisse gleichzeitig eintreten). Die Wahrscheinlichkeit für die Schnittmenge der beiden Ereignisse muss hier abgezogen werden, weil sie in der Summe $P(A) + P(B)$ bereits doppelt enthalten ist, einmal als Bestandteil von $P(A)$ und ein zweites Mal als Bestandteil von $P(B)$. Wenn Sie beispielsweise die Wahrscheinlichkeit ermitteln möchten, dass ein zufällig aus der Stichprobe gewählter Befragter männlich ist oder die CAR wählt, dann addieren Sie die Stichprobenwahrscheinlichkeit dafür, dass Sie einen Mann erwischen, zu der Stichprobenwahrscheinlichkeit, dass der Befragte ein CAR-Wähler ist. In der Summe dieser beiden Wahrscheinlichkeiten sind allerdings die 35 männlichen CAR-Wähler doppelt berücksichtigt (einmal als Männer und ein zweites Mal als CAR-Wähler), sodass sie einmal wieder herausgerechnet werden müssen; dies geschieht, indem die Wahrscheinlichkeit dafür, dass der aus der Stichprobe gewählte Befragte ein männlicher CAR-Wähler ist, abgezogen wird. Damit ergibt sich $P(\text{Mann oder CAR-Wähler}) = (100 \div 200) + (80 \div 200) - (35 \div 200) = 0{,}5 + 0{,}4 - 0{,}175 = 0{,}725$ beziehungsweise 72,5%.

Ein Sonderfall liegt vor, wenn zwei Ereignisse keine gemeinsame Schnittmenge haben, sie also nicht gleichzeitig eintreten können. Für solche Ereignisse gilt $P(A \cap B) = 0$; man sagt in diesen Fällen, A und B schließen sich gegenseitig aus (oder auch »A und B sind disjunkte Ereignisse«). Wenn sich zwei Ereignisse gegenseitig ausschließen, ist die Wahrscheinlichkeit von A oder B noch einfacher zu berechnen: Da $P(A \cap B) = 0$ ist, vereinfacht sich die Formel für A oder B zu $P(A \cup B) = P(A) + P(B)$.

Eine Wahrscheinlichkeit ist immer ein Wert zwischen 0 und 1. Bei einer Wahrscheinlichkeit von 0 liegt ein unmögliches Ereignis vor (es ist also ausgeschlossen, dass das Ereignis eintritt), bei einer Wahrscheinlichkeit von 1 ein sicheres Ereignis (das Ereignis wird mit Sicherheit eintreten). Wenn Sie eine Wahrscheinlichkeit berechnen und ausweisen, steht es Ihnen frei, ob Sie den Wert als Dezimalwert (also in der Form 0,17) oder als Prozentwert (in der Form 17%) angeben. Beide Darstellungsformen sind richtig und zulässig.

Das folgende Beispiel zeigt noch einmal den richtigen Umgang mit Schnittmengen und Vereinigungsmengen.

Beantworten Sie anhand der Daten aus Tabelle 15.1 unter Anwendung der in der Wahrscheinlichkeitsrechnung üblichen Schreibweise die folgenden Fragen:

1. Wie hoch ist die Wahrscheinlichkeit dafür, dass ein zufällig aus der Stichprobe gewählter Befragter sowohl männlich als auch SUV-Wähler ist?

2. Wie hoch ist die Wahrscheinlichkeit dafür, dass ein zufällig aus der Stichprobe
gewählter Befragter ein Mann oder SUV-Wähler ist?

3. Welcher Anteil der Befragten ist weiblich und wählt eine andere Partei (also nicht SUV oder CAR)?

4. Welcher Prozentsatz der Befragten sind weibliche SUV-Wählerinnen?

5. Wenn W die weiblichen Wähler repräsentiert und C die CAR-Wähler, wie hoch ist dann die Stichprobenwahrscheinlichkeit $P(W \cap C)$?

Lösung

Bei Fragen dieser Art sollten Sie stets genau auf die Formulierungen achten.

1. Die Wahrscheinlichkeit dafür, dass ein zufällig aus der Stichprobe gewählter Befragter sowohl männlich (M) als auch SUV-Wähler (S) ist, wird geschrieben als $P(M \cap S)$ und ist gleich der Häufigkeit aller männlichen SUV-Wähler (die beträgt 45) dividiert durch die Gesamtanzahl der Befragten (200). Damit gilt: $P(M \cap S) = 45 \div 200 = 0{,}225$ beziehungsweise 22,5%.

2. Hier ist die gemeinsame Stichprobenwahrscheinlichkeit für Männer und SUV-Wähler gesucht. Um diese Wahrscheinlichkeit dafür, dass ein Befragter ein Mann (M) oder ein SUV-Wähler (S) ist, zu ermitteln, verwenden Sie die Additionsregel: $P(M \cup S) = P(M) + P(S) - P(M \cap S) = (100 \div 200) + (80 \div 200) - (45 \div 200) = 0{,}5 + 0{,}4 - 0{,}225 = 0{,}675$ beziehungsweise 67,5%.

3. Der Anteil derer, die weiblich (W) sind und eine andere Partei (A) wählen, ist der Anteil der weiblichen Wähler anderer Parteien an der Gesamtanzahl aller Befragten. Somit ist $P(W \cap A) = 20 \div 200 = 0{,}1$ beziehungsweise 10%.

4. Der Prozentsatz der weiblichen (W) SUV-Wähler (S) ist wieder nichts anderes als die gemeinsame Stichprobenwahrscheinlichkeit: $P(W \cap S) = 35 \div 200 = 0{,}175$ beziehungsweise 17,5%.

5. Hier ist die gemeinsame Wahrscheinlichkeit dafür gesucht, dass ein zufällig aus der Stichprobe gewählter Befragter weiblich (W) ist und es sich um einen CAR-Wähler (C) handelt. Diese gemeinsame Wahrscheinlichkeit beträgt $P(W \cap C) = 45 \div 200 = 0{,}225$ beziehungsweise 22,5%.

Aufgabe 5

Beantworten Sie für die Daten über Alter und Anzahl der Beulen von Autos aus dem Einleitungsbeispiel des vorhergehenden Abschnitts unter Anwendung der in der Wahrscheinlichkeitsrechnung üblichen Schreibweise die folgenden Fragen:

1. Wie viel Prozent der Autos sind neu und haben viele Beulen an der Stoßstange?

2. Wie viel Prozent der Autos haben viele Beulen an der Stoßstange und sind alt?

3. Wie viel Prozent der Autos haben viele Beulen an der Stoßstange oder sind alt?

4. Wie viel Prozent der Autos sind alt mit vielen Beulen?

Aufgabe 6

Beantworten Sie für die Daten über links- und rechtshändige Kinder aus Aufgabe 1 unter Anwendung der in der Wahrscheinlichkeitsrechnung üblichen Schreibweise die folgenden Fragen:

1. Wie viel Prozent der Kinder sind rechtshändige Jungen?

2. Wie viel Prozent der Kinder sind rechtshändige Mädchen?

3. Angenommen, Sie interessieren sich für einen Zusammenhang zwischen Geschlecht und der dominanten Hand. Können Sie hierüber etwas erfahren, indem Sie die Ergebnisse der beiden vorhergehenden Fragen miteinander vergleichen?

4. Nennen Sie zwei Ereignisse aus der Tabelle, die sich gegenseitig ausschließen.

Aufgabe 7

Beschreiben Sie die Zusammensetzung der Stichprobe in der Tabelle über links- und rechtshändige Kinder aus Aufgabe 1 ausschließlich anhand von gemeinsamen Stichprobenwahrscheinlichkeiten.

Aufgabe 8

Wenn Sie die gemeinsamen Stichprobenwahrscheinlichkeiten für jede Zelle einer Kreuztabelle berechnet haben und diese alle aufsummieren, welchen Wert würden Sie dann als Ergebnis erwarten?

Randwahrscheinlichkeiten berechnen

Die *Randwahrscheinlichkeit* ist die Wahrscheinlichkeit dafür, dass eine Beobachtung in eine bestimmte Zeile oder Spalte der Kreuztabelle fällt. Randwahrscheinlichkeiten betrachten damit nur eine einzelne Variable und nicht die Wertekombination zweier Variablen, also beispielsweise die Wahrscheinlichkeit, dass ein Befragter ein Mann ist, oder die Wahrscheinlichkeit, dass es sich um einen Rechtshänder handelt. Um eine Randwahrscheinlichkeit zu berechnen, teilen Sie die Randhäufigkeit (also die Anzahl aller Beobachtungen der betreffenden Zeile oder Spalte) durch die Gesamthäufigkeit (also die Anzahl aller Beobachtungen in der Tabelle). Wenn sich unter 200 Befragten 100 Männer befinden und außerdem 40 der Befragten eine andere Partei als CAR oder SUVwählen, beträgt die Randwahrscheinlichkeit für »das Ereignis Mann« (also dafür, bei zufälliger Wahl eines Befragten aus der Stichprobe einen Mann zu erwischen) $100 \div 200 = 0,5$ beziehungsweise 50% und die Randwahrscheinlichkeit für Wähler sonstiger Parteien in der Stichprobe ist $40 \div 200 = 0,2$ beziehungsweise 20%. Mit anderen Worten: Unter allen Befragten befinden sich 50% Männer und von allen

Befragten wählen 20% eine andere Partei als CAR oder SUV. In mathematischer Form wird die Randwahrscheinlichkeit für das Ergebnis A als P(A) ausgedrückt.

Beachten Sie hierbei: Einige der Befragten sind sowohl männlich als auch Wähler einer anderen Partei, diese Kombination beider Eigenschaften ist bei der Betrachtung von Randwahrscheinlichkeiten aber ohne Bedeutung. Diese Fälle werden weder gesondert betrachtet noch in irgendeiner Weise ausgeblendet. Es ist für die Berechnung von Randwahrscheinlichkeiten schlicht unerheblich, ob das betrachtete Merkmal (zum Beispiel das Merkmal »Männlich« oder das Merkmal »Wähler einer anderen Partei«) in Kombination mit bestimmten anderen Merkmalen auftritt.

Eine Randwahrscheinlichkeit für Stichprobenereignisse lässt sich immer sehr einfach berechnen. Sie teilen dazu schlicht die Randhäufigkeit, also die Summe aller Beobachtungen der jeweiligen Zeile oder Spalte, durch die Gesamtanzahl aller Beobachtungen der Tabelle. Das ist alles. Ignorieren Sie einfach alle anderen Zellen der Tabelle, die für die Randwahrscheinlichkeiten nicht von Bedeutung sind.

Sie können P(A) in verschiedener Weise interpretieren. Zum einen ist es der Anteil aller Beobachtungen aus der Gruppe A an der Gesamtheit aller Beobachtungen. Zum anderen ist P(A) auch die Wahrscheinlichkeit dafür, dass man, wenn man aus der Gesamt*stichprobe* eine beliebige Beobachtung auswählt, eine Beobachtung aus der Gruppe A erwischt. P(A) ist aber nicht mit der Wahrscheinlichkeit gleichzusetzen, dass ein aus der Grundgesamtheit gewähltes Objekt die Eigenschaft A aufweist!

Das folgende Beispiel zeigt noch einmal die Vorgehensweise zum Berechnen einer Randwahrscheinlichkeit.

Beantworten Sie anhand der Daten aus Tabelle 15.1 unter Anwendung der in der Wahrscheinlichkeitsrechnung üblichen Schreibweise die folgenden Fragen:

1. Wie hoch ist die Wahrscheinlichkeit dafür, dass eine zufällig ausgewählte Person aus der Stichprobe die SUV wählt?

2. Wie hoch ist der Anteil der Frauen in der Stichprobe?

3. Welchen Prozentsatz nehmen die CAR-Wähler in der Stichprobe ein?

Lösung

Randwahrscheinlichkeiten werden berechnet, indem die Anzahl aller Beobachtungen der betreffenden Gruppe durch die Gesamtanzahl sämtlicher Beobachtungen in der Tabelle (also die gesamte Stichprobengröße) geteilt werden.

1. Die Wahrscheinlichkeit P(S) dafür, dass eine beliebige Person aus der Stichprobe die SUV wählt, ist gleich der Anzahl aller SUV-Wähler (80) geteilt durch die Gesamtanzahl sämtlicher Beobachtungen (200): $P(S) = 80 \div 200 = 0{,}4$ beziehungsweise 40%.

2. Der Anteil der Frauen (F) ist gleich der Wahrscheinlichkeit, dass eine zufällig ausgewählte Person aus der Stichprobe eine Frau ist. Da die Stichprobe 200 Beobachtungen umfasst und die Anzahl der Frauen in der Stichprobe 100 beträgt, ist $P(F) = 100 \div 200 = 0,5$ beziehungsweise 50%.

3. Gesucht wird hier die Wahrscheinlichkeit $P(C)$, die sich als Anzahl der CAR-Wähler (80) geteilt durch die Gesamtanzahl aller Beobachtungen (200) ergibt: $P(C) = 80 \div 200 = 0,4$ beziehungsweise 40%.

Aufgabe 9

Beantworten Sie für die Daten über Alter und Anzahl der Beulen von Autos aus dem Einleitungsbeispiel im ersten Abschnitt dieses Kapitels die folgenden Fragen unter Anwendung der in der Wahrscheinlichkeitsrechnung üblichen Schreibweise:

1. Welcher Prozentsatz aller Autos ist maximal fünf Jahre alt?

2. Wie hoch ist der Anteil der älteren Autos?

3. Welcher Prozentsatz der Autos hat mehr als drei Beulen an der Stoßstange?

4. Wie hoch ist die Wahrscheinlichkeit, dass ein zufällig aus der Stichprobe gewähltes Auto nicht mehr als drei Beulen an der Stoßstange hat?

Aufgabe 10

Beantworten Sie für die Daten über links- und rechtshändige Kinder aus Aufgabe 1 unter Anwendung der in der Wahrscheinlichkeitsrechnung üblichen Schreibweise die folgenden Fragen:

1. Wie viel Prozent der Kinder sind Rechtshänder?

2. Wie viel Prozent der Kinder sind Mädchen?

3. Welcher Anteil der Kinder ist Linkshänder?

4. Wie hoch ist die Chance, bei der zufälligen Auswahl eines einzelnen Kindes aus der Stichprobe einen Jungen zu erwischen?

Aufgabe 11

Verwenden Sie wieder die Daten über die rechts- und linkshändigen Kinder und beschreiben Sie die Zusammensetzung der Stichprobe mithilfe von Randwahrscheinlichkeiten.

Aufgabe 12

Welche Randwahrscheinlichkeiten aus einer Kreuztabelle sollten in der Summe 1 ergeben?

Bedingte Wahrscheinlichkeiten und die Multiplikationsregel

Bedingte Wahrscheinlichkeiten unterteilen eine Gruppe von Ereignissen in kleinere Untergruppen und geben die Wahrscheinlichkeiten für die einzelnen Untergruppen innerhalb der Obergruppe an. Bedingte Wahrscheinlichkeiten werden vor allem dann betrachtet, wenn Gruppen miteinander verglichen oder der Zusammenhang zwischen zwei Variablen untersucht werden soll. Wenn Sie zum Beispiel insgesamt 100 Personen befragt haben, von denen 40% angeben, dass sie in ihrer Freizeit regelmäßig Computerspiele spielen, ist der Wert von 40% die Randwahrscheinlichkeit für die Computerspieler in der Stichprobe. Wenn Sie nun aber Männer und Frauen getrennt betrachten, werden Sie möglicherweise feststellen, dass 46% der Frauen, aber nur 34% der Männer regelmäßig am Computer spielen. Der Wert von 46% ist dann die bedingte Wahrscheinlichkeit für Computerspieler innerhalb der Obergruppe der Frauen in der Stichprobe. (Unter der Bedingung, dass man eine Frau aus der Stichprobe betrachtet, wird diese mit einer Wahrscheinlichkeit von 46% in ihrer Freizeit am Computer spielen.) Entsprechend beträgt die bedingte Wahrscheinlichkeit für Computerspieler innerhalb der Obergruppe der Männer hier 34%.

Um ausgehend von den absoluten Häufigkeiten eine bedingte Stichprobenwahrscheinlichkeit zu berechnen, teilen Sie die Anzahl der Beobachtungen aus der Untergruppe (zum Beispiel der am Computer spielenden Frauen) durch die Anzahl aller Beobachtungen aus der betrachteten Gruppe (hier also die Anzahl aller Frauen). Wenn sich also unter Ihren 100 Befragten genau 50 Frauen und 50 Männer befinden und von den 50 Frauen 23 angegeben haben, in ihrer Freizeit Computerspiele zu spielen, berechnen Sie die bedingte Wahrscheinlichkeit für Computerspielerinnen innerhalb der Gruppe der Frauen aus der Stichprobe als $23 \div 50 = 0{,}46$ beziehungsweise 46%. Sie teilen also die Zellhäufigkeit der Computerspiele spielenden Frauen durch die Randhäufigkeit sämtlicher Frauen. Alle Beobachtungen, die nicht in die untersuchte Gruppe fallen (hier also alle »Nichtfrauen« und damit alle Männer) bleiben dabei vollkommen unberücksichtigt.

Bedingte Wahrscheinlichkeiten mögen zunächst etwas kompliziert wirken, lassen sich aber sehr einfach berechnen. Sie teilen dazu einfach den Häufigkeitswert der einzelnen Zelle, die die entsprechende Untergruppe repräsentiert, durch die Randhäufigkeit der Obergruppe, die Sie betrachten wollen.

Die Wahrscheinlichkeit dafür, dass A eintritt, unter der Bedingung, dass B eingetreten ist (also die bedingte Wahrscheinlichkeit für A innerhalb der Gruppe B), wird formal in der Form $P(A \mid B)$ geschrieben. Man spricht häufig auch von der »Wahrscheinlichkeit für A gegeben B«. Suchen Sie dagegen innerhalb der Gruppe A die Wahrscheinlichkeit dafür, dass B eintritt, ist dies $P(B \mid A)$. Wenn Sie zum Beispiel in einer Gruppe von Befragten die Frauen mit F und die Computerspieler mit C bezeichnen, ist $P(C \mid F)$ die Wahrscheinlichkeit dafür, innerhalb der befragten Frauen auf eine Computerspielerin zu treffen. Dies lässt sich auch wie folgt interpretieren: Wenn Sie eine beliebige Person aus der Stichprobe herausgreifen und wissen, dass es sich bei dieser Person um eine Frau handelt (oder anders ausgedrückt: wenn Sie eine beliebige Frau aus Ihrer Stichprobe herausgreifen), werden Sie mit einer Wahrscheinlichkeit von $P(C \mid F)$ eine Computerspielerin erwischt haben.

Die Vorgehensweise zum Berechnen einer bedingten Wahrscheinlichkeit lässt sich auch als Formel wie folgt darstellen:

$$P(A \mid B) = \frac{P(A \cap B)}{P(B)}.$$

Der Zähler $P(A \cap B)$ ist dabei die gemeinsame Wahrscheinlichkeit für A und B (also bezogen auf eine Kreuztabelle die Wahrscheinlichkeit dafür, dass eine Beobachtung aus der gesamten Stichprobe in eine bestimmte Zelle fällt), während der Nenner $P(B)$ die Randwahrscheinlichkeit für das Ereignis B bezeichnet. Im Beispiel der 100 Personen, von denen 50 Männer und 50 Frauen sind, wobei 23 der Frauen regelmäßig Computerspiele spielen, gilt:

$$P(\text{Computerspieler}|\text{Frau}) = \frac{P(\text{Computerspieler} \cap \text{Frau})}{P(\text{Frau})} = \frac{\frac{23}{100}}{\frac{50}{100}} = \frac{0,23}{0,50} = 0,46.$$

 In der Wahrscheinlichkeitsrechnung sind einige Fragestellungen sehr einfach zu beantworten, während andere häufig vertrackt und kompliziert erscheinen. Der Unterschied besteht aber meistens nur darin, dass im einen Fall bereits viele Informationen explizit vorgegeben sind, während im anderen Fall die gesuchten Antworten über mehrere Umwege berechnet werden müssen. So lässt sich eine bedingte Wahrscheinlichkeit sehr einfach ermitteln, wenn die gemeinsame Wahrscheinlichkeit der beiden Ereignisse und die Randwahrscheinlichkeit bekannt sind. Liegen Ihnen dagegen nur Teilinformationen vor, müssen Sie sich möglicherweise über mehrere Zwischenschritte an die Antwort heranarbeiten. Dabei hilft es in jedem Fall, die in der Aufgabe häufig im Text versteckten Informationen herauszulesen und in geordneter Form aufzuschreiben. Dann ist häufig schon sehr schnell zu erkennen, ob Sie das gesuchte Ergebnis unmittelbar berechnen können oder Zwischenschritte benötigen.

Die *Multiplikationsregel* ist eine weitere zentrale Regel in der Wahrscheinlichkeitsrechnung. Sie zeigt den Zusammenhang zwischen der gemeinsamen Wahrscheinlichkeit zweier Ereignisse und einer bedingten Wahrscheinlichkeit auf. Die Regel besagt:

$$P(A \cap B) = P(A) \cdot P(B \mid A).$$

Da $A \cap B = B \cap A$ ist, gilt damit auch:

$$P(A \cap B) = P(B) \cdot P(A \mid B) = P(B \cap A).$$

Dabei ist diese Regel lediglich eine andere Darstellung der oben genannten Formel zum Berechnen einer bedingten Wahrscheinlichkeit. (Wenn Sie in der Formel oben beide Seiten mit $P(B)$ multiplizieren, erhalten Sie genau die hier dargestellte Multiplikationsregel.)

In dem folgenden Beispiel wird die Vorgehensweise zum Berechnen einer bedingten Wahrscheinlichkeit noch einmal deutlich.

Beantworten Sie für die Daten aus Tabelle 15.1 unter Anwendung der in der Wahrscheinlichkeitsrechnung üblichen Schreibweise die folgenden Fragen:

1. Wie hoch ist die Wahrscheinlichkeit, dass eine Person aus der Stichprobe die SUV wählt, wenn bekannt ist, dass es sich bei der Person um eine Frau handelt?

2. Welcher Anteil der Frauen wählt eine andere Partei als CAR und SUV?

3. Es seien S die SUV-Wähler und M die Männer. Berechnen und interpretieren Sie $P(M \mid S)$ und $P(S \mid M)$.

Lösung

Auch wenn die drei Fragen etwas unterschiedlich formuliert sind, geht es doch in allen drei Fällen um eine bedingte Wahrscheinlichkeit.

1. Hier wird eine Person aus der Gruppe der Frauen ausgewählt und die Frage ist, mit welcher Wahrscheinlichkeit diese Person die SUV wählt. Es wird also die Wahrscheinlichkeit $P(S \mid F)$ gesucht. Diese Wahrscheinlichkeit können Sie berechnen, indem Sie die Anzahl der SUV-Wählerinnen (35) durch die Anzahl aller Frauen (also die Randhäufigkeit der Frauen, 100) teilen. Sie erhalten damit $P(S \mid F) = 35 \div 100 = 0{,}35$ beziehungsweise 35%.

   Beachten Sie: Sie können auch die Formel $P(S \mid F) = \dfrac{P(S \cap F)}{P(F)}$ verwenden und erhalten dann:

$$P(S \mid F) = \frac{P(S \cap F)}{P(F)} = \frac{\dfrac{35}{200}}{\dfrac{100}{200}} = \frac{0{,}175}{0{,}50} = 0{,}35.$$

   Dass sich in dem Doppelbruch die beiden Nenner (zweimal 200) herauskürzen, ist dabei kein Zufall. Deshalb vereinfacht sich der Doppelbruch zu $35 \div 100$, und damit haben Sie wieder die Zellhäufigkeit geteilt durch die Randhäufigkeit.

2. Hier geht es um den »Anteil der Frauen«, die eine andere Partei als CAR oder SUV wählen. Gesucht ist also die Wahrscheinlichkeit, dass eine zufällig ausgewählte Frau eine andere Partei (A) wählt: $P(A \mid F)$. Die absolute Anzahl der Frauen, die eine andere Partei wählen, beträgt 20, die Anzahl aller Frauen in der Stichprobe ist 100. Damit ist $P(A \mid F) = 20 \div 100 = 0{,}2$ beziehungsweise 20%.

3. $P(M \mid S)$ bedeutet, dass innerhalb der Gruppe der SUV-Wähler untersucht wird, mit welcher Wahrscheinlichkeit ein zufällig aus der Stichprobe gewählter SUV-Wähler männlich ist. Hierzu teilen Sie die Anzahl der männlichen SUV-Wähler (45) durch die Anzahl aller SUV-Wähler (80) und erhalten so $P(M \mid S) = 45 \div 80 = 0{,}5625$ beziehungsweise 56,25%.

4. P(S | M) ist quasi die umgekehrte Perspektive: Hier wird ausschließlich die Gruppe der befragten Männer betrachtet und es ist nach der Wahrscheinlichkeit gefragt, dass es sich bei einem zufällig ausgewählten Mann um einen SUV-Wähler handelt. Von den insgesamt 100 Männern in der Stichprobe wählen 45 die SUV, sodass P(S | M) = 45 ÷ 100 = 0,45 beziehungsweise 45% ist.

Aufgabe 13

Beantworten Sie für die Daten über das Alter und die Anzahl der Beulen von Autos aus dem Einleitungsbeispiel im ersten Abschnitt dieses Kapitels unter Anwendung der in der Wahrscheinlichkeitsrechnung üblichen Schreibweise die folgenden Fragen:

1. Es seien A = ältere Autos und B = Autos mit vielen Beulen. Berechnen und interpretieren Sie P(B | A).

2. Wie viel Prozent der älteren Autos haben viele Beulen an der Stoßstange?

3. Betrachtet man nur die älteren Autos, wie viel Prozent davon haben viele Beulen an der Stoßstange?

4. Wie hoch ist die Wahrscheinlichkeit dafür, dass ein Auto der Stichprobe, das schon mehr als fünf Jahre alt ist, mehr als drei Beulen an der Stoßstange hat?

Aufgabe 14

Beantworten Sie für die Daten über links- und rechtshändige Kinder aus Aufgabe 1 unter Anwendung der in der Wahrscheinlichkeitsrechnung üblichen Schreibweise die folgenden Fragen:

1. Welcher Prozentsatz der Jungen ist Rechtshänder?

2. Welcher Prozentsatz der Mädchen ist Rechtshänder?

3. Welcher Prozentsatz der Rechtshänder ist männlich?

4. Welcher Prozentsatz der Rechtshänder ist weiblich?

Aufgabe 15

Verwenden Sie wieder die Daten über links- und rechtshändige Kinder aus Aufgabe 1 und beantworten Sie unter Anwendung der in der Wahrscheinlichkeitsrechnung üblichen Schreibweise die folgenden Fragen:

1. Vergleichen Sie mithilfe bedingter Wahrscheinlichkeiten die Anteile der Rechtshänder unter den Jungen und den Mädchen.

2. Vergleichen Sie mithilfe bedingter Wahrscheinlichkeiten die Anteile der Jungen und der Mädchen unter den Rechtshändern.

Aufgabe 16

Angenommen, Sie haben eine Kreuztabelle für zwei Variablen, wobei A ein bestimmter Wert der ersten Variablen und B ein bestimmter Wert der zweiten Variablen sei. Ist dann $P(A \mid B) + P(A \mid B^C) = 1$?

Aufgabe 17

Angenommen, Sie haben eine Kreuztabelle für zwei Variablen, wobei A ein bestimmter Wert der ersten Variablen und B ein bestimmter Wert der zweiten Variablen sei. Ist dann $P(A \mid B) + P(A^C \mid B) = 1$?

Aufgabe 18

Erläutern Sie, warum Sie anhand von bedingten Wahrscheinlichkeiten zwei Gruppen in Bezug auf eine zweite Variable miteinander vergleichen können, während dies mit Randwahrscheinlichkeiten nicht möglich ist.

Unabhängigkeit von kategorialen Variablen untersuchen

Sehr häufig ist man im Rahmen von Untersuchungen daran interessiert, ob zwischen zwei kategorialen Variablen ein Zusammenhang besteht oder die Variablen vollkommen unabhängig voneinander sind. Wenn Sie zum Beispiel in einer repräsentativen und hinreichend großen Stichprobe feststellen, dass Frauen häufiger konservative Parteien wählen, dann wissen Sie, dass es einen Zusammenhang zwischen Geschlecht und Wahlverhalten gibt. Wenn ein solcher Zusammenhang zwischen zwei Variablen besteht, bezeichnet man die Variablen als *abhängig*; liegt kein Zusammenhang zwischen den Variablen vor, sind die Variablen *unabhängig* voneinander.

Die genaue Definition für die Unabhängigkeit zweier Ereignisse lautet: Zwei Ereignisse A und B sind unabhängig voneinander, wenn $P(A \mid B) = P(A)$ oder wenn $P(B \mid A) = P(B)$ ist. Formal besagt dies, dass die bedingte Wahrscheinlichkeit und die Randwahrscheinlichkeit für ein Ereignis gleich groß sind. Das bedeutet inhaltlich, dass das Eintreten des einen Ereignisses keinen Einfluss auf die Eintrittswahrscheinlichkeit des anderen Ereignisses hat.

Wenn zwei Ereignisse unabhängig voneinander sind, vereinfacht sich auch die Multiplikationsregel. Für zwei unabhängige Ereignisse A und B gilt: $P(A \cap B) = P(A) \cdot P(B)$.

Diese Definition für die Unabhängigkeit zweier Ereignisse können Sie auf zwei Arten verwenden: Zum einen können Sie die Definition heranziehen, um zu überprüfen, ob zwei Ereignisse voneinander unabhängig sind. (Wenn die Bedingungen für Unabhängigkeit nicht erfüllt sind, sind die Ereignisse nicht voneinander unabhängig.) Zum anderen können Sie die Definition nutzen, wenn Sie die gemeinsame Wahrscheinlichkeit zweier Ereignisse A und B berechnen möchten und bereits wissen, dass die Ereignisse voneinander unabhängig sind; denn in diesem Fall können Sie die vereinfachte Multiplikationsregel heranziehen und einfach die Randwahrscheinlichkeiten von A und B miteinander multiplizieren, um die gemeinsame Wahrscheinlichkeit zu bekommen.

Wenn Sie die Unabhängigkeit von zwei Variablen untersuchen möchten, betrachten Sie dazu die bedingten Wahrscheinlichkeiten für alle Wertekombinationen, die sich aus den Variablen bilden lassen. Gilt für eine der Wertekombinationen die Forderung, dass die bedingte Wahrscheinlichkeit gleich der Randwahrscheinlichkeit ist, nicht, haben Sie gezeigt, dass die Variablen voneinander abhängig sind. Nur wenn diese Forderung für jede der möglichen Wertekombinationen erfüllt ist, können Sie die Variablen als unabhängig betrachten.

Wenn Sie festgestellt haben, dass zwei Variablen voneinander abhängig sind, bedeutet dies noch nicht, dass ein direkter kausaler Zusammenhang zwischen den Variablen besteht. Wenn Sie beispielsweise beobachten, dass Menschen, die in der Nähe von Funkmasten wohnen, häufiger aufgrund von Krankheiten zum Arzt gehen, bedeutet dies nicht zwingend, dass die Funkmasten für die Krankheiten (oder die Krankheiten für die Funkmasten) verantwortlich sind. Um solche kausalen Schlussfolgerungen zu ziehen, sind immer weitere Untersuchungen erforderlich; häufig bieten sich dazu kontrollierte Experimente an, sofern diese organisatorisch möglich und ethisch vertretbar sind; siehe hierzu auch Kapitel 13 und 14.

Das folgende Beispiel zeigt noch einmal die Vorgehensweise zur Überprüfung der Unabhängigkeit von zwei Ereignissen.

Angenommen, 50% der Angestellten einer Firma würden es vorziehen, von zu Hause aus zu arbeiten, wenn die Firma dies ermöglichen würde. Sie möchten nun herausfinden, ob die Präferenz für die Heimarbeit geschlechtsabhängig ist. Dabei stellen Sie fest, dass 75% der Frauen und nur 25% der Männer der Firma angegeben haben, die Arbeit von zu Hause vorzuziehen. Sind nun Geschlecht und Präferenz für den Arbeitsort voneinander unabhängig? Erläutern Sie Ihr Ergebnis mithilfe von Wahrscheinlichkeiten und unter Verwendung der in der Wahrscheinlichkeitsrechnung üblichen Schreibweisen.

Lösung

Nein, Geschlecht und Präferenz für den Arbeitsort sind abhängige Variablen. Angenommen, H bezeichnet die Angestellten, die Heimarbeit wünschen, und F steht für die Frauen, während M die Männer bezeichnet. Dann gilt nach den vorliegenden Informationen $P(H) = 50\%$, das heißt, ein zufällig gewählter Angestellter würde sich mit 50% Wahrscheinlichkeit für Heimarbeit entscheiden. Betrachtet man dagegen nur die Frauen, dann steigt der Anteil derer, die von zu Hause aus arbeiten möchten, auf 75%; es gilt also $P(H \mid F) = 75\%$. Unter den Männern wünschen sich dagegen nur 25% Heimarbeit, es ist also $P(H \mid M) = 25\%$. Damit ist $P(H) \neq P(H \mid F)$, sodass Geschlecht und Präferenz für den Arbeitsort voneinander abhängig sind. (Für dieses Ergebnis hätten die Männer noch nicht einmal näher betrachtet werden müssen.)

Aufgabe 19

Betrachten Sie die Daten aus Tabelle 15.1. Sind hier Geschlecht und Parteienpräferenz in der Stichprobe unabhängige Variablen?

Aufgabe 20

Betrachten Sie die Daten über das Alter und die Anzahl der Beulen von Autos aus dem Einleitungsbeispiel im ersten Abschnitt dieses Kapitels. Gibt es hier einen Zusammenhang zwischen dem Alter der Autos und der Anzahl ihrer Beulen (mit anderen Worten: Sind die Variablen voneinander abhängig)?

Aufgabe 21

Betrachten Sie die Daten über links- und rechtshändige Kinder aus Aufgabe 1. Unterscheidet sich die Verteilung der dominanten Hand zwischen Jungen und Mädchen (besteht also ein Zusammenhang zwischen den beiden Variablen)?

Aufgabe 22

Angenommen, A und B sind zwei unabhängige Ereignisse mit $P(A) = 0{,}6$ und $P(B) = 0{,}2$. Wie hoch ist $P(A \cap B)$?

Aufgabe 23

Angenommen, Sie werfen eine Münze zweimal und die beiden Würfe sind unabhängig voneinander.

1. Wie hoch ist die Wahrscheinlichkeit dafür, dass zweimal hintereinander die Seite mit dem Bild (Adler, Kopf, Harfe oder woher Ihre Euromünze auch immer kommt) nach oben zeigt?

2. Wie hoch ist die Wahrscheinlichkeit dafür, dass Sie nur ein Mal das Bild zu sehen bekommen?

3. Ändert sich Ihre Antwort auf die vorhergehende Frage, wenn die Münze gezinkt ist, sodass die Wahrscheinlichkeit für das Erscheinen des Bildes 0,75 beträgt?

Aufgabe 24

Angenommen, Sie werfen zweimal einen sechsseitigen Würfel und beide Würfe sind unabhängig voneinander. Wie groß ist die Chance, dass Sie zweimal eine 1 würfeln?

Aufgabe 25

Angenommen, A und B sind zwei voneinander unabhängige Ereignisse mit $P(A) = 0{,}3$ und $P(B) = 0{,}2$. Bestimmen Sie $P(A \cup B)$.

Aufgabe 26

Angenommen, ein Forscher aus der Medizin sammelt Daten aus einem Experiment, in dem ein neues Medikament mit einem herkömmlichen Medikament verglichen wird (dies soll als Behandlungsmethode bezeichnet werden). Untersucht wird, wie stark sich die Symptome der Patienten im Verlauf der Behandlung verbessern (dies sei der Behandlungserfolg). Eine Analyse der Daten zeigt, dass es einen Zusammenhang zwischen der Behandlungsmethode und dem Behandlungserfolg gibt.

1. Sind Behandlungsmethode und Behandlungserfolg in diesem Fall abhängige oder unabhängige Variablen?

2. Lässt sich aus den Ergebnissen schließen, dass das neue Medikament die Ursache für einen stärkeren Rückgang der Symptome ist? Begründen Sie Ihre Antwort.

Aufgabe 27

Angenommen, die Ereignisse A und B schließen sich gegenseitig aus. Bedeutet dies, dass A und B voneinander unabhängig sind?

Aufgabe 28

Angenommen, A und B verhalten sich komplementär zueinander. Bedeutet dies, dass sich A und B gegenseitig ausschließen?

Lösungen für die Aufgaben zum Thema Kreuztabellen

Lösung 1

Diese Fragen lassen sich sehr einfach beantworten, wenn Sie zunächst die Randhäufigkeiten sowie die Gesamtanzahl für die Kreuztabelle ermitteln; siehe hierzu die folgende Tabelle.

Geschlecht	Linkshänder	Rechtshänder	Gesamt
Junge	4	24	28
Mädchen	2	12	14
Gesamt	6	36	42

1. Die Anzahl aller Jungen in der Stichprobe erhalten Sie durch Addieren der Werte aus den Zellen der Zeile »Junge«; sie beträgt $4 + 24 = 28$.

2. Die Anzahl aller Rechtshänder erhalten Sie durch Addieren der Werte aus den Zellen der Spalte »Rechtshänder«; sie beträgt $24 + 12 = 36$.

3. Die Anzahl der rechtshändigen Jungen ist in der Zelle angegeben, die in der Zeile »Junge« und der Spalte »Rechtshänder« liegt; sie beträgt 24.

Lösung 2

Unter den 200 Befragten befanden sich insgesamt 100 Männer und 100 Frauen. Es wurden also gleich viele Männer wie Frauen befragt. Außerdem gibt es unter den Befragten genauso viele SUV-Wähler wie CAR-Wähler (jeweils 80). Damit lassen sich jeder dieser beiden Parteien $80 \div 200 = 0{,}4$ beziehungsweise 40% der Befragten zuordnen. Die verbleibenden $40 \div 200 = 0{,}2$ beziehungsweise 20% der Befragten wählen dagegen eine andere Partei.

Lösung 3

Die Randhäufigkeiten sind bereits in der Tabelle in der Lösung zu Aufgabe 1 wiedergegeben. Die Randhäufigkeit für die Zeile »Junge« erhalten Sie durch Addieren der einzelnen Werte dieser Zeile; sie beträgt damit $4 + 24 = 28$; auf die gleiche Weise ergibt sich für die Mädchen eine Randhäufigkeit von 14. Die Randhäufigkeit für die Linkshänder ist die Summe aller Werte in dieser Spalte und beträgt somit $4 + 2 = 6$; entsprechend ergibt sich für die Rechtshänder eine Randhäufigkeit von 36. Die Stichprobe enthält damit zweimal so viele Jungen wie Mädchen und deutlich mehr Rechtshänder als Linkshänder (36 versus 6).

Lösung 4

In beiden Fällen addieren sich die Randhäufigkeiten zur Gesamthäufigkeit der Tabelle.

1. Die Summe der Randhäufigkeiten aller Zeilen ergibt die Gesamthäufigkeit der Tabelle und damit die Gesamtgröße der zugrunde liegenden Stichprobe. Wenn Sie beispielsweise Tabelle 15.1 betrachten, betragen die Randhäufigkeiten der beiden Zeilen jeweils 100; die Summe ergibt mit $100 + 100 = 200$ die Anzahl der insgesamt befragten Personen.

2. Auch die Summe der Randhäufigkeiten aller Spalten ergibt die Gesamthäufigkeit der Tabelle und somit die Gesamtgröße der zugrunde liegenden Stichprobe. In Tabelle 15.1 betragen die Randhäufigkeiten der drei Spalten 80, 80 und 40. Die Summe ist $80 + 80 + 40 = 200$ und nennt Ihnen wieder die Gesamthäufigkeit für die Tabelle.

 Wenn Sie die Randhäufigkeiten für eine Kreuztabelle selbst berechnen, empfiehlt es sich immer zu überprüfen, ob die Summe der Randhäufigkeiten aller Zeilen gleich der Summe der Randhäufigkeiten aller Spalten ist und dieser Wert der Gesamthäufigkeit der Tabelle entspricht. Wenn dies nicht der Fall ist, wissen Sie, dass irgendetwas falsch ist.

Lösung 5

Das Wort »und« deutet meistens darauf hin, dass eine gemeinsame Wahrscheinlichkeit gesucht wird, das Wort »oder« dagegen auf eine Gesamtwahrscheinlichkeit. Um sich die Beantwortung der Fragen zu vereinfachen, empfiehlt es sich, für die verschiedenen betrachteten Ereignisse Abkürzungen einzuführen. Für die folgenden Antworten soll gelten: B = verbeulte Autos (sodass B^C die Komplementärmenge und damit die nicht verbeulten Autos bezeichnet) und N = neue Autos (und damit N^C = alte Autos).

1. Gesucht ist hier die Wahrscheinlichkeit $P(N \cap B)$, dass ein zufällig aus der Stichprobe gewähltes Auto neu und zugleich verbeult ist. Dies ist die Anzahl der neueren Autos mit vielen Beulen (20) dividiert durch die Gesamtanzahl aller Autos (100). Die richtige Antwort ist damit $20 \div 100 = 0{,}2$ beziehungsweise 20%.

2. Hier ist $P(B \cap N^C)$ gesucht. Die Anzahl der verbeulten älteren Autos beträgt 35, sodass $P(B \cap N^C) = 35 \div 100 = 0{,}35$ beziehungsweise 35% ist.

3. Hier ist nur gefordert, dass das eine oder das andere Merkmal vorliegt. Es wird also $P(B \cup N^C)$ gesucht. Diesen Anteil können Sie mithilfe der Additionsregel ermitteln: $P(B \cup N^C) = P(B) + P(N^C) - P(B \cap N^C) = (55 \div 100) + (50 \div 100) - (35 \div 100) = 0{,}55 + 0{,}50 - 0{,}35 = 0{,}7$ beziehungsweise 70%.

4. Hier wird mit einer etwas anderen Formulierung nach dem gleichen Anteil gefragt wie auch schon in der zweiten Frage. Die Antwort lautet damit 0,35 beziehungsweise 35%.

Lösung 6

Hier seien M = Mädchen, J = Jungen, R = Rechtshänder und L = Linkshänder.

1. Hier ist nach den Kindern gefragt, die sowohl Jungen als auch Rechtshänder sind. Es geht also um die gemeinsame Stichprobenwahrscheinlichkeit beziehungsweise den Anteil der Kinder, die beide Eigenschaften aufweisen, an der Gesamtheit aller untersuchten Kinder. Die gemeinsame Wahrscheinlichkeit für Jungen und Rechtshänder in der Stichprobe beträgt $P(J \cap R) = 24 \div 42 = 0{,}57$ beziehungsweise 57%.

2. Hier ist $P(M \cap R)$ gesucht: $P(M \cap R) = 12 \div 42 = 0{,}29$ beziehungsweise 29%.

3. Der Vergleich der Ergebnisse aus den beiden vorhergehenden Aufgaben sagt nichts darüber aus, ob es einen Zusammenhang zwischen dem Geschlecht und der dominanten Hand gibt. Obwohl fast 60% der untersuchten Kinder rechtshändige Jungen sind und nur knapp 30% rechtshändige Mädchen, bedeutet dies nicht etwa, dass Mädchen seltener Rechtshänder sind als Jungen. So wurden in diesem Beispiel insgesamt doppelt so viele Jungen wie Mädchen untersucht; auch wenn der Anteil der Rechtshänder unter den Jungen und Mädchen genau gleich ist, müssten daher absolut gesehen mehr rechtshändige Jungen als rechtshändige Mädchen in der Gruppe enthalten sein. Um nach einem Zusammenhang zwischen Geschlecht und dominanter Hand zu suchen, müssten Sie vielmehr den Anteil der Rechtshänder *innerhalb der Gruppe der Jungen* mit dem Anteil der Rechtshänder *innerhalb der*

Gruppe der Mädchen vergleichen. Für die Jungen beträgt dieser Anteil $24 \div 28 = 85,7\%$, für die Mädchen beträgt er $12 \div 14 = 85,7\%$. Der Anteil der Rechtshänder ist damit unter den Jungen und den Mädchen exakt gleich groß.

4. J und M sind zwei disjunkte Ereignisse (Ereignisse, die sich gegenseitig ausschließen), denn $P(J \cap M) = 0$. Ebenso sind L und R Ereignisse, die sich gegenseitig ausschließen.

Wenn Sie sich für einen Zusammenhang zwischen zwei Ereignissen interessieren, ist die gemeinsame Wahrscheinlichkeit der beiden Ereignisse wenig aussagekräftig. Um Zusammenhänge zu erkennen, vergleichen Sie die Anteile des einen Ereignisses (oder Merkmals) innerhalb der Gruppen mit dem und ohne das andere Merkmal. Diese Anteile innerhalb der Teilgruppen können auch als bedingte Wahrscheinlichkeiten interpretiert werden, was weiter hinten in diesem Kapitel ausführlicher behandelt wird.

Lösung 7

Wenn Sie ausschließlich gemeinsame Wahrscheinlichkeiten betrachten, sind die möglichen Schlussfolgerungen etwas begrenzt, da Ihnen die Informationen über die Größe der einzelnen Teilgruppen fehlen. In diesem Beispiel können Sie jedoch sagen, dass es sich bei $4 \div 42 = 9,5\%$ der Kinder um linkshändige Jungen handelt und bei $24 \div 42 = 57,1\%$ um rechtshändige Jungen. Zudem enthält die Stichprobe $2 \div 42 = 4,8\%$ linkshändige Mädchen und $12 \div 42 = 28,6\%$ rechtshändige Mädchen.

Lösung 8

Die gemeinsamen Wahrscheinlichkeiten sollten sich zu 100% addieren. Jede Beobachtung aus der Stichprobe ist genau einer Zelle in der Kreuztabelle zugeordnet; die gemeinsame Wahrscheinlichkeit dafür, dass ein zufällig aus der Stichprobe gewähltes Untersuchungsobjekt in eine Zelle fällt, ist nichts anderes als die Anzahl der Beobachtungen in dieser Zelle dividiert durch die Gesamtanzahl aller Beobachtungen. Wenn Sie also für jede einzelne Zelle der Tabelle die gemeinsame Wahrscheinlichkeit berechnen und die Ergebnisse anschließend addieren, haben Sie jede Beobachtung genau ein Mal (in der entsprechenden Zelle) im Zähler berücksichtigt, während der Nenner ohnehin die Gesamtzahl aller Beobachtungen enthält. Dies können Sie auch an der Lösung für Aufgabe 7 überprüfen. Dort wurden die gemeinsamen Wahrscheinlichkeiten für die einzelnen Zellen der Kreuztabelle berechnet; wenn Sie die Summe bilden, erhalten Sie $9,5\% + 57,1\% + 4,8\% + 28,6\% = 100,0\%$.

Lösung 9

Es seien B = Autos mit mehr als drei Beulen (sodass B^C die Komplementärmenge und damit alle Autos mit maximal drei Beulen bezeichnet) und N = neuere Autos (und damit N^C = Autos, die älter als fünf Jahre sind).

1. Hier ist nach der Wahrscheinlichkeit $P(N)$ gefragt, dass ein zufällig aus der Stichprobe gewähltes Auto der Gruppe N zugehört. Die Randhäufigkeit für die neueren Autos beträgt 50 und die Anzahl aller Autos in der Stichprobe ist 100. Damit ist $P(N) = 50 \div 100 = 0,5$ beziehungsweise 50%.

2. Sie können diese Frage vollkommen analog zur vorhergehenden beantworten: Die Stichprobe mit insgesamt 100 Beobachtungen enthält 50 ältere Autos, sodass $P(N^C)$ = 50 ÷ 100 = 0,5 ist. Alternativ könnten Sie auch wie folgt vorgehen: Sie wissen, dass die Menge der älteren Autos die Komplementärmenge zu den neueren Autos ist. Damit muss gelten: $P(N^C)$ = 1 −$P(N)$. Da $P(N)$ bereits in der vorhergehenden Antwort berechnet wurde, können Sie den Wert hier einfach einsetzen und erhalten damit wieder: $P(N^C)$ = 1 − $P(N)$ = 1 − 0,5 = 0,5.

Einige Prüfer legen großen Wert auf eine klare Trennung von Anteilswerten und Prozentwerten. Tatsächlich sind beide Darstellungsformen nichts anderes als unterschiedliche Messeinheiten für denselben Wert. Angenommen, Sie interessieren sich aus einer Gesamtheit von 40 Personen für eine Teilgruppe, die 20 Personen umfasst. Sie können nun den Anteil dieser Teilgruppe an der Gesamtheit als 20 ÷ 40 = 0,5 berechnen. Dies ist in jedem Fall richtig, denn Anteilswerte sind Werte zwischen 0 und 1. Ebenso können Sie das Ergebnis aber auch in der Form 50% angeben, was einige Lehrer aber nicht so gerne sehen. In Prüfungen sollten Sie daher die Darstellungsweise verwenden, die Sie aus dem Unterricht oder den Unterlagen Ihres Prüfers kennen.

3. In dieser Aufgabe ist nach $P(B)$ gefragt. Teilen Sie also die Randhäufigkeit der Autos mit vielen Beulen (20 + 35 = 55) durch die Gesamtanzahl der beobachteten Autos (100): $P(B)$ = 55 ÷ 100 = 0,55 beziehungsweise 55%.

4. Da Sie in der vorhergehenden Lösung bereits $P(B)$ = 0,55 berechnet haben, können Sie die Wahrscheinlichkeit für die Komplementärmenge B^C ganz einfach als $P(B^C)$ = 1 − 0,55 = 0,45 beziehungsweise 45% berechnen.

Häufig lassen sich Fragen nach Anteilen und Wahrscheinlichkeiten sehr schnell beantworten, wenn man erkennt, dass die betrachtete Menge genau die Komplementärmenge zu einer anderen Menge ist, deren Anteil bereits bekannt ist.

Lösung 10

Hier sei J = Junge, M = Mädchen, R = Rechtshänder und L = Linkshänder.

1. Es wird die Wahrscheinlichkeit $P(R)$ gesucht, dass ein zufällig aus der Stichprobe gewähltes Kind Rechtshänder ist. Die Spaltenhäufigkeit der Rechtshänder (also die Randhäufigkeit für die Spalte der Rechtshänder) beträgt 24 + 12 = 36. Die Gesamtanzahl der Kinder in der Stichprobe ist 42. Damit ergibt sich $P(R)$ = 36 ÷ 42 = 0,857 beziehungsweise 85,7%.

2. Gesucht ist hier $P(M)$. Teilen Sie also die Zeilenhäufigkeit der Mädchen (2 + 12 = 14) durch die Gesamtanzahl der Kinder (42): $P(M)$ = 14 ÷ 42 = 0,333 beziehungsweise 33,3%.

3. Hier wird nach $P(L)$ gesucht, was nichts anders als $P(R^C)$ ist. Sie erhalten den gesuchten Wert also als $P(L)$ = $P(R^C)$ = 1 − $P(R)$ = 1 − 0,857 = 0,143 beziehungsweise

14,3%. (Denn P(R) wurde bereits für die Antwort auf die erste Frage dieser Aufgabe berechnet.)

4. Gefragt ist hier nach P(J), was identisch ist mit $P(M^C)$. Sie können P(J) daher berechnen als $P(J) = P(M^C) = 1 - P(M) = 1 - 0{,}333 = 0{,}667$ beziehungsweise 66,7%.

Lösung 11

Sie können über die Stichprobe der untersuchten Kinder sagen, dass diese 33,3% Mädchen und 66,7% Jungen enthält. Zudem sind 85,7% der Kinder Rechtshänder und 14,3% Linkshänder.

Die Randwahrscheinlichkeiten sagen immer nur etwas über die einzelnen Variablen (hier das Geschlecht und die dominante Hand) aus, ohne eine mögliche Beziehung zwischen den Variablen zu betrachten. Daher ist der Aussagegehalt der Randwahrscheinlichkeiten ohne die übrigen Zellen aus der Kreuztabelle sehr begrenzt.

Lösung 12

Generell gilt, dass sich die Wahrscheinlichkeiten von Komplementärereignissen zu 1 addieren (siehe hierzu auch die Beispiele in den Aufgaben 9 und 10). In einer Kreuztabelle verhalten sich alle Zeilen in ihrer Gesamtheit wie Komplementärmengen zueinander (jede Beobachtung ist genau einer Zeile zugeordnet); das Gleiche gilt für alle Spalten (denn jede Beobachtung ist auch genau einer Spalte zugeordnet). Daher addieren sich die Randwahrscheinlichkeiten aller Zeilen zu 1, ebenso wie sich die Randhäufigkeiten aller Spalten zu 1 addieren.

Lösung 13

Haben Sie bemerkt, dass alle vier Fragen in dieser Aufgabe nach demselben Wert fragen, nur jeweils mit einer anderen Formulierung? Für die folgenden Antworten sollen einheitlich A = ältere Autos und B = Autos mit vielen Beulen sein.

1. Mit P(B | A) wird die Wahrscheinlichkeit bezeichnet, dass ein Auto der Stichprobe viele Beulen an der Stoßstange hat, gegeben, es handelt es um ein älteres Auto. Diese Wahrscheinlichkeit erhalten Sie, wenn Sie die Anzahl der alten Autos mit vielen Beulen (35) durch die Anzahl sämtlicher alten Autos in der Stichprobe (50) teilen. Damit ergibt sich $P(B \mid A) = 35 \div 50 = 0{,}7$ beziehungsweise 70%.

2. Hier wird nach demselben Wert wie in der vorhergehenden Fragestellung gesucht, nur dass die Aufgabe hier verbal und nicht als Formel formuliert ist. Die Formulierung »von den älteren Autos« besagt, dass nur innerhalb der Gruppe der älteren Autos in der Stichprobe nach den verbeulten Stoßstangen gesucht wird. Es geht also wieder um die Wahrscheinlichkeit $P(B \mid A) = 35 \div 50 = 0{,}7$ beziehungsweise 70%.

3. In dieser Frage wird explizit gefordert, dass nur die älteren Autos betrachtet werden sollen. Innerhalb dieser Gruppe der älteren Autos ist nach dem Prozentsatz der Autos mit mehr als drei Beulen gefragt. Die Antwort ist die gleiche wie bei den beiden vorhergehenden Fragen. Denn der Prozentsatz der verbeulten Autos innerhalb der Gruppe der älteren Autos ist nichts anderes als $P(B \mid A) = 35 \div 50 = 0{,}7$ beziehungsweise 70%.

4. Hier ist nach der Wahrscheinlichkeit gefragt, dass ein Auto aus der Stichprobe, »das schon mehr als fünf Jahre alt ist« (es wird also wieder nur innerhalb der Gruppe der alten Autos gesucht), mehr als drei Beulen aufweist. Es geht damit um $P(B \mid A) = 35 \div 50 = 0{,}7$ beziehungsweise 70%.

Lösung 14

Es seien J = Jungen, M = Mädchen, R = Rechtshänder und L = Linkshänder. (Anstatt diese vier Abkürzungen zu verwenden, können Sie natürlich auch mit Komplementärmengen arbeiten und definieren J = Jungen, J^C = Nichtjungen, also Mädchen, R = Rechtshänder, R^C = Nichtrechtshänder, also Linkshänder.)

1. Gesucht wird hier die Stichprobenwahrscheinlichkeit $P(R \mid J)$, denn es ist nach dem Prozentsatz der Rechtshänder innerhalb der Gruppe der Jungen gefragt. Die absolute Anzahl der rechtshändigen Jungen beträgt 24, die Anzahl aller Jungen in der Stichprobe ist 28. Damit ergibt sich $P(R \mid J) = 24 \div 28 = 0{,}857$ beziehungsweise 85,7%.

2. Hier ist nach der Stichprobenwahrscheinlichkeit $P(R \mid M)$ gefragt, denn es geht um den Anteil der Rechtshänder innerhalb der Gruppe aller Mädchen. Um diesen Anteil zu berechnen, teilen Sie die Anzahl der rechtshändigen Mädchen (12) durch die Anzahl aller Mädchen (14) und erhalten so: $P(R \mid M) = 12 \div 14 = 0{,}857$ beziehungsweise 85,7%. Der Anteil der Rechtshänder ist damit unter den Mädchen genauso hoch wie unter den Jungen. Dennoch sind beide Werte vollkommen unabhängig voneinander. Deshalb hilft es Ihnen für die Berechnung von $P(R \mid M)$ auch nicht, dass Sie zuvor bereits $P(R \mid J)$ berechnet haben.

3. Hier werden die Zusammenhänge aus einer anderen Perspektive betrachtet: Es ist nicht mehr nach den bedingten Wahrscheinlichkeiten für Rechtshänder innerhalb der Gruppe von Jungen oder Mädchen gefragt, sondern umgekehrt nach dem Anteil der Jungen innerhalb der Rechtshänder. Hier werden also nur die befragten Rechtshänder betrachtet, während die Linkshänder außen vor bleiben, und es wird die Wahrscheinlichkeit $P(J \mid R)$ gesucht. Die Stichprobe enthält insgesamt 36 Rechtshänder, von denen 24 Jungen sind. Damit beträgt $P(J \mid R) = 24 \div 36 = 0{,}67$ beziehungsweise 67%.

4. Auch hier werden wie in der vorhergehenden Frage ausschließlich die befragten Rechtshänder betrachtet, allerdings ist nun der Anteil der Mädchen innerhalb dieser Gruppe gesucht. Es geht also um die Wahrscheinlichkeit $P(M \mid R)$. Die Gruppe von insgesamt 36 Rechtshändern enthält 12 Mädchen, sodass $P(M \mid R) = 12 \div 36 = 0{,}33$ beziehungsweise 33% ist.

Beachten Sie: In Frage 3 ist nach dem Anteil der Jungen in der Gruppe der Rechtshänder gefragt, in Frage 4 nach dem Anteil der Mädchen in derselben Gruppe. In den beiden Fragen geht es also um zwei Komplementärmengen: Wer kein Junge ist, ist ein Mädchen. Daher könnten Sie den Anteil der Mädchen in der Gruppe der befragten Rechtshänder auch berechnen als $P(M \mid R) = P(J^C \mid R) = 1 - P(J \mid R) = 1 - 0{,}67 = 0{,}33$.

P(A | B) ist etwas vollkommen anderes als P(B | A). Sie können nicht davon ausgehen, dass beide Wahrscheinlichkeiten gleich groß sind; sollte dies einmal irgendwo der Fall sein, wäre es ein reiner Zufall.

Lösung 15

Diese Aufgabe fragt letztlich nach den gleichen bedingten Wahrscheinlichkeiten, die Sie auch schon für Aufgabe 14 berechnet haben. Die Schwierigkeit besteht lediglich darin, dies aus der Aufgabenstellung herauszulesen.

1. Siehe hierzu die Antworten auf die beiden ersten Fragen in Aufgabe 14.

2. Siehe hierzu die Antworten auf die beiden letzten Fragen in Aufgabe 14.

Lösung 16

Nein. $P(A \mid B)$ und $P(A \mid B^C)$ beziehen sich auf zwei voneinander unabhängige Gruppen, zum Beispiel auf Frauen (B) und Männer (B^C). Haben Sie beispielsweise Männer und Frauen gefragt, ob sie rauchen, und A bezeichnet die Raucher (sodass A^C die Nichtraucher sind), gibt es keinen Grund, warum der Anteil der Raucher unter den Frauen $P(A \mid B)$ plus dem Anteil der Raucher unter den Männern $P(A \mid B^C)$ gerade 1 ergeben sollte. Denkbar ist zum Beispiel, dass in beiden Gruppen der Anteil der Raucher 30% beträgt, sodass $P(A \mid B)$ + $P(A \mid B^C) = 0{,}6$ ist. Entscheidend ist dabei allgemein, dass zwischen $P(A \mid B)$ und $P(A \mid B^C)$ kein Zusammenhang besteht und daher die Summe der beiden Wahrscheinlichkeiten keinen vorbestimmten Wert hat. (Die Summe kann auch ohne Weiteres über 100% liegen, denn es könnten zum Beispiel sowohl unter den Frauen als auch unter den Männern jeweils 70% Raucher sein, sodass die Summe der beiden Wahrscheinlichkeiten 140% ergibt, wobei dieser Wert keinen sinnvollen Aussagegehalt hat.)

Lösung 17

Ja, denn beide Wahrscheinlichkeiten beziehen sich auf dieselbe Gruppe von Beobachtungen (alle Beobachtungen mit der Eigenschaft B) und bezeichnen die Wahrscheinlichkeit, dass innerhalb dieser Gruppe entweder A oder A^C (also Nicht-A) eintritt. Ein Beispiel für zwei solche komplementäre Wahrscheinlichkeiten finden Sie in den beiden letzten Fragen in Aufgabe 14.

Lösung 18

Randwahrscheinlichkeiten betrachten immer nur einzelne Variablen, ohne eine Beziehung zu der zweiten Variablen aus der Kreuztabelle herzustellen. Daher ist die Aussagekraft von

Randwahrscheinlichkeiten stets auf eine Variable beschränkt. Auch wenn Sie die Randwahrscheinlichkeiten für zwei Variablen kennen, lässt sich keine Verbindung zwischen den einzelnen Randwahrscheinlichkeiten herstellen. Wenn Sie beispielsweise wissen, dass 50% der Personen aus einer Stichprobe ein Rauchverbot befürworten und 20% in der Stichprobe Raucher sind, dann wissen Sie noch lange nichts darüber, welcher Anteil der Raucher für ein Rauchverbot ist oder wie viele Raucher sich unter den Rauchverbotsgegnern befinden. Bedingte Wahrscheinlichkeiten sagen dagegen etwas über den Anteil der Werte einer Variablen innerhalb der Gruppen aus, die durch die Werte einer zweiten Variablen gebildet werden. Daher sind bedingte Wahrscheinlichkeiten dafür prädestiniert, verschiedene Gruppen von Beobachtungen (die nach den Werten einer Variablen gebildet wurden) hinsichtlich der Werte einer zweiten Variablen miteinander zu vergleichen und auf diese Weise auch nach Zusammenhängen zwischen den Variablen zu suchen.

Lösung 19

Nein. Dies lässt sich auf verschiedene Weise zeigen. Um zu belegen, dass die Variablen voneinander abhängig sind, genügt es, einen Fall zu identifizieren, der die Definition der Unabhängigkeit nicht erfüllt. Hierzu können Sie sich zum Beispiel die SUV-Wähler (S) herausgreifen. Die Randwahrscheinlichkeit dafür, in der gesamten Stichprobe einen SUV-Wähler zu erwischen, beträgt $P(S) = 80 \div 200 = 0,40$. Betrachten Sie dagegen nicht die Gesamtstichprobe, sondern ausschließlich die Frauen (F), dann ergibt sich eine Wahrscheinlichkeit für einen SUV-Wähler von $P(S \mid F) = 35 \div 100 = 0,35$. Damit sind bedingte Wahrscheinlichkeit und Randwahrscheinlichkeit nicht gleich und die Variablen offenbar nicht unabhängig.

Lösung 20

Ja, es besteht eine Abhängigkeit zwischen dem Alter der Autos und der Anzahl ihrer Beulen. Um diese Abhängigkeit zu zeigen, genügt es wieder, eine bedingte Wahrscheinlichkeit zu identifizieren, die die Definition für unabhängige Ereignisse nicht erfüllt. So beträgt zum Beispiel der Anteil der alten Autos (A) an der gesamten Stichprobe $P(A) = 50 \div 100 = 50\%$. Innerhalb der Gruppe von Autos, die mehr als drei Beulen (B) aufweisen, beträgt dieser Anteil dagegen $P(A \mid B) = 35 \div 55 = 63,6\%$. Unter den Autos mit vielen Beulen befinden sich also mehr ältere Autos als in der Gesamtstichprobe; Alter und Anzahl der Beulen sind damit nicht unabhängig voneinander.

Lösung 21

Beachten Sie, dass die gleiche Fragestellung auf unterschiedliche Weise formuliert werden kann. In dieser Aufgabe ist genau wie in Aufgabe 20 danach gefragt, ob zwei Variablen abhängig oder unabhängig sind, obwohl beide Aufgaben unterschiedliche Formulierungen verwenden. Um diese Frage zu beantworten, müssen Sie wieder schauen, ob Sie eine bedingte Wahrscheinlichkeit finden, für die die Definition von Unabhängigkeit nicht zutrifft. Betrachten Sie zum Beispiel die Rechtshänder. Die Randwahrscheinlichkeit für Rechtshänder (R) in der Stichprobe beträgt $P(R) = 36 \div 42 = 0,857$. Innerhalb der Gruppe der Jungen (J) beträgt der Anteil der Rechtshänder $P(R \mid J) = 24 \div 28 = 0,857$ und ist damit mit der Randwahrscheinlichkeit identisch. Das Gleiche gilt, wenn Sie nur die Mädchen (M) betrachten: $P(R \mid M) = 12 \div 14 = 0,857$. Der Anteil der Rechtshänder ist damit in der Gesamtstichprobe genauso groß wie in der Gruppe der Jungen und in der Gruppe der Mädchen. Die bedingten Stichprobenwahrscheinlichkeiten sind also mit der Randwahrscheinlichkeit identisch; dies ist die Definition für die Unabhängigkeit zweier Variablen, Geschlecht und dominante Hand sind also in der vorliegenden Stichprobe voneinander unabhängig.

Die Prüfung auf Unabhängigkeit können Sie anhand jeder einzelnen Zelle der Kreuztabelle vornehmen. Sobald für eine Zelle die Bedingung für Unabhängigkeit nicht erfüllt ist, wissen Sie, dass die Variablen voneinander abhängig sind. Um die Unabhängigkeit von zwei Variablen zu belegen, müssen Sie die Prüfung daher grundsätzlich für jede Zelle aus der Kreuztabelle durchführen. Dabei können Sie sich aber mit einem Trick viel Arbeit sparen: Sie können in jeder Zeile und jeder Spalte der Tabelle eine Zelle unberücksichtigt lassen. (Denn eine einzelne Zelle beschreibt immer das Komplementärereignis zu allen übrigen Zellen der jeweiligen Zeile beziehungsweise Spalte; ist die Unabhängigkeit für die übrigen Zellen der Zeile beziehungsweise Spalte erfüllt, muss sie daher auch für diese Zelle gelten.) Daher genügt es in einer 2 × 2-Tabelle, eine einzelne Zelle zu betrachten, um über Abhängigkeit oder Unabhängigkeit der Variablen zu entscheiden.

Lösung 22

Gemäß der Definition für die Unabhängigkeit von zwei Ereignissen A und B gilt $P(A \cap B) = P(A) \cdot P(B) = 0,6 \cdot 0,2 = 0,12$.

Lösung 23

Es sei B = Bild und Z = Zahl. Beide Ereignisse treten bei einer fairen Münze mit der gleichen Wahrscheinlichkeit von 50% ein.

Die Eintrittswahrscheinlichkeit für Bild und Zahl ist eine unverzichtbare Information, ohne die sich diese Aufgabe nicht lösen lässt. Die Information ist aber nicht in der Aufgabenstellung enthalten, Sie müssen also selbst herausfinden, dass Sie diese Information benötigen und die fehlende Information in diesem Fall »mit gesundem Menschenverstand« selbst füllen. In Prüfungen empfiehlt es sich dabei, diesen Vorgang explizit darzulegen und beispielsweise zu schreiben: »Ich gehe davon aus, dass die Münze fair ist und beide Seiten mit einer Wahrscheinlichkeit von 50% erscheinen.«

1. Hier ist nach der Wahrscheinlichkeit für zweimal Bild gefragt, es geht also um die Wahrscheinlichkeit P(Bild beim ersten Wurf $\cap$ Bild beim zweiten Wurf) = P(BB). Da die beiden Würfe unabhängig voneinander sind, gilt $P(BB) = P(B) \cdot P(B) = 0,5 \cdot 0,5 = 0,25$. Dies bedeutet, dass bei zwei Münzwürfen mit einer Wahrscheinlichkeit von 25% zweimal das Bild oben liegen bleibt.

2. Die Wahrscheinlichkeit dafür, genau einmal Bild zu werfen, ist P(BZ $\cup$ ZB). (Sie können dies auch ausführlich schreiben in der Form P((B $\cap$ Z) $\cup$ (Z $\cap$ B)).) Gemäß

der Additionsregel ist dies gleich P(BZ) + P(ZB), denn die beiden Ereignisse BZ und ZB schließen sich gegenseitig aus (sie haben also keine gemeinsame Schnittmenge). Da außerdem die beiden Münzwürfe voneinander unabhängig sind, wissen Sie, dass P(BZ) = P(B) · P(Z) und entsprechend P(ZB) = P(Z) · P(B) ist, was genau das Gleiche ergibt. Damit gilt insgesamt P(BZ ∪ ZB) = P(B) · P(Z) + P(Z) · P(B) = 0,5 · 0,5 + 0,5 · 0,5 = 0,25 + 0,25 = 0,5 beziehungsweise 50%. Wenn Sie zweimal hintereinander eine Münze werfen, werden Sie also mit einer Wahrscheinlichkeit von 50% genau ein Mal Bild zu sehen bekommen.

Möglicherweise hätten Sie auch intuitiv vermutet, dass bei zwei Münzwürfen mit einer Wahrscheinlichkeit von 50% genau ein Mal Bild erscheint. Sie sollten bei der Wahrscheinlichkeitsrechnung aber der Versuchung widerstehen, sich allein auf die Intuition zu verlassen. Wie in diesem Beispiel ist die Berechnung einer Wahrscheinlichkeit oft komplex; hier müssen zum Beispiel zwei unterschiedliche Zweierkombinationen betrachtet und damit vier Wahrscheinlichkeiten miteinander verknüpft werden. Dabei stimmt das Ergebnis nicht immer mit dem überein, das man ohnehin intuitiv erwartet hätte.

3. Die Antwort sollte sich ändern. Wenn Bild mit einer Wahrscheinlichkeit von 0,75 erscheint, bleibt Zahl also nur noch mit einer Wahrscheinlichkeit von 0,25 oben liegen. Diese Werte können Sie in die Formel aus der vorhergehenden Antwort einsetzen und erhalten damit P(BZ ∪ ZB) = P(B) · P(Z) + P(Z) · P(B) = 0,75 · 0,25 + 0,25 · 0,75 = 0,1875 + 0,1875 = 0,375 beziehungsweise 37,5%.

Lösung 24

Die Aufgabenstellung ist vergleichbar mit der in Aufgabe 23. Auch hier sind die Eintrittswahrscheinlichkeiten nicht explizit vorgegeben, Sie können aber, da keine weiteren Angaben gemacht wurden, davon ausgehen, dass der Würfel fair ist und jede Zahl auf dem Würfel mit einer Wahrscheinlichkeit von ⅙ fällt. Gesucht ist die Wahrscheinlichkeit dafür, dass zweimal hintereinander die 1 fällt; es geht also um P(1 ∩ 1). Da die beiden Würfe unabhängig voneinander sind, ist P(1 ∩ 1) = P(1) · P(1). Da P(1) = ⅙ ist, ist somit P(1 ∩ 1) = ⅙ · ⅙ = 0,028 beziehungsweise 2,8%.

Alternativ können Sie diese Aufgabe auch anders lösen: Wenn Sie zweimal einen sechsseitigen Würfel werfen, können 6 · 6 = 36 unterschiedliche Wertekombinationen eintreten. Nur eine dieser Kombinationen ist die gesuchte Kombination (1, 1); die Wahrscheinlichkeit, dass diese Kombination eintritt, ist also 1 ÷ 36 = 0,028.

Lösung 25

Sie suchen die Wahrscheinlichkeit P(A ∪ B) und Sie wissen, dass P(A ∪ B) = P(A) + P(B) − P(A∩ B) ist. Zwei der drei Werte, die Sie benötigen, kennen Sie bereits aus der Aufgabenstellung und können sie direkt in die Formel einsetzen: P(A ∪ B) = 0,3 + 0,2 − P(A∩ B). Nun fehlt nur noch P(A ∩ B). Glücklicherweise wissen Sie, dass A und B voneinander unabhängig sind, sodass P(A ∩ B) = P(A) · P(B) = 0,3 · 0,2 = 0,06 ist. Damit haben Sie alle

Werte zusammen: $P(A \cup B) = 0{,}3 + 0{,}2 - 0{,}06 = 0{,}44$. Mit einer Wahrscheinlichkeit von 44% treten die Ereignisse A und/oder B ein.

Wenn Ihnen scheinbar Werte zur Lösung einer Aufgabe fehlen, prüfen Sie genau, welche Informationen in der Aufgabenstellung gegeben sind. Hier ist zum Beispiel die Information, dass A und B unabhängige Ereignisse sind, von zentraler Bedeutung. Nur aufgrund dieser Information können Sie $P(A \cap B)$ berechnen. Werten Sie also stets sämtliche Informationen aus der Aufgabenstellung aus, um nicht auf eine falsche Fährte zu geraten oder lange nach einer Lösung zu suchen, die schon zum Greifen nahe ist.

Lösung 26

Die Art und Weise, wie die einer Analyse zugrunde liegenden Daten erhoben wurden, hat unmittelbar Einfluss darauf, welche Schlussfolgerungen auf Basis dieser Daten zulässig sind.

1. Da es eine Beziehung zwischen der Behandlungsmethode und dem Erfolg gibt, sind die Variablen voneinander abhängig und nicht unabhängig.

2. Die Aufgabenstellung sagt zunächst einmal nichts darüber aus, ob die Symptome bei den Patienten, die mit dem neuen Medikament behandelt wurden, stärker zurückgegangen sind als bei den Patienten, die das alte Medikament erhalten haben. Denkbar ist also auch, dass in dem Experiment genau der umgekehrte Zusammenhang beobachtet wurde. Sollten aber tatsächlich die Patienten, die das neue Medikament erhalten haben, einen stärkeren Rückgang der Symptome erfahren haben, stellt sich die Frage, ob dies kausal auf das Medikament zurückgeführt werden kann. Dies hängt wesentlich von dem Aufbau und der Durchführung des Experiments ab. Wenn das Experiment sauber aufgebaut ist, alle wichtigen Störgrößen kontrolliert und eine hinreichend große Stichprobe verwendet wird, ist es durchaus möglich, aus der Beobachtung auf einen kausalen Zusammenhang zwischen Behandlungsmethode und Behandlungserfolg zu schließen.

Wenn Sie zwei kategoriale Variablen auf Unabhängigkeit geprüft haben und zu dem Ergebnis gekommen sind, dass die Variablen voneinander abhängig sind, lässt dies zunächst keinen Schluss auf eine Kausalbeziehung zwischen den Variablen zu. Ob dies möglich ist, hängt wesentlich davon ab, wie die zugrunde liegenden Daten gewonnen wurden. Außerdem können Sie aus der Beobachtung in einer Stichprobe nicht automatisch auf einen gleichartigen Zusammenhang in der Grundgesamtheit schließen. Ein solcher Rückschluss ist nur mithilfe eines Hypothesentests möglich; siehe hierzu auch Kapitel 11.

Lösung 27

Wenn sich A und B gegenseitig ausschließen, ist die Schnittmenge von A und B leer, es gilt also $P(A \cap B) = 0$. Damit wissen Sie, dass A und B wahrscheinlich keine unabhängigen

Ereignisse sind. Wären A und B unabhängig, müsste $P(A \cap B) = P(A) \cdot P(B)$ gelten. Dies ist jedoch nur möglich, wenn $P(A) = 0$ oder $P(B) = 0$ ist, eines der beiden Ereignisse also unmöglich wäre und niemals eintreten könnte.

Lösung 28

Ja. Wenn sich A und B komplementär zueinander verhalten, ist ihre Schnittmenge leer und die Vereinigungsmenge gleich dem gesamten Stichprobenraum S. Zwei komplementäre Ereignisse A und B schließen sich also gegenseitig aus.

Kapitel 16

Korrelation und Regression: Zusammenhänge zwischen quantitativen Daten

In diesem Kapitel geht es darum, lineare Zusammenhänge zwischen zwei quantitativen Variablen aufzuspüren und zu quantifizieren. Dabei werden stets zwei Variablen betrachtet, deren Werte sich einander paarweise zuordnen lassen. Wenn Sie beispielsweise über viele Jahre die durchschnittliche Niederschlagsmenge in einer Region und den Ertrag der Apfelernte erfasst haben, liegen zwei quantitative Variablen vor (Niederschlagsmenge und Ernteertrag), deren Werte sich paarweise zuordnen lassen (hier würden jeweils die Werte desselben Jahres einander zugeordnet). Sie können dann untersuchen, ob es einen linearen Zusammenhang zwischen den Werten der einen Variablen (wie der Niederschlagsmenge) und den Werten der zweiten Variablen (dem Ertrag bei der Apfelernte) gibt. Wenn Sie einen solchen Zusammenhang beobachten, lässt sich dieser im nächsten Schritt auch quantifizieren und als Formel in der Form »Apfelernte = a + b · Niederschlagsmenge« ausdrücken. Eine solche *Regressionsgleichung* können Sie unter anderem für Prognosezwecke verwenden: Wenn Sie im nächsten Jahr kurz vor der Apfelernte stehen und die bisher angefallene Niederschlagsmenge bereits kennen, setzen Sie den Wert der Niederschlagsmenge einfach in die Regressionsgleichung ein und erhalten als Ergebnis eine Vorhersage für die Höhe der Apfelernte.

x und y in einem Streudiagramm

Um aus einer großen Menge von Daten Muster oder Zusammenhänge herauszulesen, ist es im ersten Schritt häufig sehr hilfreich, die Daten in einer Tabelle zusammenzufassen oder in einer Grafik darzustellen. Wenn Sie zwei quantitative (numerische) Variablen wie Alter, Einkommen, Höhe oder Gewicht vorliegen haben und diese gemeinsam betrachten möchten, bietet sich dazu ein sogenanntes *Streudiagramm* an, auch Scatterplot genannt. Ein einfaches Streudiagramm hat zwei Dimensionen, die horizontale Achse (x-Achse) und die vertikale Achse (y-Achse). Beide Achsen haben eine numerische Skala, denn jede der beiden Achsen ist genau einer der beiden Variablen zugeordnet. In das Streudiagramm wird für jedes Wertepaar der beiden Variablen eine Markierung wie zum Beispiel ein Punkt eingezeichnet.

Wenn Sie die Daten über Niederschlagsmenge und Ernteertrag in einem Streudiagramm darstellen möchten, kann sich die horizontale Achse auf die Niederschlagsmenge und die vertikale Achse auf den Ernteertrag beziehen (die umgekehrte Zuordnung ist ebenso gut möglich). Um nun die Markierung für ein Wertepaar (also die Messergebnisse für ein bestimmtes Jahr) in das Diagramm einzuzeichnen, bewegen Sie sich auf der horizontalen Achse, bis Sie die richtige Niederschlagsmenge erreicht haben, und gehen anschließend senkrecht nach oben, bis Sie die Höhe erreicht haben, die auf der vertikalen Achse dem Ernteertrag dieses Jahres entspricht. Genau an dieser Stelle zeichnen Sie die Markierung für dieses Wertepaar ein.

Um ein Streudiagramm zu interpretieren, lassen Sie am besten einmal den Blick von links nach rechts darüberwandern und schauen dabei, ob Sie Trends in dem Verlauf der Markierungen entdecken. Wenn die Markierungen von links nach rechts ansteigen und dabei tendenziell eine von links unten nach rechts oben verlaufende Gerade bilden, deutet dies auf einen positiven linearen Zusammenhang zwischen den Variablen hin. In diesem Fall gilt: Wenn sich der Wert der an der horizontalen Achse abgetragenen Variablen um eine Einheit erhöht, erhöht sich tendenziell auch der Wert der an der y-Achse abgetragenen Variablen um einen bestimmten Betrag. Zeigen die Markierungen in dem Streudiagramm dagegen einen fallenden Verlauf und bilden tendenziell eine von links oben nach rechts unten verlaufende Gerade, deutet dies auf einen negativen linearen Zusammenhang hin: Erhöht sich der Wert der einen Variablen um eine Einheit, nimmt der Wert der zweiten Variablen in diesem Fall tendenziell um einen bestimmten Betrag ab. Ist in den Daten dagegen kein klares Muster zu erkennen, das sich durch eine Gerade annähernd darstellen lässt, bedeutet dies, dass offenbar kein linearer Zusammenhang zwischen den beiden Variablen vorliegt.

Das folgende Beispiel zeigt, wie sich Daten zweier quantitativer Variablen in einem Streudiagramm darstellen lassen.

Bilden Sie die Werte (x,y) des folgenden kleinen Datensatzes in einem Streudiagramm ab: (2; 3), (6; 8), (3; 5). Besteht zwischen x und y ein positiver linearer Zusammenhang?

Lösung

Die folgende Abbildung zeigt das Streudiagramm für den Beispieldatensatz. Die Daten legen tendenziell einen positiven linearen Zusammenhang zwischen x und y nahe, denn die

Markierungen steigen von links nach rechts an und formen grob eine von links unten nach rechts oben verlaufende Gerade.

Beachten Sie: Aus einem derart kleinen Datensatz mit nur drei Beobachtungspaaren lassen sich keine sinnvollen Schlüsse ziehen und schon gar nicht allgemeine Zusammenhänge zwischen zwei Variablen identifizieren. Der kleine Datensatz dient hier ausschließlich Übungszwecken, um das Konzept von Streudiagrammen zu verdeutlichen.

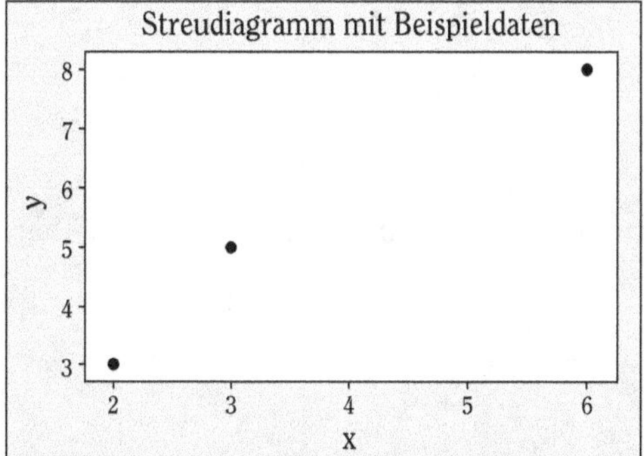

Aufgabe 1

Beschreiben Sie den Zusammenhang zwischen den beiden im folgenden Streudiagramm dargestellten Variablen, die aus einer amerikanischen Studie stammen.

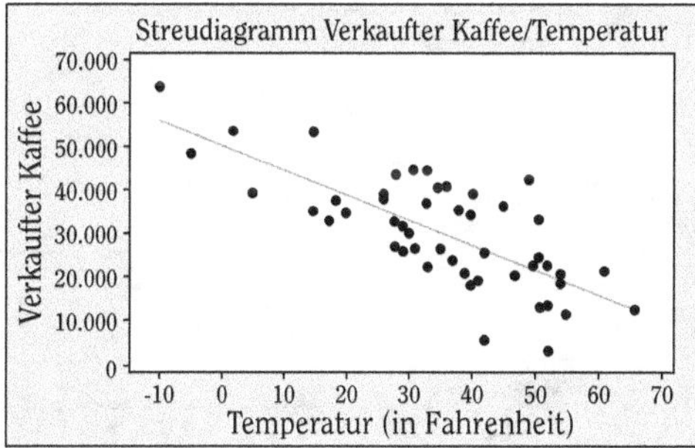

Aufgabe 2

Beschreiben Sie den Zusammenhang zwischen den beiden Variablen aus dem folgenden Streudiagramm.

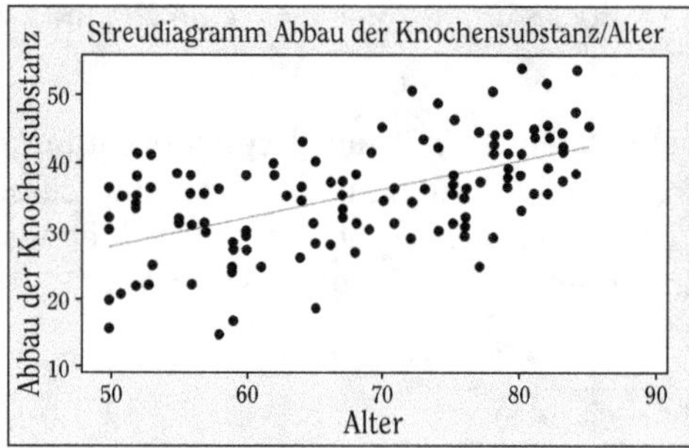

Aufgabe 3

Beschreiben Sie den im folgenden Streudiagramm dargestellten Zusammenhang zwischen den beiden Variablen.

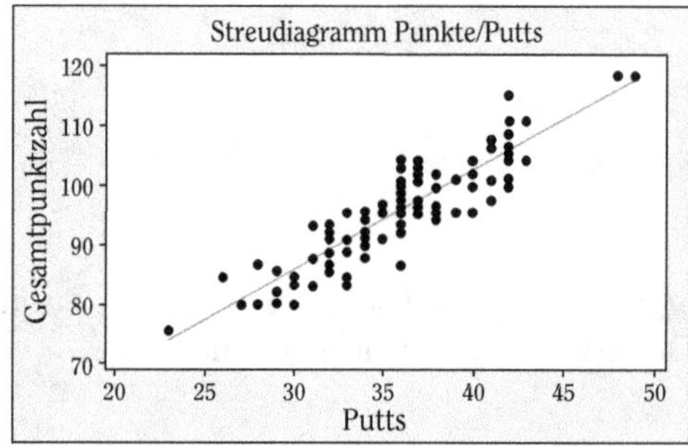

Aufgabe 4

Wie sieht ein Streudiagramm aus, das keinen linearen Zusammenhang zwischen den beiden dargestellten Variablen erkennen lässt?

Den Korrelationskoeffizienten bestimmen

Nachdem die Daten in einem Streudiagramm anschaulich dargestellt und mögliche Zusammenhänge als Muster identifiziert wurden, geht es im nächsten Schritt darum, die Stärke des Zusammenhangs zwischen den Variablen zu messen. Im Fall von quantitativen Variablen betrachtet man hierzu die *Korrelation*, die sowohl die Richtung (positiv oder negativ) als auch die Stärke des Zusammenhangs misst. Die Korrelation sagt dabei ausschließlich etwas über den *linearen Zusammenhang* zwischen den Variablen aus. Die Pearson-Korrelation zwischen zwei Variablen x und y in einer Stichprobe wird mit r (häufig auch in der Form r_{xy}) bezeichnet und berechnet sich nach folgender Formel:

$$r = \frac{1}{n-1}\left(\frac{\sum(x-\overline{x})(y-\overline{y})}{s_x \cdot s_y}\right).$$

Um die Korrelation zwischen zwei Variablen in einer Stichprobe zu berechnen, gehen Sie also folgendermaßen vor:

1. **Berechnen Sie den Mittelwert für die Variable x (der hier mit $\bar{x}$ bezeichnet wird) sowie den Mittelwert für die Variable y (der hier mit $\bar{y}$ bezeichnet wird). (Zum Berechnen von Mittelwerten erfahren Sie mehr in Kapitel 4.)**

2. **Ermitteln Sie die Standardabweichung für die Variable x (bezeichnet als s_x) sowie die Standardabweichung für die Variable y (bezeichnet als s_y) (siehe auch hierzu Kapitel 4).**

3. **Berechnen Sie für jedes Wertepaar (x, y) aus dem Datensatz zum einen die Differenz $x - \bar{x}$ und zum anderen die Differenz $y - \bar{y}$ und multiplizieren Sie die beiden Ergebnisse miteinander.**

4. **Addieren Sie alle Produkte, die Sie im vorhergehenden Schritt berechnet haben.**

5. **Teilen Sie die Summe der Produkte durch $s_x \cdot s_y$.**

6. **Teilen Sie das Ergebnis durch $n - 1$, wobei n die Anzahl der Wertepaare (x, y) bezeichnet.**

Der so berechnete Korrelationskoeffizient r liegt immer zwischen -1 und $+1$ und wird wie folgt interpretiert:

✔ Ein Korrelationskoeffizient von $r = -1$ kennzeichnet einen perfekten negativen linearen Zusammenhang zwischen den beiden Variablen. Wenn sich der Wert einer Variablen um eine Einheit erhöht, geht der Wert der zweiten Variablen um einen festen Betrag zurück. Der Zusammenhang zwischen den Variablen ist dabei so klar, dass sich der Wert einer Variablen eindeutig aus dem Wert der anderen Variablen berechnen lässt.

✔ Eine Korrelation zwischen 0 und -1 kennzeichnet einen negativen linearen Zusammenhang zwischen den Variablen, der aber nicht perfekt ist. Je näher der Korrelationskoeffizient an dem Wert -1 liegt, desto stärker ist der Zusammenhang.

✔ Ein Korrelationskoeffizient von 0 (oder in der Nähe von 0) zeigt an, dass es keinen (beziehungsweise kaum einen) linearen Zusammenhang zwischen den Variablen gibt.

✔ Eine Korrelation zwischen 0 und $+1$ beschreibt einen positiven linearen Zusammenhang zwischen den Variablen, der jedoch nicht perfekt ist. Je näher der Korrelationskoeffizient an dem Wert $+1$ liegt, desto stärker ist der Zusammenhang.

✔ Ein Korrelationskoeffizient von $r = +1$ zeigt einen perfekten positiven linearen Zusammenhang zwischen den beiden Variablen an. Erhöht sich der Wert einer Variablen um eine Einheit, steigt auch der Wert der zweiten Variablen um einen festen Betrag an. Der Zusammenhang zwischen den Variablen ist hier so klar, dass sich der Wert einer Variablen eindeutig aus dem Wert der anderen Variablen berechnen lässt.

Korrelationskoeffizienten weisen stets die folgenden Eigenschaften auf, die bei der Berechnung und Bewertung einer Korrelation sehr hilfreich sein können:

✔ Der Korrelationskoeffizient hat stets einen Wert zwischen −1 und +1.

✔ Die Korrelation wird nicht in einer bestimmten Einheit gemessen. Dies bedeutet auch, dass Sie die Einheiten, in denen die betrachteten Variablen gemessen werden, verändern können, ohne dass sich der Wert des Korrelationskoeffizienten ändert.

✔ Sie können die Werte der Variablen x und y im Datensatz in der Reihenfolge vertauschen, ohne dass sich dadurch die Korrelation zwischen den Variablen verändert.

Das folgende Beispiel zeigt die Vorgehensweise zum Berechnen eines Korrelationskoeffizienten.

Berechnen und interpretieren Sie den Korrelationskoeffizienten für folgenden Datensatz: (2; 3), (6; 8), (3; 5).

Lösung

Schritt 1: $\bar{x}$ ist 3,67 und $\bar{y}$ ist 5,33.

Schritt 2: Die Standardabweichungen betragen $s_x = 2{,}08$ und $s_y = 2{,}52$. (Wenn Sie noch einmal die Vorgehensweise zum Berechnen der Standardabweichung nachschlagen möchten, siehe hierzu Kapitel 4.)

Schritt 3: Multiplizieren Sie für jedes Wertepaar die Differenz zwischen x-Wert und $\bar{x}$ mit der Differenz zwischen y-Wert und $\bar{y}$:

$(2 - 3{,}67) \cdot (3 - 5{,}33) = 3{,}891;$

$(6 - 3{,}67) \cdot (8 - 5{,}33) = 6{,}221;$

$(3 - 3{,}67) \cdot (5 - 5{,}33) = 0{,}2211.$

Schritt 4: Die Summe der Ergebnisse aus Schritt 3 ergibt 10,33.

Schritt 5: Teilen Sie diese Summe durch $(s_x \cdot s_y)$: $10{,}33 \div (2{,}08 \cdot 2{,}52) = 1{,}97$.

Schritt 6: Teilen Sie 1,97 durch $(n - 1) = 2$, um so $1{,}97 \div 2 = 0{,}985$ zu erhalten. Dies ist die Korrelation zwischen x und y in diesem Beispiel.

Interpretation: Der Korrelationskoeffizient zeigt einen starken (aber nicht perfekten) positiven linearen Zusammenhang zwischen x und y an. Dies entspricht dem Eindruck, den auch die Darstellung der Werte in einem Streudiagramm vermittelt; siehe die folgende Grafik.

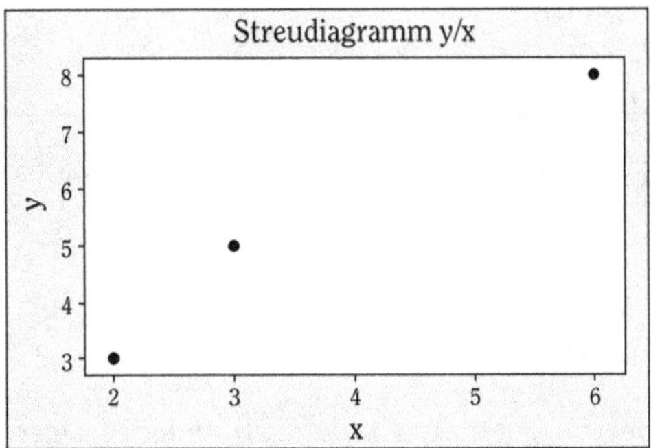

Aufgabe 5

Berechnen Sie die Korrelation für den folgenden Datensatz: (3; 2), (3; 3), (6; 4).

Aufgabe 6

Ordnen Sie die folgenden Korrelationskoeffizienten den vier Streudiagrammen in der folgenden Grafik zu: 0,86; 0,26; −0,91 und 0,59.

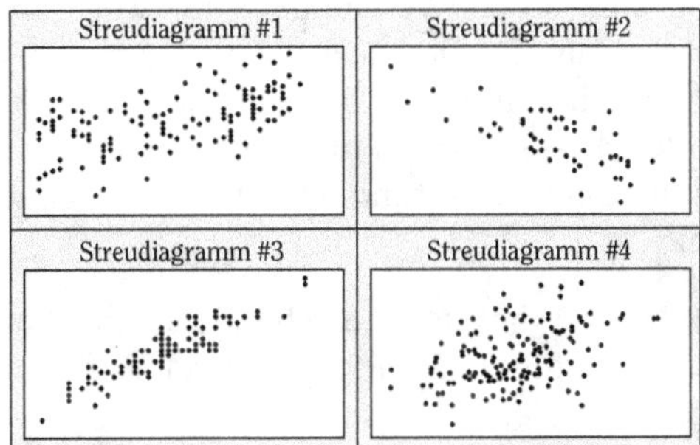

Aufgabe 7

Ist die folgende Aussage richtig oder falsch?

»Die Korrelation zwischen Schuhgröße und Körpergröße (gemessen in Zentimetern) beträgt +0,7. Wenn die Körpergröße nun in Metern angegeben wird, beträgt die Korrelation $0,7 \div 100 = 0,007$, denn 100 Zentimeter sind gleich einem Meter.«

Aufgabe 8

Ist die folgende Aussage richtig oder falsch?

»Wenn die Korrelation zwischen Größe und Gewicht +0,6 beträgt, hat die Korrelation zwischen Gewicht und Größe den Wert −0,6.«

Aufgabe 9

Ist die folgende Aussage richtig oder falsch?

»Die Korrelation zwischen Geschlecht und politischer Parteienzugehörigkeit beträgt 0,65.«

Aufgabe 10

Ist die folgende Aussage richtig oder falsch?

»Die Korrelation zwischen dem Ernteertrag auf einem Maisfeld und der Niederschlagsmenge in den drei Monaten vor der Ernte ist 2,5 Tonnen.«

Welche Regressionsgerade passt am besten in die Punktwolke?

In den Streudiagrammen, die auf den ersten Seiten dieses Kapitels dargestellt sind, wurden nicht nur die Markierungen für die einzelnen Wertepaare eingetragen, sondern es wurde zusätzlich eine Gerade in die Punktwolke eingezeichnet. Die Gerade wurde dabei so in die Punktwolke eingepasst, dass sie »möglichst gut den Verlauf der Punktwolke abbildet«. Da stellt sich natürlich sofort die Frage: Wie muss die Gerade genau verlaufen, um der Punktwolke bestmöglich zu folgen? Jede Gerade, die dafür infrage kommt, lässt sich als Gleichung in der allgemeinen Form $y = a + b \cdot x$ beschreiben. Um nun die bestmögliche Anpassungslinie an die Punktwolke (die *Regressionslinie*) zu bestimmen, muss man daher »nur« die richtigen Werte für a und b ermitteln.

Zum Glück gibt es hierzu eine Formel, mit der dies sehr einfach möglich ist. Um die Formel anwenden zu können, benötigen Sie genau fünf Kennzahlen zu den beiden Variablen, für die Sie eine Regressionsgerade bestimmen wollen:

1. Mittelwert der Variablen x, $\bar{x}$

2. Mittelwert der Variablen y, $\bar{y}$

3. Standardabweichung für die Variable x, s_x

4. Standardabweichung für die Variable y, s_y

5. Korrelationskoeffizient r für die beiden Variablen x und y

Mit diesen Werten können Sie zunächst die Steigung b der Regressionsgeraden und anschließend deren Achsenabschnitt a berechnen. Hierzu dienen die beiden folgenden Gleichungen:

1. **Steigung der Regressionsgeraden: $b = r \cdot \dfrac{s_y}{s_x}$.**

2. **Achsenabschnitt der Regressionsgeraden: $a = \bar{y} - b \cdot \bar{x}$.**

Wenn Sie eine Regressionsgerade bestimmen möchten, berechnen Sie immer zuerst die Steigung der Geraden, b, und erst im zweiten Schritt den Achsenabschnitt a, denn für die Berechnung von a benötigen Sie den Wert von b.

Das folgende Beispiel zeigt, wie Sie mithilfe der fünf oben genannten Kennzahlen die Gleichung für die Regressionsgerade ermitteln können.

Bestimmen Sie die Gleichung der Regressionsgeraden für den folgenden kleinen Datensatz: (2; 3), (6; 8), (3; 5).

Lösung

Berechnen Sie zunächst für die drei Wertepaare die fünf Kennzahlen, die Sie benötigen. Die Kennzahlen sind in der folgenden Tabelle wiedergegeben.

Variable	Mittelwert	Standardabweichung	Korrelation
x	3,67	2,08	0,985
y	5,33	2,52	

Damit können Sie zunächst die Steigung der Regressionsgeraden berechnen:

$$b = r \cdot \frac{s_y}{s_x} = 0,985 \cdot (2,52 \div 2,08) = 0,985 \cdot 1,21 = 1,19.$$

Nachdem Sie die Steigung bestimmt haben, ermitteln Sie den Achsenabschnitt als

$$a = \overline{y} - b \cdot \overline{x} = 5,33 - 1,19 \cdot 3,67 = 5,33 - 4,37 = 0,96.$$

Die Gerade, die sich am besten in die »Punktwolke« der drei Wertepaare einfügt, hat also die Gleichung $y = 0,96 + 1,19 \cdot x$.

Aufgabe 11

Für eine amerikanische Studie hat eine kleine Kette von Cafés über 50 Wochen hinweg die Anzahl der verkauften Kaffees und die durchschnittliche Tageshöchsttemperatur in der jeweiligen Woche erfasst. Für die beiden Variablen Kaffeeabsatz und Temperatur hat der Inhaber der Läden anschließend fünf Kennzahlen berechnet, die in der folgenden Tabelle wiedergegeben sind. (In Aufgabe 1 finden Sie zudem ein Streudiagramm für die Messergebnisse der Cafés.)

1. Ist eine Gerade geeignet, um den Verlauf der Daten nachzubilden?

2. Bestimmen Sie die Gleichung der am besten geeigneten Geraden.

Variable	Mittelwert	Standardabweichung	Korrelation
Temperatur (x)	21,47	9,78	−0,876
Kaffeeabsatz (y)	31,758	10.662	

Aufgabe 12

Ein Mediziner misst bei 125 seiner Patienten den Rückgang der Knochendichte und notiert dazu deren Alter. Für diese beiden Variablen hat er anschließend die fünf statistischen Kennzahlen berechnet, die in der folgenden Tabelle wiedergegeben sind. Die Daten selbst sind in dem Streudiagramm aus Aufgabe 2 dargestellt.

1. Wie gut ist eine Gerade geeignet, um den Verlauf der Daten nachzubilden?

2. Bestimmen Sie die Gleichung der am besten geeigneten Geraden.

Variable	Mittelwert	Standardabweichung	Korrelation
Knochenabbau (y)	35,008	7,684	0,574
Alter (x)	67,992	10,673	

Aufgabe 13

Ein Sportwissenschaftler untersucht den Spielverlauf von 100 Golfpartien und notiert sich für jede Partie die insgesamt erreichte Punktzahl sowie die Anzahl der Putts, die der Spieler spielt. Die Daten sind als Streudiagramm in der Grafik aus Aufgabe 3 dargestellt, und die folgende Tabelle gibt fünf zentrale Kennzahlen für die beiden Variablen wieder.

1. Ist eine Gerade geeignet, um den Verlauf der Daten nachzubilden?

2. Bestimmen Sie die Gleichung der am besten geeigneten Geraden.

Variable	Mittelwert	Standardabweichung	Korrelation
Gesamtpunktzahl (y)	93,900	7,717	0,896
Anzahl Putts (x)	35,780	4,554	

Aufgabe 14

Agrarwissenschaftler untersuchen den Zusammenhang zwischen der Niederschlagsmenge und dem Ernteertrag beim Maisanbau. Hierzu haben sie über längere Zeit die Niederschläge und Ernteerträge gemessen und für die so gewonnenen Daten die in der folgenden Tabelle wiedergegebenen Kennzahlen berechnet.

1. Bestimmen Sie, welche der beiden Variablen die x- und welche die y-Variable bilden sollte.

2. Ermitteln Sie die Steigung für den Zusammenhang zwischen der Maisernte und der Niederschlagsmenge und interpretieren Sie den Wert.

Variable	Mittelwert	Standardabweichung	Korrelation
Niederschlag	69,47	11,054	0,621
Ernteertrag	36,12	7,478	

Eine Regressionsgerade interpretieren und Vorhersagen treffen

Eine Gleichung oder Funktion wie die Regressionsgleichung, die dazu dient, den Zusammenhang zwischen zwei Variablen zu schätzen, wird als *statistisches Modell* bezeichnet. Mithilfe eines solchen statistischen Modells können Sie die Werte der abhängigen Variablen, der y-Variablen, mithilfe der unabhängigen Variablen, der x-Variablen, prognostizieren. Wie das geht? Nichts einfacher als das. Nehmen Sie den Wert der x-Variablen (der Ihnen natürlich bekannt sein muss) und setzen Sie den Wert in die Regressionsgleichung ein. Wenn Sie die Formel ausrechnen, erhalten Sie eine Schätzung für den Wert der abhängigen Variablen y. Wichtig ist dann nur noch, dass Sie Ihr Ergebnis auch richtig interpretieren.

Die Steigung der Regressionsgeraden, b, zeigt an, um wie viele Einheiten sich die abhängige Variable y gemäß Modell verändert, wenn der Wert der unabhängigen Variablen x um eine Einheit ansteigt. Der Achsenabschnitt a gibt dagegen an, welcher Wert für die y-Variable zu erwarten ist, wenn die x-Variable den Wert 0 hat. Dieser Schnittpunkt mit der y-Achse kann in einigen Fällen inhaltlich von Bedeutung sein, häufig lässt er sich jedoch nicht inhaltlich interpretieren; das gilt insbesondere in solchen Fällen, in denen die unabhängige Variable x niemals sinnvoll den Wert 0 erreichen kann. Denken Sie beispielsweise an eine Untersuchung, bei der zum einen die Gesamtkalorienzufuhr von Menschen über ein Jahr (als unabhängige Variable) und zum anderen die Gewichtsveränderung im Verlauf dieses Jahres (als abhängige Variable) gemessen werden. Hierbei ist der Fall, dass eine Person über ein gesamtes Jahr 0 Kalorien zu sich nimmt, kein realistisches Ereignis, das im Rahmen dieses statistischen Modells von Bedeutung sein könnte.

Dieses Beispiel zeigt bereits, dass ein statistisches Modell nicht »beliebig mit Werten gefüttert« werden kann. Mit anderen Worten: Sie können nicht jeden beliebigen x-Wert in einer Regressionsgleichung einsetzen, um mal zu schauen, welchen Wert die y-Variable dann annimmt (natürlich können Sie dies schon einfach tun, aber Sie werden nicht in jedem Fall sinnvolle Ergebnisse erhalten). Die wichtigste Einschränkung besteht darin, dass die Aussagekraft des Modells auf den Wertebereich beschränkt ist, der in den Daten, die zur Schätzung des Modells verwendet wurden, auch abgebildet ist. Wenn Sie auf Basis einer Stichprobe eine Regressionsgleichung berechnen und in der Stichprobe x-Werte zwischen 30 und 65 enthalten sind (x könnte hier zum Beispiel eine Altersvariable sein), ist es nicht zulässig, das statistische Modell auf x-Werte über 65 oder unter 30 anzuwenden. Dies wäre eine sogenannte Extrapolation, die nicht redlich wäre, denn Sie haben keine Hinweise darauf, dass der Zusammenhang, den Sie in einem bestimmten Wertebereich beobachtet haben, auch über diesen Wertebereich hinaus Gültigkeit besitzt. (Haben Sie beispielsweise Personen zwischen 30 und 65 Jahren untersucht, sind dies Personen im erwerbsfähigen Alter und es spricht vieles dafür, dass bestimmte Zusammenhänge, die für diese Personengruppe zutreffen, bei älteren und jüngeren Menschen keine Gültigkeit besitzen.)

Vergessen Sie auch nie das Folgende: Nur weil zwischen x und y ein linearer Zusammenhang besteht und Sie die x-Variable verwenden, um die Werte der y-Variablen zu schätzen, bedeutet dies nicht, dass eine Veränderung von x auch eine Veränderung von y *verursacht*. Der beobachtete Zusammenhang besagt also nicht automatisch, dass auch eine kausale Ursache-Wirkungs-Beziehung vorliegt. Sie können lediglich sagen, dass hohe (oder niedrige) Werte der einen Variablen typischerweise gemeinsam mit hohen Werten der anderen Variablen auftreten. Wenn dieser Zusammenhang stabil ist, lässt er sich in jedem Fall gut für eine Schätzung der abhängigen Variablen verwenden, ob Sie daraus aber auch auf eine Kausalbeziehung schließen können, hängt wesentlich davon ab, wie die zugrunde liegenden Daten erhoben wurden (siehe hierzu auch die Beispiele zum Thema Experimente in Kapitel 14).

Das folgende Beispiel verdeutlicht noch einmal, dass statistische Modelle in ihrer Anwendung auf bestimmte Wertebereiche beschränkt sind.

Betrachten Sie das Streudiagramm aus der Beispielaufgabe im Abschnitt oben in diesem Kapitel. Bei welchen x-Werten fühlen Sie sich wohl, um mithilfe des hier beobachteten Zusammenhangs eine Schätzung für die y-Variable vorzunehmen?

Lösung

Der Korrelationskoeffizient beträgt 0,985, es liegt also eine hohe Korrelation vor und die Regressionsgerade wird sich gut an den Verlauf der Datenpunkte anpassen. Die beobachteten x-Werte liegen im Bereich von 2 bis 6; dies ist also der Wertebereich, für den das statistische Modell (die Regressionsgleichung) grundsätzlich Gültigkeit besitzt. Allerdings sollten Sie hier beachten, dass insgesamt nur drei Beobachtungspunkte vorliegen. Damit ist die Datenbasis der Regressionsgleichung derart dünn, dass Sie die Gleichung besser gar nicht für weitere Schätzungen verwenden sollten.

Aufgabe 15

Betrachten Sie das Streudiagramm aus der Studie in Aufgabe 1 und ebenso die Tabelle aus Aufgabe 11. Beide beziehen sich auf den Zusammenhang zwischen dem Kaffeeabsatz eines Cafés und der Tageshöchsttemperatur.

1. Mit welchem Kaffeeabsatz sollte der Verkäufer rechnen, wenn die Temperatur 20 Grad Fahrenheit beträgt?

2. Wie viel mehr Kaffee wird das Café absetzen, wenn die Temperaturen fallen?

3. Für welchen Temperaturbereich liefert die Regressionsgerade die besten Schätzungen?

Aufgabe 16

Betrachten Sie das Streudiagramm aus Aufgabe 2 und die Tabelle aus Aufgabe 12. Beide beziehen sich auf den Zusammenhang zwischen dem Alter von Menschen und dem Abbau von Knochensubstanz.

1. Für welchen Altersbereich kann die Regressionsgerade sinnvoll verwendet werden, um Schätzungen durchzuführen?

2. Interpretieren Sie die Steigung der Regressionsgeraden vor dem Hintergrund der inhaltlichen Bedeutung der Daten.

3. Können Sie aus den vorliegenden Daten schließen, dass das Altern eines Menschen einen Abbau der Knochensubstanz verursacht?

Aufgabe 17

Betrachten Sie das Streudiagramm aus Aufgabe 3 und die Tabelle aus Aufgabe 13. Beide beziehen sich auf den Zusammenhang zwischen der Anzahl der Putts und der insgesamt erreichten Punktzahl beim Golfspielen. Beschreiben Sie den Zusammenhang zwischen x und y. Was passiert mit y, wenn x ansteigt? Nimmt y mit stetig steigendem x unbegrenzt zu? Begründen Sie Ihre Antworten.

Aufgabe 18

Betrachten Sie die Tabelle aus Aufgabe 14, in der es um den Zusammenhang zwischen der Niederschlagsmenge und dem Ertrag bei der Maisernte geht.

1. Ermitteln und interpretieren Sie die Steigung der Regressionsgeraden.

2. Bestimmen Sie den Schnittpunkt der Regressionsgeraden mit der y-Achse.

3. Können Sie den Schnittpunkt mit der y-Achse inhaltlich interpretieren?

Die Anpassungsgüte der Regressionsgeraden

Bevor Sie mithilfe einer Regressionsgeraden auf Basis der Daten von x eine Schätzung für y wagen, sollten Sie überprüfen, wie gut die Regressionsgerade den Zusammenhang zwischen x und y beschreibt. Mit anderen Worten: Sie sollten die *Anpassungsgüte* (den *Fit*) der Regressionsgeraden an die Datenpunkte bestimmen. Nur bei einer hohen Anpassungsgüte (einem guten Fit) liegt zwischen den beiden Variablen x und y ein enger linearer Zusammenhang vor, der weitgehend dem Verlauf der Regressionsgeraden entspricht. Bei einem schlechten Fit weisen die tatsächlichen Datenpunkte eine starke Streuung um die Regressionsgerade auf, sodass eine Schätzung auf Basis der Regressionsgleichung unpräzise Ergebnisse liefert.

Um den Fit einer Regressionsgeraden zu messen, gehen Sie folgendermaßen vor:

1. **Überprüfen Sie anhand des Streudiagramms, ob die Punktwolke einen engen linearen Zusammenhang zwischen den Variablen erkennen lässt.**

2. **Berechnen Sie den Korrelationskoeffizienten und messen Sie daran die Stärke der Korrelation. Eine grobe Faustregel besagt: Hat der Korrelationskoeffizient einen Betrag von mindestens 0,6, liegt eine »hinreichend starke« Korrelation vor, um das Regressionsmodell zu verwenden.**

Der Grenzwert von $\pm 0,6$ ist tatsächlich nur eine sehr (!) grobe Faustregel. Entscheidend ist dabei immer auch, welche Art von Zusammenhang untersucht wird und zu welchem Zweck das Regressionsmodell verwendet werden soll.

3. **Ermitteln Sie die Regressionsgleichung und zeichnen Sie die Regressionsgerade in das Streudiagramm ein. Überprüfen Sie, ob die Regressionsgerade der Punktwolke eng folgt.**

   Insbesondere sollte es keine Stellen geben, an denen die Regressionsgerade durchgängig über oder unter den Punkten im Streudiagramm liegt. Wäre dies der Fall, bedeutete es, dass die Beobachtungswerte dort systematisch von der Regressionsgeraden abweichen und eine Schätzung auf Basis der Regressionsgleichung in diesem Wertebereich systematisch zu hohe oder zu niedrige Schätzwerte liefern würde.

4. **Berechnen Sie den Wert r^2.**

   Der quadrierte Korrelationskoeffizient r^2, bisweilen auch mit einem großen »R« geschrieben, wird als Bestimmtheitsmaß bezeichnet. r^2 liegt stets zwischen 0 und 1 und ist ein Maß für die Anpassungsgüte der Regressionsgeraden an die Wolke der Datenpunkte. r^2 misst den Anteil der Streuung in den Werten der abhängigen Variablen Y, der durch die Regressionsgleichung erklärt werden kann. Je höher r^2 ist, desto besser ist der Fit der Regressionsgleichung.

In dem folgenden Beispiel wird die Anpassungsgüte einer Regressionsgleichung diskutiert.

Betrachten Sie das Streudiagramm in der ersten Beispielaufgabe zu Beginn dieses Kapitels. Diskutieren Sie, wie gut sich in dieses Streudiagramm mit nur drei Datenpunkten eine Regressionsgerade einpassen lässt und welche Aussagekraft die Regressionsgleichung besitzt.

Lösung

Ein Streudiagramm mit nur drei Datenpunkten hat nur eine sehr geringe Aussagekraft. Grundsätzlich kann man mit zwei beliebigen Punkten stets eine Gerade erzeugen, die exakt durch diese beiden Punkte verläuft und damit einen perfekten Fit aufweist. Hier kommt ein dritter Punkt hinzu und alle drei Punkte scheinen nahezu auf einer Linie zu liegen, sodass auch hier die Regressionsgerade einen hohen Fit aufweisen wird. Die Aussagekraft einer Regressionsgleichung, die auf nur drei Beobachtungen basiert, ist aber in jedem Fall sehr begrenzt, selbst wenn das Bestimmtheitsmaß einen Wert in der Nähe von 1 hat.

Beachten Sie: Überprüfen Sie immer auch die Stichprobengröße, wenn Sie Korrelationen und Regressionsgleichungen bewerten. Sie können mit zwei Datenpunkten immer eine Regressionsgerade mit perfektem Fit finden, ob diese aber auch bei einem dritten oder vierten Datenpunkt noch Gültigkeit besitzt, ist äußerst fraglich.

Aufgabe 19

Betrachten Sie das Streudiagramm aus Aufgabe 2 und die Tabelle aus Aufgabe 12. Beide beziehen sich auf den Zusammenhang zwischen dem Alter von Menschen und dem Abbau von Knochensubstanz. Bewerten Sie die Anpassungsgüte der Regressionsgeraden an die Daten.

Aufgabe 20

Betrachten Sie das Streudiagramm aus Aufgabe 3 und die Tabelle aus Aufgabe 13. Beide beziehen sich auf den Zusammenhang zwischen der Anzahl der Putts und der insgesamt erreichten Punktzahl beim Golfspielen. Bewerten Sie die Anpassungsgüte der Regressionsgeraden an die Daten.

Aufgabe 21

Betrachten Sie das Streudiagramm aus Aufgabe 1 und die Tabelle aus Aufgabe 11. Beide beziehen sich auf den Zusammenhang zwischen der Tageshöchsttemperatur und dem Kaffeeabsatz einer Café-Kette.

1. Wie sehr kann sich der Inhaber der Cafés auf das Modell zur Vorhersage seines Kaffeeabsatzes verlassen?

2. Versuchen Sie, r ausschließlich anhand von r^2 und dem Streudiagramm zu ermitteln.

3. Erklären Sie, warum es nicht genügt, r^2 zu kennen, um die Korrelation zu ermitteln.

Aufgabe 22

Betrachten Sie die Tabelle aus Aufgabe 14, in der es um den Zusammenhang zwischen der Niederschlagsmenge und dem Ertrag bei der Maisernte geht. Berechnen Sie das Bestimmtheitsmaß r^2 und interpretieren Sie den Wert.

Lösungen für die Aufgaben zu den Themen Korrelation und Regression

Lösung 1

Es zeigt sich ein relativ klarer negativer Zusammenhang zwischen der Außentemperatur und dem Kaffeeabsatz. Je wärmer es ist, desto weniger Kaffee wird verkauft; bei niedrigeren Temperaturen läuft der Kaffeeverkauf dagegen deutlich besser. Dieser Zusammenhang lässt sich auch grob quantifizieren: In der Grafik scheint es so, dass eine um 10 Grad höhere Außentemperatur mit einem um 10.000 Einheiten niedrigeren Kaffeeabsatz verbunden ist.

Lösung 2

Das Erscheinungsbild eines Streudiagramms kann wesentlich von der gewählten Skalierung abhängen. Bei diesem Diagramm ist das Problem, dass nicht genau zu erkennen ist, welche Einheiten an der y-Achse (der vertikalen Achse) gemessen werden. Dennoch lässt sich grob ein schwacher positiver Zusammenhang zwischen dem Alter und dem Abbau der Knochensubstanz erkennen. Allerdings streuen die Punkte in der Grafik hier sehr viel stärker als in dem vorhergehenden Beispiel, der Zusammenhang scheint also weniger klar ausgeprägt zu sein.

Lösung 3

Hier geht es offenbar ums Golfspielen und es ist ein starker positiver Zusammenhang zwischen der Anzahl der Putts und der Gesamtpunktzahl in einer Partie zu erkennen. (Ein Putt ist ein Schlag mit einem speziellen Schläger, bei dem der Ball nicht fliegt, sondern nur über den Rasen rollt. Ein Putt wird ausgeführt, wenn der Ball bereits in der Nähe des Lochs liegt. Eine hohe Zahl an Putts bedeutet also nicht zwingend, dass der Spieler insgesamt eine hohe Zahl an Schlägen benötigt hat.)

Lösung 4

Ein Streudiagramm, das keinen linearen Zusammenhang zeigt, stellt typischerweise eine diffuse Wolke von Datenpunkten dar, die kein klares Muster erkennen lässt. Denkbar sind aber auch andere Verläufe der Datenpunkte; so kann es durchaus sein, dass die Punkte in dem Diagramm ein klares Muster bilden (beispielsweise eine Parabel formen), dieses Muster aber keinen linearen Zusammenhang, sondern zum Beispiel einen quadratischen Zusammenhang darstellt.

Lösung 5

Hier ist $\bar{x} = 12 \div 3 = 4$ und $\bar{y} = 9 \div 3 = 3$. Die Standardabweichungen betragen $s_x = 1{,}73$ und $s_y = 1$.

Der Zähler des Bruches in der Formel für den Korrelationskoeffizienten ergibt sich damit als $(3 - 4) \cdot (2 - 3) + (3 - 4) \cdot (3 - 3) + (6 - 4) \cdot (4 - 3) = 3$. Dieser Wert geteilt durch

$(s_x \cdot s_y)$ ergibt $3 \div (1,73 \cdot 1) = 1,73$. Wenn Sie diesen Wert durch $(n - 1) = 2$ teilen, erhalten Sie den Korrelationskoeffizienten von $r = 0,865$.

Interpretation: In dem kleinen Datensatz besteht ein starker positiver linearer Zusammenhang zwischen den beiden betrachteten Variablen.

Lösung 6

Die Streudiagramme weisen folgende Korrelationen auf: #1: 0,59; #2: −0,91; #3: 0,86; #4: 0,26.

Lösung 7

Die Aussage ist falsch, denn die Korrelation ist unabhängig von den Einheiten, in denen die Variablen gemessen werden. Ändern sich die Einheiten von einer oder beiden Variablen, bleibt die Korrelation dennoch unverändert.

Lösung 8

Die Aussage ist falsch. Die Korrelation ist unabhängig davon, in welcher Reihenfolge die Variablen betrachtet werden. Wird die Reihenfolge der Variablen vertauscht, bleibt die Korrelation unverändert.

Lösung 9

Diese Aussage ist falsch, denn Korrelationen lassen sich nicht für kategoriale Variablen berechnen, sondern sind strikt auf quantitative Variablen beschränkt.

Lösung 10

Die Aussage ist falsch, denn der Korrelationskoeffizient hat stets einen Wert zwischen +1 und −1 und keine Einheit.

Lösung 11

Je näher der Betrag des Korrelationskoeffizienten an dem Wert 1 liegt (je näher also der Korrelationskoeffizient an dem Wert +1 oder dem Wert −1 liegt), desto stärker ist der lineare Zusammenhang zwischen den Variablen ausgeprägt und desto besser ist damit eine Gerade zur Nachbildung des Datenverlaufs geeignet.

1. Die Korrelation beträgt hier −0,876 und liegt damit in der Nähe von −1. Offenbar liegt ein recht enger linearer Zusammenhang zwischen den Daten vor, sodass eine Gerade geeignet ist, den Verlauf der Daten nachzubilden.

Generell spricht man ab einem Korrelationskoeffizienten von ungefähr ±0,6 von einer recht guten Korrelation und damit von einem deutlichen linearen Zusammenhang zwischen den Variablen. Korrelationskoeffizienten, die tatsächlich sehr nahe an ±1 liegen, treten dagegen bei empirischen Daten recht selten auf.

2. Die Steigung der Regressionsgeraden beträgt:

$$b = r \cdot \frac{s_y}{s_x} = -0,876 \cdot (10.662 \div 9,78) = -0,876 \cdot 1.090 = -955.$$

Mithilfe der Steigung können Sie anschließend den Achsenabschnitt bestimmen:

$$a = \overline{y} - b \cdot \overline{x} = 31.758 - (-955) \cdot 21,47 = 31.758 + 20.504 = 52.262.$$

Die Regressionsgerade hat damit die Gleichung y = 52.262 − 955 · x beziehungsweise Kaffeeabsatz = 52.262 − 955 · Temperatur in Fahrenheit (siehe Aufgabe 1).

Wenn die Gerade eine negative Steigung aufweist, b also einen negativen Wert hat, sollten Sie bei der Berechnung des Achsenabschnitts besonders aufpassen, um mit dem doppelten Minuszeichen nicht durcheinanderzukommen.

Wenn Sie sich die Daten der Café-Kette in dem Streudiagramm in Aufgabe 1 anschauen, werden Sie sehen, dass die Regressionsgerade die y-Achse scheinbar bei einem Wert von etwa 62.000 und nicht wie berechnet bei 52.262 schneidet. Dies liegt jedoch nur daran, dass die y-Achse in der Grafik nicht auf der Höhe des x-Werts 0, sondern auf der Höhe des kleinsten Werts −10 in den Daten eingezeichnet wurde. Der Achsenabschnitt a gibt immer den y-Wert an, den die Gerade an der Stelle x = 0 annimmt.

Lösung 12

Diese Aufgabe können Sie vollkommen analog zur vorhergehenden lösen.

1. Eine Gerade kann sich den Daten nur mäßig gut anpassen. Der Korrelationskoeffizient ist mit einem Wert von 0,574 nicht besonders groß. Man spricht bei einem solchen Wert von einer »akzeptablen« Korrelation. Der Wert zeigt an, dass offenbar durchaus ein gewisser linearer Zusammenhang zwischen den Variablen besteht (sonst wäre der Korrelationskoeffizient betragsmäßig kleiner), dieser Zusammenhang aber nicht sehr eng ist (sonst müsste der Betrag des Korrelationskoeffizienten größer sein). In diesem Zusammenhang ist der Wert auch inhaltlich plausibel: Auch wenn das Alter ein entscheidender Faktor für den Rückgang der Knochendichte sein mag, so gibt es daneben auch zahlreiche weitere Faktoren, die Einfluss auf die Dichte der Knochen haben. Daher kann ein Zusammenhang zwischen Alter und Knochendichte auch nicht annähernd perfekt sein.

2. Die Steigung der Regressionsgeraden beträgt:

$$b = r \cdot \frac{s_y}{s_x} = 0,574 \cdot (7,684 \div 10,673) = 0,574 \cdot 0,720 = 0,413.$$

Damit lässt sich anschließend der Achsenabschnitt bestimmen:

$$a = \overline{y} - b \cdot \overline{x} = 35,008 - 0,413 \cdot 67,992 = 35,008 - 28,08 = 6.92.$$

Die Regressionsgerade hat damit die Gleichung y = 6,92 + 0,413 · x beziehungsweise Knochenabbau = 6,92 + 0,413 · Alter.

Lösung 13

Wenn Sie die beiden vorhergehenden Aufgaben richtig gelöst haben, werden Sie auch mit dieser keine Schwierigkeiten haben.

1. Die Korrelation beträgt hier 0,896 und zeigt damit einen recht starken positiven linearen Zusammenhang an. Damit ist eine Gerade offenbar recht gut geeignet, um den Verlauf der Wertekombinationen abzubilden. Dies wird auch durch die Darstellung in dem Streudiagramm aus Aufgabe 3 bestätigt, in dem die Punkte recht gut dem Verlauf der eingezeichneten Geraden folgen und nur relativ wenig um die Gerade streuen.

Um zu beurteilen, ob eine Gerade geeignet ist, den Zusammenhang zwischen zwei Variablen zu beschreiben, ist der Korrelationskoeffizient ein ganz wichtiger, aber nicht der einzige Indikator, den Sie berücksichtigen sollten. Wenn Sie eine Darstellung der Daten in einem Streudiagramm vorliegen haben, sollten Sie auch immer auf das Diagramm schauen, um zu bewerten, ob die Punktwolke einen linearen Zusammenhang oder beispielsweise einen quadratischen Zusammenhang beschreibt und deren Verlauf durch eine Gerade angemessen dargestellt werden kann.

2. Alle Kennzahlen zum Berechnen der Regressionsgeraden liegen vor. Die Steigung der Regressionsgeraden beträgt:

$$b = r \cdot \frac{s_y}{s_x} = 0,896 \cdot (7,717 \div 4,554) = 0,896 \cdot 1,695 = 1,52.$$

Damit lässt sich nun auch der Achsenabschnitt bestimmen:

$$a = \overline{y} - b \cdot \overline{x} = 93,900 - 1,52 \cdot 35,780 = 93,900 - 54,39 = 39,51.$$

Die Regressionsgerade hat damit die Gleichung: Punktzahl $= 39{,}51 + 1{,}52 \cdot$ Putts.

Für die Berechnung des Korrelationskoeffizienten ist die Reihenfolge der Variablen unerheblich; es spielt also keine Rolle, wie Sie die Variablen in dem Streudiagramm anordnen beziehungsweise welche der Variablen Sie als x- und welche als y-Variable auffassen. Für die Bestimmung einer Regressionsgeraden gilt dies jedoch nicht. So ist es ein Unterschied, ob Sie die Gerade »Punktzahl $= a + b \cdot$ Putts« oder die Gerade »Putts $= a + b \cdot$ Punktzahl« herleiten. Beide Geraden sind mathematisch korrekt und lassen sich ineinander überführen. Inhaltlich sollten Sie jedoch die abhängige Variable (deren Werte durch die andere Variable beeinflusst werden) als y-Variable verwenden und die unabhängige Variable (deren Werte nicht von der anderen Variablen abhängen) als x-Variable begreifen. Wenn Sie beispielsweise Niederschlag und Ernteertrag betrachten, spricht vieles dafür, dass die Niederschlagsmenge Einfluss auf den Ernteertrag hat, während es umgekehrt unwahrscheinlich erscheint, dass der Ernteertrag die Niederschlagsmenge beeinflusst. Daher sollten Sie hier die Regressionsgerade »Ernteertrag $= a + b \cdot$ Niederschlagsmenge« ermitteln, sodass die abhängige Variable Ernteertrag die y-Variable bildet.

Lösung 14

Entscheidend für die Festlegung der x- und y-Variablen ist die Frage, in welcher Weise die Variablen möglicherweise voneinander abhängen.

1. In der Aufgabe ist nur gesagt, dass die Agrarwissenschaftlicher den Zusammenhang zwischen Niederschlagsmenge und Ernteertrag untersuchen möchten. Es ist dabei nicht explizit erwähnt, welche Wirkungsrichtung die Wissenschaftler unterstellen, nach allgemeiner Lebenserfahrung kann man aber davon ausgehen, dass der Ernteertrag keinen Einfluss auf die vorausgegangenen oder folgenden Niederschlagsmengen haben wird. Plausibler ist es dagegen, dass die Regenmenge die Höhe der Ernte beeinflusst. Der Ernteertrag wird also als abhängige Variable betrachtet, deren Werte zumindest teilweise von der Höhe der Niederschlagsmenge abhängen. Die Niederschlagsmenge wird dabei als unabhängige Größe angesehen und bildet damit die x-Variable; die abhängige Variable Ernteertrag wird zur y-Variablen.

2. Die Steigung der Regressionsgeraden für den Ernteertrag (als abhängige Variable) und die Niederschlagsmenge (als unabhängige beziehungsweise erklärende Variable) beträgt:

$$b = r \cdot \frac{s_y}{s_x} = 0,621 \cdot (7,478 \div 11,054) = 0,621 \cdot 0,676 = 0,42.$$

Diese Steigung gibt den zu erwartenden Anstieg des Ernteertrags an, wenn die Niederschlagsmenge um eine Einheit zunimmt. In der Aufgabenstellung sind die Einheiten für die beiden Variablen nicht angegeben. Angenommen, der Niederschlag werde in Liter je Quadratmeter und der Ernteertrag in Tonne je Hektar gemessen, dann besagt die Steigung von 0,42, dass eine Erhöhung der Regenmenge um einen Liter je Quadratmeter zu einem Anstieg des Ernteertrags um 0,42 Tonnen je Hektar führt.

Beachten Sie hierbei: Die Steigung der Regressionsgeraden beschreibt den generellen Zusammenhang zwischen den beiden Variablen. Sie können weder diesem einzelnen Wert noch der Gleichung für die gesamte Regressionsgerade ansehen, ob diese den Zusammenhang zwischen den Variablen gut abbildet oder ob die tatsächlichen Werte der beiden betrachteten Größen stark um die Gerade streuen. Um die Güte der Regressionsgeraden zur Beschreibung des Zusammenhangs zu bewerten, müssen Sie sich das Streudiagramm ansehen und den Korrelationskoeffizienten heranziehen.

Lösung 15

Wenn der Inhaber der Cafés die Regressionsgerade richtig interpretiert, weiß er schon abends bei der Wettervorhersage, wie viel Kaffee er am nächsten Tag verkaufen wird.

1. Diese Aufgabe fragt nach dem erwarteten Wert für y, wenn x den Wert 20 hat. Diesen Wert berechnen Sie, indem Sie x = 20 in die Regressionsgleichung einsetzen. Die Regressionsgleichung wurde in Aufgabe 11 berechnet als y = 52.262 − 955 · x. Wenn Sie hier für x den Wert 20 einsetzen, erhalten Sie

y = 52.262 − 955 · 20 = 52.262 − 19.100 = 33.162. Dieser Wert ist auch plausibel, wenn man das Streudiagramm aus Aufgabe 1 betrachtet: An der Stelle x = 20 verläuft die Regressionsgerade ungefähr auf der Höhe von y = 33.000 (wie Sie jetzt wissen, hat sie dort genau den Wert 33.162). Bei einer Tagestemperatur von 20 Grad Fahrenheit sollten die Cafés also mit einem Absatz von 33.162 Kaffees rechnen.

2. Hier geht es letztlich um die Steigung der Regressionsgeraden beziehungsweise inhaltlich um die Beziehung zwischen den beiden betrachteten Variablen. Die Steigung der Regressionsgeraden beträgt −955; dies besagt, dass im Modell bei einem Anstieg der Temperatur um ein Grad der Kaffeeabsatz um 955 Einheiten zurückgeht. Umgekehrt steigt der Absatz bei sinkenden Temperaturen also um 955 Einheiten je ein Grad Temperaturrückgang an. Dieser Zusammenhang gilt allerdings nur in dem beobachteten Temperaturbereich zwischen −10 °F und +40 °F, und auch dort nur näherungsweise, da die Daten keinen perfekten linearen Zusammenhang aufweisen.

3. Es liegen Beobachtungen für den Temperaturbereich zwischen −10 °F und +40 °F vor. Die Gültigkeit der Regressionsgleichung ist daher auf diesen Wertebereich beschränkt. Zusätzlich fällt aber auf, dass insbesondere im Bereich der niedrigen Temperaturen unter +10 °F nur sehr wenige Beobachtungen vorliegen, die zudem stark um die Regressionsgerade streuen. In diesem Bereich ist das Modell daher auch zurückhaltend anzuwenden, während der Zusammenhang insbesondere im Temperaturbereich zwischen 15 °F und 35 °F recht gut abgesichert erscheint.

Wenn Sie die Steigung der Regressionsgeraden interpretieren möchten, empfiehlt es sich zu überlegen, was passiert, wenn sich der Wert der unabhängigen Variablen um eine Einheit verändert. Spielen Sie diese Veränderung nach oben und nach unten (also die Zunahme von x um eine Einheit und die Verringerung von x um eine Einheit) einmal in ihrer Auswirkung auf die abhängige Variable durch. Damit wird der Zusammenhang meistens sehr klar, und Sie können ihn einfach auf größere Veränderungen der x-Variablen übertragen.

Lösung 16

Dieses Beispiel zeigt noch einmal deutlich, wie wichtig die richtige Interpretation der Daten ist. Die öffentlichen Medien sind hier oftmals nachlässig und veröffentlichen unzulässige oder zu weitreichende Schlussfolgerungen.

1. In dem Streudiagramm ist leicht zu erkennen, dass Daten für Personen im Alter zwischen 50 und etwa 87 erhoben wurden. Da über den gesamten Wertebereich für jedes Alter mehrere Beobachtungen vorliegen, kann die Regressionsgerade in diesem Altersbereich sinnvoll für Schätzungen des Abbaus der Knochensubstanz verwendet werden.

2. Die Regressionsgerade wurde in Aufgabe 12 berechnet. Die Gleichung der Geraden lautet: Knochenabbau = 6,92 + 0,413 · Alter. Damit beträgt die Steigung der Geraden 0,413. Steigt das Alter eines Menschen um ein Jahr an, nimmt der Abbau der Knochensubstanz im Modell also um 0,413 Einheiten zu. Beachten Sie, dass für

den Abbau der Knochensubstanz hier keine Einheit ausgewiesen wird, es sich aber um den *Abbau* der Substanz handelt, der positive Zusammenhang zwischen den Variablen also den Rückgang der Substanz mit zunehmendem Alter beschreibt.

3. Diese Schlussfolgerung ist so nicht ohne Weiteres zulässig. Die vorliegenden Daten zeigen nur, dass in der beobachteten Stichprobe ein positiver Zusammenhang zwischen Alter und Abbau der Knochensubstanz besteht. Inwieweit sich diese Beobachtung verallgemeinern lässt und ob ihr ein direkter kausaler Zusammenhang zwischen Alter und Knochensubstanz zugrunde liegt, lässt sich ohne Kenntnis der Datenquelle nicht beurteilen.

Lösung 17

Die Daten beschreiben einen positiven Zusammenhang zwischen der Zahl der Putts, die ein Golfer spielt, und der Gesamtpunktzahl in der jeweiligen Runde. Dieser Zusammenhang gilt für einen beobachteten Bereich zwischen etwa 25 und 45 Putts je Runde. Es ist nicht plausibel anzunehmen, dass dieser Zusammenhang auch bei höheren Werten für die Putts in dieser Form gilt. Wenn ein Spieler sehr viel mehr Putts in einer Runde spielt, wird sich die Relation zwischen Putts und weiten Schlägen verändern, sodass sich von den Putts nicht mehr in der hier beschriebenen Form auf die insgesamt benötigte Anzahl von Schlägen schließen lässt. Nach unten ist die Zahl der Putts je Runde ohnehin begrenzt – zumindest wenn man unterstellt, dass der Golfer 18 Löcher spielt und nicht mit einem einzigen Putt gleich mehrmals einlocht.

Lösung 18

Es liegt Ihnen zwar kein Streudiagramm für die Daten vor, dennoch können Sie allein aus den fünf in der Tabelle aufgeführten Kennzahlen viele Zusammenhänge herauslesen.

1. Die Steigung der Regressionsgeraden beträgt 0,42. Dieser Wert wurde bereits in der Lösung zu Aufgabe 14 berechnet. Dort finden Sie auch eine Interpretation dieses Werts.

2. Der Schnittpunkt mit der y-Achse ist nichts anderes als der Achsenabschnitt a aus der Regressionsgleichung. Diesen Wert berechnen Sie nach der Gleichung

$$a = \overline{y} - b \cdot \overline{x} = 36,12 - 0,42 \cdot 69,47 = 36,12 - 29,18 = 6,94.$$

3. Diese Frage ist ohne Kenntnis der zugrunde liegenden Daten oder des Streudiagramms nicht zu beantworten. Der Schnittpunkt mit der y-Achse ist der Wert, den die abhängige Variable annimmt, wenn die x-Variable den Wert 0 hat. Wenn ein Wert von x = 0 durch die zugrunde liegende Stichprobe abgedeckt ist, lässt sich der Achsenabschnitt aus der Regressionsgleichung (also der Schnittpunkt der Geraden mit der y-Achse) auch inhaltlich interpretieren. In diesem Beispiel stellt sich also die Frage, ob die Stichprobe auch Beobachtungen für Jahre ohne Niederschlag enthält. Dies ist zwar nicht ausgeschlossen, scheint aber sehr unwahrscheinlich. Es ist davon auszugehen, dass in einem Jahr ohne Niederschlag überhaupt kein Mais geerntet werden kann. Der Ernteertrag würde dann also nicht 6,94 Tonnen je Hektar betragen (wie der Achsenabschnitt a nahelegt), sondern er wäre gleich null. Dies

zeigt bereits an, dass der Zusammenhang zwischen Niederschlag und Ernteertrag, wie er in der Regressionsgeraden zum Ausdruck kommt, bei sehr geringen Niederschlagsmengen keine Gültigkeit besitzt.

Streudiagramme bilden typischerweise nur den Wertebereich ab, der auch in der zugrunde liegenden Stichprobe beobachtet wurde. Daher kommt es häufig vor, dass die Stelle x = 0 in dem Diagramm nicht berücksichtigt und gar nicht mit dargestellt wird. Dies ist auch in dem Streudiagramm für den Zusammenhang zwischen Niederschlag und Maisernte der Fall, das in der folgenden Grafik dargestellt ist. Diese Darstellung bestätigt noch einmal den in der letzten Antwort vermuteten Zusammenhang: Es liegen keine Beobachtungen vor, die sich auf sehr geringe Niederschlagsmengen beziehen. Daher besitzt die Regressionsgleichung für diesen Wertebereich keine Gültigkeit und der Achsenabschnitt (also der Schnittpunkt der Regressionsgeraden mit der y-Achse) lässt sich nicht inhaltlich interpretieren.

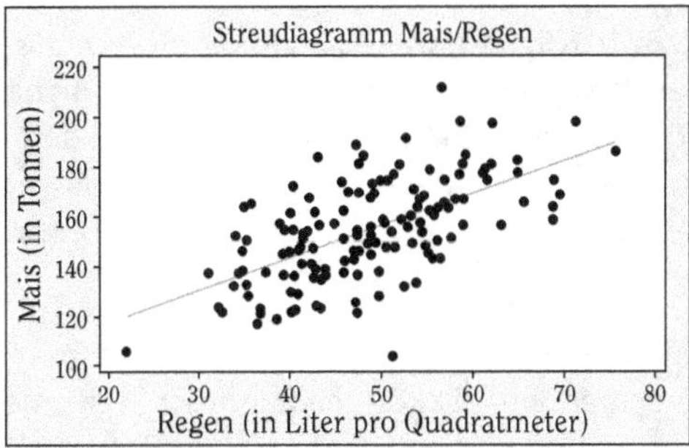

Lösung 19

Die Datenpunkte in dem Streudiagramm beschreiben einen schwachen bis mäßigen positiven Zusammenhang zwischen den beiden Variablen. Der Korrelationskoeffizient ist mit 0,574 ebenfalls nicht sehr stark. Das Bestimmtheitsmaß beträgt $r^2 = 0,574^2 = 0,329$. Der Regressionsgleichung gelingt es also nur, 32,9% der Streuung in den Werten der abhängigen Variablen zu erklären. Der Großteil der Streuung wird offenbar durch andere Faktoren als das Alter der Menschen erklärt.

Lösung 20

Die Golf-Daten weisen mit einem Korrelationskoeffizienten von 0,896 eine starke Korrelation auf und auch das Streudiagramm zeigt einen engen linearen Zusammenhang zwischen den beiden Variablen. Das Bestimmtheitsmaß hat einen Wert von $r^2 = 0,896^2 = 0,803$. Damit gelingt es der Regressionsgleichung, 80,3% der Streuung in den Werten der abhängigen Variablen zu erklären. Das ist ein recht hoher Anteil.

Lösung 21

Häufig ist bei der Interpretation der Daten besondere Aufmerksamkeit gefordert, wenn eine negative Korrelation vorliegt.

1. Der Korrelationskoeffizient hat hier einen Wert von $r = -0{,}876$. Somit ergibt sich ein Bestimmtheitsmaß von $r^2 = 0{,}767$. Damit erklärt das Wetter (die Temperatur) 76,7% der Streuung in den Absätzen der Cafés. Der Inhaber kann sich also auf die Temperatur verlassen, um gut drei Viertel seiner Absatzschwankungen zu prognostizieren.

> Da r stets zwischen -1 und $+1$ liegt, ist das Bestimmtheitsmaß (das nichts anderes ist als das Quadrat von r) meistens vom Betrag her kleiner als r. Einem r von 0,7, das bereits eine recht gute Korrelation anzeigt, entspricht ein r^2 von 0,49. Diesen Zusammenhang sollten Sie bei der Interpretation des Bestimmtheitsmaßes im Auge behalten.

2. Da Sie bereits wissen, dass $r^2 = 0{,}767$ beträgt, können Sie daraus einfach die Wurzel ziehen und erhalten so den Wert 0,876. Damit haben Sie aber noch nicht den Korrelationskoeffizienten r gefunden. Warum dies so ist, können Sie an dem Streudiagramm ablesen. Dort ist zu erkennen, dass zwischen den beiden Variablen Temperatur und Kaffeeabsatz ein negativer Zusammenhang besteht. Der Korrelationskoeffizient muss also ebenfalls negativ sein; er beträgt somit $-0{,}876$.

3. Wenn Sie den Wert des Bestimmtheitsmaßes r^2 kennen, können Sie daraus den Betrag des Korrelationskoeffizienten berechnen, Sie können aber nicht erkennen, ob eine positive oder eine negative Korrelation vorliegt. Ohne weitere Informationen werden Sie daher nicht in der Lage sein, das Vorzeichen des Korrelationskoeffizienten zu ermitteln.

Lösung 22

Der Korrelationskoeffizient für den Niederschlag und den Ernteertrag beträgt 0,621 (siehe Aufgabe 14). Das Quadrat davon ergibt $r^2 = 0{,}386$. Anhand des Niederschlags lässt sich also 38,6% der Streuung in den Ernteerträgen erklären. Der Großteil der Streuung hängt somit von anderen Faktoren ab.

> Das Bestimmtheitsmaß ist sehr einfach zu interpretieren. r^2 hat immer einen Wert zwischen 0 und 1 beziehungsweise 0% und 100%.

Teil VII

Der Top-Ten-Teil

Besuchen Sie uns auf www.facebook.de/fuerdummies!

Dieser Teil fasst (fast) die gesamte Weisheit der Statistik in drei Top-Ten-Listen zusammen.

Zehn wichtige Zusammenhänge aus der Mathematik sollen Ihnen helfen, mit den in der Statistik unvermeidbaren mathematischen Berechnungen ohne Schwierigkeiten zurechtzukommen.

In den Top Ten der Formel 1 finden Sie zehn wichtige Formeln aus der Statistik, die Sie in jeder Prüfung oder Klausur beherrschen müssen.

Und zum Abschluss finden Sie zehn Wege, typische Fehler in der Statistik zu vermeiden.

Kapitel 17
Mathe-Schnellkurs: Zehn wichtige Zusammenhänge aus der Mathematik

Statistik und Mathematik sind zwar zwei sehr unterschiedliche Arbeitsgebiete, bis zu einem gewissen Grad sind jedoch mathematische Werkzeuge erforderlich, um statistische Berechnungen durchführen zu können. So sind viele Zusammenhänge in der Statistik sehr anschaulich darstellbar und intuitiv verständlich, bei der exakten Berechnung der Kennzahlen und Parameter verzettelt man sich jedoch sehr leicht in dem Wust mathematischer Formeln und verliert schließlich den Überblick, obwohl man sich mit einer ursprünglich sehr einfachen Fragestellung beschäftigt. Dieses Kapitel soll Ihnen helfen, häufige Mathe-Fehler zu vermeiden und im Umgang mit den Werkzeugen der Mathematik noch sicherer zu werden.

Elementare Symbole aus der Mathematik

Die elementarsten Symbole in der Mathematik sind $+$, $-$, $\cdot$ (Multiplikation) und $\div$ (Division). Diese Symbole kennt jedes Kind – häufig schon, bevor es in die Schule kommt. Darüber hinaus gibt es natürlich zahlreiche weitere Symbole, von denen Sie viele kennen werden, obwohl man sie deutlich seltener benötigt. Einige davon sind in der Statistik unverzichtbar.

Ein solches in der Statistik unverzichtbares Zeichen ist $\pm$, das nichts anderes bedeutet als *plus oder minus* und häufig auch in der Form $+/-$ geschrieben wird. In der Statistik wird dieses Zeichen zum Beispiel verwendet, um die oberen und unteren Grenzen eines Wertebereichs zu beschreiben. So kann ein Konfidenzintervall in der Form »5 ± 3« beschrieben werden, wenn es sich über den Wertebereich von 2 bis 8 erstreckt.

Ein anderes Zeichen, das Ihnen in der Statistik immer wieder begegnen wird, ist das Summenzeichen Σ (das ist ein großes Sigma aus dem griechischen Alphabet). Der Ausdruck $\sum_{i=1}^{n} x_i$ besagt, dass die Summe aller x-Werte von x_1 bis x_n gebildet werden soll. Wenn Sie neben diesem Symbol auch noch das Wurzelzeichen wie zum Beispiel in dem Ausdruck $\sqrt{4}$ (für *Wurzel aus vier*) kennen und mit der Schreibweise von Brüchen in der Form $\frac{3}{7}$ vertraut sind, kennen Sie schon fast alle Symbole, die in der Statistik eine besondere Rolle spielen. Sie sollten dann nur noch darauf achten, dass Sie sich nicht verwirren lassen, wenn gleichartige Zusammenhänge unterschiedlich dargestellt werden. So machen sich viele Mathematiker und Statistiker das Leben besonders einfach, indem sie gerne mal das Zeichen · (für Multiplikation) auslassen. So ist $2\frac{s}{\sqrt{n}}$ das Gleiche wie $2 \cdot \frac{s}{\sqrt{n}}$. Natürlich können Sie dies auch in der Form $2 \cdot s \div \sqrt{n}$ schreiben oder auch noch (inhaltlich überflüssige) Klammern in der Form $2 \cdot (s \div \sqrt{n})$ einfügen.

Wenn Sie mathematischen Symbolen begegnen, deren Bedeutung Sie nicht kennen, fragen Sie Ihren Lehrer, schlagen Sie in Formelsammlungen nach oder surfen Sie im Internet, bis Sie sich die Bedeutung erschlossen haben. Die »Sprache« und Schreibweisen der Mathematik bilden in der Statistik Ihr tägliches Arbeitswerkzeug, das Sie so gut wie irgend möglich beherrschen sollten.

Wurzeln und Potenzen

Eine Zahl zu quadrieren bedeutet nichts anderes, als eine Zahl mit sich selbst zu multiplizieren. Die mathematische Schreibweise hierfür ist x^2. Für $x = 3$ ergibt sich also $x^2 = 3^2 = 3 \cdot 3 = 9$.

Die Wurzel aus einer Zahl zu ziehen ist die Umkehrung des Quadrierens: Wenn Sie aus einer Zahl die Wurzel ziehen, suchen Sie die Zahl, deren Quadrat wieder die Ausgangszahl ergibt. Die Wurzel aus einer Zahl wird in der Mathematik in der Form $\sqrt{x}$ geschrieben. Für $x = 9$ ist $\sqrt{x} = \sqrt{9} = 3$, denn $3^2 = 9$. Dabei ist es nicht möglich, die Wurzel aus einer negativen Zahl zu ziehen (denn umgekehrt kann es keine Zahl geben, deren Quadrat einen negativen Wert ergibt). Der Wert unter dem Wurzelzeichen muss daher immer positiv oder gleich 0 sein.

Diese Zusammenhänge mögen trivial erscheinen, können aber schnell sehr komplex werden, zum Beispiel wenn es darum geht, nicht die Wurzel aus einer einzelnen Zahl, sondern aus einem längeren Ausdruck zu ziehen. Um beispielsweise den Wert $\sqrt{7 + 2\,(7 \cdot 3)}$ zu berechnen, ermitteln Sie zunächst den Wert des gesamten Ausdrucks, der unter dem Wurzelzeichen steht – in diesem Fall also $7 + 2\,(7 \cdot 3) = 49$ – und ziehen anschließend aus diesem Wert die Wurzel. In diesem Beispiel erhalten Sie so $\sqrt{7 + 2\,(7 \cdot 3)} = \sqrt{49} = 7$.

Leicht durcheinanderkommen kann man auch bei der Berechnung von Wurzeln und Quadraten im Zusammenhang mit den in der Statistik so beliebten Prozentwerten. Dabei sollten Sie sich immer bewusst machen, dass Prozentwerte Zahlen zwischen 0 und 1 sind, die lediglich etwas anders dargestellt werden; so ist der Wert 35% nichts anderes als die Zahl 0,35.

Bei der Berechnung von Quadraten und Wurzeln sollten Sie Prozentwerte immer in der Dezimalschreibweise (also in der Form 0,35) verwenden, andernfalls macht man leicht Fehler beim Eintippen der Werte in den Taschenrechner. Damit Sie auch die Ergebnisse Ihrer Berechnungen auf Plausibilität prüfen können, sollten Sie wissen, dass eine Zahl zwischen 0 und 1 durch das Quadrieren kleiner wird (und nicht größer, wie es sonst beim Quadrieren der Fall ist). So ergibt zum Beispiel $0{,}5^2$ den Wert 0,25 und ist damit kleiner als der Ausgangswert. Damit gilt umgekehrt natürlich auch, dass die Wurzel aus einem Wert zwischen 0 und 1 einen größeren Wert als den Ausgangswert ergibt; so ist in diesem Beispiel $\sqrt{0{,}25} = 0{,}5$.

Wenn Sie Prozentwerte quadrieren oder die Wurzel daraus ziehen, rechnen Sie mit dem Prozentwert als Dezimalzahl. So ist $(5\%)^2 = 0{,}05^2 = 0{,}0025 = 0{,}25\%$ (und nicht etwa 25%).

Vorsicht bei Brüchen

Ein Bruch ist eine mathematische Darstellungsform für eine Division. Der Bruch ¾ bedeutet »drei geteilt durch vier« und ergibt 0,75. Jeder Bruch setzt sich aus zwei Komponenten zusammen, dem Zähler (alles, was über dem Bruchstrich steht) und dem Nenner (alles, was unter dem Bruchstrich steht). Um den Bruch auszurechnen, wird der Zähler durch den Nenner geteilt.

Brüche können leicht kompliziert werden, wenn im Zähler und/oder im Nenner komplexe Ausdrücke stehen, die möglicherweise sogar weitere Brüche enthalten. Wichtig ist in solchen Fällen, den Bruch in der richtigen Reihenfolge auszurechnen. Dies ist am einfachsten, wenn Sie Zähler und Nenner zunächst separat so weit berechnen, dass Sie anschließend über und unter dem Bruchstrich nur noch eine Zahl stehen haben und damit ganz einfach Zähler durch Nenner teilen können. Wenn Sie einen Doppelbruch haben (also im Zähler und/oder Nenner wiederum ein Bruch steht), gehen Sie dabei sukzessive vor und rechnen zunächst die Brüche innerhalb von Nenner und Zähler und erst danach den Gesamtbruch aus. So können Sie den Bruch $\dfrac{\frac{24-20}{4}}{\sqrt{100}}$ schrittweise wie folgt auflösen:

$$\frac{\frac{24-20}{4}}{\sqrt{100}} = \frac{\frac{24-20}{4}}{10} = \frac{4}{0{,}4} = 10.$$

Wenn Sie sich die vielen Einzelschritte ersparen und den Bruch in einem einzigen Vorgang mit dem Taschenrechner ausrechnen möchten, vergessen Sie nicht, die Inhalte von Nenner und Zähler jeweils in Klammern zu setzen. So können Sie den Bruch von oben mit der Tastenfolge »$(24 - 20) \div (4 \div 100 \sqrt{\ \ }) =$« in den Taschenrechner eintippen, und dieser wird Ihnen dann hoffentlich den Wert 10 als Ergebnis liefern. (Würden Sie die Klammern hier weglassen, würden Sie als Ergebnis 23,5 erhalten, weil Ihr Taschenrechner die Regel »Punktrechnung vor Strichrechnung« anwenden und damit Zähler und Nenner vermischen würde.)

Wenn Sie einen Bruch mit dem Taschenrechner ausrechnen, vergessen Sie nicht, den Gesamtausdruck des Zählers und den Gesamtausdruck des Nenners jeweils in Klammern zu setzen – natürlich zusätzlich zu allen anderen Klammern, die möglicherweise noch notwendig sind; siehe hierzu auch den folgenden Abschnitt.

Formeln in der richtigen Reihenfolge auflösen

Beim Ausrechnen von komplexen Gleichungen ist die richtige Reihenfolge der einzelnen Rechenschritte wichtig. Orientieren Sie sich dabei immer an der folgenden Reihenfolge:

1. Klammern

2. Exponenten

3. Multiplikation

4. Division

5. Addition

6. Subtraktion

Beispiel 1: Wird diese Reihenfolge nicht eingehalten, erhalten Sie zwangsläufig ein falsches Ergebnis. Nehmen Sie zum Beispiel den folgenden Ausdruck: $(-6 + 5 + \frac{1}{2} - 8 + 10) \div 5$. Hier berechnen Sie als Erstes die Klammer; innerhalb der Klammer finden Sie einen Bruch (also eine Division), der Vorrang vor den Additionen und Subtraktionen in der Klammer hat. Daher berechnen Sie zunächst den Bruch und erhalten für $\frac{1}{2}$ das Ergebnis 0,5. Damit lautet die Formel $(-6 + 5 + 0,5 - 8 + 10) \div 5$. Nun können Sie den gesamten Ausdruck in der Klammer ausrechnen, der 1,5 ergibt. Danach hat sich die Formel deutlich vereinfacht zu $1,5 \div 5$. Sie teilen also nur noch den Wert 1,5 durch 5 und erhalten so das Gesamtergebnis von 0,3.

Beispiel 2: Angenommen, Sie sollen Sie folgende Formel berechnen: $5,56 \pm 1,96 \sqrt{\dfrac{10,6}{200}}$. Gehen Sie auch hier strikt nach der Reihenfolge Klammern – Exponenten – Multiplikation – Division – Addition – Subtraktion vor. Klammern sind in dieser Formel nicht enthalten, aber Exponenten (denn die Wurzel ist nichts anderes als das Potenzieren mit 0,5). Um die Formel zu berechnen, widmen Sie sich also zunächst der Wurzel. Innerhalb der Wurzel finden Sie den Bruch $10,6 \div 200$, den Sie einfach in Ihren Taschenrechner tippen können; das Ergebnis ist 0,053. Wenn Sie hieraus die Wurzel ziehen, erhalten Sie 0,230. Damit hat sich die Formel bereits deutlich vereinfacht zu dem Ausdruck $5,56 \pm 1,96 \cdot 0,23$. Als Nächstes ist die Multiplikation an der Reihe. $1,96 \cdot 0,23$ ergibt 0,451, sodass der Ausdruck damit $5,56 \pm 0,451$ lautet. Dieser Ausdruck bezeichnet zwei Werte, nämlich $5,56 + 0,451$ und $5,56 - 0,451$ beziehungsweise 5,109 und 6,011. Dies ist Ihr Endergebnis. Drücken diese Werte die Grenzen eines Intervalls aus, so können Sie dieses nun in der Form (5,109; 6,011) schreiben.

Beispiel 3: Angenommen, Sie müssen die beiden Ausdrücke $\frac{(4-2)}{5}$ und $\frac{(-2-3)}{5}$ berechnen. Für den ersten Ausdruck berechnen Sie zunächst die Klammer und erhalten so $4 - 2 = 2$. Damit beträgt der Zähler des Bruches 2 und der Nenner 5. Sie können den Bruch also einfach ausrechnen, indem Sie Zähler durch Nenner teilen; Sie rechnen also $2 \div 5$ und erhalten so 0,40. Auf die gleiche Weise rechnen Sie für den zweiten Ausdruck zunächst den Zähler als $-2 - 3 = -5$ aus. Anschließend teilen Sie diesen Zähler (-5) durch den Nenner ($+5$) und erhalten so das Ergebnis -1.

In beiden Gleichungen sind die Klammern in der Darstellung der Brüche überflüssig. Auch ohne Klammern müssen Sie bei der Berechnung von Brüchen zunächst Zähler und Nenner separat berechnen und anschließend die Ergebnisse durcheinander teilen. Wenn Sie allerdings einen Bruch in den Taschenrechner eintippen möchten, sollten Sie unbedingt Zähler und Nenner jeweils in Klammern setzen (wenn diese nicht ohnehin nur aus einem einzelnen Wert bestehen). So können Sie zum Beispiel den ersten Ausdruck mit dem Taschenrechner ausrechnen, indem Sie die Zeichenfolge »(4 − 2) ÷ 5 =« eintippen.

Beispiel 4: Wie gehen Sie vor, um den Ausdruck $\frac{(2-4,3)(4-6,1)}{(6,32)(1,12)}$ zu berechnen?

Eine Möglichkeit besteht darin, zunächst Zähler und Nenner schrittweise separat zu berechnen:

$$\frac{(2-4,3)(4-6,1)}{(6,32)(1,12)} = \frac{(-2,3)(-2,1)}{(6,32)(1,12)} = \frac{4,83}{(6,32)(1,12)} = \frac{4,83}{7,078} = 4,83 \div 7,078 = 0,68.$$

Alternativ können Sie auch den gesamten Ausdruck als eine Gleichung in den Taschenrechner eintippen. Vergessen Sie hierbei aber nicht, sowohl den Zähler als auch den Nenner vollständig in Klammern zu setzen. Sie tippen also die Tastenfolge »((2 − 4,3) · (4 − 6,1)) ÷ (6,32 · 1,12) =« ein. Hierbei wurden die Klammern um die beiden einzelnen Werte im Nenner weggelassen; diese Klammern sind hier überflüssig, es schadet allerdings auch nichts, wenn Sie auch diese Klammern mit eintippen.

Rundungsfehler vermeiden

Rundungsfehler sind kleine Ungenauigkeiten, die häufig ignoriert oder bewusst in Kauf genommen werden. Wenn Sie in einer Aufgabe als Endergebnis eine Zahl mit vielen Dezimalstellen erhalten, ist es vollkommen in Ordnung − und wird häufig sogar erwartet −, dass Sie das Ergebnis gerundet mit zum Beispiel nur drei Dezimalstellen angeben. Gibt Ihr Taschenrechner beispielsweise die Zahl 17,6528954 als Ergebnis aus, können Sie dies ohne Weiteres in der Form 17,653 ausweisen. Problematisch wird das Runden von Zahlen erst, wenn Sie nicht das Endergebnis, sondern Zwischenergebnisse runden. Bei jedem Runden einer Zahl nehmen Sie nämlich eine kleine Ungenauigkeit in Kauf und die vielen Ungenauigkeiten einzelner Zwischenergebnisse können sich im Verlauf einer längeren Berechnung leicht zu einer großen Ungenauigkeit addieren. Dies sollten Sie vermeiden, indem Sie Zwischenergebnisse gar nicht runden oder beim Runden zumindest mehrere Dezimalstellen zulassen.

Angenommen, Sie haben die Formel $1,96 \frac{5,2}{\sqrt{200}}$ zu berechnen und möchten diese nicht komplett in den Taschenrechner eintippen, sondern schrittweise auflösen. Dazu ziehen Sie zunächst die Wurzel aus 200 und erhalten das – auf eine Dezimalstelle gerundete – Ergebnis 14,1. Anschließend berechnen Sie $5,2 \div 14,1 = 0,4$. Dieses Ergebnis multiplizieren Sie mit 1,96 und erhalten so das Endergebnis 0,8. Hätten Sie die Gleichung dagegen vollständig ohne Zwischenschritte in den Taschenrechner eingetippt, hätte der Ihnen das Ergebnis 0,72068323 ausgegeben. Das ergibt gerundet 0,72 oder 0,7. Dadurch, dass bei der schrittweisen Berechnung jedes Zwischenergebnis auf eine Dezimalstelle gerundet wurde, liegt das Endergebnis in diesem Fall also um 10% neben dem exakten Wert. Das ist eine gravierende Abweichung, die Sie vermeiden sollten. Wenn Sie bei der schrittweisen Berechnung der Formel die Zwischenergebnisse mit zwei Dezimalstellen notieren, erhalten Sie in diesem Beispiel das Endergebnis 0,73. Auch dies ist nicht ganz korrekt, erscheint aber schon akzeptabel, da jeder anerkennen wird, dass es sich hier nur um einen »kleinen Rundungsfehler« handelt.

 Wenn Sie eine Formel oder generell eine mathematische Berechnung über mehrere Einzelschritte lösen, sollten Sie für die Zwischenergebnisse stets mehrere Dezimalstellen zulassen, um zu vermeiden, dass sich mehrere kleine Rundungsfehler zu einer gravierenden Abweichung addieren.

Keine Angst vor Formeln

Lassen Sie sich nicht von wilden Formeln mit Brüchen, griechischen Buchstaben und Summenzeichen einschüchtern. Bei näherer Betrachtung erweisen sich die meisten Formeln als ganz harmlos. Machen Sie sich stets bewusst, dass Formeln nichts anderes sind als mathematische Abkürzungen für mehr oder weniger einfache Rechenanweisungen.

Angenommen, Sie möchten den Mittelwert einer Reihe von Zahlen bestimmen. Hierzu summieren Sie die einzelnen Zahlen und teilen die Summe durch die Anzahl der Zahlen (die häufig mit n bezeichnet wird). Wenn Sie den Mittelwert für einige wenige Zahlen berechnen möchten, ist es kein Problem, die mathematische Anweisung zum Berechnen des Mittelwerts ausführlich und detailliert aufzuschreiben, zum Beispiel in der Form $(2 + 4 + 6 + 8) \div 4$. Was machen Sie aber, wenn Sie nicht den Mittelwert von vier, sondern von 4.000 Zahlen berechnen möchten? Die Formel füllt dann sehr schnell mehrere Seiten Papier und ist nicht wirklich übersichtlich. Für solche Fälle haben sich Mathematiker Abkürzungen ausgedacht, die das Leben vereinfachen sollen. So lässt sich die Anweisung zum Berechnen des Mittelwerts für die vier Zahlen von oben auch in der folgenden Form schreiben:

$$\frac{\sum_{i=1}^{n} x_i}{n} \quad \text{mit } x_1 = 2, \; x_2 = 4, \; x_3 = 6, \; x_4 = 8 \text{ sowie } n = 4.$$

Diese Formel sagt nichts anderes, als »addiere alle x-Werte vom ersten bis zum n-ten und teile die Summe durch die Anzahl der x-Werte, n«. n beträgt in diesem Fall 4, sodass die vier x_i-Werte von x_1 bis x_4 addiert werden. Der Vorteil dieser Darstellung besteht darin, dass sie unabhängig von der Größe des Datensatzes ist. Ob Sie den Mittelwert für $n = 4$ oder für $n = 4.000$ Werte berechnen möchten, ist unerheblich; die Formel zum Berechnen des Mittelwerts lautet in jedem Fall einfach $\dfrac{\sum_{i=1}^{n} x_i}{n}$.

Mathematische Formeln sind also ganz harmlos und drücken häufig nur auf eine etwas spezielle Weise ganz einfache Rechenoperationen aus. Wichtig ist dabei vor allem, dass die Formeln richtig gelesen werden. Nehmen Sie zum Beispiel an, Sie sollen für die drei Werte $x_1 = -1$, $x_2 = 0$ und $x_3 = 1$ die beiden folgenden Formeln berechnen:

$$\sum_{i=1}^{n} x_i^2 \quad \text{und} \quad \left(\sum_{i=1}^{n} x_i \right)^2.$$

Als Erstes stellt sich die Frage: Worin besteht der Unterschied zwischen den beiden Formeln? Die erste Formel beschreibt die Summe der quadrierten x-Werte, die zweite Formel das Quadrat der Summe der x-Werte. Das ist etwas vollkommen anderes. Um die erste Formel zu berechnen, quadrieren Sie jeden einzelnen x-Wert und berechnen anschließend die Summe der Quadrate. Für die drei oben angegebenen x-Werte ergibt dies also $(-1)^2 + 0^2 + 1^2 = 1 + 0 + 1 = 2$. Um die zweite Formel auszurechnen, addieren Sie zunächst alle x-Werte und bilden erst für die so berechnete Summe das Quadrat. Sie rechnen also $(-1 + 0 + 1)^2 = 0^2 = 0$.

Auch bei wilden Formeln die Ruhe bewahren

Was machen Sie, wenn Ihnen eine komplexe Formel begegnet, die so aussieht, als käme sie direkt aus der Atomphysik? Ganz einfach: Sie bleiben ganz cool und zerlegen die Formel Schritt für Schritt in kleine, handliche Pakete. Betrachten Sie zum Beispiel den folgenden Ausdruck:

$$\frac{\sum_{i=1}^{n} (x_i - \overline{x})^2}{n - 1} \quad \text{mit } x_1 = 1, \; x_2 = 2 \text{ und } x_3 = 3.$$

Versuchen Sie, in dieser Formel zunächst die einzelnen Elemente und Symbole zu verstehen, und überlegen Sie, was die Formel inhaltlich besagt. Die Formel fordert Sie auf, von jedem Wert x_i den Mittelwert $\overline{x}$ abzuziehen und diese Differenz zu quadrieren. Die Ergebnisse (also die quadrierten Abweichungen der einzelnen Werte vom Mittelwert) werden dann addiert und zum Schluss wird die Summe durch $(n - 1)$ geteilt. Auch wenn die Formel zunächst etwas wild aussehen mag, beschreibt sie also ganz einfache Rechenoperationen. Für die drei oben angegebenen x-Werte beträgt der Mittelwert $\overline{x} = (1 + 2 + 3) \div 3 = 2$. Da hier drei x-Werte vorliegen, ist $n = 3$. Damit können Sie alle Werte in die Formel einsetzen und erhalten so:

$$\frac{\sum_{i=1}^{n} (x_i - \overline{x})^2}{n - 1} = \frac{(1 - 2)^2 + (2 - 2)^2 + (3 - 2)^2}{3 - 1} = \frac{1 + 0 + 1}{2} = 1.$$

Dies ist übrigens die Formel zum Berechnen der Varianz in einer Stichprobe.

Wenn Sie nicht die Varianz, sondern die Standardabweichung für eine Stichprobe berechnen möchten, lautet die Formel:

$$\text{Standardabweichung} = \sqrt{\dfrac{\sum\limits_{i=1}^{n} (x_i - \overline{x})^2}{n-1}}\ .$$

Nachdem Sie die Formel für die Varianz ausrechnen können, ist auch die Formel für die Standardabweichung ein Kinderspiel. Sie berechnen hier zunächst den Ausdruck unter dem großen Wurzelzeichen (das heißt also, Sie berechnen zunächst die Varianz) und ziehen anschließend einfach die Wurzel daraus.

Wenn Sie die Varianz bereits an einer anderen Stelle berechnet haben oder diese in der Aufgabenstellung gegeben ist, können Sie sich auch das Ausrechnen des Ausdrucks unter der Wurzel sparen. Berechnen Sie dann einfach die Wurzel der Varianz, und schon haben Sie die Standardabweichung.

Wie gehen Sie vor, um die folgende Formel zu berechnen?

$$\dfrac{(x - \overline{x})}{\frac{s}{\sqrt{n}}} \quad \text{mit } x = 8,\ \overline{x} = 7,6,\ s = 15,4 \ \text{und} \ n = 100$$

Nun, diese Formel ist ganz simpel. Setzen Sie die gegebenen Werte ein und berechnen Sie den Doppelbruch Schritt für Schritt:

$$\dfrac{(x - \overline{x})}{\frac{s}{\sqrt{n}}} = \dfrac{(8 - 7,6)}{\frac{15,4}{\sqrt{100}}} = \dfrac{0,4}{\frac{15,4}{\sqrt{100}}} = \dfrac{0,4}{\frac{15,4}{10}} = \dfrac{0,4}{1,54} = 0,260.$$

Das Ergebnis wurde hier in der Form 0,260 angegeben; Sie wissen, dass man sich die letzte Null auch sparen und einfach 0,26 schreiben kann, in diesem Fall hat die abschließende 0 aber durchaus eine Bedeutung. Das Ergebnis von 0,4 ÷ 1,54 beträgt in ausführlicher Form 0,25974026. Das Ergebnis oben ist ein auf drei Dezimalstellen gerundetes Ergebnis. Indem die dritte Dezimalstelle mit ausgewiesen wird, obwohl es sich um die Ziffer 0 handelt, ist für jeden zu erkennen, dass das Ergebnis mit einer Genauigkeit von drei Dezimalstellen angegeben ist. Würde das Ergebnis in der Form 0,26 geschrieben werden, könnte es auch sein, dass das Ergebnis mit drei Dezimalstellen 0,264 lautet und lediglich auf zwei Dezimalstellen gerundet wurde.

Zum Abschluss habe ich noch eine etwas härtere Nuss für Sie zu knacken. Angenommen, Sie haben ein Paar von zwei Variablen (x, y) mit den Werten (1, 10), (2, 20), (3, 30) und sollen für diese Wertepaare die folgende Gleichung berechnen:

$$\sum_{i=1}^{n} (x_i - \overline{x})\ (y_i - \overline{y}).$$

Auch hier gilt: Überlegen Sie in Ruhe, was die Formel von Ihnen will, und führen Sie die Berechnungen Schritt für Schritt durch (beachten Sie hierbei, dass n = 3 ist, da drei Datenpunkte (x, y) vorliegen):

1. **Der Index i nimmt hier die Werte 1, 2 und 3 an, da genau drei Wertepaare (x_1, y_1), (x_2, y_2) und (x_3, y_3) vorliegen. Mit $\bar{x}$ und $\bar{y}$ werden die Mittelwerte der drei x-Werte beziehungsweise der drei y-Werte bezeichnet.**

2. **Berechnen Sie als Erstes die beiden Mittelwerte $\bar{x} = (1 + 2 + 3) \div 3 = 2$ und $\bar{y} = (10 + 20 + 30) \div 3 = 20$.**

3. **Nehmen Sie den ersten x-Wert und ziehen Sie den Mittelwert $\bar{x}$ ab: $(x_1 - \bar{x}) = 1 - 2 = -1$.**

4. **Nehmen Sie jetzt den korrespondierenden y-Wert und ziehen Sie davon den Mittelwert $\bar{y}$ ab: $(10 - 20) = -10$.**

5. **Multiplizieren Sie die beiden gerade berechneten Differenzen: $(-1) \cdot (-10) = 10$.**

6. **Wiederholen Sie die drei vorhergehenden Schritte für das zweite Wertepaar: $(x_2 - \bar{x}) = 2 - 2 = 0$; $(y_2 - \bar{y}) = 20 - 20 = 0$; $0 \cdot 0 = 0$.**

7. **Wiederholen Sie diese Schritte nun noch für das dritte Wertepaar: $(x_3 - \bar{x}) = 3 - 2 = 1$; $(y_3 - \bar{y}) = 30 - 20 = 10$; $1 \cdot 10 = 10$.**

8. **Addieren Sie die drei Ergebnisse zu $10 + 0 + 10 = 20$.**

Damit haben Sie einen Teil der Formel zum Berechnen der Korrelation bearbeitet; siehe hierzu im Detail Kapitel 18.

Sich mit Funktionen anfreunden

In der Mathematik und insbesondere in der Statistik werden häufig mehrere Variablen miteinander verknüpft. So lässt sich zum Beispiel die Fläche eines Quadrats berechnen, indem die Länge einer Seite mit sich selbst multipliziert (also quadriert) wird. Hat die Seite des Quadrats die Länge s, lautet die Formel zum Berechnen der Fläche A damit $A = s^2$. Bei dieser Formel handelt es sich um eine Funktion. Die Funktion besagt, dass die Fläche des Quadrats lediglich von der Länge einer Seite abhängt. Mathematiker sagen in einem solchen Fall: »Die Fläche des Quadrats ist eine Funktion der Seitenlänge s.« Eine Funktion drückt generell eine Abhängigkeit einer Größe von einer oder mehreren anderen Größen aus.

Betrachten Sie zum Beispiel eine Gerade, die durch die Gleichung $y = 2x + 3$ beschrieben wird. Diese Gleichung besagt, dass es eine Beziehung zwischen x und y gibt, und beschreibt zudem, wie diese beiden Größen in Beziehung zueinander stehen. Mithilfe dieser Gleichung lässt sich für jeden beliebigen x-Wert der korrespondierende y-Wert ermitteln, indem der x-Wert mit 2 multipliziert und anschließend der Wert 3 addiert wird. Wenn Sie zum Beispiel den zugehörigen y-Wert für $x = -2$ bestimmen möchten, setzen Sie den Wert -2 für x in die Gleichung ein und erhalten damit $y = 2 \cdot (-2) + 3 = -1$.

Natürlich können Sie auch umgekehrt vorgehen und einen beliebigen y-Wert in die Gleichung einsetzen, um den zugehörigen x-Wert zu bestimmen. Ist beispielsweise der Wert y = 4 gegeben und Sie suchen den zugehörigen x-Wert, setzen Sie zunächst für y den Wert 4 ein und erhalten so 4 = 2x + 3. Diese Gleichung müssen Sie nun allerdings noch nach x auflösen, was in diesem Fall aber überhaupt kein Problem ist. Ziehen Sie zunächst von jeder Seite der Gleichung den Wert 3 ab, sodass Sie 4 − 3 = 2x beziehungsweise 2x = 1 erhalten. Wenn Sie nun noch beide Seiten durch 2 teilen, haben Sie bereits das gesuchte Ergebnis: x = 0,5.

Sie können eine Formel immer auf verschiedene Arten nutzen. Wenn in einer Gleichung nur eine Größe unbekannt ist und alle übrigen Werte vorliegen, können Sie die Gleichung nach dieser Größe auflösen und den Wert dafür berechnen. Hierzu genügen meistens die Grundrechenarten der Mathematik.

Die oben dargestellte Gleichung y = 2x + 3 ist ein Beispiel für eine Geradengleichung, denn sie beschreibt einen Zusammenhang zwischen x und y, der, wenn man die korrespondierenden Wertepaare (x, y) in ein Diagramm einträgt, eine Gerade ergibt. Eine solche Geradengleichung wird auch in der Statistik sehr häufig verwendet, zum Beispiel um das Ergebnis einer einfachen linearen Regression zu beschreiben. Daher ist es hilfreich, die einzelnen Komponenten dieser Gleichung zu verstehen. In allgemeiner Form lautet eine Geradengleichung y = a + b · x. (In dem Beispiel y = 2x + 3 ist a = 3 und b = 2.) Dabei ist b die Steigung der Geraden, denn b gibt an, um wie viel sich y erhöht, wenn x um eine Einheit zunimmt. a ist dagegen der Schnittpunkt der Geraden mit der y-Achse, also der Wert, den y annimmt, wenn x den Wert 0 hat. Die Gerade y = 2x + 3 hat also eine Steigung von 2 und schneidet die y-Achse auf der Höhe von 3.

Dem Bauchgefühl vertrauen: Falsche Ergebnisse erkennen

Gerade wenn Sie umfangreiche und komplexe mathematische Berechnungen durchgeführt haben, sollten Sie das Ergebnis immer kritisch hinterfragen. Ist der Wert, den Sie als Ergebnis erhalten haben, plausibel? Hätten Sie einen Wert in dieser Größenordnung erwartet? Kann das Vorzeichen des Werts richtig sein? Derartige einfache Plausibilitätsprüfungen genügen häufig schon, um falsche Ergebnisse als solche zu erkennen.

Beispiel 1: Die Formel zum Berechnen der Varianz einer Stichprobe lautet $\frac{\sum_{i=1}^{n}(x_i-\overline{x})^2}{n-1}$, wobei die Größe n des Datensatzes größer gleich 2 sein muss. Wenn Sie anhand dieser Formel die Varianz für einen Datensatz berechnen und als Ergebnis den Wert −17 erhalten, können Sie mit einem Blick erkennen, dass dieses Ergebnis nicht richtig sein kann. Warum? Betrachten Sie einmal den Zähler der Formel. Dort ist angegeben, dass die Summe von quadrierten Werten berechnet werden soll. Quadrierte Werte sind immer positiv oder null, sodass auch die Summe quadrierter Werte stets positiv oder null ist. Im Nenner des Bruches steht ebenfalls eine Zahl, die positiv sein muss, denn n, die Anzahl der Beobachtungen in der Stichprobe, muss zumindest gleich 2 sein. Sie wissen also, dass mit dem Bruch eine Zahl >0 durch eine ebenfalls positive Zahl geteilt wird. Das Ergebnis muss daher ebenfalls positiv oder null sein. Ein negatives Ergebnis wie −17 ist offenkundig falsch.

Beispiel 2: Angenommen, Sie möchten für die vier Werte $x_1 = 100$, $x_2 = 150$, $x_3 = 125$ und $x_4 = 110$ den Mittelwert berechnen. Die Formel zum Berechnen des Mittelwerts lautet $\dfrac{\sum_{i=1}^{n} x_i}{n}$.

In diesem Fall ist $n = 4$, da vier Werte x_1 bis x_4 vorliegen. Sie erhalten das Ergebnis −121,25, Ihr Freund Tim hat 151,6 ausgerechnet und Susanne kommt zu dem Ergebnis 402,5. In diesem Fall sollte es Ihnen nicht schwerfallen zu erkennen, dass alle drei Ergebnisse falsch sein müssen. Warum? Dass Ihr eigenes Ergebnis falsch ist, erkennen Sie bereits am Vorzeichen. Nicht etwa, weil Mittelwerte niemals negativ sein könnten (Mittelwerte können durchaus negativ sein, so ist zum Beispiel der Mittelwert von −1, −2 und −3 negativ und beträgt −2), sondern weil in diesem Fall der Mittelwert von vier positiven Zahlen berechnet wurde. Die Summe von vier positiven Zahlen (und damit der Zähler aus der Formel oben) ist wieder eine positive Zahl; wenn Sie diese Zahl durch $n = 4$ teilen, muss das Ergebnis auch positiv sein. Ihr Freund Tim hat dagegen mit 151,6 ein Ergebnis erhalten, das außerhalb des Wertebereichs der vier Werte x_1 bis x_4 liegt. Da Sie hier aber den Mittelwert suchen, muss das Ergebnis irgendwo zwischen dem größten und dem kleinsten Wert aus der Stichprobe liegen. 151,6 kann daher nicht richtig sein. Das Gleiche gilt auch in noch deutlicherer Form für das Ergebnis von Susanne. Aber wie kann es sein, dass Susanne einen derart absurd hohen Wert berechnet hat? Ganz einfach, sie hat beim Eintippen der Formel in den Taschenrechner die Klammern vergessen. Anstatt wie korrekt $(100 + 150 + 125 + 110) \div 4$ zu rechnen, hat sie einfach »100+150+125+110÷4« eingetippt und damit natürlich ein unsinniges Ergebnis erhalten.

Beispiel 3: Angenommen, Sie haben den Bruch $\dfrac{127 + 3,6 + 125,78 + 25,6 + 43}{127 + 3,6 + 125,78 + 25,6 + 43 + 17}$ berechnet und das Ergebnis lautet 1,25. Auch hier können Sie mit einem Blick erkennen, dass das Ergebnis falsch sein muss. Warum? Nenner und Zähler des Bruches bestehen aus einer Summe positiver Zahlen, sowohl Nenner als auch Zähler sind also positiv und auch das Ergebnis des Bruches muss positiv sein. Auch Ihr Ergebnis ist positiv, so weit ist also alles gut. Sie können an dem Bruch aber noch mehr erkennen: Nenner und Zähler stimmen weitgehend überein, im Nenner wird lediglich eine Zahl mehr addiert, der Nenner ist also größer als der Zähler. Wenn aber der Nenner größer ist als der Zähler (Sie also eine Zahl durch eine größere Zahl teilen), kann das Ergebnis nicht größer als 1 sein (zumindest nicht, wenn es sich um zwei positive Zahlen handelt). Der Wert 1,25 ist also falsch. Der richtige Wert lautet in diesem Fall 0,95.

Solange Zähler und Nenner in einem Bruch positiv sind, gelten folgende Regeln: Ist der Zähler größer als der Nenner, ist das Ergebnis größer als 1. Ist der Zähler kleiner als der Nenner, liegt das Ergebnis zwischen 0 und 1. Sind Nenner und Zähler exakt gleich groß, ist das Ergebnis genau 1.

Beispiel 4: Eine in der Statistik häufig verwendete Formel lautet $\bar{x} \pm 1,96 \cdot \dfrac{s}{\sqrt{n}}$. Hierbei bezeichnet s die Standardabweichung und n die Stichprobengröße. Was passiert mit dem

Ausdruck rechts vom $\pm$-Zeichen, wenn n zunimmt? Wird dieser Ausdruck dann ebenfalls größer, wird er kleiner oder bleibt er vollkommen unverändert? Da n die Stichprobengröße bezeichnet, ist n in jedem Fall positiv. Die Wurzel von n ist ebenfalls positiv. Wenn n zunimmt, wird auch die Wurzel von n größer. Da $\sqrt{n}$ im Nenner des Bruches steht, wird der gesamte Bruch damit kleiner und damit auch der Ausdruck rechts vom $\pm$-Zeichen.

Den Lösungsweg beschreiben

In Klausuren und Prüfungen werden Sie häufig aufgefordert, nicht nur das Endergebnis darzustellen, sondern auch den Lösungsweg aufzuzeigen. Wenn Sie dies nicht tun, kann es Ihnen leicht passieren, dass Sie trotz richtigen Ergebnisses nicht alle Punkte erhalten, weil der Lösungsweg Bestandteil der Benotung ist oder der Verdacht besteht, dass Sie das Ergebnis von Ihrem Nachbarn abgeschaut oder gut geraten haben. Umgekehrt kann Ihnen ein gut dokumentierter Lösungsweg aber auch helfen, einen Großteil der Punkte zu sichern, selbst wenn das Endergebnis falsch ist. Wenn Ihr Prüfer erkennt, dass Sie genau auf dem richtigen Weg waren und lediglich an einer Stelle eine Zahl falsch berechnet oder einen Zahlendreher eingebaut haben, wird er Ihnen den Großteil der Punkte gutschreiben. Mit einem sauber dokumentierten Lösungsweg helfen Sie also nicht nur Ihrem Prüfer, sondern häufig auch sich selbst.

1. **Schreiben Sie die Formeln, die Sie verwenden, immer vollständig auf und definieren Sie die dabei benutzten Symbole.**

2. **Dokumentieren Sie deutlich, welche Werte Sie für die einzelnen Variablen in eine Formel einsetzen, zum Beispiel in der Form x = 2, y = 3.**

3. **Führen Sie Ihre Berechnungen schrittweise durch und stellen Sie jeden einzelnen Schritt transparent dar.**

4. **Heben Sie Ihr Endergebnis hervor, zum Beispiel indem Sie es doppelt unterstreichen.**

Natürlich kostet eine detaillierte Dokumentation der Vorgehensweise gerade in einer Prüfung wertvolle Zeit, in aller Regel ist diese Zeit aber gut investiert, denn sie hilft Ihnen, während der Prüfung Ihre eigene Vorgehensweise zu strukturieren, bei der Überprüfung der Lösung den Weg nachzuvollziehen und Flüchtigkeitsfehler zu erkennen oder gleich zu vermeiden. Außerdem dokumentieren Sie Ihrem Prüfer, dass Sie die Aufgabe verstanden und strukturiert gelöst haben – sicherlich keine schlechte Basis für die Benotung der Klausur.

Kapitel 18

Die Top Ten aus der Formel 1

In diesem Kapitel erläutere ich die zehn wichtigsten Formeln aus der Statistik näher und gebe Tipps zum Berechnen dieser Formeln. Dabei begegnen Ihnen keine Formeln, die Ihnen nicht bereits aus den früheren Kapiteln dieses Buches bekannt sind. Dieses Kapitel ist daher eine Auffrischung des bekannten Wissens und soll dazu dienen, noch einmal konzentriert den Umgang mit den Formeln zu üben.

Mittelwert (Durchschnitt)

Der *Mittelwert* oder Durchschnitt eines Datensatzes ist ein Maß für das Zentrum einer Folge von Werten. Der Mittelwert für eine Variable x wird typischerweise als $\bar{x}$ geschrieben. Die Formel zum Berechnen des Mittelwerts lautet:

$$\bar{x} = \frac{\sum_{i=1}^{n} x_i}{n}.$$

Dabei steht x für die einzelnen Werte aus dem Datensatz. Um den Mittelwert zu berechnen, gehen Sie also folgendermaßen vor:

1. **Addieren Sie sämtliche Werte aus dem Datensatz.**

2. **Teilen Sie die Summe durch n (die Anzahl der Werte in dem Datensatz).**

Beispiel 1: Um den Mittelwert für die Zahlen 6, 10 und 20 zu berechnen, bilden Sie zunächst die Summe $6 + 10 + 20 = 36$ und teilen anschließend diese Summe durch die Anzahl der Werte, hier also durch 3. Man erhält $36 \div 3 = 12$.

Beispiel 2: Wie lautet der Mittelwert eines Datensatzes, der aus den Zahlen 1, 1, 1, 2, 3, 4 besteht? Genügt es, wenn Sie die 1 nur einmal berücksichtigen und $(1 + 2 + 3 + 4) \div 4$ rechnen? Die Antwort lautet natürlich: Nein. Sie müssen jede einzelne Zahl bei der Berechnung berücksichtigen; kommt eine Zahl mehrfach vor, berücksichtigen Sie diese Zahl auch mehrfach. Daher beträgt der Mittelwert für diesen Datensatz $(1 + 1 + 1 + 2 + 3 + 4) \div 6 = 2$.

Der Mittelwert kann durchaus auch negativ sein, allerdings nur dann, wenn einige oder sämtliche Werte aus dem Datensatz negativ sind. Der Mittelwert liegt immer irgendwo zwischen dem größten und dem kleinsten Wert des Datensatzes. Enthält der Datensatz sowohl positive als auch negative Werte, kann sich auch ein Mittelwert von 0 ergeben, wenn sich positive und negative Werte gerade ausgleichen.

Beispiel 3: Angenommen, Sie berechnen den Mittelwert für die Werte 1, 2, 5, 5, 4, 4, 2, 6 und erhalten als Ergebnis 8,2. Kann dieses Ergebnis richtig sein? Die Antwort ist Nein, denn der Wert 8,2 liegt nicht zwischen dem größten und dem kleinsten Wert des Datensatzes.

Beispiel 4: Welchen Einfluss haben einzelne Ausreißer in dem Datensatz auf den Mittelwert? Der Datensatz 1, 2, 3, 4, 5 hat den Mittelwert 3. Kommt zu diesem Datensatz ein einzelner Ausreißer wie etwa 1.000 hinzu, ändert sich auch der Mittelwert deutlich und beträgt nun $(1 + 2 + 3 + 4 + 5 + 1.000) \div 6 = 169{,}17$. Der Ausreißer lässt den Mittelwert also erheblich in die Höhe schnellen.

Weitere Übungen zum Berechnen des Mittelwerts finden Sie auch in Kapitel 4.

Der Mittelwert eines Datensatzes liegt immer irgendwo zwischen dem größten und dem kleinsten Wert des Datensatzes. Er kann negativ oder positiv sein und auch den Wert 0 annehmen. Und einzelne Ausreißer können den Mittelwert stark beeinflussen.

Median

Der *Median* eines Datensatzes ist ein weiteres Maß für die Lage des Zentrums der Daten (siehe hierzu auch Kapitel 4). Der Median ist der mittlere Wert des Datensatzes; wenn Sie alle Werte des Datensatzes der Größe nach ordnen, ist der Median also der Wert, der genau in der Mitte liegt.

Um den Median zu bestimmen, gehen Sie folgendermaßen vor:

1. **Ordnen Sie die Werte des Datensatzes der Größe nach vom kleinsten bis zum größten.**

2. **Enthält der Datensatz eine ungerade Anzahl von Werten, wählen Sie den Wert aus, der genau an der mittleren Position liegt. Dieser Wert ist der Median.**

3. **Enthält der Datensatz dagegen eine gerade Anzahl von Werten, wählen Sie die beiden in der Mitte liegenden Werte aus und berechnen den Mittelwert dieser beiden Werte. Das Ergebnis ist der Median.**

Beispiel 1: So hat der Datensatz 2, 10, 3 den Median 3. Wenn Sie die Werte des Datensatzes der Größe nach ordnen, erhalten Sie die Reihenfolge 2, 3, 10, und 3 ist der Wert, der in der Mitte dieser Verteilung liegt. Beachten Sie, dass der Median hier ein Wert ist, der auch tatsächlich in dem Datensatz vorkommt. Dies ist immer der Fall, wenn der Datensatz eine ungerade Anzahl von Werten enthält, denn in diesem Fall greifen Sie einfach den mittleren Wert des Datensatzes als Median heraus. Umfasst der Datensatz dagegen eine gerade Anzahl von Werten, ist der Median häufig ein Wert, der in dem Datensatz selbst nicht enthalten ist. So hat zum Beispiel der Datensatz 10, 2, 3, 5 (in geordneter Reihenfolge 2, 3, 5, 10) den Median $(3 + 5) \div 2 = 4$, der nicht als Wert in dem Datensatz vorkommt.

Beispiel 2: Wie lautet der Median eines Datensatzes, der aus den Zahlen 1, 1, 1, 2, 3, 4 besteht? Genügt es, wenn Sie die 1 nur einmal berücksichtigen und den mittleren Wert aus der Verteilung (1, 2, 3, 4) auswählen? Die Antwort lautet natürlich: Nein. Sie müssen jede einzelne Zahl in dem geordneten Datensatz berücksichtigen; kommt eine Zahl mehrfach vor, berücksichtigen Sie diese Zahl auch mehrfach. Daher beträgt der Median für diesen Datensatz $(1 + 2) \div 2 = 1{,}5$.

Der Median kann auch negativ sein, wenn der Datensatz negative Werte enthält. Er ist genau dann negativ, wenn im Datensatz nicht weniger negative als nicht negative Werte enthalten sind. ($-2, -1, 0, 0, 1$ hat mehr negative als positive Werte und trotzdem den Median 0.) Ebenso ist es möglich, dass der Median den Wert 0 annimmt. So hat sowohl der Datensatz $(-7, -3, 0, 5, 8)$ als auch der Datensatz $(-8, -3, 3, 7)$ den Median 0.

Beachten Sie für eine Plausibilitätsprüfung auch, dass der Median stets zwischen dem größten und dem kleinsten Wert des Datensatzes liegt. Sind alle Werte in dem Datensatz identisch, ist auch der Median gleich diesem Wert.

Welchen Einfluss haben einzelne Ausreißer in dem Datensatz auf den Median? Der Datensatz 1, 2, 3, 4, 5 hat den Median 3. Kommt zu diesem Datensatz ein einzelner Ausreißer wie der Wert 1.000 hinzu, ändert sich der Median und beträgt nun $(3 + 4) \div 2 = 3{,}5$. Der Median ändert sich also nur geringfügig. Dabei ist es auch unerheblich, ob der einzelne Ausreißer den Wert 100, 1.000 oder 1.000.000 hat.

Der Median gibt die Mitte des Datensatzes an. Der Wert liegt irgendwo zwischen dem größten und dem kleinsten Wert des Datensatzes (nur wenn alle Werte des Datensatzes identisch sind, ist auch der Median gleich diesem Wert und stimmt damit auch mit dem größten und dem kleinsten Wert in dem Datensatz überein). Der Median muss nicht zwingend als Wert in dem Datensatz enthalten sein, auch wenn dies häufig der Fall ist (immer bei einer ungeraden Anzahl von Beobachtungen in dem Datensatz). Man sagt, der Median sei gegenüber Ausreißern resistent; dies bedeutet, dass einzelne Ausreißer den Median nur geringfügig oder überhaupt nicht beeinflussen.

Standardabweichung der Stichprobe

Die Standardabweichung einer Stichprobe ist ein Maß für die Streuung der Werte in der Stichprobe (siehe hierzu auch Kapitel 4). Etwas vereinfacht können Sie die Standardabweichung als durchschnittliche Entfernung der einzelnen Werte von dem Mittelwert der Stichprobe interpretieren. Die Standardabweichung der Stichprobe wird mit dem Buchstaben s bezeichnet und berechnet sich nach der Formel

$$s = \sqrt{\frac{\sum_{i=1}^{n} (x_i - \overline{x})^2}{n - 1}}.$$

Um die Standardabweichung zu berechnen, gehen Sie also folgendermaßen vor:

1. **Berechnen Sie $\overline{x}$, also den Mittelwert der Stichprobe.**

2. **Berechnen Sie für jeden Wert aus der Stichprobe die Differenz zum Mittelwert, also $x - \overline{x}$.**

3. **Quadrieren Sie die im vorhergehenden Schritt berechneten Differenzen.**

4. **Berechnen Sie die Summe der quadrierten Differenzen.**

5. **Teilen Sie das Ergebnis durch $(n - 1)$.**

6. **Ziehen Sie aus dem Ergebnis die Wurzel.**

Beispiel: Berechnen Sie zum Beispiel die Standardabweichung für eine Stichprobe mit den drei Werten 0, 10, 11:

1. **Der Mittelwert beträgt $(0 + 10 + 11) \div 3 = 21 \div 3 = 7$.**

2. **Wenn Sie für jeden einzelnen Wert die Differenz zum Mittelwert berechnen, erhalten Sie $(0 - 7) = -7$; $(10 - 7) = 3$; $(11 - 7) = 4$.**

3. **Die quadrierten Differenzen betragen $(-7)^2 = 49$; $3^2 = 9$; $4^2 = 16$.**

4. **Die Summe der quadrierten Differenzen ist $49 + 9 + 16 = 74$.**

5. **Da die Stichprobe drei Werte umfasst, ist $(n - 1) = 2$. Berechnen Sie also $74 \div 2 = 37$.**

6. **Abschließend ziehen Sie die Wurzel aus 37 und erhalten so die Standardabweichung $s = 6{,}08$.**

Beachten Sie, dass Sie bei der Berechnung der Standardabweichung sämtliche Werte aus der Stichprobe berücksichtigen müssen, auch den Wert 0, wenn dieser in der Stichprobe vorkommt. Der Wert 0 ist in diesem Zusammenhang eine Zahl wie jede andere auch.

Die Standardabweichung der Stichprobe wird mit s abgekürzt, die Standardabweichung in der Grundgesamtheit wird dagegen mit σ bezeichnet. Wenn Ihnen sämtliche Werte aus der Grundgesamtheit bekannt sind, können Sie die Standardabweichung für die Grundgesamtheit im Grunde genauso berechnen wie die für die Stichprobe, allerdings verwenden Sie dann im Nenner des Bruches nicht den Wert (n − 1), sondern die volle Größe der Grundgesamtheit, N.

Wenn Sie eine Standardabweichung berechnet haben, ist es für eine Plausibilitätsprüfung des Ergebnisses hilfreich zu wissen, welche Werte eine Standardabweichung annehmen kann. Zum Berechnen der Standardabweichung werden die Differenzen zwischen den einzelnen Beobachtungen und dem Stichprobenmittelwert quadriert; quadrierte Werte sind stets positiv und damit ist der Zähler des Bruches ebenfalls stets positiv. Der Nenner des Bruches ist ohnehin positiv, da n die Anzahl der Beobachtungen bezeichnet und zumindest gleich 2 sein muss. Damit ergibt auch der gesamte Bruch einen positiven Wert (andernfalls ließe sich auch nicht die Wurzel daraus ziehen) und die Wurzel davon ist wieder ein positiver Wert (oder der Wert 0). Eine Standardabweichung kann also niemals negativ sein.

Der kleinste Wert, den die Standardabweichung annehmen kann, ist der Wert 0. Dieser Wert kann sich aber nur ergeben, wenn sämtliche Werte in der Stichprobe identisch sind. In diesem Fall ist auch der Mittelwert der Stichprobe gleich diesem einheitlichen Wert, sodass die Differenzen der einzelnen Werte vom Mittelwert gleich 0 sind. Damit sind auch die quadrierten Differenzen und somit der Zähler des Bruches gleich 0. Folglich ergibt der gesamte Bruch den Wert 0 und die Wurzel von 0 ist wieder 0.

Welchen Einfluss haben einzelne Ausreißer auf die Standardabweichung? Die Standardabweichung für einen Datensatz aus den drei Werten 1, 2, 3 beträgt 1. Wird dieser Datensatz um den Ausreißer 1.000 erweitert, ergibt sich eine Standardabweichung von 499. Offensichtlich können einzelne Ausreißer die Standardabweichung deutlich verändern. Der Grund für die starke Veränderung der Standardabweichung ist, dass der einzelne Ausreißer zunächst den Mittelwert deutlich verschiebt (in diesem Beispiel von bisher 2 auf 499, was in etwa das 250-Fache der ursprünglichen Standardabweichung ist) und damit die Abstände der einzelnen Werte zum Mittelwert entsprechend zunehmen.

Eine Standardabweichung kann nicht negativ sein. Der kleinste Wert, den eine Standardabweichung annehmen kann, ist der Wert 0. Diesen Wert hat die Standardabweichung nur dann, wenn sämtliche Werte in dem Datensatz identisch sind. Einzelne Ausreißer in dem Datensatz können erheblichen Einfluss auf die Höhe der Standardabweichung haben. Sowohl Ausreißer nach oben als auch Ausreißer nach unten führen dazu, dass die Standardabweichung zunimmt.

Korrelation

Die *Korrelation* zwischen zwei Variablen in der Stichprobe ist ein Maß für die Stärke und die Richtung eines linearen Zusammenhangs zwischen den beiden Variablen (siehe hierzu auch Kapitel 16). Die Korrelation lässt sich nur für quantitative Variablen berechnen und misst ausschließlich den linearen Zusammenhang zwischen den Variablen. Die Korrelation wird durch den Buchstaben r dargestellt und berechnet sich nach der folgenden Formel:

$$r = \frac{1}{n-1} \sum_{i=1}^{n} \frac{(x_i - \bar{x})(y_i - \bar{y})}{s_x \cdot s_y}.$$

Um die Korrelation für zwei quantitative Variablen x und y zu berechnen, gehen Sie also folgendermaßen vor:

1. Berechnen Sie $\bar{x}$, also den Mittelwert der Variablen x_i, sowie $\bar{y}$, den Mittelwert der Variablen y_i.

2. Berechnen Sie s_x und s_y, also die Standardabweichungen für die Variablen x und y.

3. Führen Sie für jedes Wertepaar (x, y) aus dem Datensatz folgende Berechnung durch: Ziehen Sie von x den Mittelwert $\bar{x}$ ab, ziehen Sie von y den Mittelwert $\bar{y}$ ab und multiplizieren Sie die beiden Ergebnisse miteinander.

4. Addieren Sie alle Ergebnisse aus dem vorhergehenden Schritt.

5. Teilen Sie die Summe durch $s_x \cdot s_y$.

6. Teilen Sie das Ergebnis aus dem vorhergehenden Schritt durch (n − 1), wobei n die Anzahl der Beobachtungspaare (x_i, y_i) aus dem Datensatz bezeichnet.

Beispiel: Berechnen Sie als Beispiel die Korrelation für die beiden Variablen x, y mit den drei Wertepaaren (3; 2), (3; 3), (6; 4):

1. $\bar{x}$ ist $12 \div 3 = 4$ und $\bar{y}$ ist $9 \div 3 = 3$.

2. Die Standardabweichungen sind $s_x = 1{,}73$ und $s_y = 1$.

3. Berechnen Sie nun für den Zähler des Bruches aus der Formel für die Korrelation: $(3 - 4) \cdot (2 - 3) = 1$; $(3 - 4) \cdot (3 - 3) = 0$; $(6 - 4) \cdot (4 - 3) = 2$.

4. Die Summe der Ergebnisse aus dem vorhergehenden Schritt ist $1 + 0 + 2 = 3$.

5. Die Division von 3 durch $s_x \cdot s_y$ ergibt $3 \div (1{,}73 \cdot 1) = 1{,}73$.

6. Teilen Sie abschließend 1,73 durch (n − 1) mit n = 3, und Sie erhalten die Korrelation von $1{,}73 \div 2 = 0{,}87$.

Die Korrelation misst die Stärke und die Richtung des linearen Zusammenhangs zwischen zwei quantitativen Variablen. Der Korrelationskoeffizient r liegt immer zwischen −1 und +1. Ein Korrelationskoeffizient in der Nähe von 0 zeigt an, dass kein oder nur ein sehr schwach ausgeprägter linearer Zusammenhang zwischen den Variablen besteht. Ein Koeffizient in der Nähe von +1 zeigt einen starken positiven und ein Koeffizient in der Nähe von −1 einen starken negativen linearen Zusammenhang an. Die Korrelation hat keine Einheit und ist damit unabhängig von den Einheiten, in denen die Variablen gemessen werden.

Ändert sich die Einheit von einer oder beiden Variablen (zum Beispiel von Meter in Zentimeter), bleibt der Wert des Korrelationskoeffizienten davon unberührt. Die Korrelation reagiert allerdings durchaus sensibel auf einzelne Ausreißer in den Variablen.

Fehlergrenze für den Mittelwert der Stichprobe

Die Fehlergrenze für den Mittelwert der Stichprobe zeigt an, in welchem Ausmaß der Mittelwert zwischen verschiedenen Stichproben variieren kann. Dabei hängt das Ausmaß der Fehlergrenze davon ab, welches Konfidenzniveau man zugrunde legt. Für eine Stichprobe, die mindestens 30 Beobachtungen umfasst, berechnet sich die Fehlergrenze für den Mittelwert $\overline{X}$ als:

$$\text{Fehlergrenze} = \pm Z^* \cdot \frac{s}{\sqrt{n}}.$$

Dabei ist s die Standardabweichung, n die Stichprobengröße und Z^* der Wert aus der Standardnormalverteilung für das geforderte Konfidenzniveau.

Um die Fehlergrenze für einen Mittelwert $\overline{X}$ zu berechnen, gehen Sie also folgendermaßen vor:

1. **Legen Sie das Konfidenzniveau fest und ermitteln Sie den zugehörigen Z^*-Wert aus der Tabelle für die Standardnormalverteilung, zum Beispiel $Z^* = 1{,}96$ für ein 95%-Konfidenzniveau.**

2. **Berechnen Sie die Standardabweichung s und bestimmen Sie die Stichprobengröße n.**

3. **Multiplizieren Sie Z^* mit dem Quotienten aus s geteilt durch die Wurzel von n.**

Angenommen, Sie möchten den durchschnittlichen Preis für ein Konzertticket eines bestimmten Popstars auf dem Schwarzmarkt bestimmen. Sie befragen eine Zufallsstichprobe von 100 Leuten und ermitteln für diese Stichprobe einen durchschnittlichen Preis von 55 Euro mit einer Standardabweichung von 15 Euro. Sie möchten nun den Durchschnittspreis aller auf dem Schwarzmarkt gehandelten Tickets für dieses Konzert schätzen und wollen ein zu 95% sicheres Ergebnis haben. Wie hoch ist die Fehlergrenze? Da Sie ein 95%-Konfidenzniveau fordern, ist $Z^* = 1{,}96$. Multiplizieren Sie also 1,96 mit dem Quotienten aus 15 (der Standardabweichung) geteilt durch die Wurzel von 100 (denn die Stichprobengröße ist n = 100). Die Wurzel von 100 ist 10 und $15 \div 10 = 1{,}5$. Die Fehlergrenze beträgt also $\pm\, 1{,}96 \cdot 1{,}5$ beziehungsweise $\pm\, 2{,}94$. *Beachten Sie:* Zum Berechnen der Fehlergrenze benötigen Sie nicht den Mittelwert $\overline{X}$. Die Fehlergrenze hat nichts mit der Höhe von $\overline{X}$ zu tun, sondern kennzeichnet lediglich den Grad der Zuverlässigkeit des Mittelwerts aus der einen Stichprobe.

Je größer die Fehlergrenze ist, desto ungenauer (unzuverlässiger) ist der in einer einzelnen Stichprobe beobachtete Mittelwert, wenn es darum geht, Aussagen über die Grundgesamtheit zu treffen. Wenn Sie die Fehlergrenze reduzieren möchten, können Sie die Stichprobengröße erhöhen. Je größer die Stichprobe, desto kleiner ist die Fehlergrenze. Da die Stichprobengröße allerdings nur mit ihrer Wurzel in die Berechnung der Fehlergrenze einfließt, müssen Sie die Stichprobengröße vervierfachen, um die Fehlergrenze zu halbieren.

Wenn Sie die Fehlergrenze für eine Stichprobe mit weniger als 30 Beobachtungen bestimmen möchten, verwenden Sie statt des Werts Z* aus der Standardnormalverteilung den korrespondierenden Wert aus der t-Verteilung (siehe hierzu auch Kapitel 7).

Die Fehlergrenze besteht aus zwei Werten, nämlich $+Z^* \cdot \frac{s}{\sqrt{n}}$ und $-Z^* \cdot \frac{s}{\sqrt{n}}$. Die Fehlergrenze ist umso größer, je höher das zugrunde gelegte Konfidenzniveau ist. Mit zunehmender Stichprobengröße nimmt die Fehlergrenze dagegen ab.

Benötigte Stichprobengröße für ein bestimmtes Konfidenzintervall des Mittelwerts

Wenn Sie auf Basis einer Stichprobe ein Konfidenzintervall für den Erwartungswert in der Grundgesamtheit berechnen möchten und schon klare Vorstellungen darüber haben, welches Konfidenzniveau Sie wünschen und wie groß die Fehlergrenze sein soll, können Sie mit diesen Angaben bereits vor der Datenerhebung berechnen, wie groß die Stichprobe ungefähr sein muss, um Ihren Anforderungen zu genügen. Die Formel zum Berechnen der benötigten Stichprobengröße lautet:

$$n = \left(\frac{Z^* \cdot s}{FG} \right)^2.$$

Dabei bezeichnet Z* den Standardwert aus der Normalverteilung für das gewünschte Konfidenzniveau, FG ist die Fehlergrenze, die Sie haben möchten, und s bezeichnet die Standardabweichung. Dabei können Sie s vor der Ziehung der Stichprobe natürlich noch nicht kennen. Diese Formel zum Bestimmen der notwendigen Stichprobengröße ist daher vor allem in solchen Situationen hilfreich, in denen Sie bereits aus Vorstudien oder anderen Quellen Hinweise darauf haben, wie groß s in der Stichprobe ungefähr ausfallen wird.

Um mithilfe dieser Formel die Stichprobengröße zu bestimmen, die Sie benötigen, um bei der Berechnung eines Konfidenzintervalls für den Mittelwert bei einem bestimmten Konfidenzniveau eine vorgegebene Fehlergrenze zu erreichen, gehen Sie folgendermaßen vor:

1. **Ermitteln Sie den Standardwert Z* für das gewünschte Konfidenzniveau und multiplizieren Sie Z* mit der geschätzten Standardabweichung s.**

2. **Teilen Sie das Ergebnis durch die angestrebte Fehlergrenze FG.**

3. **Quadrieren Sie das Ergebnis aus dem vorhergehenden Schritt.**

4. **Runden Sie den berechneten Wert zu einer ganzen Zahl auf. Das Ergebnis ist die Stichprobengröße, die Sie benötigen.**

Beispiel 1: Angenommen, Sie sollen die durchschnittliche Punktzahl aller Abiturienten in einem Bundesland schätzen und wollen den Wert bei einem 95%-Konfidenzniveau mit einer Genauigkeit von 3 Punkten angeben können. Aus einer Vorstudie wissen Sie, dass Sie mit einer Standardabweichung von 12,5 Punkten rechnen können. Um nun die notwendige Stichprobengröße zu ermitteln, kennen Sie also die Werte FG = 3, s = 12,5 und $Z^* = 1{,}96$ (der Standardwert für ein 95%-Konfidenzniveau):

1. **Berechnen Sie $Z^* \cdot$ s, also $1{,}96 \cdot 12{,}5 = 24{,}5$.**

2. **Teilen Sie das Ergebnis durch die angestrebte Fehlergrenze von 3: $24{,}5 \div 3 = 8{,}17$.**

3. **Quadrieren Sie das Ergebnis aus dem vorhergehenden Schritt: $8{,}17^2 = 66{,}75$. Wenn Sie diesen Wert aufrunden, erhalten Sie die benötigte Stichprobengröße n = 67.**

Runden Sie Ihr Ergebnis stets zum nächsten ganzzahligen Wert auf. Auch wenn das Ergebnis Ihrer Berechnungen 217,05 beträgt, runden Sie diesen Wert nicht auf 217 ab, sondern auf 218 auf. Mathematisch benötigen Sie 217,05 Personen; damit Sie die ,05 Personen auch tatsächlich erwischen, benötigen Sie aber die komplette Person, seien Sie also großzügig und runden Sie auf.

Beispiel 2: Angenommen, Sie haben in einer Studie 1.000 Personen untersucht und die Fehlergrenze für den Mittelwert beträgt 0,03. Wie viele Personen müssen Sie in die Studie einbeziehen, um die Fehlergrenze zu halbieren? Die naheliegende Antwort wäre, dass die Stichprobengröße auf $2 \cdot 1.000 = 2.000$ verdoppelt werden muss. Diese Antwort ist aber falsch. Die richtige Antwort lautet, dass die Stichprobengröße auf $4 \cdot 1.000 = 4.000$ vervierfacht werden muss. Die Stichprobengröße fließt nur mit ihrer Wurzel in die Berechnung der Fehlergrenze ein. Eine Erhöhung der Stichprobengröße um den Faktor 4 verringert die Fehlergrenzen daher um den Faktor $\sqrt{4} = 2$.

Um bereits im Vorfeld abzuschätzen, wie groß Ihre Stichprobe sein muss, benötigen Sie Angaben zur gewünschten Fehlergrenze bei einem vorgegebenen Konfidenzniveau und zusätzlich eine Schätzung für die Standardabweichung in der Stichprobe. Wenn Sie die benötigte Stichprobengröße berechnet haben, runden Sie das Ergebnis immer auf. Generell gilt: Um die Fehlergrenze zu halbieren, müssen Sie die Stichprobengröße vervierfachen.

Prüfgröße für den Mittelwert

Wenn Sie einen Hypothesentest für den Erwartungswert in der Grundgesamtheit durchführen, gehen Sie von dem Mittelwert einer Stichprobe aus und überprüfen, ob Ihre Hypothese bei einer vorgegebenen maximalen Irrtumswahrscheinlichkeit haltbar ist. Dazu berechnen Sie eine sogenannte Prüfgröße, die Sie anschließend mit dem Standardwert aus der Standardnormalverteilung vergleichen, der mit der von Ihnen zugrunde gelegten Irrtumswahrscheinlichkeit korrespondiert. Die Formel zum Berechnen der Prüfgröße für den Mittelwert lautet $\dfrac{(\overline{x}-\mu_0)}{\frac{s}{\sqrt{n}}}$, wobei μ_0 den Erwartungswert für die Grundgesamtheit bezeichnet, der in der Nullhypothese unterstellt ist.

Um die Prüfgröße für den Mittelwert zu berechnen, gehen Sie also folgendermaßen vor:

1. **Berechnen Sie den Mittelwert der Stichprobe, $\overline{x}$, und die Standardabweichung der Stichprobe, s.**

2. **Berechnen Sie $\dfrac{s}{\sqrt{n}}$ und notieren Sie sich das Ergebnis.**

3. **Berechnen Sie $\overline{x} - \mu_0$.**

4. **Teilen Sie das Ergebnis aus dem vorhergehenden Schritt durch das Ergebnis aus dem zweiten Schritt.**

Beispiel: Angenommen, eine Studie kommt zu dem Ergebnis, dass der durchschnittliche Preis für die Konzerttickets eines bestimmten Popstars auf dem Schwarzmarkt 50 Euro beträgt. Sie ziehen eine Zufallsstichprobe von 100 Verkäufen auf dem Schwarzmarkt und ermitteln einen durchschnittlichen Preis von 55 Euro bei einer Standardabweichung von 15 Euro. Können Sie auf dieser Basis die These, der Durchschnittspreis auf dem Schwarzmarkt betrage 50 Euro, als falsch zurückweisen? Um diese Frage zu beantworten, berechnen Sie die Prüfgröße für den Mittelwert. Der Mittelwert in Ihrer Stichprobe beträgt $\overline{x} = 55$, die Standardabweichung ist $s = 15$ und die Stichprobengröße $n = 100$, die Wurzel von n beträgt bekanntlich 10. Damit ist $s \div \sqrt{n} = 15 \div 10 = 1,5$. Der Wert $\overline{x} - \mu_0$ beträgt $55 - 50 = 5$. Teilen Sie diesen Wert durch den zuvor ermittelten Wert von 1,5; das Ergebnis ist $5 \div 1,5 = 3,33$. Wenn Sie für Ihren Test ein 95%-Konfidenzniveau ansetzen, beträgt der Standardwert, mit dem Sie Ihre Prüfgröße vergleichen, bei einem zweiseitigen Test $\pm\,1,96$. Der von Ihnen berechnete Wert von 3,33 ist deutlich größer. Sie können die Nullhypothese, derzufolge der durchschnittliche Schwarzmarktpreis 50 Euro beträgt, also zurückweisen.

Mit einem Hypothesentest für den Mittelwert überprüfen Sie, ob die Werte in einer Stichprobe ausreichen, um eine bestehende Hypothese über den Erwartungswert in der Grundgesamtheit bei einer maximal akzeptierten Irrtumswahrscheinlichkeit (beziehungsweise einem mindestens geforderten Konfidenzniveau) zurückzuweisen. Hierzu berechnen Sie eine standardisierte Prüfgröße, die Sie mit dem Standardwert aus der Normalverteilung, der dem geforderten Konfidenzniveau entspricht, vergleichen. Je weiter die Prüfgröße von dem Wert 0 entfernt liegt, desto eher können Sie die Nullhypothese ablehnen.

Fehlergrenze für einen Anteilswert in der Stichprobe

Die Fehlergrenze für einen Anteilswert in der Stichprobe zeigt an, in welchem Ausmaß die Größe des Anteils zwischen verschiedenen Stichproben variieren kann. Dabei hängt das Ausmaß der Fehlergrenze davon ab, welches Konfidenzniveau man zugrunde legt. Ein Anteilswert in der Stichprobe wird mit $\hat{p}$ bezeichnet und die Fehlergrenze für einen solchen Anteilswert berechnet sich bei hinreichend großen Stichproben nach der Formel

$$\text{Fehlergrenze} = \pm Z^* \cdot \sqrt{\frac{\hat{p}\,(1 - \hat{p})}{n}}.$$

Um die Fehlergrenze für einen Anteilswert $\hat{p}$ zu berechnen, gehen Sie also folgendermaßen vor:

1. **Legen Sie das Konfidenzniveau fest und ermitteln Sie den zugehörigen Z^*-Wert aus der Tabelle für die Standardnormalverteilung, zum Beispiel $Z^* = 1{,}96$ für ein 95%-Konfidenzniveau.**

2. **Bestimmen Sie die Höhe des Anteils in der Stichprobe, $\hat{p}$, und die Stichprobengröße n.**

   Der Anteilswert in der Stichprobe ist gleich der Anzahl der Beobachtungen mit dem gesuchten Merkmal geteilt durch die Anzahl aller Beobachtungen.

3. **Berechnen Sie den Wert $\hat{p} \cdot (1 - \hat{p})$.**

4. **Teilen Sie das Ergebnis aus dem vorhergehenden Schritt durch n.**

5. **Ziehen Sie die Wurzel.**

6. **Multiplizieren Sie das Ergebnis mit dem Z^*-Wert, den Sie im ersten Schritt ermittelt haben.**

Beispiel: Nehmen Sie an, Sie möchten den Anteil der Erwachsenen in Deutschland bestimmen, die täglich mit dem Auto fahren. Sie wählen eine Zufallsstichprobe von 1.000 Personen und stellen fest, dass 650 davon täglich das Auto benutzen. Wie hoch ist dann Ihre Schätzung für den Anteil aller volljährigen Personen in Deutschland, die jeden Tag mit dem Auto fahren?

1. **Angenommen, das Konfidenzniveau soll 95% betragen. Der zugehörige Standardwert ist dann $Z^* = 1{,}96$.**

2. **Der Anteilswert in der Stichprobe beträgt $\hat{p} = 650 \div 1.000 = 0{,}65$.**

3. **Damit kann der Wert $0{,}65 \cdot (1 - 0{,}65) = 0{,}2275$ berechnet werden.**

4. **Dividieren Sie diesen Wert durch die Stichprobengröße und Sie erhalten $0{,}2275 \div 1.000 = 0{,}00023$.**

5. **Die Wurzel daraus beträgt 0,015.**

6. **Multiplizieren Sie diesen Wert mit dem Z*-Wert: 0,015 · 1,96 = 0,0294 beziehungsweise 2,94%. Die gesuchte Fehlergrenze für den Anteilswert ist damit ± 2,94%.**

Die Fehlergrenze für den Anteilswert ist umso kleiner, je größer die Stichprobe ist. Um eine Halbierung der Fehlergrenze zu erreichen, muss die Stichprobengröße allerdings vervierfacht werden, da n, die Stichprobengröße, nur unter der Wurzel in die Berechnung der Fehlergrenze einfließt. Neben der Stichprobengröße hängt die Fehlergrenze auch von dem zugrunde gelegten Konfidenzniveau ab. Je größer die gewünschte Sicherheit (je höher also das Konfidenzniveau), desto größer ist der korrespondierende Standardwert Z* und damit auch die Fehlergrenze. Beachten Sie auch, dass die Höhe der Fehlergrenze auch von der Größe des Anteilswerts in der Stichprobe abhängt; am höchsten ist die Fehlergrenze bei einem Anteilswert von 0,5.

 Die Fehlergrenze besteht aus zwei Werten, nämlich $+Z^* \cdot \sqrt{\frac{\hat{p}(1-\hat{p})}{n}}$ und $-Z^* \cdot \sqrt{\frac{\hat{p}(1-\hat{p})}{n}}$. Die Fehlergrenze ist umso größer, je höher das zugrunde gelegte Konfidenzniveau ist, und je näher der Anteilswert in der Stichprobe an dem Wert 0,5 liegt. Mit zunehmender Stichprobengröße nimmt die Fehlergrenze dagegen ab.

Benötigte Stichprobengröße für das Konfidenzintervall eines Anteilswerts

Wenn Sie auf Basis einer Stichprobe ein Konfidenzintervall für einen Anteilswert in der Grundgesamtheit berechnen möchten und dabei schon wissen, welches Konfidenzniveau Sie wünschen und wie groß die Fehlergrenze sein soll, können Sie mit diesen Angaben bereits vor der Erhebung der Daten berechnen, wie groß die Stichprobe ungefähr sein muss, um Ihren Anforderungen zu genügen. Dazu müssen Sie allerdings auch eine Vorstellung darüber haben, wie groß $\hat{p}$ in der Stichprobe ungefähr sein wird; eine solche Schätzung für $\hat{p}$ können Sie zum Beispiel aus einer Vorstudie oder früheren Untersuchungsergebnissen ableiten. Die Formel zum Berechnen der notwendigen Stichprobengröße lautet dann:

$$n = \frac{(Z^*)^2 \cdot \hat{p} \cdot (1 - \hat{p})}{(FG)^2}.$$

Dabei bezeichnet Z* den Standardwert aus der Normalverteilung für das gewünschte Konfidenzniveau, FG ist die Fehlergrenze, die Sie haben möchten, und $\hat{p}$ ist Ihre Schätzung für den Anteilswert in der Stichprobe.

Um die benötigte Stichprobengröße zu berechnen, gehen Sie also folgendermaßen vor:

1. **Berechnen Sie das Quadrat von Z* und multiplizieren Sie das Ergebnis mit $\hat{p} \cdot (1 - \hat{p})$.**

2. **Teilen Sie das Ergebnis durch das Quadrat der angestrebten Fehlergrenze.**

3. **Runden Sie das Resultat zur nächstgrößeren ganzen Zahl auf. Das Ergebnis ist die gesuchte Stichprobengröße.**

Beispiel 1: Nehmen Sie an, Sie möchten den Anteil der Personen in Deutschland ermitteln, die einen bestimmten Gesetzesvorschlag einer Oppositionspartei befürworten. Für Ihre Schätzung streben Sie bei einem 95%-Konfidenzniveau eine Genauigkeit von 2,5 Prozentpunkten an. Aus früheren Untersuchungen wissen Sie, dass etwa 58% der Bevölkerung dem Gesetzesvorschlag positiv gegenüberstehen. Wie viele Personen müssen Sie nun befragen, um eine hinreichend große Stichprobe für Ihre Untersuchungsziele zu erhalten:

1. **Der Standardwert für ein 95%-Konfidenzintervall ist 1,96, das Quadrat von Z* beträgt also $1{,}96^2 = 3{,}8416$. Wenn Sie diesen Wert mit $\hat{p} \cdot (1 - \hat{p})$ multiplizieren, erhalten Sie $3{,}8416 \cdot 0{,}58 \cdot 0{,}42 = 0{,}9358$.**

2. **Sie streben eine Fehlergrenze von 0,025 an, die quadrierte Fehlergrenze beträgt also $0{,}025^2 = 0{,}000625$. Wenn Sie das Ergebnis aus dem vorhergehenden Schritt durch diesen Wert teilen, erhalten Sie $0{,}9358 \div 0{,}000625 = 1.497{,}28$.**

3. **Runden Sie das Ergebnis auf 1.498 auf.**

   Um bei einem 95%-Konfidenzniveau eine Fehlergrenze von 2,5 Prozentpunkten zu erreichen, benötigen Sie also eine Stichprobe mit mindestens 1.498 Beobachtungen.

Wenn Sie keine Vorstudie durchführen können und auch keine anderen Hinweise auf die zu erwartende Größe von $\hat{p}$ haben, können Sie für die Ermittlung der notwendigen Stichprobengröße $\hat{p} = 0{,}5$ ansetzen. Damit erhalten Sie eine konservative Schätzung, denn die Fehlergrenze ist umso größer, je näher $\hat{p}$ an dem Wert 0,5 liegt. Eine Stichprobengröße, die Sie für einen Anteilswert von 0,5 berechnet haben, ist damit in jedem Fall auch für jeden anderen Anteilswert ausreichend.

Wenn Sie für $\hat{p} = 0{,}5$ ansetzen, vereinfacht sich die Formel zum Berechnen der Stichprobengröße zu $\dfrac{(Z^*)^2}{4 \cdot (FG)^2}$. Um die notwendige Stichprobengröße zu ermitteln, können Sie in diesem Fall wie folgt vorgehen:

1. **Berechnen Sie das Quadrat der Fehlergrenze und multiplizieren Sie den Wert mit 4.**

2. **Berechnen Sie das Quadrat des Standardwerts und teilen Sie das Ergebnis durch den im vorhergehenden Schritt berechneten Wert.**

Beispiel 2: Wenn Sie für das vorhergehende Beispiel einen Wert von $\hat{p} = 0{,}5$ ansetzen, erhalten Sie folgendes Ergebnis: Das Quadrat der Fehlergrenze beträgt $0{,}025^2 = 0{,}000625$. Wenn Sie diesen Wert mit 4 multiplizieren, erhalten Sie $4 \cdot 0{,}000625 = 0{,}0025$. Das Quadrat des Standardwerts ist $1{,}96^2 = 3{,}8416$. Wenn Sie diesen Wert durch den zuvor berechneten

Wert teilen, ergibt dies 3,8416 ÷ 0,0025 = 1.536,64. Runden Sie diesen Wert auf, und Sie haben die gesuchte Stichprobengröße gefunden. Sie beträgt 1.537 und liegt damit über dem oben ermittelten Wert. Das war zu erwarten, denn da keine Schätzung für $\hat{p}$ vorlag, wurde mit 0,5 der ungünstigste Wert angesetzt. Eine Stichprobe mit 1.537 Beobachtungen erfüllt Ihre Anforderungen damit in jedem Fall, erst recht wenn der tatsächliche Anteilswert in der Stichprobe größer oder kleiner als 0,5 ist.

Um bereits im Vorfeld abzuschätzen, wie groß Ihre Stichprobe sein muss, benötigen Sie Angaben zur gewünschten Fehlergrenze bei einem vorgegebenen Konfidenzniveau und zusätzlich eine Schätzung für den Anteilswert in der Stichprobe. Wenn Sie keine Hinweise darauf haben, wie groß der Anteilswert in der Stichprobe sein wird, können Sie den Wert 0,5 ansetzen. Dieser entspricht dem ungünstigsten Fall, sodass die für einen Anteilswert von 0,5 ermittelte Stichprobengröße auch für jeden anderen Anteilswert ausreichend ist.

Prüfgröße für einen Anteilswert in der Stichprobe

Wenn Sie einen Hypothesentest für einen Anteilswert in der Grundgesamtheit durchführen, gehen Sie von dem in einer Stichprobe beobachteten Anteilswert aus und überprüfen, ob Ihre Hypothese bei einer vorgegebenen maximalen Irrtumswahrscheinlichkeit haltbar ist. Dazu berechnen Sie eine statistische Prüfgröße, die Sie mit dem Standardwert aus der Standardnormalverteilung vergleichen, der dem von Ihnen geforderten Konfidenzniveau entspricht. Die Formel zum Berechnen der Prüfgröße für einen Anteilswert lautet $\dfrac{\hat{p}-p_0}{\sqrt{\dfrac{p_0(1-p_0)}{n}}}$; dabei bezeichnet p_0 den Anteilswert, der in der Nullhypothese für die Grundgesamtheit unterstellt ist.

Um die Prüfgröße für einen Anteilswert zu berechnen, gehen Sie also folgendermaßen vor:

1. **Ermitteln Sie die Höhe des Anteils in der Stichprobe, $\hat{p}$.**

   Der Anteilswert in der Stichprobe ist gleich der Anzahl der Beobachtungen mit dem gesuchten Merkmal geteilt durch die Anzahl aller Beobachtungen, n.

2. **Berechnen Sie $p_0 \cdot (1 - p_0) \div n$.**

3. **Ziehen Sie aus dem im vorhergehenden Schritt berechneten Wert die Wurzel.**

4. **Berechnen Sie $\hat{p} - p_0$.**

5. **Teilen Sie das Ergebnis aus dem vorhergehenden Schritt durch den im dritten Schritt berechneten Wert.**

Beispiel: Angenommen, Sie hören die These, dass nur 60% aller wahlberechtigten Menschen in Deutschland bei der nächsten Bundestagswahl ihre Stimme abgeben möchten. Sie vermuten aber, dass der Anteil in Wirklichkeit deutlich höher sein muss. Um dies zu überprüfen, befragen Sie eine Zufallsstichprobe von 1.000 wahlberechtigten Personen und finden heraus, dass tatsächlich 65% der Befragten die Absicht haben, wählen zu gehen. Reicht diese Beobachtung aus, um die These, die zu erwartende Wahlbeteiligung liege nur bei 60%, zurückzuweisen? Dies überprüfen Sie anhand eines Hypothesentests. Die Nullhypothese lautet H_0: p = 0,60. Ihre Alternativhypothese ist H_1: p > 0,60. In Ihrer Stichprobe beträgt $\hat{p} = 0,65$ und n = 1.000, sodass Sie die Prüfgröße wie folgt berechnen können:

$$\frac{\hat{p} - p_0}{\sqrt{\dfrac{p_0(1 - p_0)}{n}}} = \frac{0,65 - 0,60}{\sqrt{\dfrac{0,60(1 - 0,60)}{1.000}}} = \frac{0,05}{\sqrt{0,00024}} = 3,23.$$

Wenn Sie ein Konfidenzniveau von 95% zugrunde legen, beträgt der Z^*-Wert für diesen einseitigen Test 1,64. Die Prüfgröße liegt damit deutlich über dem kritischen Wert und Sie können die Nullhypothese zurückweisen, derzufolge nur 60% der wahlberechtigten Personen beabsichtigen, von ihrem Wahlrecht Gebrauch zu machen.

Mit einem Hypothesentest für einen Anteilswert überprüfen Sie, ob die Beobachtungen in einer Stichprobe hinreichend stark sind, um eine vorliegende Hypothese über den Anteilswert in der Grundgesamtheit bei einer maximal akzeptierten Irrtumswahrscheinlichkeit (beziehungsweise einem mindestens geforderten Konfidenzniveau) zurückzuweisen. Hierzu berechnen Sie eine standardisierte Prüfgröße, die Sie mit dem Standardwert aus der Normalverteilung, der dem geforderten Konfidenzniveau entspricht, vergleichen. Je weiter die Prüfgröße von dem Wert 0 entfernt liegt, desto eher können Sie die Nullhypothese ablehnen.

Ausführliche Erläuterungen zu Prüfgrößen und Hypothesentests finden Sie in Kapitel 11. Dort wird auch auf Hypothesentests zum Vergleichen von zwei Mittelwerten sowie von zwei Anteilswerten eingegangen.

Kapitel 19

Zehn Wege, typische Fehler in der Statistik zu erkennen

Einer Statistik sollten Sie niemals blind vertrauen, ohne sie zu hinterfragen. Statistische Aussagen und grafische Darstellungen können leicht einen falschen Eindruck vermitteln, selbst wenn die Darstellungen und Aussagen formal vollkommen korrekt sind. So können die Aussagen richtig, aber zugleich unvollständig sein oder auf einer schwachen Datenbasis beruhen. Auch Diagramme können auf einer schwachen Datengrundlage basieren, ohne dass man es ihnen ansieht, und durch eine fragliche Skalierung der Achsen Zusammenhänge in den Daten leicht überzeichnen oder verharmlosen. Mit Ihrem Wissen wird es Ihnen jedoch nicht schwerfallen, jede Statistik und Grafik zu überprüfen und echte Fehler sowie unredliche Darstellungen aufzuspüren.

In den vorhergehenden Kapiteln dieses Buches werden verschiedene Wege zum Überprüfen und Erkennen von Fehlern und irreführenden Darstellungen beschrieben, die in diesem Kapitel noch einmal zusammengefasst werden. Zudem erläutere ich, wie Sie selbst Fehler vermeiden können und identifizierte Fehler richtig beschreiben, um eine vernünftige Diskussion der Ergebnisse zu ermöglichen. In den meisten Fällen ist es nämlich wenig hilfreich, eine Aussage oder Grafik einfach als »falsch« abzulehnen, wenn Sie nicht auch genau darlegen können, warum Sie die Ergebnisse für inkorrekt oder unseriös halten.

Grafiken überprüfen

Grafiken können auf vielerlei Weise irreführend sein, und zwar nicht nur dadurch, wie die Daten in der Grafik dargestellt werden, sondern auch dadurch, welche Daten überhaupt gezeigt und welche nicht gezeigt werden. Achten Sie bei Grafiken insbesondere auf die folgenden Aspekte:

✔ **Bei bestimmten Grafiken sollten sich die Werte zu eins addieren.** Dies gilt zum Beispiel für Kreisdiagramme und Balkendiagramme oder Histogramme, die relative Häufigkeiten darstellen. Immer wenn in einer Grafik eine Verteilung über verschiedene Kategorien, die sich nicht überschneiden, dargestellt wird, sollten die Anteile der einzelnen Kategorien in der Summe 1 beziehungsweise 100% ergeben. (Zu solchen Grafiktypen finden Sie Näheres in Kapitel 2.)

✔ **Werden Größen durch Flächen dargestellt, achten Sie auf mögliche Verzerrungen.** Bei manchen Grafiken werden Werte nicht durch die Höhe oder Länge von Balken, sondern durch die Größe von Flächen dargestellt. Bei solchen Darstellungen können leicht tatsächliche oder wahrgenommene Verzerrungen auftreten. Eine Fläche, die doppelt so breit und doppelt so hoch ist wie eine andere Fläche, ist insgesamt viermal (und nicht etwa zweimal) so groß.

✔ **Prozentangaben sollten immer von Angaben über die Größe der Datenbasis begleitet werden.** Werden in einer Grafik relative Häufigkeiten zum Beispiel als Prozentwerte dargestellt, sollte immer mit angegeben sein, auf welcher absoluten Anzahl von Beobachtungen die Darstellung basiert. Andernfalls können Sie die Aussagekraft und Glaubwürdigkeit der Darstellung nicht bewerten. So ist zum Beispiel die Aussage, dass 80% der Befragten eine bestimmte Gesetzesinitiative unterstützen, während 20% dagegen sind, wenig brauchbar, wenn Sie nicht wissen, ob dieser Erkenntnis 5 oder 500 Befragte zugrunde liegen. (Weitere Informationen zur Stichprobengröße und entsprechenden Angaben in Grafiken finden Sie in Kapitel 2.)

✔ **Achten Sie auf verzerrte Skalierungen.** Ungeschickte oder bewusst verzerrende Skalierungen sind eine der häufigsten Ursachen für irreführende Darstellungen. Die Skalierung der Achsen kann den Eindruck, den eine Grafik vermittelt, vollständig verzerren. Wird etwa ein unnötig großer Wertebereich abgetragen, erscheinen Unterschiede zwischen den einzelnen Werten deutlich kleiner, wird dagegen umgekehrt nur ein sehr kleiner Ausschnitt des insgesamt beobachteten Wertebereichs gezeigt, erscheinen Unterschiede zwischen den Daten stark überzeichnet. (Zu Problemen dieser Art lesen Sie auch Kapitel 2 und 3.)

✔ **Diagramme, die einen Zeitverlauf darstellen, lassen Veränderungen zu stark oder zu schwach erscheinen, wenn die Abstände auf der Zeitachse nicht einheitlich gewählt werden.** Wird in einem Diagramm ein zeitlicher Verlauf dargestellt, sollten die Abstände der einzelnen Datenpunkte proportional zum Zeitabstand zwischen den Beobachtungen sein. Zwei Beobachtungen, die zehn Jahre auseinanderliegen, sollten in der Grafik auf der Zeitachse zehnmal so weit voneinander entfernt liegen wie zwei Beobachtungen, zwischen denen nur ein Jahr vergangen ist. Ist der Abstand zwischen zwei Beobachtungspunkten zu gering, wird die Veränderung in dieser Zeit überzeichnet; ist der Abstand zu groß, erscheinen die Veränderungen zu schwach (siehe hierzu auch die Beispiele in Kapitel 3).

✔ **Grafiken, die Preise oder ähnliche Werte im Zeitverlauf darstellen, sollten auch um die Inflation bereinigt sein.** Ein Dollar im Jahr 1950 ist etwas anderes als ein Dollar im Jahr 2010. Die allgemeine Inflation sorgt dafür, dass rein nominelle Preise mit der Zeit ansteigen. Wenn also beispielsweise die Preisentwicklung für Autos in den letzten 50 Jahren gezeigt werden soll, müssen die Preise um die Inflation bereinigt werden, um eine sinnvolle Darstellung zu erhalten.

✔ **Wenn Sie zwei oder mehr Histogramme miteinander vergleichen, stellen Sie sicher, dass alle Grafiken die gleichen x- und y-Achsen verwenden.** Wollen Sie beispielsweise die Verteilung der Messergebnisse aus zwei gleichartigen Studien miteinander vergleichen, ist es sinnvoll, diese in zwei Grafiken darzustellen und nebeneinander zu halten. Damit hierbei das Bild aber nicht verzerrt wird, müssen beide Grafiken die gleichen Achsen mit identischen Skalierungen verwenden. (Mehr zum Umgang mit der Skalierung von Achsen finden Sie in Kapitel 4.)

Verzerrungen erkennen und beschreiben

Verzerrungen in der Statistik gehen auf systematische Fehler zurück, durch die Ergebnisse entweder durchweg zu hoch oder zu niedrig geschätzt werden. Verzerrungen haben ihre Ursache meistens in dem Prozess von der Datenerhebung bis zur Analyse. Die folgende Liste zeigt die häufigsten Ursachen von Verzerrungen:

✔ **Bei der Ziehung der Stichprobe, wenn durch die Art der Stichprobenziehung bestimmte Gruppen aus der Grundgesamtheit bevorzugt werden:** So begünstigen Onlineumfragen Personen, die einen Internetzugang haben und regelmäßig im Internet surfen. Eine Onlineumfrage auf einer speziellen Seite erreicht nur solche Personen, die diese eine Seite besuchen. (In Kapitel 13 werden die möglichen Fehler bei der Stichprobenziehung ausführlicher betrachtet.)

✔ **Während der Datenerhebung:** Durch die Art, wie Interviews geführt werden, wie die Fragen formuliert sind und welche Antwortoptionen vorgegeben wurden, können sehr leicht Verzerrungen in den Antworten auftreten. Je nach Kontext kann es auch sein, dass die Befragten einen Anreiz haben, bewusst falsche Antworten zu geben. (Mehr Informationen zu dieser Problematik finden Sie in Kapitel 13.)

✔ **Bei der Messung und Erfassung der Daten:** Verzerrungen dieser Art können offensichtlich auftreten, wenn die Messinstrumente falsch eingestellt sind und beispielsweise eine Waage immer 5 Kilogramm zu viel anzeigt (siehe hierzu im Detail Kapitel 13 und 14).

✔ **Während eines Experiments:** Ist in einem Experiment den Testpersonen und/oder den Betreuern bekannt, welche Personen ein Placebo bekommen und welche eine echte Behandlung erfahren, hat dies häufig Einfluss auf das Verhalten von Testpersonen und Betreuern. Werden aber Test- und Kontrollgruppen unterschiedlich aufmerksam betreut beziehungsweise gehen Test- und Kontrollpersonen von sich aus mit einer unterschiedlichen Einstellung an das Experiment heran, hat dies leicht einen verzerrenden Einfluss auf das Ergebnis des Experiments. (Weitere Beispiele zu möglichen Verzerrungen im Rahmen von Experimenten finden Sie in Kapitel 14.)

✔ **In der Datenanalyse:** Eine der häufigsten Ursachen für Verzerrungen bei der Datenanalyse besteht in der Auswahl der betrachteten Daten. So können Forscher geneigt sein, Daten, die nicht in das Modell passen, einfach aus der Untersuchung auszuklammern – so, als wären diese Daten gar nicht erhoben worden. Ein solches Vorgehen ist natürlich absolut unredlich, denn der Forscher unterdrückt Informationen, die ihm vorliegen und bekannt sind. Nehmen Sie zum Beispiel an, in einer medizinischen Studie reagierten alle Testpersonen in der gewünschten Weise, mit Ausnahme einer einzigen Person. Ein Forscher könnte nun versucht sein, diese Person als »statistischen Ausreißer« zu betrachten und sie aus der Studie auszuschließen – schließlich hätte es ja auch gut sein können, dass diese eine Person bei der Zusammenstellung der Studienteilnehmer rein zufällig gar nicht berücksichtigt worden wäre. Ein solches Vorgehen ist natürlich unzulässig und tritt unter seriösen Wissenschaftlern nicht auf. (In Kapitel 14 finden Sie Hinweise dazu, wie Sie den Aufbau von Experimenten kritisch bewerten können.)

Die Fehlergrenze aufzeigen

Wann immer jemand versucht, auf Basis der Daten einer Stichprobe einen Parameter in der Grundgesamtheit zu schätzen, sind Stichprobenfehler unvermeidbar. Dies liegt in der Natur der Sache, denn eine Stichprobe stellt immer nur einen zufällig ausgewählten Ausschnitt aus der Grundgesamtheit dar, sodass die Werte von einer Stichprobe zur anderen zwangsläufig variieren und Rückschlüsse von der Stichprobe auf die Grundgesamtheit mit Unsicherheiten verbunden sind. Dies ist per se nicht schlimm, sondern es ist das Wesen der Statistik, mit solchen Unsicherheiten umzugehen. Damit die Qualität der Aussagen über die Grundgesamtheit richtig eingeschätzt werden kann, weist man in solchen Fällen einfach die Fehlergrenze mit aus und sagt beispielsweise nicht: »Der Mittelwert in der Grundgesamtheit beträgt 17«, sondern: »Mit einer Sicherheit von 95% können wir davon ausgehen, dass der Mittelwert in der Grundgesamtheit im Bereich zwischen 16,5 und 17,5 liegt.«

Problematisch wird es allerdings dann, wenn Forscher oder Medien die Fehlergrenze »unterschlagen« und ihre mit Unsicherheiten behaftete Schätzung als Tatsache verkaufen. Trauen Sie also keiner Statistik, die keine Angaben über die Präzision und Zuverlässigkeit der Ergebnisse enthält. Gerade in populären Medien finden sich sehr häufig statistische Ergebnisse ohne Aussagen zur Fehlergrenze beziehungsweise zur Schwankungsbreite der Schätzungen. Solche Ergebnisse sind streng genommen wertlos, denn es ist nicht erkennbar, welche Aussagekraft sie besitzen. (Weitere Details zum Umgang mit der Fehlergrenze lesen Sie in Kapitel 8.)

Wenn jemand statistische Ergebnisse mit einer Schätzung für einen Parameter wie einen Durchschnittswert oder einen bestimmten Anteil in der Grundgesamtheit präsentiert, überprüfen Sie stets die Fehlergrenze. Liegen keine Angaben zur Fehlergrenze vor, fragen Sie danach oder versuchen Sie, die Fehlergrenze selbst zu berechnen, wenn alle dazu notwendigen Informationen zur Verfügung stehen. Gibt es keine Hinweise auf die Höhe der Fehlergrenze, sollten Sie den Ergebnissen nicht allzu viel Vertrauen schenken.

Stichprobengröße überprüfen

Um die Zuverlässigkeit statistischer Ergebnisse einschätzen zu können, ist es immer von Bedeutung, auf welche Informationsbasis sich die Ergebnisse stützen. Wurden Ergebnisse aus einer Befragung von 10 Personen abgeleitet, ist dies wesentlich weniger aussagekräftig, als wenn 100 oder sogar 1.000 Personen befragt wurden. Je mehr Informationen in eine Statistik einfließen, desto zuverlässiger sind die Ergebnisse – natürlich nur unter der Voraussetzung, dass die einfließenden Informationen korrekt und nicht verzerrt sind. Weil die Datenbasis für die Bewertung statistischer Ergebnisse eine derart zentrale Rolle spielt, sollte jeder Ergebnisbericht stets Angaben über die Stichprobengröße enthalten. Nur so können die Nutzer der Ergebnisse deren Qualität richtig einschätzen.

Diese Anforderung wird von vielen Tabellen und Grafiken nicht erfüllt. Auch in Medienberichten wird häufig nicht mit angegeben, auf welche Datenbasis sich eine Statistik stützen kann. Andere Statistiken wiederum weisen die Stichprobengröße ehrlicherweise mit aus, und wenn man die Angaben näher betrachtet, stellt man fest, dass die Ergebnisse auf schwachen Beinen stehen. Je geringer die Datenbasis, desto unzuverlässiger sind die Ergebnisse. (Weitere Informationen über den Zusammenhang zwischen Stichprobengröße und Zuverlässigkeit der Ergebnisse finden Sie in Kapitel 8.)

Wann ist eine Stichprobe hinreichend groß? Diese Frage lässt sich nicht allgemein beantworten, es gibt aber verschiedene Eckwerte, an denen man sich orientieren kann. So beträgt die Fehlergrenze für eine Stichprobe mit 2.500 Beobachtungen nur etwa 2 Prozentpunkte. Häufig wird auch schon eine Stichprobe mit 1.000 Beobachtungen als hinreichend groß angesehen. Für Experimente werden oftmals mindestens 30 Personen je Teilgruppe gefordert.

Prüfen Sie stets, ob die Stichprobengröße bei statistischen Ergebnissen mit angegeben wird. Ist dies nicht der Fall, sollten Sie den Ergebnissen nicht allzu viel Vertrauen schenken, denn Sie wissen nicht, ob diese auf 10 oder 10.000 Beobachtungen basieren. Wird die Stichprobengröße mit ausgewiesen, prüfen Sie, ob diese hinreichend groß ist, um die Ergebnisse als valide einzustufen.

Stichprobenziehung prüfen (War die Auswahl zufällig?)

Die meisten Untersuchungen basieren aus Zeit- und Kostengründen nicht auf einer vollständigen Analyse der Grundgesamtheit, sondern betrachten lediglich eine Stichprobe. Wenn die Stichprobe sauber gezogen wurde und die Grundgesamtheit gut repräsentiert, ist es ohne Weiteres möglich, von den Beobachtungen in der Stichprobe auf die Grundgesamtheit zu schließen. Dazu ist noch nicht einmal eine sehr große Stichprobe erforderlich. Um beispielsweise Aussagen über die gesamte Bevölkerung in Deutschland zu treffen, genügt es oftmals, eine Stichprobe von 1.000 bis 2.500 Personen zu betrachten. Dies gilt allerdings nur, wenn die Stichprobe tatsächlich allen Anforderungen einer repräsentativen Stichprobe genügt. Der einfachste Weg, eine repräsentative Stichprobe zu ziehen, besteht darin, die Personen (oder allgemein die Beobachtungseinheiten) zufällig auszuwählen. Eine solche Zufallsstichprobe ist immer eine Teilmenge der Grundgesamtheit, die sich dadurch auszeichnet, dass jedes Element (zum Beispiel jede Person) aus der Grundgesamtheit die gleiche

Chance hatte, in die Stichprobe aufgenommen zu werden. Durch eine solche Zufallsauswahl wird ausgeschlossen, dass bestimmte Teilgruppen der Grundgesamtheit systematisch bevorzugt werden.

Unglücklicherweise basieren viele Studien im wahren Leben nicht auf Zufallsstichproben. So nutzen vor allem medizinische Studien häufig Freiwillige, die sich in vielen Eigenschaften systematisch vom Durchschnitt der Bevölkerung unterscheiden. Dabei lässt es sich oftmals gar nicht vermeiden, ausschließlich mit Freiwilligen zu arbeiten (schließlich können Sie nicht einfach irgendwelche Leute anrufen und ihnen mitteilen, dass sie für eine medizinische Studie ausgewählt wurden und ab morgen bitte jeden Tag drei Tabletten eines bestimmten Präparats einnehmen möchten). In diesen Fällen sollten die Freiwilligen aber in jedem Fall nach allen relevanten Merkmalen (wie Alter, soziale Herkunft, Vorerkrankungen etc.) bewertet und so zusammengestellt werden, dass sich eine für die Grundgesamtheit repräsentative Testgruppe ergibt.

Auch viele Umfragen in den Medien basieren nicht auf einer Zufallsstichprobe. Fordert beispielsweise ein Fernsehsender seine Zuschauer auf, anzurufen und über ein bestimmtes Thema abzustimmen, basiert das Abstimmungsergebnis nicht auf einer Zufallsstichprobe, denn zum einen können ausschließlich solche Personen an der Befragung teilnehmen, die zu dem entsprechenden Zeitpunkt den jeweiligen Fernsehsender schauen (die mögliche Grundgesamtheit sind also nicht alle Zuschauer dieses Senders, sondern nur diejenigen, die zu einem bestimmten Zeitpunkt eine ganz spezielle Sendung ansehen; auf gar keinen Fall kann die Gesamtbevölkerung als Grundgesamtheit angenommen werden), zum anderen wird der Fernsehsender nur die Antworten von solchen Personen erhalten, die bereit sind, aktiv zum Telefon zu greifen und ihre Stimme abzugeben. Die Befragungsteilnehmer wählen sich also selbst aus. (Weitere Informationen zur richtigen Stichprobenziehung und der Bewertung von Stichproben finden Sie in Kapitel 13.)

 Bevor Sie eine Aussage über die Qualität einer statistischen Untersuchung treffen, sollten Sie stets den Prozess der Stichprobenziehung überprüfen. Wurden die Teilnehmer für die Untersuchung nicht zufällig ausgewählt, sollten Sie skeptisch werden und hinterfragen, ob der Verzicht auf die Zufallsauswahl zwingend notwendig war und bei der Stichprobenziehung mit diesem Defizit angemessen umgegangen wurde.

Einfluss von Störgrößen erkennen

Störgrößen sind Variablen, die im Rahmen einer Untersuchung nicht mit einbezogen wurden, die Ergebnisse der Studie aber durchaus beeinflussen und damit die untersuchten Zusammenhänge stören können. Häufig wird zum Beispiel berichtet, dass Menschen, die bestimmte Ernährungsweisen an den Tag legen, besonders selten krank werden oder ein besonders hohes Alter erreichen. Diese Beobachtung mag dann durchaus zutreffen, es wäre aber falsch, aus dieser Beobachtung auf einen kausalen Zusammenhang zu schließen. Vielmehr ist es gut möglich, dass solche Menschen, die bestimmte Nahrungsmittel zu sich nehmen, auch viele andere Gemeinsamkeiten haben, zum Beispiel alle in einer bestimmten Region leben, einen ähnlichen sozialen Status haben etc. In solchen Fällen ist kaum festzustellen, ob die hohe Lebenserwartung auf das in der Studie betrachtete Ernährungsverhalten oder auf andere, von der Studie ausgeschlossene (Stör-)Größen wie den sozialen Status, das Lebensumfeld etc. zurückgeht.

Der größte und leider sehr häufige Fehler im Umgang mit Störgrößen besteht darin, diese einfach zu ignorieren. Vielmehr sollten Störgrößen bewusst kontrolliert werden. Dies kann am einfachsten im Rahmen von Experimenten erfolgen, in denen Störfaktoren tatsächlich ausgeschlossen oder konstant gehalten werden können, sodass sie keinen verzerrenden Einfluss ausüben. Aber auch in Beobachtungsstudien können Sie geschickter mit Störgrößen umgehen, als sie einfach zu ignorieren. Hier haben Sie zwar keinen Einfluss auf die Störvariablen, Sie können diese aber zumindest mit erfassen und bei der Analyse der Daten überprüfen, ob und gegebenenfalls in welchem Maße die Störgrößen die Zusammenhänge zwischen den eigentlich interessierenden Variablen beeinflussen. (Weitere Erläuterungen zum Umgang mit Störgrößen finden Sie in Kapitel 14.)

Störgrößen können die untersuchten Zusammenhänge erheblich beeinflussen. Werden Störgrößen einfach ignoriert, können Untersuchungen leicht zu falschen Schlussfolgerungen kommen. Der beste Umgang mit Störgrößen besteht darin, diese im Rahmen eines Experiments zu kontrollieren. Im Rahmen von Beobachtungsstudien lassen sich Störgrößen nicht kontrollieren, sie können aber mit erfasst und bei der Datenanalyse in die Untersuchung der Zusammenhänge mit einbezogen werden.

Korrelationen richtig bewerten

Die *Korrelation* ist sicher einer der am häufigsten falsch verstandenen und falsch verwendeten Begriffe aus der Statistik. (Alles, was Sie über die Korrelation wissen müssen, finden Sie in Kapitel 16.) Vor allem die drei folgenden Fehler werden gerne im Zusammenhang mit der Korrelation begangen:

- ✔ **Anwendung einer Korrelation auf nicht quantitative Variablen:** Der herkömmliche Korrelationskoeffizient lässt sich ausschließlich für zwei numerische, quantitative Variablen sinnvoll berechnen. Vollkommen ungeeignet ist er für kategoriale Variablen wie politische Einstellungen, Nationalitäten oder Geschlecht. Sie sollten daher auch keine Aussagen der Art »Das Wahlverhalten scheint mit dem Geschlecht zu korrelieren« treffen. Es mag zwar durchaus einen Zusammenhang zwischen Wahlverhalten und Geschlecht geben, dieser Zusammenhang wird in der Statistik aber nicht mithilfe der Korrelation gemessen.

- ✔ **Falsche Interpretation dessen, was eine Korrelation genau misst:** Die Korrelation misst die Stärke und Richtung des *linearen* Zusammenhangs zwischen zwei numerischen Variablen. Besteht zwischen zwei Variablen keine Korrelation, bedeutet dies nicht, dass es keinen Zusammenhang zwischen den Variablen gibt – es gibt lediglich keinen linearen Zusammenhang. Es ist aber durchaus möglich, dass ein quadratischer oder exponentieller Zusammenhang vorliegt.

✔ **Korrelation mit einem kausalen Zusammenhang verwechseln:** Wenn jemand berichtet, dass Menschen, die häufig Diätgetränke konsumieren, schwächere Abwehrkräfte haben als Menschen, die keine Diätgetränke zu sich nehmen, müssen Sie als regelmäßiger Konsument von Cola Light nicht gleich in Panik geraten. Selbst wenn der beobachtete Zusammenhang zutrifft, bedeutet dies nicht, dass es einen kausalen Zusammenhang gibt (dass also Diätgetränke die Abwehrkraft schwächen). Ebenso ist es denkbar, dass Diätgetränke überwiegend von übergewichtigen Menschen konsumiert werden und das Übergewicht eine Schwächung der Abwehrkräfte verursacht. In diesem Fall hat der Forscher keine wirklich neuen Erkenntnisse zutage gefördert, denn dass Übergewicht nicht gerade gesund ist, ist ja durchaus bekannt. Wird eine Korrelation beobachtet, ist dies daher häufig nicht das abschließende Ergebnis einer Untersuchung, sondern der Anlass dafür, näher in die Ursachenforschung einzusteigen.

Eine Korrelation lässt sich nur für quantitative Variablen berechnen und misst ausschließlich den linearen Zusammenhang zwischen den Variablen. Liegt eine Korrelation vor, bedeutet dies nicht automatisch, dass auch ein direkter kausaler Zusammenhang zwischen den Variablen besteht.

Nachrechnen

Statistische Ergebnisse erscheinen vielen Menschen sehr wissenschaftlich und werden daher häufig allzu naiv geglaubt. Aber auch Statistiker machen laufend Fehler – und dabei muss es sich nicht um die grundlegenden Fehler im Studiendesign oder bei der Stichprobenziehung handeln –, Statistiker können sich auch einfach mal verrechnen. Deshalb rechnen Sie besser selber nach:

✔ **Prüfen Sie, ob sich Teilergebnisse zur richtigen Gesamtmenge addieren.** So sollten die Anteile aller Gruppen (die sich nicht gegenseitig überschneiden) in der Summe 100% ergeben. Die absolute Anzahl der Beobachtungen in den einzelnen Gruppen sollte sich über alle Gruppen hinweg zur Stichprobengröße addieren. Auch die Prozentangaben in einem Kreisdiagramm sollten sich zu 100% addieren lassen.

✔ **Überprüfen Sie auch die einfachsten Berechnungen.** Nehmen Sie an, eine Tabelle weist aus, dass 83% aller Deutschen eine bestimmte Gesetzesinitiative befürworten. Ein Journalist berichtet darüber im Fernsehen und sagt, dass sich sieben von acht Deutschen für das Gesetz ausgesprochen hätten. Stimmen die Angaben überein? Nein, denn $7 \div 8 = 87{,}5\%$; der Journalist hat also einfach mal eben sehr großzügig aufgerundet.

✔ **Überprüfen Sie nicht nur die Stichprobengröße, sondern achten Sie auch auf die Antwortrate.** Die Antwortrate gibt an, welcher Anteil der Personen, die zur Teilnahme an einer Umfrage eingeladen wurden, tatsächlich teilgenommen und die Fragen beantwortet haben. Ist die Antwortrate sehr gering, sind die Ergebnisse möglicherweise verzerrt, denn je geringer der Anteil der Personen, die zur Teilnahme an der

Befragung bereit waren, desto leichter ist es möglich, dass eine bestimmte Teilgruppe aus der Grundgesamtheit über- oder unterrepräsentiert ist.

✔ **Hinterfragen Sie die Art der verwendeten Kennzahlen; sind diese für die jeweilige Fragestellung geeignet?** Häufig ist es zum Beispiel entscheidend, ob über absolute oder relative Werte berichtet wird. Wenn das Innenministerium eines Landes darauf hinweist, dass die Anzahl der Straftaten in einer bestimmten Stadt stetig zunimmt, kann diese Aussage irreführend sein, wenn gleichzeitig die Bevölkerung wächst – möglicherweise sogar noch schneller, sodass die Kriminalitäts*rate* tatsächlich sinkt.

Weitere Beispiele dafür, wie ungeeignete Kennzahlen und Grafiken falsche oder irreführende Aussagen hervorrufen können, finden Sie in Kapitel 2 und 3 (für Grafiken) und in Kapitel 4 (für Kennzahlen).

Nur weil Statistiken auf komplexen Formeln und umfangreichen Berechnungen basieren, sind sie nicht sakrosankt. Hinterfragen Sie jede Kennzahl und überprüfen Sie selbst die einfachsten mathematischen Berechnungen.

Selektive Berichterstattungen erkennen

Einer der einfachsten Wege, mithilfe der Statistik zu lügen, ohne direkt Zahlen zu fälschen, besteht darin, über die Ergebnisse einer Studie derart selektiv zu berichten, dass man nur jene Resultate herzeigt, die den eigenen Interessen entsprechen, und unangenehme Erkenntnisse einfach verschweigt. So ist es beispielsweise gut möglich, dass ein Forscher, der von einem signifikanten Testergebnis berichtet, zuvor bereits zahlreiche gleichartige Tests durchgeführt hat, die alle nicht signifikant waren. Wenn diese nicht signifikanten Testergebnisse aber nicht mit ausgewiesen werden, steht das eine signifikante Ergebnis viel besser da. Wurde ein Zusammenhang einmal untersucht und das Ergebnis ist hochsignifikant, gibt es keinen Grund, das Resultat anzuzweifeln. Wurde derselbe Zusammenhang aber 100-mal betrachtet und nur ein einzelner Test hat zu einem signifikanten Ergebnis geführt, wird man eher den 99 und nicht dem einen Test glauben.

Aber wie kann man sich vor solchen irreführenden Berichten schützen? Einen sicheren Schutz gibt es hier nicht, aber es ist immer hilfreich, möglichst viele Informationen über den Rahmen einer Studie herauszufinden. Verschaffen Sie sich ein möglichst detailliertes Bild darüber, wie statistische Ergebnisse zustande gekommen sind. So ist es eine Sache, wenn ein Forscher über bestimmte Resultate nicht aktiv berichtet, wenn Sie ihn aber explizit nach weiteren Ergebnissen fragen, müsste er ausdrücklich lügen, um diese weiter zu verheimlichen.

Ein einfacher Trick, Ergebnisse zu fälschen, besteht darin, bestimmte Resultate einer Studie einfach zu verschweigen und den Ergebnisbericht auf ausgewählte Erkenntnisse zu beschränken. Versuchen Sie daher stets, möglichst viele Informationen über Aufbau, Ablauf und Umfang einer Studie zu sammeln, um ein umfassendes Bild zu bekommen und die Ergebnisse selbst bewerten zu können.

Anekdotische Evidenz ist keine Evidenz

Eine Anekdote ist eine Geschichte, die auf der Erfahrung einer einzelnen Person oder eines einzelnen Ereignisses basiert. Ein Klassiker ist zum Beispiel der Lottospieler, der immer dieselbe Zahlenreihe tippt, und gerade an dem Wochenende, an dem er beschlossen hatte, mit dem Lottospielen aufzuhören, und keinen Schein abgegeben hat, wird genau diese Zahlenreihe gezogen. Beliebt sind auch rauchende Affen, Hunde, die Fahrrad fahren, oder die Frau, die mit der Kartoffeldiät in zwei Wochen 50 Kilogramm abgenommen haben will. Solche Anekdoten sind gut für Schlagzeilen und vielleicht auch für den Grillabend mit Freunden, aber nicht für allgemeine statistische Aussagen. Anekdoten sind häufig Sensationsgeschichten, die Ausreißer innerhalb des normalen Lebens darstellen. Solche Geschichten passieren immer wieder – aber sie passieren eben nur wenigen Leuten. Genau deshalb erzählt man sich die Geschichten so gerne weiter.

Im statistischen Sinne ist eine Anekdote ein Datensatz mit einer Stichprobengröße von 1. Die Stichprobe ist damit nicht nur sehr klein, Sie haben typischerweise auch keine Informationen darüber, wie die Stichprobe »gezogen« wurde. Es fehlt der Vergleichsmaßstab, sodass Sie nicht beurteilen können, ob die Geschichte einen absolut typischen oder sehr außergewöhnlichen Vorgang schildert. Lassen Sie sich daher in Ihrem Urteil nicht von Anekdoten beeinflussen. Vertrauen Sie besser auf wissenschaftliche Studien und statistische Informationen, die auf einer hinreichend großen, repräsentativen Stichprobe basieren.

Wenn jemand Sie beeinflussen oder überzeugen möchte, indem er Ihnen Anekdoten erzählt, antworten Sie am besten, wie jeder Wissenschaftlicher es tun würde: Fragen Sie nach den Daten.

Abbildungsverzeichnis

Dummies Junior – die frechen »… für Dummies« für interessierte Kids und Jugendliche

- » Projekte zum Ausprobieren, Programmieren und Experimentieren
- » Mit pädagogischem Konzept
- » Viele Abbildungen in Farbe
- » Verständliche Texte mit einfachen Erklärungen – auch bei schwierigen Themen
- » Inhalte in Workshops erprobt

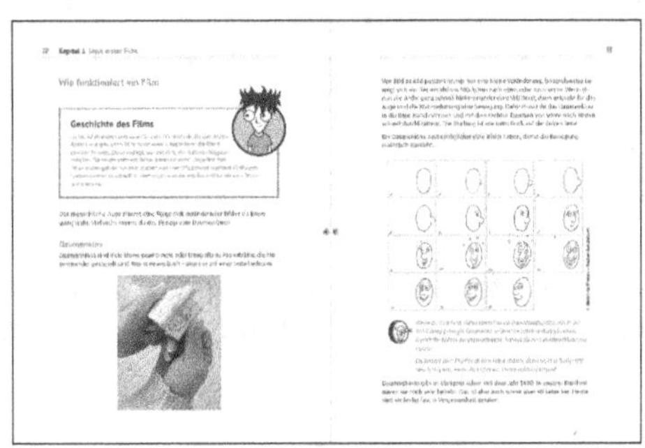

M. Schenk

Mein Weg zu den Sternen für Dummies Junior

1. Auflage 2022   **ISBN:** 978-3-527-71908-2

224 Seiten

Format: 176 mm x 240 mm

Ladenpreis: 18,– €*

Schau in den Himmel und lerne die Planeten, Sterne und Sternbilder kennen. Ob mit bloßem Auge, Fernglas oder Teleskop

M. Weiß und V. Borngässer

Stop-Motion-Trickfilme selber machen für Dummies Junior

2. Auflage 2023   **ISBN:** 978-3-527-72043-9

176 Seiten

Format: 176 mm x 240 mm

Ladenpreis: 16,– €*

Schritt für Schritt zum eigenen Stop-Motion-Video mit der richtigen Beleuchtung, passenden Geräuschen und Spezialeffekten. Hier erfährst du, wie es geht.

* Der €-Preis gilt nur für Deutschland. Preisänderungen und Irrtümer vorbehalten.

C. Ermel und O. Runge

Programmieren und zeichnen mit Python für Dummies Junior

2. Auflage 2022   **ISBN:** 978-3-527-71995-2

224 Seiten

Format: 176 mm x 240 mm

Ladenpreis: 18,- €*

Zaubere tolle Bilder mit dem Computer! Du brauchst dafür nur ein paar einfache Befehle aus der Programmiersprache Python.

W. Eagle et al.

TikTok-Videos selber machen für Dummies Junior

1. Auflage 2023   **ISBN:** 978-3-527-72133-7

160 Seiten

Format: 176 mm x 240 mm

Ladenpreis: 17,-€*

Werde Teil der TikTok Community und begeistere andere mit deinen Ideen. In diesem Buch erfährst du, wie du Videos mit dem Smartphone erstellst, bearbeitest und mit deinen Freunden teilst.

C. Ermel und N. Rosenfeld

Spaß mit Elektronik für Dummies Junior

1. Auflage 2020   **ISBN:** 978-3-527-71705-7

198 Seiten

Format: 176 mm x 240 mm

Ladenpreis: 15,- €*

In diesem Buch lernst du, Schaltungen für coole Gadgets aufzubauen: eine Glückwunschkarte, die leuchtet, eine blinkende Weihnachtsbaumkugel, einen klingenden Draht und anderes mehr.

* Der €-Preis gilt nur für Deutschland. Preisänderungen und Irrtümer vorbehalten.

Stichwortverzeichnis